최

커피 공부

무엇이 커피를 특별하게 하는가

머리말 _ 무엇이 커피를 특별하게 하는가?

나와 커피의 인연은 2013년 『Flavor, 맛이란 무엇인가』를 출간하면서 시작되었다. 그 책에 커피 이야기는 전혀 없었는데, 커피를 하시는 분들이 많이 읽고 질문해주었다. 그래서 『커피 향의 비밀』을 쓰기도 했지만, 그 책은 식품의 향에 대한 일반적인 이야기를 '커피를 핑계로' 다루어본 성격이 강했다. 그러다 식품 향을 본격적으로 다룬 『향의 언어』를 출간했으니 그 책의 역할은 다한 셈이다. 그런데 내가 다시 커피 향을 다룬 이 책을 쓰게 된 것은, 여전히 커피 향을 공부하기에 적당한 책이 부족해서다.

최근 우리나라의 커피는 그 규모나 기술 측면에서는 세계 최정상급이 되었지만, 이론 측면은 아쉬움이 많다고 한다. 맛있는 커피는 잘 만드는데, 이론적 뒷받침이 부족해서 실력에 비해 국제무대에서 제 대접을 받지 못한다는 것이다. 이런저런 이유로 커피의 향미를 제대로 공부해보고 싶다는 사람이 늘고 있지만, 마땅한 교육이 없는 것도 현실이다. 커피의 기술을 다룬 교육이나 책은 많아도, 과학적 이론을 공부하기에 적당한 책이나 교육은 없는 것이다. 더구나 커피 향은 아주 높은 온도에서 순식간에 만들어지기 때문에 과학으로 설명하기 가장 어려운 대상의 하나이다. 공부한다고 딱 부러진 답을 찾기는 힘들다. 그렇지만 자기 경험을 체계적으로 정리하고, 수준을 한 단계 끌어올리는데 과학만큼 유용한 것도 없다. 그래서 커피의 향미를 공부하는 데 도움이 될 만한 이론들을 모아서 정리해보려고 한다. 커피의 향미는 복잡하지만, 커피콩 한 가지 원료에서 펼쳐지는 다양한 맛의 변주곡이라 탐구해보는 재미가 있다.

Part 1은 '생두의 성분'이다. 커피는 아프리카 일부에서 자라던 이름 모를 식물의 열매였다. 그러다 인간의 선택을 받아 지금은 가장 교역량이 많은 농산물의 하나가 되었고, 그중 가장 품질로 좋은 것으로 인정받는 생두는 kg에 1,000만 원을 넘기기도 한다. 커피나무 열매에 도대체 어떤 성분이 있기에 우리를 그렇게 유혹하는지, 생두 안에 들어 있는 성분을 파악하는 것이 커피 공부의 시작일 것이다. 이 부분에 식품을 전공하지 않은 분을 위해 식품의 성분을 이해하기에 필요한 식품 화학의 기본적인 개념도 같이 설명해볼 생각이다.

Part 2는 '로스팅의 화학'이다. 커피의 향미는 고온의 로스팅으로 만들어진다. 로스팅 말고 다른 방법으로는 우리가 아는 커피 향을 만들 수 없다. 그런데 가열은 식품에서 가장 흔한 가공의 하나다. 생두의 성분이나 로스팅 자체만으로는 왜 커피의 향미가 특별한지 설명하기 힘든 것이다. 내가 주목하는 것은 특별한 성분보다 생두의 특별한 물리적 구조이다. 생두는 다른 어떤 씨앗보다 로스팅하기 적당한 크기를 가졌고 고온의 로스팅을 견딜 수 있는 아주 두툼하고 단단한 세포벽을 가졌다. 나는 생두의 50%를 차지하는 단단한 세포벽 덕분에 강한 로스팅을 견딜 수 있어서 커피 특유의 향미 물질이 만들어진다고 생각한다. 그 증거가 생두를 잘게 부수기만 해도, 구조가 망가져 아무리 잘 로스팅해도 특유의 향미를 만들 수 없다는 점이다. 이장에서는 캐러멜 반응과 메일라드 반응 등 먼저 식품의 일반적인 가열 향을 소개하고, 커피의 차이점을 살펴보는 식으로 설명하려 한다.

Part 3은 '추출의 물리학'이다. 아무리 정성껏 커피를 재배, 수확, 가공하고 로스팅을 잘해도 제대로 추출하지 못하면 헛수고가 된다. 로스팅한 원두에는 물에 녹는 성분이 30% 정도 있는데 그것을 모두 녹여내는 것이 추출의 목표라면 간단하겠지만, 맛있는 향미 성분만 녹여야 한다는 점이 어려움이다. 최대한 쓰고 맛없는 성분은 커피 밖에 남기고, 맛있는 성분만 물에 녹여내야 한다. 문제는 아주 사소한 추출 조건의 차이로도 맛이 많이 달라진다는 것이다. 왜 커피는 추출 방법에 따라, 수질에 따라, 농도 등에 따라 맛이 심하게 달라지는지 알아보고자 한다. 최근 수질에 따라 커피의 맛이 왜 그렇게 잘 변하는지에 대한 관심이 많아 수질의 요소와 추출에 영향 등도 자세히 알아보고자 한다.

Part 4는 '무엇이 커피를 특별하게 하는가?'이다. 최근 원두커피가 급성장하여 다양한 음료 중에서도 독보적인 위치를 차지하는 것은 결국 누구보다 커피의 매력을 먼저 발견하고 빠져든 사람들 덕분이다. 식품 대부분은 이미 성숙 산업이라 열정이 사라진 경우가 많은데, 열정을 가진 젊은 사람이 가장 많이 뛰어들어 고군분투하는 분야가 커피일 것이다. 그만큼 맛과 향에 대해 진지하게 탐구하는 사람이 많고, 내가 또 커피 책을 쓰고 있는 이유이기도 하다. 이번 장을 통해 커피의 특별한 점을 정리해보고자 한다.

내가 커피를 맛있게 만드는 구체적인 기술은 설명해줄 수 없지만, 커피의 향미를 공부하는데 필요한 식품 화학과 관련 지식은 그나마 실전적으로 설명을 해줄 수 있을 것 같다. 그래서 생두의 성분을 설명할 때 식품 화학에서 다루는 내용을 추가하기도 했다. 그리고 물에 관한 이론을 정리해보았다. 나는 과거부터 물 좋은 곳을 찾아 식품공장을 차린다는 말은 많이 들어봤어도 어떤 요소가 물의 품질을 좌우하는지에 대한 자세한 설명은 들어본 적이 없었다. 커피 덕분에 물을 공부하게 되었다.

나는 자연은 아주 단순한 것에서 출발했기 때문에 복잡성의 깊은 곳에도 항상 단순함이 있고, 그런 단순한 원리를 찾아낼수록 지식이 깊어진다고 생각한다. 그래서 어떤 주제를 공부할 때면 중심이 되는 원리를 찾아보는 편인데, 이번 책을 쓰다가는 세포벽을 중심으로 커피 현상을 설명하면 커피의 특별함을 가장 일관성 있게 설명할 수 있겠다는 생각이 들었다. 왜 2g도 안 되는 커피 열매를 맺는데 9개월이란 긴 시간이 필요한지, 왜 커피가 식품 중에 가장 높은 온도로 로스팅 가능한지, 왜 가열로 만들어지는 향은 금방 불안정해지는데 커피는 한 달 정도까지 유지되는지를 세포벽 현상으로 통합적으로 설명할 수 있었다. 세포벽 하나로 커피 열매의 성장에서 프로세싱, 로스팅, 신선도의 유지, 추출 등에 이르는 '커피 현상' 대부분을 연결해서 설명 가능하다는 점이 기분 좋았다.

많은 식품의 향미 중에서 커피 향 하나라도 온전히 설명해보고 싶지만, 아직 그 목표에 도달하기는 요원하고, 커피를 깊이 있게 공부하고자 하는 분들에게 필요한 개념의 정리 정도가 이 책의 역할인 것 같다.

2024년 3월

최낙언

최낙언의
Coffee
커피
공부
From Bean to Flavor

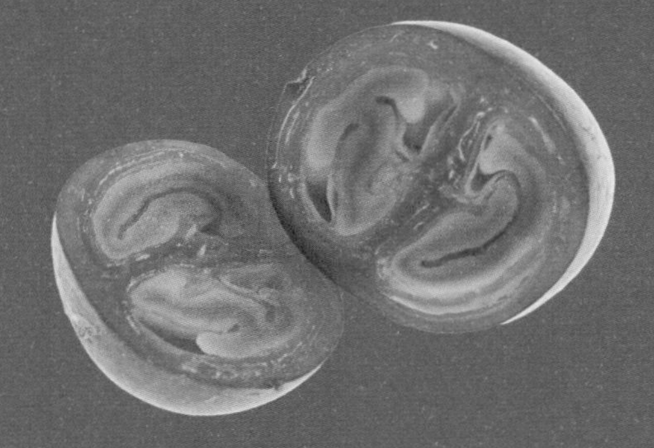

Part 1

생두의 성분

재배에서 가공까지

1장. 한 잔의 커피에 들어 있는 성분은?

커피 한 잔에 들어 있는 성분은 생각보다 적다. 98% 이상은 물이고, 물에 녹은 커피 성분은 1.2% 정도다. 이 중에서 커피만의 특별한 성분은 0.5%도 되지 않는다. 그리고 커피의 맛은 0.1%도 안 되는 성분에 의해 완전히 달라진다.

1. 우리는 왜 커피를 마실까?

- 커피는 아프리카 일부 지역에서만 자라던 평범한 나무였다

우리는 언제부터인가 아침에 일어나면, 일을 하면, 잠시 휴식을 취하면, 식사를 마치면 자연스레 커피를 찾는다. 커피는 그렇게 대부분의 나라에서 가장 대중적인 음료가 되었고, 우리의 일상에서 빠지기 힘든 존재가 되었다. 커피를 마시는 카페는 17세기에 유럽에 처음 만들어졌는데, 지금은 전 세계 어디에나 있고, 우리나라에만 8만 개가 넘는 매장이 있다.

이런 커피의 기원에 관한 이야기 중에서 가장 잘 알려진 것이 9세기 아비시니아(에티오피아의 옛 이름)에 살았다는 칼디 이야기이다. 염소를 돌보던 칼디가 커피로 짐작되는 열매를 염소들이 먹더니 즐겁게 뛰어다니는 것을 목격하고는 직접 먹어 보았다는 설이다. 다른 버전으로는 칼디가 염소를 풀어 놓는 언덕 아래 수도원의 승려가 염소의 움직임을 보고는 커피 열매를 수도원으로 가져가서 볶아 음료를 추출해 동료들에게 먹여 보았고, 수도승들은 밤새 기나긴 기도를 하면서도 잠을 안 잘 수 있었다는 이야기도 있다.

이것 말고도 여러 이야기가 있는데 그중에는 의사이자 승려인 모카 출신의 셰이크 오마르(Omar)가 1258년 아라비아에서 커피를 발견했다는 설도 있다. 그는 오우삽산(Mt. Ousab)으로 추방된 상태였는데, 굶주림에 허덕이다가 커피 열매를 발견했지만 너무 단단하고 써서 바로 먹을 수 없었고, 조금이라도 부드럽게 만들기 위해 물에 익혔다. 그렇게 만들어진 갈색 수프를 마시자 생기와 활력이 돌았으며, 그의 정신도 다시 일깨워 주었다고 주장했다. 이처럼 커피의 기원에 대해 여러 이야기가 전해오지만, 확실한 것은 카페인이 커피의 특별함의 시작이고 커피나무가 에티오피아 자생의 야생 식물이라는 것이다.

- 커피나무는 인류의 손에 의해 여러 지역으로 퍼져나갔다

커피는 여러 나라를 거쳐 17세기경에는 이미 많은 유럽인이 즐겨 마셨다. 이때까지 세상에 알려진 커피는 아라비카종이 유일했고, 18세기 말 이후부터 여러 야생종이 아프리카에서 발견되기 시작했다. 1792년 리베리카(Liberica), 1794년 스테노필라(Stenophylla), 1850년 카네포라(Canephora), 1884년 콘젠시스(Congensis) 종이 발견되었다. 이 중에서 로부스타라는 상품명으로 더욱 알려진 카네포라종은 아라비카종이 녹병(Leaf rust)으로 인해 재배량이 급락하자 열대 저지대에서 급속도로 재배 확대되었고, 현재는 전 세계 커피 생산량의 35% 정도를 차지한다. 병충해에 강해서 로부스타로 이름 지어진 카네포라종은 생산성은 뛰어나지만, 상대적으로 맛과 향이 떨어져 인스턴트커피용으로 많이 사용되었는데, 에스프레소 커피의 크레마 생성에 중요한 역할을 하고, 근래에 상당한 품질의 개선이 이루어져 관심이 늘고 있다.

현재의 아라비카 품종은 아프리카 리프트밸리(Rift Valley)의 원시림에서 유래되었고, 지금도 야생 아라비카종들이 자라고 있다. 이곳의 커피나무가 사람들에 의해 다른 지역으로 옮겨져 커피 재배 지역이 확대되고 생산량이 늘어났다. 이런 아라비카 품종의 전파 역사는 8세기까지 거슬러 올라간다. 아라비아인들은 에티오피아에서 커피 씨앗을 얻어 예멘에 가져다 심고 14세기까지 재배했는데, 그 덕에 예멘은 오랜 시간 동안 커피의 유일한 공급자 자리를 지킬 수 있었다. 이후 커피 재배지는 인도, 실론(현재의 스리랑카), 자바, 인도네시아로 확대되었다. 1616년 네덜란드 무역상이 처음으로 커피나무를 유럽에 들여왔다. 그 나무들은 암스테르담 식물원에서 재배되다가 일부는 동인도의 신규 플랜테이션 농장에 심어졌다. 또 다른 일부는 프랑스 왕 루이 14세에게 선물로 보내져 파리의 식물원에서 재배되었다. 이 커피나무들이 이후 프랑스, 스페인, 영국의 식민지에서 커피 경작의 기초가 되었다. 그 뒤로 커피 재배는 대부분 아열대 지역으로 퍼져 갔다.

로부스타 재배는 아라비카보다 훨씬 늦은 1870년대에 이르러서야 콩고 분지에서 시작되었다. 콩고강의 지류인 로마니강 인근에서부터 로부스타의 재배가 시작되어 브뤼셀의 묘목장을 거쳐 자바섬에 심어졌다. 그리고 인도, 우간

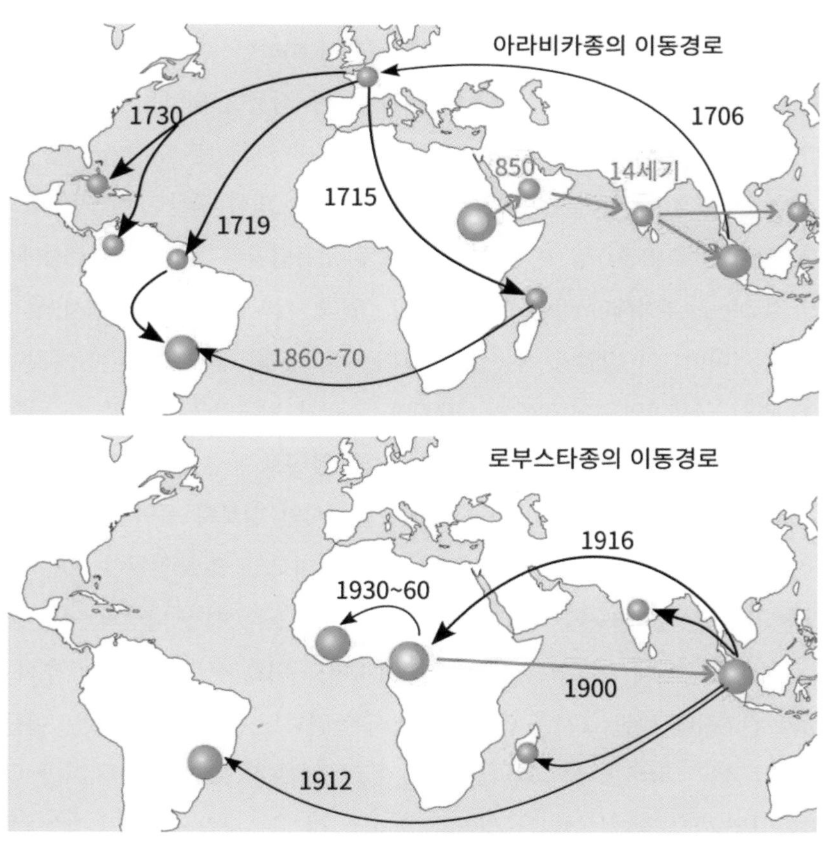

커피의 이동 경로

다, 아이보리코스트 등으로 옮겨져 플랜테이션 형태로 재배되었다. 1912년 남미에서도 로부스타 재배가 시작되었다.

- 우리는 건강을 위해 커피를 마시지는 않는다

지금 우리에게 커피는 너무나 일상적이지만, 이렇게 될 때까지는 생각보다 많은 우여곡절이 있다. 아프리카에 작은 커피나무의 열매가 한 지역에서 다른 지역으로 전파될 때마다 때로는 그것이 몸에 해롭지 않을까 하는 의구심, 때로는 종교적인 이유, 때로는 정치 문화적인 이유로 온갖 논란을 겪었다.

그런데 아프리카의 특정 지역에서나 조용히 자라던 중요하지 않은 작물이 지금은 어떻게 세계적으로 가장 많이 사랑받는 작물이 되었을까? 우리는 커피를 건강하기 위해 마시지 않는다. 사실 커피의 카페인은 인류가 가장 많이 섭취하는 향정신성 물질이고, 한동안 커피는 발암 의심 물질로 취급받기도 했다. 심지어 2018년 3월 미국 캘리포니아주 고등법원은 모든 커피 제품에 발암 경고문을 부착해야 한다고 판결하기도 했다. 커피를 볶는 과정에서 생기는 아크릴아마이드가 발암의 가능성이 있다는 경고문을 게시해야 한다는 것이었다. 앞서 국제암연구소(IARC)는 1990년, 커피가 방광암을 유발할 수 있다며 '인체 암 유발 가능성이 있는 물질'인 '2B군' 물질로 분류한 바 있다.

그래도 지금까지 커피의 연구 결과를 종합하면 실보다 득이 크다. 커피의 이로움에 대한 수많은 논문이 있는데, 그중에 미국 국립 보건원이 40만 명을 대상으로 진행한 연구에 따르면 하루 4~5잔 커피를 마시는 남성과 여성 모두 총 사망률은 최대 16%까지 줄어들었다. 하버드 의료 전문직에 관한 추적 조사와 간호사에 관한 조사를 바탕으로 조사한 결과도 흡연 이력이 없는 이들로 한정할 경우, 하루 3~5잔 커피를 마신 이들에게 모든 요인에 따른 사망 위험률이 15%까지 줄어들었다는 것이다. 커피를 마시는 사람 중 이런 효능을 바라고 마시는 사람은 드물 것이다.

나는 그렇게 많은 사람이 일상으로 마시는 커피가 건강에 특별한 위험이나 효능이 있기는 힘들다고 생각한다. 내가 궁금한 것은 커피에 존재하는 어떤 효능이나 위험이 아니라 '커피에는 도대체 어떤 매력이 있기에 점점 음료의 대세가 되어가고 있을까?'이다. 프랑스의 작가 탈레랑은 "커피의 본능은 유혹, 진한 향기는 와인보다 달콤하고, 부드러운 맛은 키스보다 황홀하다. 악마처럼 검고 지옥처럼 뜨겁고 사랑처럼 달콤하다"라고 말했다. 확실히 예술가들은 사물의 본질을 꿰뚫어 보는 능력이 있는 것 같다.

이번 책을 통해 커피의 향미 요인을 정리하면서 커피의 매력이 어디에서 오는지, 그렇게 다양한 음료 중에서 독보적인 위치를 차지하게 한 특별함은 어디에서 오는 것인지에 대해 향미 성분의 변화를 중심으로 그 비결을 알아보고자 한다.

2. 커피 한 잔에 들어 있는 성분은 생각보다 적다

- 어쩌다 커피가 음료의 대세가 되었을까?

커피 한 잔이 완성되기까지는 재배에서 수확, 프로세싱에서 유통, 로스팅에서 추출까지 큰 노력과 정성이 필요하다. 아메리카노 한 잔을 20g의 원두를 사용하여 추출한다면 20g의 원두에서 커피로 추출된 성분은 4g 정도다. 원두 20g에 해당하는 커피 원두의 숫자는 품종 등에 따라 다르지만 대략 140개 정도다. 그것을 얻기 위해서는 커피 체리 70개, 무게로는 120g 정도가 필요하다. 수확이나 처리 과정에서 손실되는 양을 제외하고도 그렇다. 그러니 120g의 커피 열매를 수확하여 그중에 4g만 커피의 형태로 마시고 나머지 116g은 버려지는 셈이다. 그런 측면에서 커피는 상당히 사치스러운 음료인 편이다.

더구나 커피 한 잔에 들어 있는 성분은 생각보다 적다. 원두의 고형분에서 물에 녹지 않는 것이 70%, 녹는 성분은 30% 정도인데, 30% 전부가 아닌 18~22% 정도만 추출한다. 그래서 우리가 마시는 커피에는 4g 정도의 커피 성분이 들어 있고, 커피의 1.15~1.35% 정도를 차지한다. 커피의 98% 이상이 물인 것이다. 더구나 이렇게 얻어진 커피 고형분 1.2%도 대부분은 식이섬유, 수용성 당, 미네랄처럼 다른 식품에도 있는 공통적인 성분이다. 커피만의 특별한 성분은 0.2%를 넘기기 힘드니 0.2%에 커피의 성패가 달렸다고 할 수도 있다.

- 커피의 결정적인 성분은 0.2% 이하다

커피 한 잔에 녹아 있는 성분은 1.2% 정도인데, 그중 어떤 성분이 커피의 매력을 만드는 것일까? 우리는 그렇게 오랫동안 커피를 마셔왔지만 정작 우리가 마시는 최종 커피에 무엇이 얼마나 들어 있는지에 관한 자료는 거의 없다. 맛 성분으로 1.2%는 아주 적은 양은 아니다. 쓴맛은 0.01%, 신맛도 0.1%면 충분하고, 향은 0.1% 이하로도 충분하기 때문이다. 이것은 다른 식품도 마찬가지다. 와인은 정말 다양한 종류와 풍미를 자랑하지만, 와인의 향미 성분은 0.5%도 되지 않는다. 대부분 식품에서 향기 성분은 0.1% 이하인 경우가 대부분이고, 많은 식품의 성패가 0.1%에 의해 완전히 달라지기도 한다.

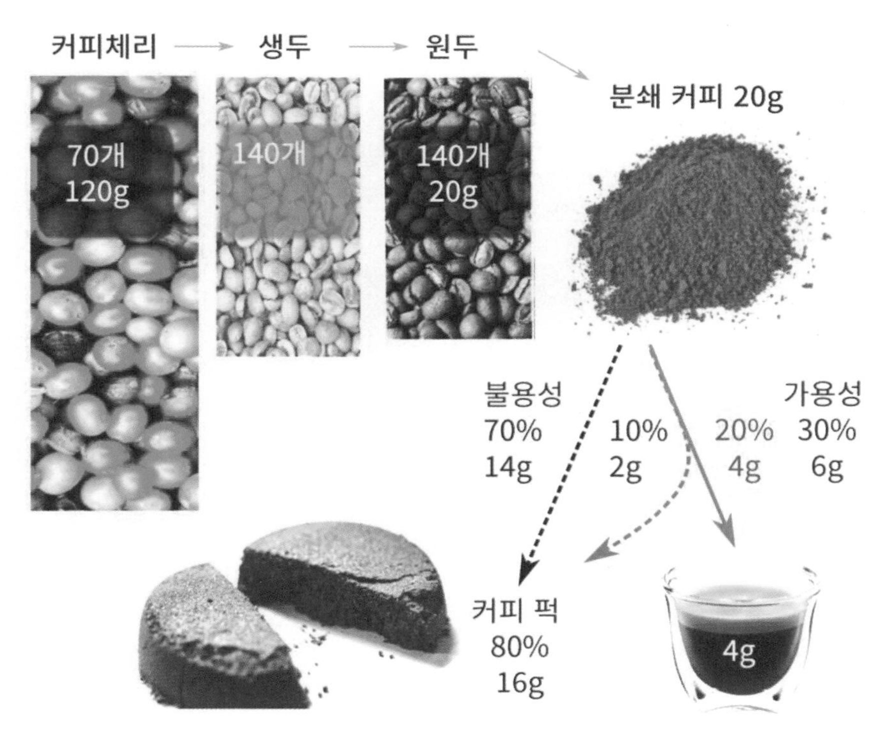

커피 한 잔이 만들어지기까지 성분의 변화

표. 커피 한 잔(100g)에 추출된 성분(Espresso coffee, illy, 2005)

커피의 성분	자료 1	자료 2		비고
	함량	함량	비율(%)	
수용성 탄수화물	0.2~0.8	0.518	37	주로 설탕
유기산	0.035~0.5	0.434	31	클로로젠산CGA
지방	0.001	0.014	1	
단백질(아미노산)	0.1	0.070	5	
트리고넬린	0.04~0.05	0.056	4	
카페인	0.05~0.38	0.084	6	
회분(미네랄)	0.25~0.7	0.224	16	
멜라노이딘	0.5~1.5			
수분		98.600		

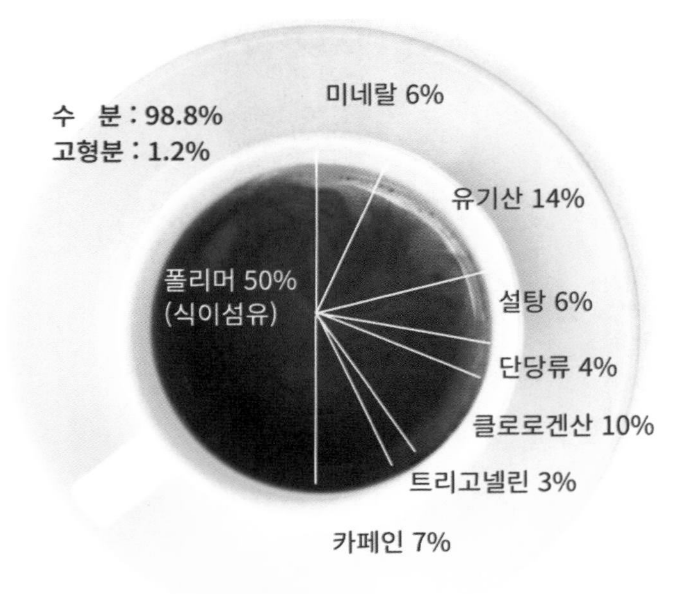

커피 추출액의 고형분 조성

- 인스턴트커피에 부족한 것은?

과거에 커피 시장은 인스턴트커피가 주도했다. 뜨거운 물에 커피 분말이나 커피믹스를 타서 간편하게 즐길 수 있어서 인기가 많았다. 인스턴트커피라 해서 원두커피보다 쉽거나 다르게 만들어지지는 않는다. 둘 다 생두에 열을 가해 로스팅한 다음 잘게 분쇄하고 추출하는 과정을 거친다. 인스턴트커피는 대량으로 만들다 보니 로스팅 방식으로 '전도식'보다 '대류식'을 많이 쓰는 정도의 차이만 있을 뿐이다. 오히려 인스턴트커피가 대량으로 생산하니 더 크고 좋은 기계를 사용한다. 로스팅하고 분쇄한 뒤 커피 분말을 커다란 추출기에 넣고 물을 부어 커피를 뽑아내는데, 추출기 내부에 10기압 정도 압력을 걸어준다. 추출하는 온도와 시간에 따라 수율이 달라지고, 수율에 따라 맛이 달라진다. 고온으로 한 번에 다량 추출할수록 원두에 들어 있는 탄수화물 성분이 더 많이 분해되어 나온다. 식이섬유 형태의 커피 탄수화물은 온도가 높아지면 사슬 중간이 끊어진다. 그러면 추출액의 양은 많아지지만, 불필요한 성분까지 만들어지거나 추출되어 커피 품질이 떨어질 수 있다.

원두커피는 추출 후 바로 마시는 방식이지만, 인스턴트커피는 판매를 위해 농축해야 한다. 이때부터 커피의 향 성분을 얼마나 잘 지켜내느냐가 관건이다. 향은 가열하기 시작하면 쉽게 날아갈 수 있다. 그래서 인스턴트커피 제조사들은 농축 과정에서 향 손실을 줄이기 위해 많은 노력을 기울여왔다. 그래서 얼려서 농축하는 기술 등을 사용한다. 추출액 온도를 0℃보다 낮게 내리면 물은 얼지만, 커피 성분은 얼지 않는다. 이때 얼음만 선별해 제거하면 다른 부분은 농축된다. 이런 방식은 끓여서 농축하는 일반적인 방법보다 비용과 노력이 많이 들지만, 향의 손실이 적다. 다음 단계로 농축액을 건조하는데, 냉동건조와 분무건조 방식이 있다. 동결 건조는 농축액을 단계적으로 얼린 다음, 커피믹스에 들어 있는 커피 알갱이만 한 크기로 잘라서 진공을 걸어 건조하는 방법이다. 진공 상태에서 물이 얼음 상태에서 곧바로 기체로 승화한다. 알갱이 내부에 물이 차지하고 있던 공간은 남아 나중에 물을 탔을 때 더 잘 녹게 도와준다.

커피믹스는 여기에 크리머와 설탕을 추가한 것이다. 크리머의 주요 성분은 야자유, 당류, 우유 단백질(카제인)로 이들이 95% 정도를 차지한다. 우유 단백질은 유화제 역할을 하고, 커피의 pH도 중화시키며 맛을 부드럽게 만든다. pH가 5 전후인 약산성의 인스턴트커피에 크리머를 섞으면 pH 6~7이 된다.

커피믹스의 포장 봉지는 얇아 보여도 실은 여러 겹이다. 내용물과 접촉하는 가장 안쪽 층은 공기가 새어 들어가는 부분 없이 제대로 밀봉되도록 하는 특

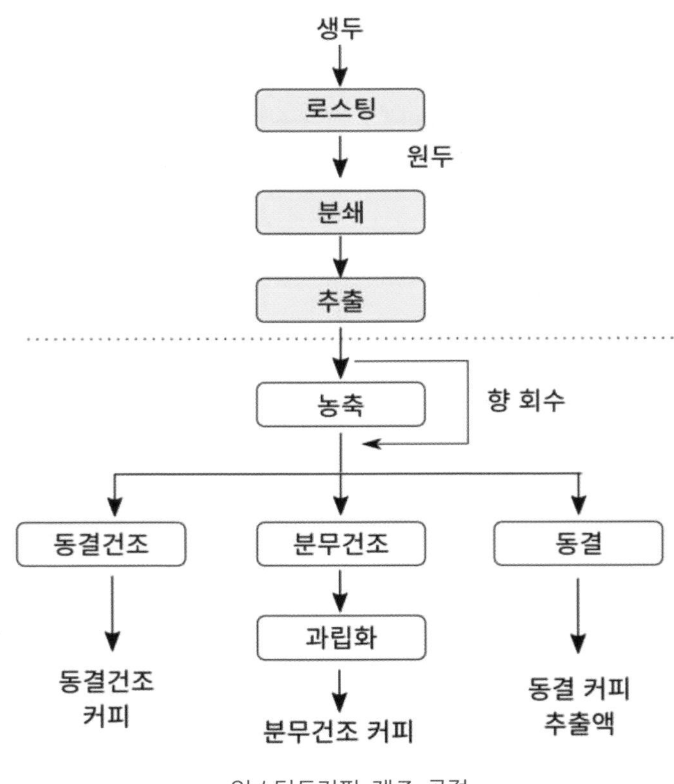

인스턴트커피 제조 공정

수 소재로 만든다. 중간층은 외부의 산소나 수분이 침투하지 못하도록 차단해 품질을 유지하는 기능을 한다. 가장 바깥층은 제품을 보호하면서도 디자인을 자유롭게 인쇄할 수 있는 소재를 사용한다. 커피의 향미 보호를 위해 정말 여러 가지 노력을 하는 것이다. 이처럼 만드는 공정 하나하나 온갖 노력을 기울이는데도 불구하고 왜 인스턴트커피는 원두커피의 품질을 따라잡지 못하는 것일까?

- 원두커피는 무엇이 특별할까?

2000년 이후 원두커피는 식품 시장에서 가장 눈부시게 성장했다. 이런 급성장의 배경은 무엇일까? 우선 커피의 향미가 떠오를 것이다. 잘 로스팅한 원두를 분쇄할 때 나는 향은 확실히 매력적이고, 인스턴트커피나 오래된 원두의 매력이 확 떨어지는 걸 보면, 향이 확실히 큰 역할을 하는 것 같다. 코로나로 후각이 일시적으로 상실된 사람에게 커피가 갑자기 쓰기만 한 음료가 되었다는 것으로도 향의 위력을 알 수 있다.

물론 커피의 매력은 단순히 이런 향만으로 설명되지는 않지만, 인스턴트커피와 스페셜티 커피의 차이 정도는 향에 의한 것이라 할 수 있다. 그래서 향에 관심을 가지고, 공부하려 하는 사람이 있지만 쉽지 않다. 커피의 향은 고온에서 메일라드 반응, 캐러멜 반응, 지방의 분해 등으로 만들어지는 것으로 정말 복잡하다. 그동안의 연구로 향기 물질 자체의 비밀은 제법 풀렸지만, 그런 연구 자료는 실제 커피를 하는 사람에게는 별로 의미가 없는 경우가 많다. 향기 물질의 이름을 듣는 순간부터 화학이라는 거대한 벽에 부딪히기 때문이다. 맛과 향은 아주 작은 분자로 이루어지는 현상이고, 그런 분자 현상을 설명하는 과학이 화학인데, 일반인에게 화학은 완전히 외계어 같아서 접근 자체가 힘들다. 더구나 분자를 안다고 바로 맛과 향을 이해할 수 있는 것도 아니다. 화학은 향기 물질의 분자적 특성 등이나 생성 과정 등을 설명할 수 있지만, 그런 분자가 내 몸에 감각되어, 어떻게 그렇게 다양한 느낌과 매력을 주는지는 전혀 설명하지 못한다. 하지만 과학(화학)적인 탐구 말고는 커피 향미의 실체를 밝힐 마땅한 방법이 없다. 문제는 지금까지의 자료는 너무나 제각각이고, 학술적이라 공부하기 쉽지 않다는 것이다. 그래서 지금까지 커피의 맛과 향에 관련되어 연구된 자료라도 모아 나름의 커피 공부에 도움이 될 만한 설명서는 만들어 보고자 한다.

- 정성이란 최적점을 향한 집중력이다

커피를 마시면 여러 가지 효능이 있다고 하지만 소비자가 진정 원하는 것은 맛의 즐거움이고 그것은 향의 역할이 크다. 커피를 마실 때 혀로 느끼는 것은 쓴맛과 신맛 정도이고, 다양한 풍미는 커피를 마실 때 목 뒤쪽에서 휘발하여 올라온 아주 작은 양의 향에 의한 것이다. 그런데 커피의 향은 식품 중에 가장 고온으로 로스팅하는 과정에서 순식간에 만들어지는 것이라 제어가 쉽지 않다. 한번 원하는 향미의 커피를 만들었다고, 다음에 저절로 똑같이 만들어지지 않는다. 항상 들쑥날쑥 변덕을 부리기 쉽다. 하지만 그런 사정이야 만드는 사람의 몫이고, 소비자에게는 항상 똑같은 최고 품질의 맛과 향이 제공되어야 한다.

소비자에 판매되는 상품은 무엇보다 재현성이 확보되어야 한다. 언제든지 같은 품질이 확보되어야 하며 품질의 우수성은 이런 재현성이 확보된 이후에나 따질 수 있는 것이다. 커피가 만들 때마다 맛이 다르면 같은 비용을 낸 손님에게 미안한 일이며, 동시에 생산자에게도 문제가 된다. 품질의 향상을 기대할 수가 없기 때문이다. 재현성이 있어야 개선 방향도 잡을 수 있지 그때그때 달라지는 품질이면 개선의 방향을 잡을 수 없다. 음식에서 정성이란 맛으로 표현이 되어야 의미가 있지 단순히 노력 정도로는 충분하지 않다. 맛을 좌우하는 많은 변수를 잘 파악하고 적절히 통제하여 잘 조화시키느냐의 문제다.

결국 정성이란 결국 그런 맛의 최적점에 대한 집중력이라고 할 수 있다. 많은 상반된 요소에서 최적점을 찾는 노력이 중요하고 그런 노력 못지않게 찾아낸 최적점을 계속 재현할 수 있는 실력이 필요하다. 여러 가지 환경의 변화를 민감하게 읽고 대응해야 한다. 기계적으로 똑같이 한다고 똑같은 품질이 나오지 않는다. 과학적인 이해와 방향성에 대한 이해가 있어야 적절한 미세 조정이 가능하다.

커피 한 잔에 담긴 재료는 단순한 편이지만 그 맛을 좌우하는 요소까지 단순하지는 않다. 커피는 일정한 품질을 유지하기가 매우 까다로운 식품이다. 가열(로스팅)을 통해 일정한 향을 만들기 까다롭고, 커피의 향미를 구성하는 성분은 주도적인 성분이 없이 각각의 성분 조화로 나타나는 향미라 조성이 조금만 달라져도 느낌이 달라진다. 그날 온도와 습도뿐 아니라 추출하는 물의 미네랄 조성만 달라져도 향미가 확 달라지기도 하니, 재현성을 유지하기 정말 어렵다. 그래서 원리를 아는 것도 필요하다. 이론으로 방향을 잡아도 많은 시행착오를 겪게 되는데, 이론적 뒷받침이 없이 파고들다 보면 늪에 빠질 수도 있다. 원리와 방향을 아는 전문가는 어떤 차이점이 발생할 때 그것을 해소할 수 있는 적절한 방안을 쉽게 찾을 수 있지만, 초보자는 오히려 원인을 잘못 이해하고 차이를 확대하는 방향으로 문제를 키워나가기 쉽다.

커피는 결국 품종과 재배, 가공 같은 생두에 향미의 잠재력을 축적하는 과정, 그 잠재력을 향미로 구현하는 로스팅 과정 그리고 그 향미를 추출하는 과정 등을 모두 이해해야 커피의 향미를 온전히 이해할 수 있을 것이다.

2장. 커피, 재배에서 건조까지

커피 체리는 2g도 안 되는 작은 열매인데, 꽃이 핀 후 익기까지는 9개월 정도의 긴 시간이 필요하다. 크기가 균일하고 속씨가 단단하고 내용물이 충실해야 좋은 생두가 되는 것이다. 우리가 즐기는 커피는 커피 열매의 속씨이기 때문에 과육을 제거하고 잘 말려야 한다. 이 과정에 따라 최종 커피의 특성이 많이 달라진다.

1. 커피의 품종

1) 커피나무는 꼭두서니과에 속한다

커피뿐만 아니라 어떤 식품이든 처음에는 설비, 기술, 원료 등 모든 것을 공부하지만, 시간이 지나면 점점 원료에 집중하게 된다. 설비와 기술은 시간이 지나면 점점 실력이 쌓이고, 공부할 것도 줄어든다. 하지만 원료에 관한 공부는 절대 줄어들지 않는다. 커피 공부도 처음에는 추출이나 로스팅 같은 기술에 더 관심을 가질 수 있지만, 나중에는 결국 좋은 생두를 구하는 것에 관심이 갈 수밖에 없다. 생두의 개별적인 특성에 대해 충분히 다루었으면 좋겠지만 그것은 내가 할 수 있는 일이 아니고, 이 책의 범위를 벗어난다. 여기에서는 생두에 공통적인 내용과 성분에 관한 내용만 다루고자 한다.

커피나무는 꼭두서니과(Rubiaceae)에 속하면서 커피콩을 생산하는 나무로 130여 종이 있다. 다년생 관목으로 나무의 크기와 형태는 다양하지만, 열매는 공통적인 형태를 가지고 있다. 상업적으로 중요한 품종은 크게 아라비카종(Coffea arabica)과 카네포라종(Coffea canephora, 로부스타가 대표적)이다. 아라비카종의 원산지는 에티오피아 남서부, 케냐 북부 일대의 삼림 지대로 고도 1,300~2,000m 지대에서는 비교적 낮은 키로 자란다. 이 지역들이 아라비카종의 원산지로 공식 인정받은 것은 최근의 일로, 20세기 내내 진행된 식물학적 탐사의 공헌이 컸다.

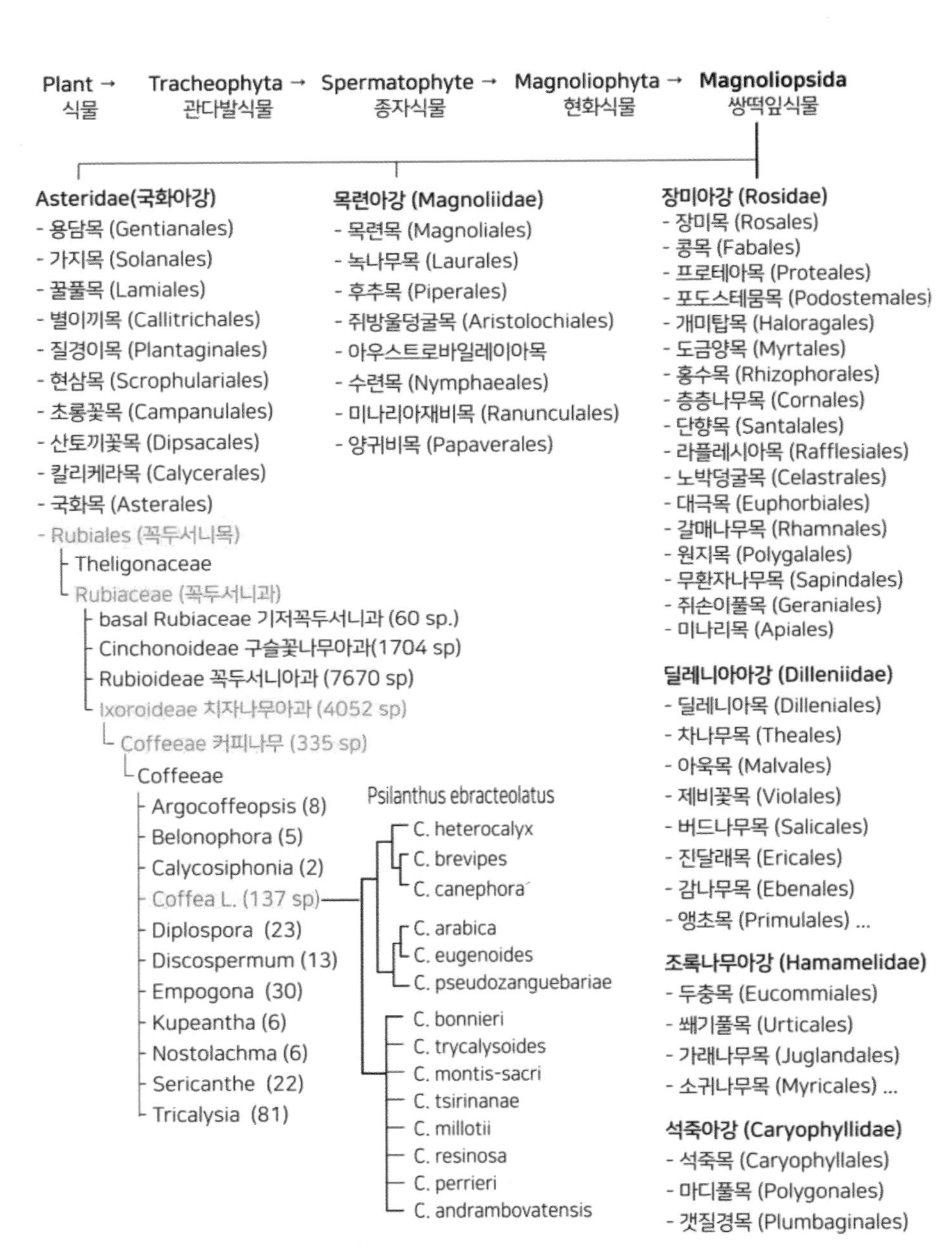

Plant → 식물
Tracheophyta → 관다발식물
Spermatophyte → 종자식물
Magnoliophyta → 현화식물
Magnoliopsida 쌍떡잎식물
Asteridae(국화아강)
- 용담목 (Gentianales)
- 가지목 (Solanales)
- 꿀풀목 (Lamiales)
- 별이끼목 (Callitrichales)
- 질경이목 (Plantaginales)
- 현삼목 (Scrophulariales)
- 초롱꽃목 (Campanulales)
- 산토끼꽃목 (Dipsacales)
- 칼리케라목 (Calycerales)
- 국화목 (Asterales)
- Rubiales (꼭두서니목)
Theligonaceae
Rubiaceae (꼭두서니과)
basal Rubiaceae 기저꼭두서니과 (60 sp.)
Cinchonoideae 구슬꽃나무아과(1704 sp)
Rubioideae 꼭두서니아과 (7670 sp)
Ixoroideae 치자나무아과 (4052 sp)
Coffeeae 커피나무 (335 sp)
Coffeeae
Argocoffeopsis (8)
Belonophora (5)
Calycosiphonia (2)
Coffea L. (137 sp)
Diplospora (23)
Discospermum (13)
Empogona (30)
Kupeantha (6)
Nostolachma (6)
Sericanthe (22)
Tricalysia (81)
Psilanthus ebracteolatus
C. heterocalyx
C. brevipes
C. canephora
C. arabica
C. eugenoides
C. pseudozanguebariae
C. bonnieri
C. trycalysoides
C. montis-sacri
C. tsirinanae
C. millotii
C. resinosa
C. perrieri
C. andrambovatensis
목련아강 (Magnoliidae)
- 목련목 (Magnoliales)
- 녹나무목 (Laurales)
- 후추목 (Piperales)
- 쥐방울덩굴목 (Aristolochiales)
- 아우스트로바일레이아목
- 수련목 (Nymphaeales)
- 미나리아재비목 (Ranunculales)
- 양귀비목 (Papaverales)
장미아강 (Rosidae)
- 장미목 (Rosales)
- 콩목 (Fabales)
- 프로테아목 (Proteales)
- 포도스테뭄목 (Podostemales)
- 개미탑목 (Haloragales)
- 도금양목 (Myrtales)
- 홍수목 (Rhizophorales)
- 층층나무목 (Cornales)
- 단향목 (Santalales)
- 라플레시아목 (Rafflesiales)
- 노박덩굴목 (Celastrales)
- 대극목 (Euphorbiales)
- 갈매나무목 (Rhamnales)
- 원지목 (Polygalales)
- 무환자나무목 (Sapindales)
- 쥐손이풀목 (Geraniales)
- 미나리목 (Apiales)
딜레니아아강 (Dilleniidae)
- 딜레니아목 (Dilleniales)
- 차나무목 (Theales)
- 아욱목 (Malvales)
- 제비꽃목 (Violales)
- 버드나무목 (Salicales)
- 진달래목 (Ericales)
- 감나무목 (Ebenales)
- 앵초목 (Primulales) ...
조록나무아강 (Hamamelidae)
- 두충목 (Eucommiales)
- 쐐기풀목 (Urticales)
- 가래나무목 (Juglandales)
- 소귀나무목 (Myricales) ...
석죽아강 (Caryophyllidae)
- 석죽목 (Caryophyllales)
- 마디풀목 (Polygonales)
- 갯질경목 (Plumbaginales)

커피나무의 계통 분류

1999년 분자유전학 등을 통해 아라비카종의 기원이 유게니오이데스(Coffea eugenioides)종과 카네포라종의 자연 교배에 의한 것으로 밝혀졌다. 아라비카종은 유전자 변이가 크지 않은데, 이는 아라비카종의 분화가 비교적 최근인 기원 1~5만 년 전에 일어났다는 가설을 뒷받침해 준다. 카네포라종은 아프리카의 열대 저지대 삼림에서 기원하며 로부스타가 대표적이다. 나무는 카네포라종이 오래되었는데, 재배 역사는 아라비카가 가장 오래된 셈이다.

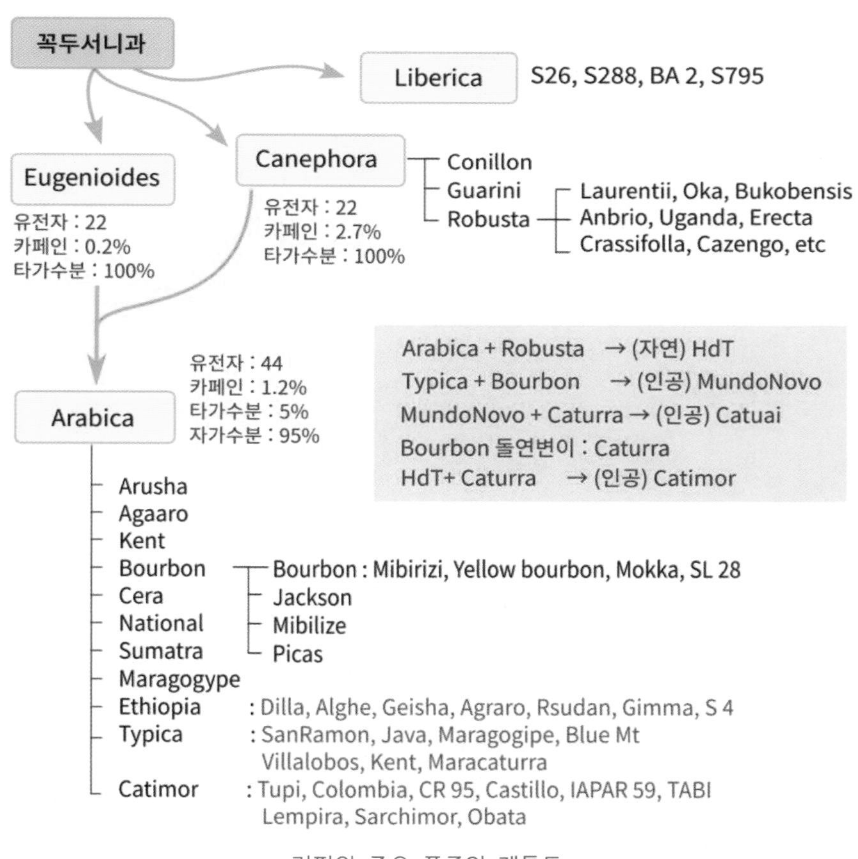

커피의 주요 품종의 계통도

- 커피 재배 지역의 분포

커피나무가 해발 2,300m에서 발견되었다는 보고도 있지만, 대부분(67%)은 해발 1,000m 미만의 지대에서 자란다. 카네포라종은 지대가 낮고 좁은 고도 범위에서 자라고, 아라비카종은 고도별 분포가 훨씬 넓어서 800~2,000m에 이르는 지역에서 자란다. 커피가 자랄 수 있는 기후와 고도는 제한적인데, 더 심각한 것은 지금 세계적으로 겪고 있는 기후 변화이다. 점점 기존의 커피 산지에서 제대로 커피를 키우기 힘들어지고 있다. 온난화가 이대로 진행되면 2100년이면 평균 온도가 3.7℃까지도 올라갈 수 있고, 전 세계 커피 생산량의 36%를 차지하는 브라질의 생산량이 30~85%까지 줄어들 것으로 예측된다. 커피 육종가에게는 온난화에 견딜 수 있는 품질 좋은 커피나무를 개발하는 것이 가장 시급한 과제가 되고 있다.

커피 재배 지역

2) 대표적 품종: 아라비카 vs 로부스타

- 아라비카종

현재 전 세계 커피 생산량의 65% 정도가 아라비카종이다. 예멘 기원의 티피카(Typica), 부르봉(Bourbon, 버번) 같은 고전적인 품종이나 그 변종인 까뚜라(Caturra) 같은 품종들이 오랫동안 생산성 높고 풍미도 모범적이라고 여겨졌다. 이보다 품질이 높다고 인정받던 것은 라우리나(Laurina), 모카(Moka), 블루마운틴(Blue Mountain) 같은 일부 특별한 품종뿐이었다. 이에 비해 게이샤(Geisha), 루메 수단(Rume Sudan) 등 에티오피아와 수단 지역에서 기원한 커피는 야생종 또는 반야생 선택 종으로서, 품질은 좋아도 생산량이 많지 않아 틈새시장을 차지한다.

1980년대 들어 곰팡이(Hemileia vastarix)에 의한 커피잎녹병(Coffee leaf rust, CLR)에 내성을 지닌 아라비카종의 필요성이 커지면서, 질병 저항 인자를 가진 품종을 찾는 유전학적 연구가 활발하게 이루어졌다. 아라비카종과 로부스타종은 유전적으로 가까운 편이지만 로부스타의 저항 인자를 넣어 주기는 쉽지 않았다. 그래서 육종학자는 아라비카와 상호 교배가 잘 되고, 저항 인자가 들어간 티모르 교배종(Tymor hybrid, 아라비카와 카네포라의 자연 교배종)을 주로 사용했다. 그 결과 까띠모르(Catimor), 사치모르(Sarchimor) 같은 생산성이 높고, 녹병에 내성을 가진 몇 가지 품종이 개발되었다. 하지만 이 신품종도 완벽하다고는 할 수 없다. 품질에 초점을 맞추어 선택 작업을 지속하면 음료 품질이 훌륭한 품종을 얻을 수 있을 것으로 기대한다. 그 예로 콜롬비아의 까스띠요(Castillo), 케냐의 루이루 11(Ruiru 11) 그리고 브라질의 일부 품종이 있다. 콜롬비아에서 까스띠요 종에 관한 여러 번의 관능 평가 연구를 진행했는데, 그 결과 F5, F6 세대에 이르러도 기존 품종과 전반적인 관능 속성에 차이가 없다고 결론 내렸다. 특정 까스띠요 계통은 기존 품종에 비해 유의미하게 품질이 우월한 것으로 나타나기도 했다.

루이루 11은 케냐의 루이루에 위치한 커피 연구소에서 개발해 1985년 공급한 것이다. 커피열매병(CBD)과 커피녹병(CLR)에 내성이 있고, 생산성이 높을 뿐만 아니라, 음료 품질이 좋고, 왜소종(Compact growth)이라 고밀도 재배가 가능하다. 선택 작업을 계속해 나가다 보면 언젠가 음료 품질이 더 뛰어나고 완전한 CBD 내성을 지닌 교배종을 얻을 것으로 기대되고 있다.

- 로부스타종

로부스타는 자가수분을 하는 아라비카종과는 달리 타가수분 종으로 암수의 유전자가 혼합된다. 다양성은 높지만, 품질의 균일성은 떨어진다. 그래서 육종 목표는 무성생식으로 번식시킨 클론 또는 통제된 환경에서 유성생식으로 번식시킨 교배종에서 우수한 품질을 골라내는 것이다. 로부스타종의 장점은 19세기 초, 아라비카종에 녹병이 발생하여 심각한 피해를 보면서 주목받았다. 문헌에 따르면 로부스타종은 1901년 자바섬에 처음 도입되었는데 콩고민주공화국에서 발견된 것을 옮겨 심은 것이다. 이 계통은 생장성과 생산성, 녹병 내성이 우수해서 급속히 퍼져 나갔다. 비슷한 시기에 아이보리코스트, 기니, 토고, 우간다 등에서도 코일로우(Kouillou), 니아울리(Niaouli), 우간다(Coffea ugandae) 등 카네포라종의 야생에서 수집한 품종을 재배하기 시작했다.

- 리베리카종

세 번째로 많이 재배되는 품종인 리베리카는 카네포라종보다 열매가 무리 지어 열리는 데다, 음료 품질이 더 뛰어나고, 씨앗도 더 무겁다는 장점이 있다. 하지만 푸사륨(Fusarium xylarioides) 균류에 취약해서 널리 재배되지 못한다. 두 종은 계통 발생상으로 매우 가깝지만, 형태학적 특성은 상당히 다르다.

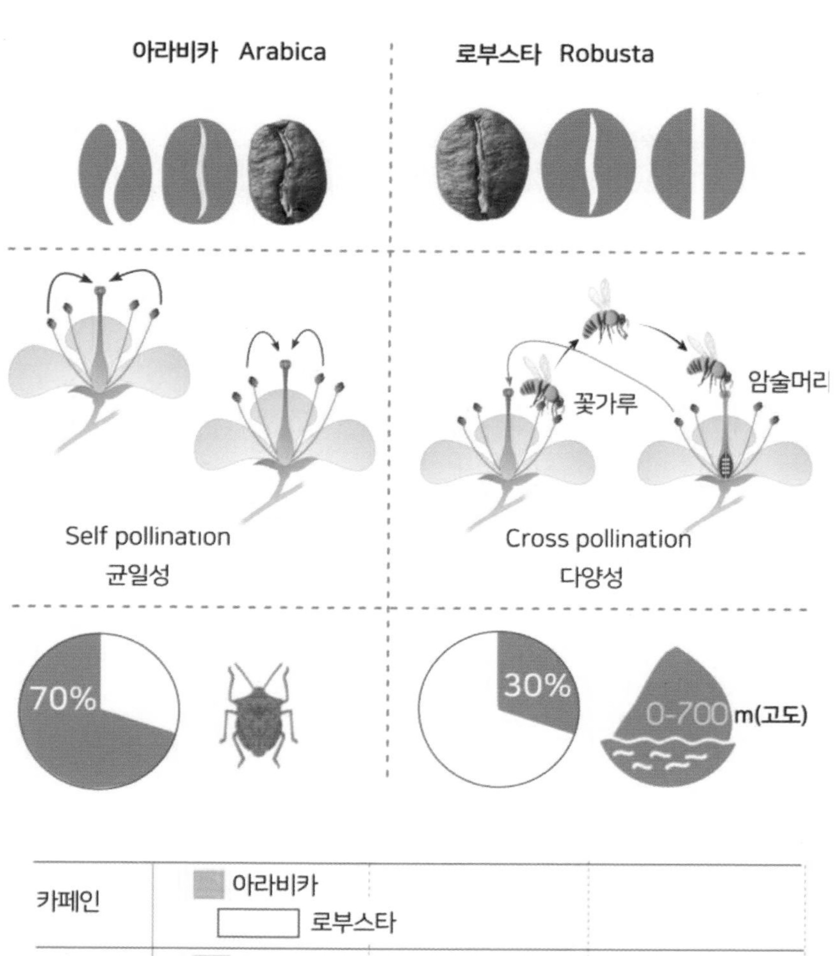
아라비카 Arabica
로부스타 Robusta
꽃가루
암술머리
Self pollination
균일성
Cross pollination
다양성
70%
30%
0-700 m(고도)

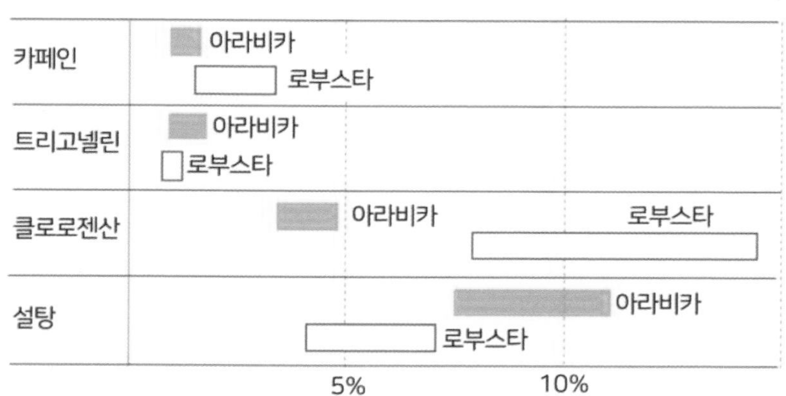
카페인
아라비카
로부스타
트리고넬린
아라비카
로부스타
클로로젠산
아라비카
로부스타
설탕
아라비카
로부스타
5%
10%

표. 아라비카 vs 로부스타

	아라비카	로부스타
원산지	에티오피아(제한된 지역)	콩고
발견 시기	6~7세기	19세기
지역	열대의 서늘한 고지대 일교차 큰 지역	고온다습 평지 저지대
기온	15~25℃ (최적 18~22℃) 무더위에 약함	18~36℃ (최적 20~25℃) 서리에 약함
습도	60~75%	80~90%
고도	600~2,400m (900~1,800m)	0~900m
유전자	44(2n=44) 4배체	22(2n=22) 2배체
번식	자가수분(>80%, 균일성)	타가수분 (다양성)
잎 모양	작고 광택이 있는 타원형	크고 폭이 넓음
꽃의 크기	작다	크다
병충해	약함	다소 강함
원두 형태	타원형, 납작, 깊은 홈	타원형~원형
뿌리	깊다(가뭄에 강함)	얕다(가뭄에 약함)
카페인	0.8~1.4%	1.7~4% (2.2%)
지방 함량	15~17%	10~12%
설탕	6~9%	3~7%
수용 성분	Low	High
개화 시기	비가 온 뒤	불규칙
개화~수확	9개월 (240일)	10~11개월 (300일)
익은 과일	떨어짐	매달려 있음
건조 기간	길다	짧다
생산(kg/ha)	1,500~3,000	2,300~4,000
나무 수명	30~50년	20~30년
생산 비율	60~70%	30~40%
용도	향미가 좋다 원두커피용	향이 약하고 쓴맛이 강함 인스턴트커피용

3) 커피 품질과 관련된 유전인자

커피 품질은 여러 요소에 따라 달라지는데, 그중 생두의 품질이 결정적이며 생두의 품질은 식물의 유전적 특성과 재배 및 가공 조건에 달려있다. 품종이 중요한 것은 유전자에 의해 속 씨의 크기, 단단함은 물론 성분 조성까지 달라지기 때문이다. 생두는 다른 식물보다 카페인과 트리고넬린, 설탕 함량이 높은데, 이들은 커피 품종마다 함량이 다르다. 아라비카 품종은 설탕과 트리고넬린 함량은 높고 카페인 함량이 낮은데, 이런 특성이 아라비카의 맛에도 공

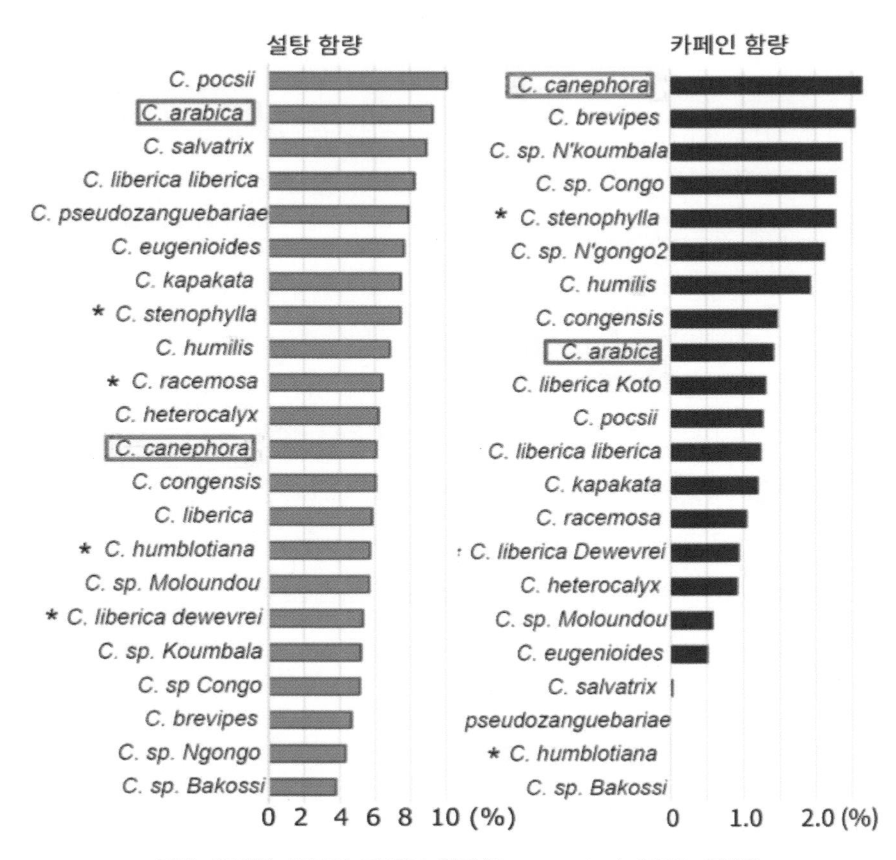

커피 품종별 설탕과 카페인 함량(Campa et al, 2004, 2005)

헌한다. 물론 이 세 가지 성분만으로 커피의 품질을 단정 지을 수는 없다. 로부스타의 품질은 지질과 카페인 함량, 커피콩의 무게 등의 특성은 유전적 요인이 높게 작용하고, 트리고넬린, 클로로젠산CGA, 설탕 함량은 그보다는 적게 작용하는 것으로 나타났다.

수백 가지 커피 성분 중에서 가장 많이 연구된 것은 카페인이다. 카페인은 차(Camellia spp.), 카카오(Theobroma spp.), 과라나(Paullina cupana) 등 일부 식물에 있는 퓨린(Purine)계 물질이다. 카페인은 씨앗, 떡잎, 잎에 축적되어 있으며 해충에 관한 방어기제 외에 다른 식물의 성장을 방해하는 타감작용을 하는 것으로 알려져 있다. 카페인의 작용은 10장에서 자세히 알아볼 예정이다.

지금 커피 육종의 최우선 과제는 기후 온난화에 대비하여 지금보다 높은 기온에 잘 적응하는 아라비카 품종을 개발하는 것이다. 시장에서 고품질 커피 수요가 점점 늘고 있어서 품질이 좋고, 생산성이 좋고, 병충해에 강하고, 기후 변화에 잘 견디는 품종의 개발이 육종의 핵심 목표이다. 이를 위해 야생종의 발굴에도 꾸준히 노력하고 있는데, 아직 발견되지 않은 품종도 많을 것으로 추정한다. 1995년에서 2005년 사이만 해도 45개 이상의 새로운 종이 등재되었고, 카메룬에서는 코페아 속 품종의 절반이 지난 10년 사이에 발견되었다. 그중 주목받고 있는 종으로는 차레리아나(Charreriana)와 안토니(Anthonyi)가 있다. 차레리아나는 카페인이 없는 종으로서는 중앙아프리카에서 처음으로 발견된 것이다. 안토니는 잎이 작은 품종이고, 자가수분이 가능하여 육종에서든 계통발생론에서든 상당한 관심이 모이고 있다.

2. 커피의 재배 및 수확

1) 커피의 성장 단계

커피나무는 꺾꽂이 방법으로도 번식할 수 있지만, 주로 씨앗을 발아시켜 번식시킨다. 여기에서의 씨앗은 완전히 가공된 생두가 아니라, 파치먼트(내과피, Parchment, Hull) 상태를 말한다. 씨앗을 잘 발아시키기 위해서는 먼저 좋은 씨앗을 선발한다. 생산량이 많고 병충해가 없는 커피나무의 잘 익은 열매가 대상이 된다. 커피 열매의 과육을 제거하고 물로 씻은 후 발효로 점액질을 제거한다. 발효 과정 중 물에 뜨는 것은 내용물이 빈약한 것이니 버린다. 그렇게 선발한 파치먼트를 바로 심기도 하고, 수분 함량이 9~12%가 되도록 통풍이 잘되는 곳에서 햇빛에 잘 건조한 후 보관하다 나중에 싹을 틔우기도 한다.

과육이 있으면 썩기 쉽고, 파치먼트 상태에서도 발아에 충분한 저장 에너지가 있어서 파치먼트 상태로 보관하는 것이다. 수분을 건조해도 발아력이 유지되며, 오히려 수분 함량이 높으면 배젖이 활성화되기 쉽고, 활성화되면 그만큼 저장 에너지가 손실된다. 잘 보관된 종자는 보통 일 년 정도 후에도 싹을 틔울 수 있으며, 햇빛을 피하여 적정한 습도에서 잘 보관하면 2~3년 후에도 발아시킬 수 있다. 파치먼트 상태를 구할 수 없을 때는 파치먼트가 제거된 생두를 사용할 수도 있는데, 수확한 지 4개월이 넘지 않은 것이 좋다. 수확 후 지나간 시간이 길어짐에 따라 싹을 틔우는 데 걸리는 시간이 길어지며 발아율도 떨어진다. 파치먼트가 제거된 생두를 사용하면 싹을 틔울 확률이 떨어지는 이유는 파치먼트를 제거하는 과정 동안에 씨눈이 손상을 받기 쉽기 때문인데, 특히나 생두를 건조기로 건조한 경우는 전혀 발아되지 않는다.

발아시킨 묘목을 농장에 옮겨 심은 후 3~4년이 지나면 꽃이 피기 시작하고, 5년이 지나면 경제성 있는 수확이 가능하다. 상당히 오랫동안 수확이 가능하나 20~25년 이후에는 경제성이 떨어져 베어내고 다시 심는 것이 일반적이다. 노쇠한 나무의 가지를 밑동에서 60cm 정도 남기고 베어내면 다시 가지를 뻗기 시작하는데 이렇게 5년 정도 더 수확한 후 나무를 아예 베어내기도 한다. 커피나무는 종에 따라 차이가 있지만 일반적으로 가지치기를 하지 않으면 10m 이상 자라기도 한다. 나무의 크기가 너무 크면 수확에 어려움이 많고 열매도 많이 맺지 않으므로 농장에서는 주로 3m 이하로 관리를 하며, 가지가 옆으로 넓고 밀도가 높게 뻗도록 가지치기한다.

커피의 발아 과정

- 커피 꽃

커피 꽃은 흰색으로 잎이 붙어있는 가지 부분에 여러 개가 한꺼번에 피고, 크기는 2cm 정도이며, 재스민과 유사한 달콤한 크림 향이 난다. 꽃이 피어있는 시간은 일주일 미만이지만, 한 나무의 가지라도 꽃이 피는 시기는 차이가 있어 한 나무에 꽃이 피어있는 기간은 약 한 달이 걸린다. 개화 시기 직전부터는 충분한 물의 공급이 필요하다. 아라비카종은 자화 수분으로 스스로 열매를 맺게 되며, 로부스타종은 타화수분으로 다른 나무의 꽃과 수분을 한 뒤 열매를 맺게 된다. 곤충을 불러들여야 하는 로부스타종의 꽃이 더 강한 향기를 내뿜는다. 커피나무는 한 나무에서 꽃과 열매가 함께 달린 것을 볼 수도 있다. 건기와 우기의 구별이 대체로 뚜렷한 고산지대의 경우 꽃이 피는 시기와 열매가 열리는 시기가 뚜렷이 구분되지만, 연중 비가 오는 낮은 지대의 경우 일년 내내 꽃이 피고 열매가 열리는 것을 반복한다. 그래서 꽃망울, 꽃, 녹색의 열매, 붉은색의 열매를 한 나무에서도 볼 수 있다.

꽃과 익은 열매가 동시에 존재할 수 있는 커피(사진: 셔터스톡)

- 커피 열매

꽃에서 수정이 일어난 후 6~8주 정도가 지나면 세포분열이 시작되고, 작은 핀 머리 정도 크기의 열매가 맺힌다. 이 열매는 개화 후 15주까지 급속히 성장하여 완벽한 열매의 모양을 갖추고 그 이후에는 더 이상 커지지 않는다. 그 과정에 점점 내용물이 채워져 개화 후 30~35주가 지나면 열매는 다 익어서 녹색에서 노란색을 거쳐 붉은색으로 변한다. 커피 열매의 성장은 기본적으로 4단계를 거친다. 커피콩 형성부터 약 8주까지가 1단계이고, 다음 26주까지는 2단계, 32주까지는 3단계이며, 4단계 이후는 너무 익은 단계다. 32주 차(225일 차)를 넘어서면 커피콩은 어두운 보랏빛으로 변하면서 농익는 상태로 들어가는데 결국엔 말라서 무게가 줄고 어두운색 내지는 검은색이 된다. 이때 달콤한 와인 향과 함께 특유의 향미 특성이 더해진다.

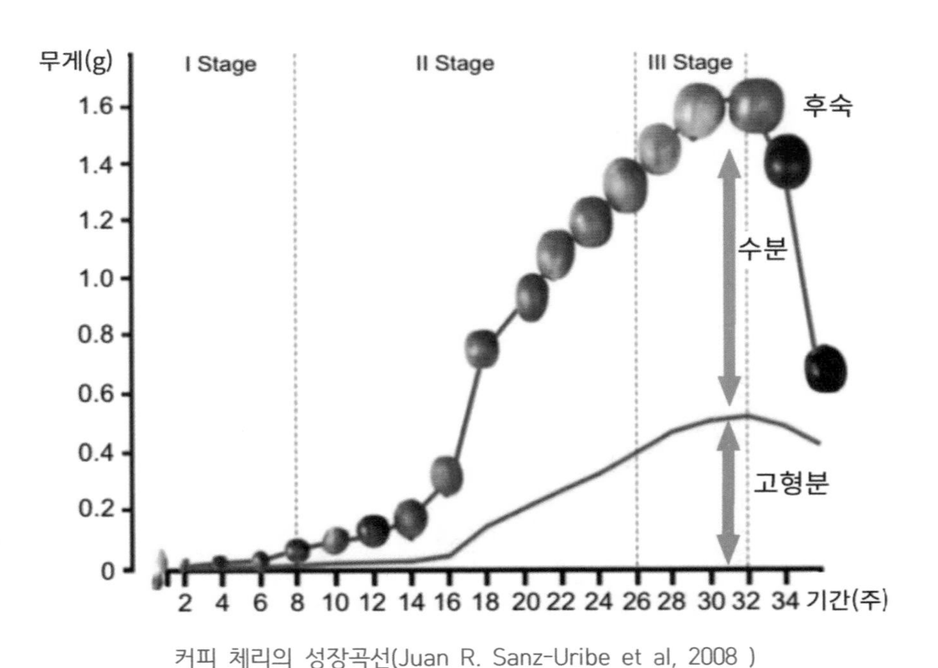

커피 체리의 성장곡선(Juan R. Sanz-Uribe et al, 2008)

커피의 수확에 알맞은 시기를 확인하는 방법으로는 색을 확인하는 것 외에 '당도 측정법'이 있다. 점액질의 설탕을 비롯한 수용성 물질의 당도(Brix)를 재는 것이다. 당도는 익을수록 높아지고, 농익는 단계에서 최고치에 올랐다가 점점 마르기 시작하면서 낮아진다.

이렇게 만들어진 커피 체리는 겉에서부터 단단한 외피(Skin, Exocarp), 과육(Pulp, Mesocarp), 다갈색의 단단한 내과피(Parchment, Hull, Endocarp), 얇은 은색의 씨껍질(Silver skin), 씨앗(Bean, Cotyledon)의 순으로 이루어져 있다. 과육과 내과피의 사이에는 아주 끈적끈적한 점액질(주로 펙틴)층이 있다. 우리가 흔히 접하는 생두는 이러한 껍질을 모두 벗긴 것이다. 2mm 정도의 두께로 이루어진 과육은 연노랑 색으로 약간 단맛과 신맛 그리고 특이한 향이 있다. 씹을 때의 촉감은 대추와 비슷한 느낌이지만 식용으로 먹기에는

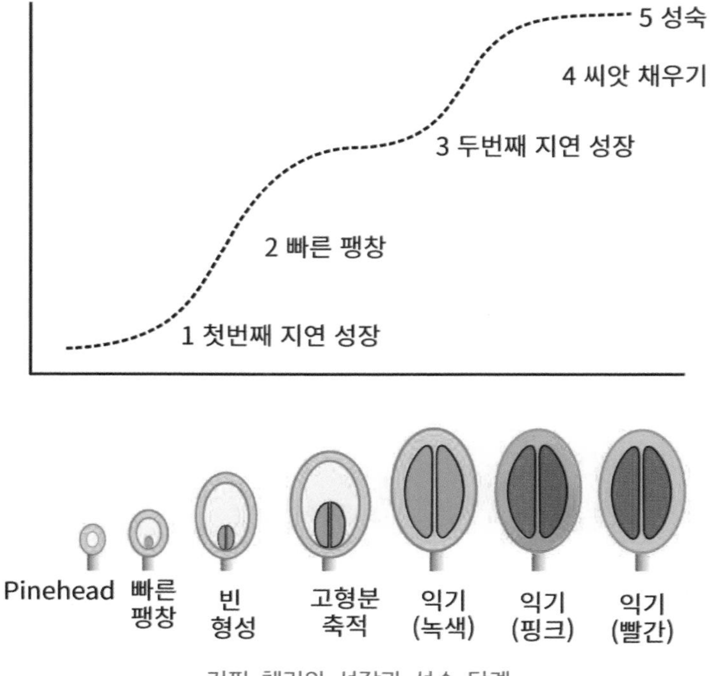

커피 체리의 성장과 성숙 단계

다소 부족한 편이다. 일반적으로 체리 안에 두 개의 씨앗이 마주 보고 들어 있고, 이를 평두(Flat bean)라고 한다. 한쪽 면은 둥글고 반대쪽은 평평한 모양을 하고 있다. 수정이 충분하지 못하거나 영양 상태가 좋지 못할 때 또는 나무의 끝부분에서 열린 열매 중에는 둥근 모양의 씨가 하나밖에 없는 때도 있다. 이를 환두(peaberry)라고 하는데 수확량의 10% 정도를 차지한다. 생김새부터 달라서 커피를 균일하게 볶기 위해 별도로 분리하는 것이 바람직하다.

열매가 익는 데 아라비카는 약 6~8개월, 로부스타는 약 9~10개월이 걸리는데 아라비카 원두 하나의 무게는 0.18~0.22g, 로부스타는 0.12~0.15g 정도로 아라비카가 더 큰 편이고, 로부스타가 아라비카보다 단단한 편이다.

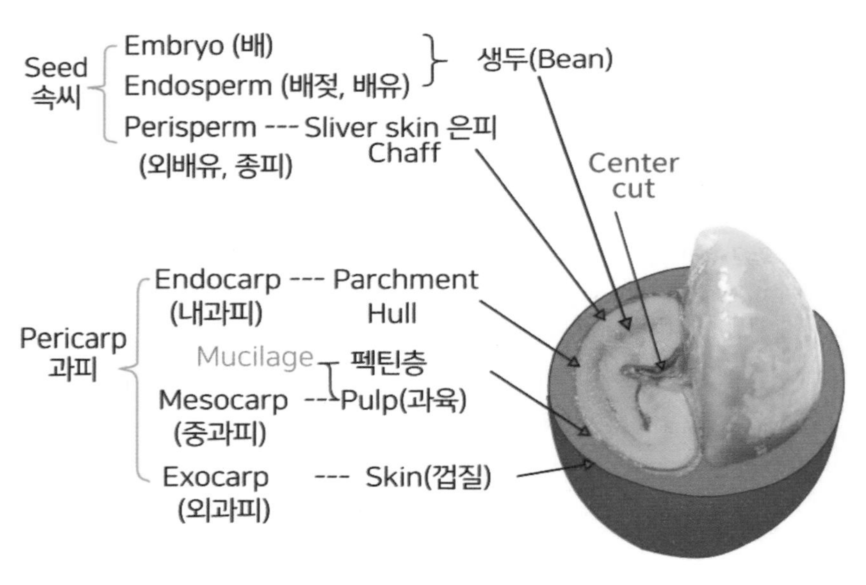

커피 체리의 내부 구조와 명칭

2) 아라비카의 재배

카네포라종의 넓은 자생지에 비해 아라비카종의 자생지는 훨씬 제한적이다. 현재 해발 1,200~1,950m인 에티오피아 우림 지대에 자라고 있다. 아라비카 중 가장 널리 재배되고 있는 종은 티피카이며, 그다음은 버번(Bourbon)이다. 나머지 종은 이들이 개량되거나 변화된 종으로 특히 키가 작은 변종이 주목받고 있는데, 카투라(Caturra), 카투아이(Catuai), 문도노보(Mundo Novo), 자메이카 블루마운틴, 카티모르(Catimor), 마라고지페(Maragogype) 등이 있다.

티피카(Typica)는 가지가 뻗어나갈 때 항상 두 가지가 직각을 이루며 대칭적으로 뻗어나가는 것이 특징이고, 버번(Bourbon)은 두 가지가 55도 정도로 뻗어나가므로 외관으로 쉽게 구별할 수 있다. 아라비카 원두는 녹색의 타원형으로 납작하고 길며, 표면에 파진 홈이 굽어 있다. 나무가 자라면 4~6m 높이가 된다. 최적 기온은 15~24℃로 너무 더워도 곤란하다. 25℃ 이상에서는 광합성이 감소하며, 30℃ 이상에서는 잎이 손상을 받는다. 기온이 높아질수록 녹병(Leaf rust)의 발생률이 높아져서, 기온이 높은 저지대는 재배가 힘든 것이다(30℃ 이상에서는 2~3일 정도밖에 견디지 못한다).

잎의 성장은 저온에 영향도 받아 5℃ 이하에 노출되거나, 서리를 맞으면 나무가 얼어 죽게 된다. 적도 지역의 경우 고온에 약한 아라비카는 기온이 낮은 고산지대에서 주로 재배된다. 그래서 유명한 아라비카종의 이름에 그 지역의 대표적인 산의 이름을 사용하는 경우가 많다. 바람이 많거나 습도가 낮은 곳도 커피 재배에 적합하지 않다. 환경이 열악한 지역에서는 그늘 수(Shade tree), 바람막이(Wind break), 서리 방지(Frost protection) 등의 인위적인 수단을 동원해야 한다. 강수량은 1,500~2,500mm가 최적으로 9개월에 걸쳐 골고루 비가 오고, 수확기인 3개월 동안은 건기가 유지되는 것이 이상적이다. 강수량이 적은 곳에서는 인공적인 관개시설을 갖추어야 한다.

- 왜 일교차가 큰 지역의 커피 향이 좋을까?

고도와 온도는 커피 품질에 많은 영향을 미친다. 아라비카는 에티오피아 고지대에서 유래했고, 그 맛은 그와 유사한 재배 조건에서 가장 잘 유지된다. 적도 근처 고지대가 아라비카 경작에 유리한 것이다. 그런 온도에서 커피 열매를 천천히 일정하게 자라고 그렇게 자란 원료(생두)는 균일성이 높아 품질이 안정적이다. 그리고 고지대 밤낮의 일교차는 생두에는 맛과 향이 될 수 있는 당류와 가용성 물질이 더 풍부해진다. 이것은 다른 과일도 마찬가지다. 포도의 경우 기온이 35℃ 정도의 고온이 지속되면 품질이 나빠지는데, 밤에는 광합성은 없이 호흡 작용만 하므로 밤 기온이 높으면 낮에 광합성으로 만든 당 등을 밤에 많이 소비해 버린다. 적절한 온도에서는 호흡에 의한 분해 작용보다 광합성에 의한 동화량이 많아져서 열매로 당분을 보낼 수 있다.

커피 등 많은 작물도 적당한 스트레스가 향미에는 도움이 되는 것이다. 커피도 고지대일수록 일교차가 크고, 향미가 강하고 복합적이고 신맛이 강한 경향이 있다. 향미 물질은 1차 대사산물이 아니라 방어 등의 목적으로 만든 2차 대사산물이기 때문이다.

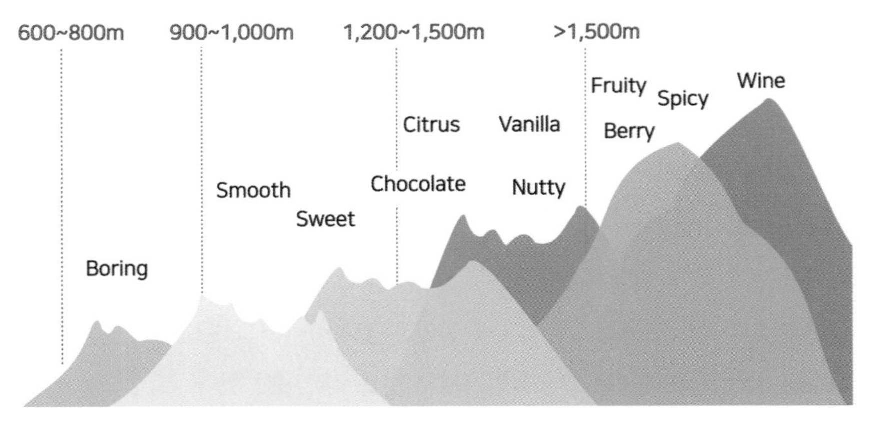

재배 고도와 커피의 관계

3) 로부스타의 재배

1898년 콩고의 남동지역에서 처음 발견된 로부스타종은 아라비카종에 비해 고온과 많은 비에도 더 잘 견디며, 병충해에도 강하다. 로부스타는 원래 카네포라 품종의 하나인데, 지금은 워낙 대중적이라 카네포라 품종의 대명사처럼 쓰인다. 나무는 다 자라면 12m에 이르기도 하며, 잎도 크다. 그러나 원두는 아라비카 품종보다 작고, 불룩하고 갈색의 둥근 모양을 하고 있다. 로부스타(카네포라종)는 야생에서, 특히 콩고 분지에서 다양한 형태로 나타나고 품종마다 고유한 향미 특성이 있다. 하지만 아라비카종에 비해 개별 품종에 대한 관능 특성 연구가 크게 부족하다.

지난 20년간 로부스타종에 관한 가장 큰 연구 성과를 낸 곳은 인도이다. 인도에서 상업적 규모로 재배되는 주요 로부스타 품종은 올드 로부스타/ 페라데니야(Peradeniya), S.274, CxR 등이다. 올드 로부스타는 19세기 초 스리랑카(과거 실론)에서 넘어온 것이고, S.274는 1940년대 말 인도 커피 연구소가 공개한 첫 로부스타 선택 종이다. 올드 로부스타 계통은 초콜릿과 몰트 느낌에 밝은 귤 향이 감지되는 반면 S.274는 초콜릿, 캐러멜, 견과류 느낌에 스파이스 향이 살짝 가미되어 밝은 느낌을 더한다. CxR은 카네포라 종과 콘젠시스 종을 교배해 얻은 것으로 커피콩이 매우 크고 굵은데, 음료는 강하지 않고 부드럽고 미끈한 느낌에 과일 향이 나고 쓴맛이 거의 없다.

- 로부스타 재배 고도

로부스타의 재배 고도도 음료 품질에 영향을 미친다. 1,000m 이상 고도에서 생산된 커피는 더 단단하며 음료는 더 깔끔하고 밝은 느낌이 난다. 해발 1,500m의 화산토에서 재배된 탄자니아산 건식 로부스타 커피는 과일 향에 부드러운 질감과 달콤새큼한 느낌으로 아라비카에 비견될 정도라고 보고된 적이 있다. 고지대에서 성장과 발육이 천천히 일어나면서 고유의 향미가 정제되고 강화되어 잘 드러났기 때문이다. 같은 종류라도 저지대에서 재배하면 이런 향미가 선명하게 나타나지 않고 둔해진다. 해발 1,000m 이상 고도에서 재배된 인도산 로부스타 커피는 향미가 깔끔하고 달콤새큼한 느낌이 있어 단독으로 판매할 정도다. 1,000m 이하 고도에서 그늘 재배된 로부스타는 완성된 음료가 부드럽고, 향이 좋다고 한다. 인도에서의 진행된 연구 결과에 따르면 아라비카처럼 로부스타 경작도 그늘나무를 사용하면 음료 품질이 더 낫다는 것이다. 오렌지, 바나나, 사포딜라 나무 아래 재배된 로부스타는 쓴맛이 줄어들고 밝은 느낌에 과일, 견과류, 초콜릿 향이 나타나며 질감이 곱고 부드러워진다. 일부 인도 농장에서는 후추 덩굴 가까이, 심지어 덩굴이 커피나무를 감고 올라갈 정도로 로부스타를 재배했는데 음료에 스파이스 향이 뚜렷이 드러난 사례가 있다. 다만 이는 관능에 의존한 것으로 이를 확증해 줄 만한 과학적 연구는 아직 없다.

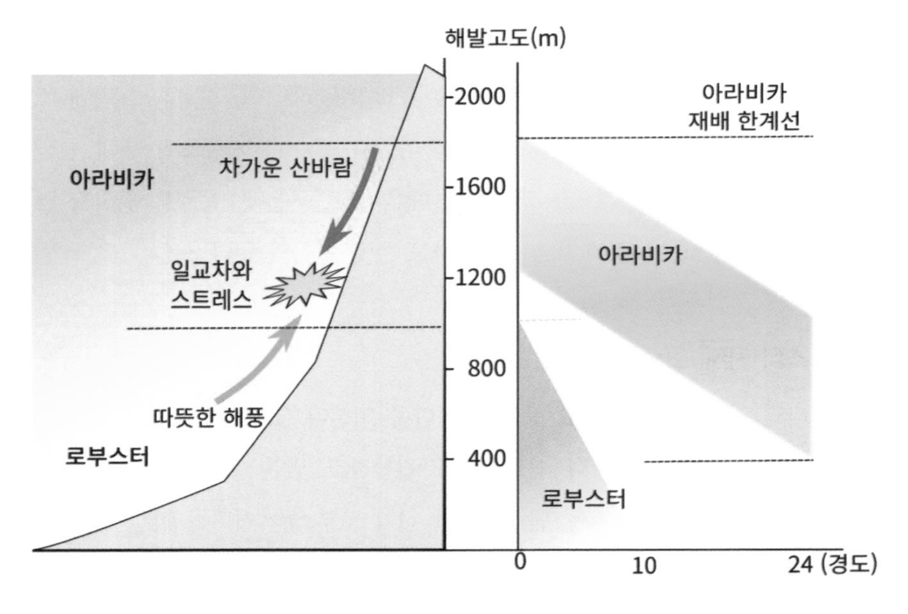

4) 커피 재배의 어려움

- 커피 녹병(Coffee Leaf Rust, CLR)

커피의 녹병을 일으키는 곰팡이(Hemileia vastatrix)는 1861년 영국의 식물병리학자(Berk. & Broome)들이 동아프리카 호수 근처의 야생 커피에서 최초로 발견했다. 커피 녹병균에 감염된 커피는 잎의 아랫면에 오렌지색 반점이 생기고 시간이 지날수록 세포들이 파괴되어 갈색 반점을 남기며 결국에는 잎이 떨어지게 된다.

이런 녹병은 최근 갑자기 발생한 병은 아니다. 이들은 원래 야생 커피 서식지에 커피와 같이 공존하던 균이었는데 당시에도 큰 문제를 일으키지 않았다. 다른 미생물들과 경쟁하고 공존하는 생태계에서 존재했기 때문이다. 하지만 이런 관계는 1500년대, 커피가 본격적으로 재배되기 시작하면서 깨어지기 시작했다. 첫 번째 녹병 유행은 실론(현재 스리랑카)과 인도에서 발생했다. 1840년대 유럽의 커피 재배가들이 단일종 재배 방법을 스리랑카에 도입했고, 그늘나무가 없어 바람으로 전파되는 포자들을 물리적으로 막을 장해물이 없어지고, 환경 또한 풍부한 강우량으로 인해 녹병이 창궐하기 더 쉬워졌다. 녹병이 계속 퍼져나가자, 커피 재배 지역은 고지대의 서늘하고 건조한 지역에 한정되었다. 고지대 재배가 커피 품질을 위한 선택이었을 뿐 아니라 생존을 위

커피 녹병(CLR)에 걸린 잎

한 선택이었던 것이다. 인도네시아에서는 저항성 품종을 찾다가 1900년대 초 로부스타 품종을 들이게 되고, 1935년도까지 90% 이상 로부스타가 차지했다. 2000년대에 들어서도 여전히 커피 녹병은 커피 생산에 가장 큰 위험이다. 저항성 품종 육종을 위해 대표적으로 사용되는 품종은 HdT(Hybrid Timor)인데, 1920년대 티모르섬에서 발견된 이 품종은 아라비카와 카네포라의 자연 교배종이라 저항성 유전자를 보유하고 있다. 그래서 저항성 품종은 보통 카티모르(Hdt x Cattura), 사치모르(Hdt x Villa sarchi)를 기반으로 육종되었다.

- 생감자취(Potato Taste Defect, PTD)

아프리카 Great Lakes 주변의 커피 생산국은 가장 좋은 원두를 생산하는 것으로 유명하다. 에티오피아, 케냐, 부룬디, 르완다, 콩고, 탄자니아, 우간다 등이다. 문제는 생감자취 결함(PTD)의 발생이다. 문제가 생긴 커피는 생감자 껍질 같은 향이 강하여, 다른 섬세한 향을 압도한다. 르완다는 농업에 의존도가 높고 커피가 전체 수출의 25%를 차지하는데, PTD로 큰 타격을 받고 있다. 이런 PTD는 1940년에 처음 발견되었고, 원인의 유력한 후보가 Antestia라

PTD를 일으키는 곤충과 원인 물질(Bean pyrazine)

불리는 벌레(Stink bug)이다. Susan Jackels는 PTD에 관한 여러 연구 논문을 발표했으며 Antestia와 PTD 사이에 최소한 두 가지 메커니즘이 있다고 한다. 하나는 벌레가 커피 열매에 세균이 침입할 수 있는 구멍을 남기고, 세균이 PTD를 유발하는 악취가 나는 피라진을 생성한다는 것이며, 또 다른 하나는 벌레의 침입으로 커피나무가 스트레스 반응으로 특별한 피라진(2-이소프로필-3-메톡시피라진, IPMP)을 생성한다는 것이다. 벌레가 직접 이취 물질을 만들지 않지만, 이 벌레가 가한 스트레스가 PTD 결함을 일으키는 데 핵심 역할을 한다. 벌레의 성충은 길이 6~8mm 정도의 방패 모양이며, 짙은 갈색에 주황색과 흰색 무늬가 있다. 이 벌레로 인한 수확량 손실은 평균 30%로 추정

르완다(Rwanda) 주변 지역 지도

되며, 르완다 커피 농장의 98.7%에 이 벌레가 있을 것으로 추산된다.

고농도의 박테리아에 오염된 생두를 60~200℃로 가열하면 IPMP가 형성된다. 생두일 때는 감지하기 힘든 냄새가 로스팅의 과정을 통해 확연히 발현되는 것이다. 이 지역은 컵 점수 90점 이상의 좋은 원두를 생산할 환경을 갖추고 있지만, PTD 때문에 큰 피해를 당하고 있다. 2013년 CoE(Cup of Excellence)에 부룬디 참가자의 60%와 르완다 참가자의 50% 이상이 PTD로 인해 대회에서 기권해야 할 정도였다.

한편 PTD에서 '감자'라는 말 대신에 Vegetal, Musty 또는 흙내(Earthy) 같은 표현을 사용할 것을 요청하기도 한다. 감자라는 단어 때문에 오해도 벌어지기 때문이다. 커피의 향기 훈련을 할 때 많이 사용하는 아로마 키트(르네 뒤뱅)의 3번 향이 완두콩(Garden peas)의 냄새라고 하고, 갓 수확한 어린 완두와 꼬투리에서 맡을 수 있는 섬세한 향취라고 설명되어 있다. 우리의 코는 이물질이 리터당 2ng(나노그램)만 있어도 감지할 정도로 예민하다. 외국 조향사들도 이 물질의 냄새를 완두콩, 흙냄새, 초콜릿, 너트 느낌으로 묘사하는데, 한국인이라면 누구나 알고 있는 '인삼 향'이기도 하다. 하지만 인삼을 모르는 사람은 그 냄새만으로는 결코 인삼을 떠올릴 수 없다.

그러면 IPMP는 좋은 냄새일까 아니면 이취일까? 인삼 냄새라고 느끼면 한국인에게 좋은 향이겠지만, 커피에서 나는 그런 냄새까지 좋아하기는 힘들다. IPMP의 냄새는 인삼, 칡 등의 냄새이지만 인삼의 냄새는 사실 생감자 껍질의 풋내, 완두콩의 풋내이기도 해서, 가열로 만들어지는 향미와는 결이 매우 다르다. 그래서 나는 시향 교육을 할 때마다 향의 호불호는 그 자체에 있는 것이 아니라 농도와 맥락에 따라 완전히 달라지는 경우가 대부분이라고 강조한다. 이점이 향을 이해하는 가장 핵심적인 지식의 하나이다.

5) 커피의 수확

커피나무는 심은 지 3~4년이 지나면 열매를 맺는다. 꽃은 보통 며칠이면 지지만 꽃가루 수분이 이루어진 6~8주 정도면 작게 솟아난 열매를 맺는다. 또한 작은 열매가 15주 정도 자라면 원두의 외피가 모양을 갖춘다. 꽃이 핀 후 19주 정도 자라면 원두는 외피가 만든 공간을 채우게 된다. 또한 커피 열매가 익어가면서 색깔이 초록→ 노랑→ 빨간색으로 변해가며, 꽃이 핀 후 약 30~35주 후에 수확할 수 있다. 열매의 크기에 비해서는 아주 긴 편이다.

커피 열매의 수확기는 지리학적인 위치에 따라 달라지지만, 한 해에 한 번 수확하는 것이 일반적이다. 우기와 건기의 구별이 뚜렷할 경우 북반구에서는 9월에서 3월까지, 남반구에서는 4월에서 5월까지(8월까지도 수확이 계속되기는 한다)가 주 수확기다. 건기 우기가 뚜렷하지 않은 적도 부근의 나라는 일년 내내 수확이 가능하다.

- 수작업(핸드 픽, 선택적 수확)과 기계 수확(무작위 수확)

커피를 수확하는 방법은 손으로 따는 방법(핸드 픽)과 기계로 따는 방법(기계 수확)으로 나뉜다. 어떤 방식을 선택하느냐는 지역, 경사, 노동 비용, 농장 크기, 열매 성숙 편차 등에 따라 달라진다. 커피나무에는 덜 익은 녹색의 열매와 다 익은 붉은색의 열매, 심지어 막 피어난 꽃까지 같이 달린 때도 있어서 일일이 손으로 다 익은 열매를 골라 따야 좋은 품질의 커피 원두를 얻을 수 있다. 그러나 브라질처럼 수확량이 많은 나라의 경우에는 적당한 시기에 나뭇가지를 잡아 훑어 내리거나 기계로 수확하는 때도 있다. 이를 무작위 수확(strip picking)이라고 하는데 잘 익은 열매뿐 아니라 덜 익은 열매와 너무 지나치게 익은 열매를 한꺼번에 수확되어 균일성이 떨어진다.

수작업을 통해 잘 익은 열매만 골라 수확하는 것을 선택적 수확(Selective

picking)이라고 하는데, 8~10일의 간격을 두고 3~5회에 걸쳐 커피나무에서 익은 열매만을 딴다. 이 방법은 주로 아라비카에 적용되며, 비용이 드는 대신 품질이 좋다. 농장 전체를 다니며 익은 열매를 반복해서 선별 수확하는 것으로 매우 노동 집약적이므로 비용이 많이 들지만, 그만큼 선별된 것이라 가격을 높게 받을 수 있다. 일꾼 한 명이 하루에 30~45kg의 원두를 수확할 수 있다. 높은 가격을 받을 수 있는 지역이나, 경사가 급하거나 지형이 까다로워 대형 기계를 사용하기 불가능한 지역에서 선호된다.

기계로 커피를 수확하는 방법은 평지의 아주 넓은 농장에서는 유용하다. 아래위로 진동하는 수많은 가느다란 봉이 장착된 차량이 커피나무에 달린 열매를 모두 땅으로 떨어뜨린다. 이후 진공 청소 차량과 유사한 차량이 지나가며 이를 흡입하여 열매와 나머지 이물(흙, 가지, 잎 등)을 분리한다. 브라질 미나스제라이스주의 세하두 지역은 관개농업을 하므로 열매가 일정한 시기에 함께 익는다. 그 덕분에 덜 익은 열매를 줄일 수 있다. 무작위 수확은 100kg에서 150kg, 기계를 이용하면 기계 한 대가 250명 정도의 사람을 대체할 수 있어 경제적이기는 하다.

훑어 따기(Stripping) 같은 수확법도 있는데 가지에 달린 열매를 잘 익었는지를 따지지 않고 훑어서 따는 방법이다. 이 경우 수확한 열매를 프로세싱 전에 분리해야 한다. 브라질에서는 소형 엔진이 달린 휴대형 진동 수확기가 점차 보급되고 있는데, 기계식이긴 하지만 어느 정도 선별 능력이 있다. 점점 개선된 장비들이 사용되고 있다. 아라비카는 체리 500kg, 로부스타는 체리 350kg 정도에서 생두 100kg이 얻어진다.

3. 프로세싱, 수확 후 처리

1) 커피의 프로세싱 방법은 왜 다양할까?

커피 음료의 품질에 여러 인자가 작용하지만, 최종 컵 품질에 가장 영향을 주는 요소를 꼽으라고 한다면 단연 결점두(Defect)일 것이다. 영양 부족으로 미숙한 상태의 생두, 체리가 완전히 익기 전에 수확한 경우, 병충해 피해를 보거나, 돌이나 나뭇가지 등 생두 이외의 이물질이 있는 경우 품질을 크게 낮추게 된다. 따라서 커피는 수확 후 최대한 잘 선별하여 결점두를 줄여야 한다. 커피를 세척하고, 물에 띄우고 골라내는 과정 등이 결점두를 제거하고 커피의 품질을 균일하고 높은 상태를 유지하는 방법이다.

수확 후 진행되는 커피 처리(processing)는 커피 체리를 생두로 만드는 과정이다. 커피에서 사람이 먹는 부분은 속 씨라서 수확한 열매에서 불필요한 부분은 제거해야 한다. 더구나 수확한 생두의 수분 함량은 60~70% 정도로 높아서, 보관이나 이송 중에 발효가 일어나거나 썩게 되므로 반드시 수분을 줄이는 건조 과정이 필요하다. 건조하는 방법은 크게 두 가지로 수세식(습식, wet processing)과 내추럴 방식(건식, dry processing)으로 나눌 수 있고, 이 두 가지 특성을 절충한 여러 혼합식(semi-washed)이 있다. 같은 수세식이라고 해도 산지마다 방법의 차이가 있다. 이런 가공법의 차이에 따라 커피콩의 품질이 크게 달라진다.

최근에는 여러 가지 가공 방법이 사용되지만, 19세기 이전에는 내추럴 즉 자연건조 방식만이 있었다. 내추럴 가공방식은 체리를 수확한 그대로 껍질을 까지 않고 말리기 때문에 체리의 과육이 건조 과정에서 생두에 흡수되어 자연스러운 과일 향과 풍부한 바디감을 가진다. 하지만 품질이 균일하기 힘든 문제가 있었다. 또한 건조에 최대 1개월 이상의 시간이 걸리기 때문에 기후적인 제한이 있고, 대량 생산에 어려움이 있다.

중남미 일부 지역은 수확기에 일조량도 충분하지 않고, 비가 오는 경우가 있었기 때문에 10일 이내에 커피를 건조할 방법이 필요해서, 과육을 제거하고 건조하는 방식을 개발했다. 그리고 더 개선하여 산미가 높고 균일한 품질의

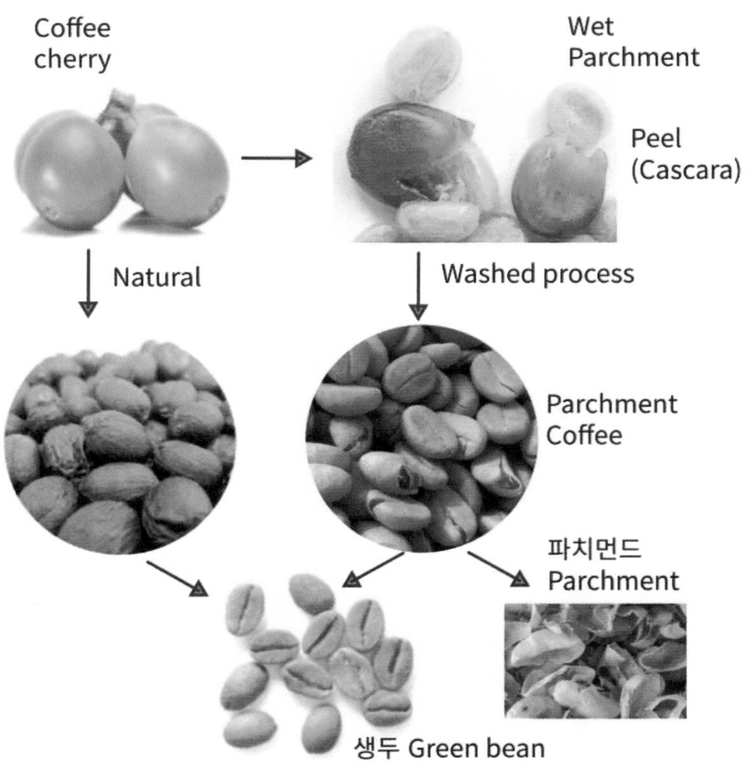

커피의 처리 단계별 명칭

커피를 생산할 수 있는 수세 방식이 되어 커피 가공의 주류로 자리 잡게 되었다. 수세 방식은 초기에는 많은 설비와 복잡한 과정이 필요하지만, 균일한 품질의 커피를 대량으로 생산할 수 있다.

최근에는 수세식과 내추럴의 장점을 결합하여 과일 향, 단맛, 깨끗한 산미 등을 많이 끌어낼 수 있는 옐로우허니, 레드허니, 블랙허니 등의 가공방식이 개발되었다. 여기에 펄프드 내추럴, 웻 헐링 같은 다양한 변종 방식이 더 있다. 이 방식들은 모두 세균이나 곰팡이가 활동하지 못하는 안전한 수준까지 생두의 수분 함량을 낮추는 것을 기본 목표로 한다.

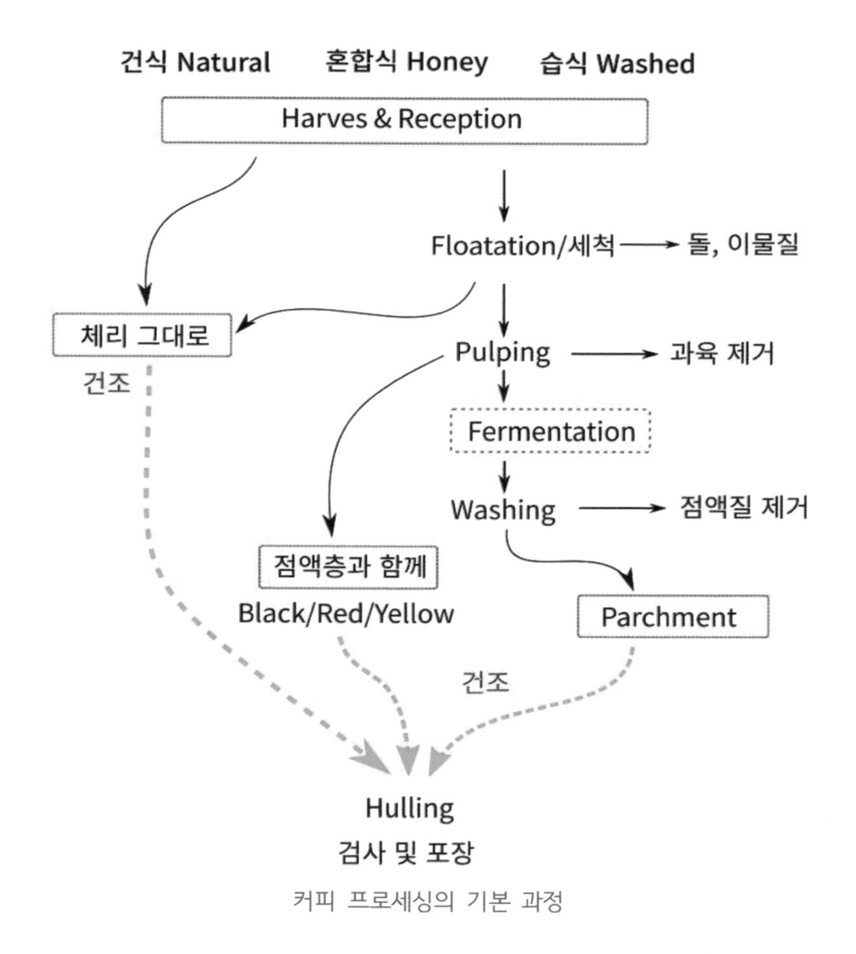

커피 프로세싱의 기본 과정

A. 자연건조 방식(과육과 함께)

자연건조 방식은 아주 오랜 옛날부터 사용하던 방식인데, 지금도 많은 물을 사용하기 힘든 지역이나 소규모 농원에서 사용되고 있다. 자연건조의 경우 햇빛을 이용하기 때문에 별도의 설비 투자가 필요 없고, 햇빛에 노출로 커피의 향미가 다소 개선이 되며, 원두의 색도 보다 짙은 녹색을 띠게 된다. 단점으로는 커피 열매에는 많은 당분과 점액질이 있어 건조 속도가 느리고, 그만큼 넓게 펴서 건조해야 하므로 꽤 큰 규모의 건조장이 필요하다는 것이다. 건조 전 생두의 수분 함량은 60% 정도로 그대로 방치하면 썩어버린다. 10~12%까지 말려야 안전해진다. 수분이 13% 이상이면 저장 중에 발효가 일어나거나 곰팡이가 생길 확률이 높으며, 지나치게 건조되어 수분이 8% 이하가 되면 커피의 향미가 좋지 않다.

수확한 체리 중 덜 익었거나 너무 익은 것, 손상된 것을 제거하는 분리 과정을 거친 후 주로 시멘트나 콘크리트로 만들어진 건조장(patio, drying yard)에서 건조한다. 날씨가 좋지 않을 경우, 인위적으로 열을 가하는 건조기가 사용되기도 한다.

자연건조는 습도가 낮고 건조 기간 중에 비가 오지 않으며, 일조시간이 충분한 여건을 갖춘 곳이어야만 가능하다. 생두를 말릴 때는 높이가 5cm를 넘어서는 안 된다. 생두가 쌓인 부분의 바닥은 생두에 의해 습기를 품게 되고

로부스타의 건조 전후의 수분 함량 변화(Juan R. Sanz-Uribe, 2008)

성숙도	Fresh bean(%)	Green bean(생두)
미성숙	67.35	10.32
반성숙	51.31	9.13
성숙	52.65	9.48
과성숙	50.05	9.43

온도가 떨어지며, 생두가 쌓이지 않은 곳은 햇볕에 의해 건조된 후 데워진다. 따라서 30~40분마다 생두를 섞어주어야 한다. 밤에는 이슬을 피하려고 한곳에 모아, 덮개를 씌워주어야 한다.

수세식으로 과육을 제거한 파치먼트(생두)는 1주일, 혼합식은 8~9일, 과육 상태로 건조하는 자연건조는 2주일 정도가 소요된다. 건조 시간을 줄여야 할 때는 건조 속도가 현저히 떨어지는 시점인 수분 15% 정도에서 건조기로 옮겨 건조하기도 한다. 인공 건조는 40~55℃의 열풍으로 3일 정도 건조를 하는데, 이보다 높은 온도에서 건조하면 원두는 싹을 틔울 수 있는 능력을 상실하게 되고, 커피의 향미가 손상을 받게 된다. 특히 60℃ 이상의 고온에서 건조할 경우, 가열 취 등 좋지 않은 향미가 발생하므로 주의해야 한다.

잘 건조된 커피 열매란?

과육 상태로 일주일 정도 건조를 하면 단단한 외과피는 검은빛을 띠는 갈색으로 변하지만 별다른 수축은 없고, 내부의 과육과 씨앗은 수축하여 외과피와 씨앗 사이에 약간의 공간이 생성된다. 따라서 잘 건조된 열매를 손에 쥐고 흔들어 보면 씨앗이 외과피를 두드리는 느낌을 받게 되는데 이때의 수분 함량이 약 20% 정도다. 건조가 끝난 열매는 껍질을 제거하는 기계(Huller)를 통해 외과피, 과육, 파치먼트, 일부의 종피가 한꺼번에 제거된다. 완벽한 종피를 제거하고자 하면 폴리싱(Polisher) 기계가 필요하다. 이렇게 껍질이 제거된 원두를 다시 일주일에서 열흘 정도 햇볕에 말려 수분이 12% 정도가 되도록 하면 건조가 끝난다.

건조가 끝난 원두는 크기에 따라 등급을 분류하고, 이물질을 제거하게 되는데 자동화된 설비를 이용하기도 하고, 인건비가 싼 나라는 수작업에 의존하기도 한다. 이후 마대에 담아 저장하게 된다. 내추럴이라고 불리는 건식법은 열매를 껍질과 점액질이 있는 채로 말린 다음 나중에 한 번에 벗겨낸다. 그래서 바디감 있고 달콤하고 부드러우며 복잡한 향미가 있는 커피 음료가 만들어지지만, 수확 때 열매 성숙도를 맞춘다거나 물에 띄워 익은 열매를 분리해 낸다거나 하는 방법 말고는 커피콩의 품질을 개선할 만한 요소는 많지 않다.

B. 수세식(과육을 제거하여 빠르게 건조)

수세식은 자연건조 방식에 비해 비용은 많이 들지만, 일반적으로 좋은 품질의 커피를 얻을 수 있어 대부분의 아라비카 생산국에서 사용되고 있다. 하지만 커피 1kg을 가공하기 위해서는 깨끗한 물 40~50리터가 필요하므로 물이 부족한 나라는 사용할 수 없다. 커피 가공에 사용된 물이 환경오염을 일으키는 문제도 있다.

수세식의 첫 단계는 선별이다. 커피 열매는 어떻게 수확하든 덜 익은 것과 과하게 익은 것 등이 섞일 수밖에 없고, 이들을 분리해야 양질의 커피를 얻을 수 있다. 과하게 익은 열매, 비정상인 열매, 나뭇가지, 잎 등은 가벼워 물에 뜨고, 잘 익은 열매와 녹색의 열매는 무거워 물에 가라앉기 때문에 이런 성질을 이용하여 첫 번째 선별이 이루어진다.

일차 선별을 거친 커피 열매는 과육 제거(pulping) 공정을 통해 다시 덜 익은 녹색의 열매와 잘 익은 붉은 색의 열매로 분리된다. 과육이 제거된 파치먼트 상태의 원두는 끈적끈적한 점액질로 덮여 있는데 이를 제거하기 위하여 발효조에서 발효를 거치게 된다. 발효조에서 4~36시간 정도 발효를 거쳐, 과육이 제거된 생두가 이송되는 과정에서 밀도의 차이를 이용해 다시 한 번 선별한다. 발효 시간은 커피의 양, 물의 온도, 습도, 효소나 미생물의 첨가 여부 등에 의해 달라진다.

점액질의 고형분은 프로토펙틴(Protopectin: 33%), 포도당과 과당(30%),

설탕 등 비환원당(20%), 셀룰로스, 회분, 펙틴 등으로 구성되어 있다. 프로토펙틴은 물에 녹지 않는 성분인데, 발효조에서 펙틴산으로 가수분해된다. 프로토펙틴의 가수분해와 펙틴의 분해가 발효 공정 동안 점액질이 제거되는 주요 반응이다. 적절한 시기에 종료해야 하며 발효가 지나치면 냄새가 발생한다. 커피를 36시간 이상 물속에서 발효하면 젖산, 초산, 프로피온산이 생성되어 아주 고약한 냄새를 풍기게 되는데 이를 스팅커빈(Stinker bean)이라고 한다.

발효가 끝난 원두는 수세를 거친 후 건조장으로 옮겨져 수분이 12% 이하가 될 때까지 건조한다. 건조가 끝난 원두의 일부는 파치먼트를 제거한 후 품질을 평가한다. 생두는 선적 전까지 품질 저하를 막기 위해 주로 파치먼트 상태로 보관되다가 선적 직전 기계로 파치먼트를 벗기고 이물질을 제거한 후 선별을 거쳐 포장된다. 파치먼트 상태는 원두의 품질을 가장 잘 보존하는 것으로 알려져 있다. 수세식으로 가공된 원두는 상대적으로 깨끗하고 농후감이 적으며 신맛이 강한 특징을 가지고 있다.

건식에 비해 습식은 맛과 향미를 제어할 방법이 많다. 건조 작업 전에 과육과 점액질을 제거하는데, 이 단계에서도 몇 가지 변화를 주면 음료 품질이나 향미 잠재력을 크게 바꿀 수 있다. 점액질 제거에 시간이 필요하며 이 과정은 물속에서 또는 물 없이 진행하는데, 이 차이만으로도 맛과 향미는 크게 달라

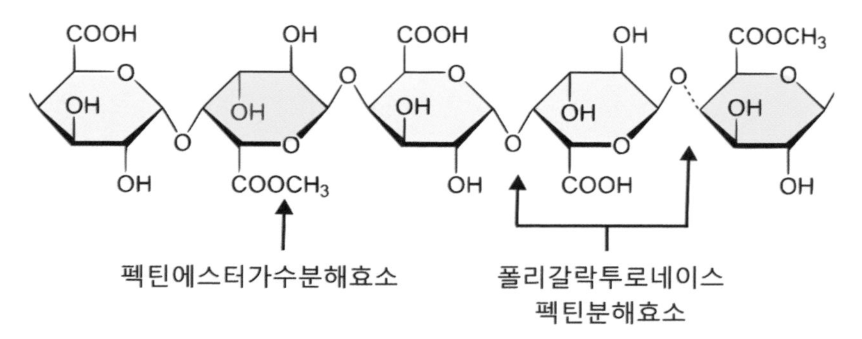

펙틴의 분자구조와 분해효소

진다. 예를 들어, 물속에서 발효하면 산미와 향이 강조되고 일부 떫은맛이 사라진다. 펄프드 내추럴 또는 허니 프로세스라 불리는 방식은 수세식과 건식을 결합한 처리법인데, 점액질을 벗기지 않거나 일부만 벗겨내는데 이 덕에 건조 단계에서 발효가 약간 일어날 수 있다. 그 과정에서 건식에 가까운 특유의 달콤한 향미가 만들어진다.

기계식 건조는 수 시간이면 완료되고 일광 건조는 며칠이 걸린다. 두 방식은 향미 차이가 있는데 일광 건조가 진행되는 며칠 동안 사전 발아가 일어날 수 있고, 그래서 보다 좋은 맛이 생성될 수 있기 때문이다. 건조가 길어질수록 그 차이는 더 뚜렷하게 나타난다. 결국 커피는 수확 직후부터 커피를 처리하는 모든 과정이 관능 속성에 큰 영향을 미친다.

수확 후 어떤 처리법으로 선택할 것인가는 각 커피 산지의 상황과 문화에 따라 달라진다. 콜롬비아, 탄자니아, 케냐, 과테말라 등 수자원이 풍부한 국가에서 수세식이 일반적이지만 필요에 따라 건식으로 처리할 수 있다. 브라질 생산자들은 주로 건식법을 썼지만, 요즘은 반-건식이나 펄프드 내추럴을 선택하는 생산자가 늘고 있다. 인도는 아라비카와 로부스타 모두 수세식과 건식을 다 사용한다. 인도네시아는 예로부터 웻(Wet) 헐링법을 많이 사용하는데 이는 우기 때 습도가 높다는 점과 관련이 있다. 요즘은 커피 향미를 의도적으로 바꾸기 위해 처리법에 변화를 주는 경향도 있다. 좋은 향미의 커피가 높은 가치를 인정받으면서 그만큼 다양한 시도가 이루어지고 있다.

C. 혼합식: 허니(블랙/레드/옐로우)

혼합식은 자연건조 방식과 수세식이 합쳐진 형태이다. 수조에서 밀도차를 이용하여 체리를 선별하고, 과육을 제거한 후 발효를 거치지 않고 바로 건조를 통해 원두의 점액질과 수분을 제거한다. 이후 파치먼트를 벗기고 이물질을 제거한 후 선별을 거쳐 포장하면 가공이 완료된다. 관능적으로는 건식법의 특징이 유지되고 선별 정도는 강화된 가공 방법이라 할 수 있다. 향미 또한 중간적으로 수세식보다는 신맛이 덜하고 다소 농후감을 갖고 있다.

가공 공정이 복잡해진 것은 점액질(펙틴) 때문이라고도 할 수도 있다. 만약에 점액질이 없어 과육과 속 씨가 깔끔하게 분리되었으면 건조 과정은 훨씬 단순했을 것인데, 펙틴질 때문에 이를 제거하는 분해(발효) 과정이 필요해졌다. 점액질 안에 미생물이 만든 펙틴분해효소(Pectinase)에 의한 펙틴을 분해해야, 씻어서 과육을 깨끗하게 제거할 수 있다. 발효 중에는 탄수화물의 분해를 포함한 여러 생화학 반응이 일어나면서, 온도는 높아지고, pH는 낮아진다 (6.5 → 4.1). 그리고 이러한 변화가 결국 커피 향미에 영향을 미친다. 미생물 집단은 발효 단계별로 달라진다. 초기에는 세균이 다수를 차지하고, 중간 단계에서는 여러 가지 효모가 다수를 이루며, 마지막 단계에서는 사상균류(Filamentous fungi)가 나타난다. 만약에 펙틴을 분해하는 효소를 직접 투입하면 품질에는 큰 영향 없이 펙틴만 빠르게 분해 할 수 있다.

기계로도 펙틴을 제거할 수 있는데, 통상 자연 발효로 처리한 커피를 더 선호하지만, 기계식 점액질 제거는 커피콩을 균일한 상태로 처리할 수 있기에 결과물이 더 일정하다는 장점이 있다. 기계로 벗겨낸 커피콩이 대개 산미가 선명하고 맛이 더 섬세하다. 기계식으로 점액질 제거하고 헹구는 작업을 한 뒤 건조하면 최대 14시간이 지나더라도 품질이 더 좋아진다.

수세식 처리는 열매를 수확한 즉시 처리하는 것이 중요하다. 그래야 향미가 줄어들거나 나쁜 향미가 생기는 것을 막을 수 있다. 처리 환경을 제대로 제어하지 못하거나 나쁘면 약내, 흙내, 곰팡내, 가죽 냄새 등의 나쁜 향미가 난다.

- 펄프드 내추럴과 허니 프로세스

브라질의 Campinas 농업연구소(IAC)는 1950년대 초에 처음으로 반수세식 처리법을 시도했다. 이 방식은 파치먼트에 점액질이 일부 또는 전부 남아 있는 상태로 건조를 하는 것으로 1980년대에 처음으로 상업적인 규모로 이 방식을 적용되었고 품질 면에서 만족스러운 효과를 보았다.

반수세 커피의 파치먼트에는 점액질이 일부 남아 있어 이것이 커피의 맛에 영향을 미칠 수 있다. 음료 특성은 일반적인 내추럴과 비슷하지만 덜 익은 열매에서 나타나는 불쾌한 거친 맛은 없다. 즉, 브라질 내추럴 커피에서 열매가 균일하게 익지 않았을 때 나타나는 전형적인 풋내, 미성숙한 향미 결점을 제거한 고품질 내추럴 성향의 커피를 만들 수 있다. 이 방식은 1990년대에 이후 비중이 높아지고 있다. 이 방식은 브라질을 넘어 중미 같은 다른 곳에서도 채택되고 있다. 중미에서는 이 방식으로 처리한 커피를 허니(honey)라고 부르는데, 습도가 높은 환경에서 좀 더 천천히 건조가 이루어지기 때문에 향미가 더 풍부하다. 남기는 점액질 양에 따라 노란색, 붉은색, 검은색의 세 가지로 분류한다.

옐로우 허니는 기계장치를 사용해 점액질을 부분적으로 제거한다. 커피는 일광 건조하며 총 처리 기간은 8~10일로써 노란색 또는 금색을 띠는 파치먼트 커피가 생산된다. 향미는 수세 커피에 가깝고 품종에 따라서 산미와 곡물취가 강하다. 레드 허니는 점액질의 50~75%를 남긴 채 건조하는데, 건조에 12~15일이 걸리고 주기적으로 콩 무더기를 뒤엎어 주어야 한다. 처리 막바지에는 수분을 균일하게 만들기 위해 기계 건조기를 쓸 수 있다. 섬세한 산미가 나고 달콤한 느낌이 있다. 블랙 허니는 점액질을 그대로 남겨 둔 채로 말린다. 커피는 매우 끈적끈적한 상태이므로 뭉치지 않게 자주 뒤섞어 주어야 한다. 작업 과정이 가장 힘들고 시간과 주의도 많이 든다. 커피를 다 말리는 데는 30일이 걸리며 대개는 일광 건조와 기계 건조를 병행한다. 최종 상품은 어두운 갈색을 띤다. 향미가 꽃 느낌에서부터 달콤한 느낌, 부드러운 산미에서 거친 산미에 이르기까지 다양하게 나오기에 스페셜티 커피 업계로부터 주목받고 있다.

특정 품종에 허니 프로세스 처리를 하면 관능 속성이 더욱 강조된다. 게이샤, 부르봉, 까뚜아이, 티피카, 마라고지페 같은 품종에 허니 프로세스 또는 펄프드 내추럴 처리를 한 상품들이 CoE, SCAA, 베스트오브파나마를 비롯한 여러 대회에서 최고 점수를 얻는 사례가 많다.

2) 로부스타의 처리

인도에서는 수세 처리한 로부스타가 건식 처리한 로부스타에 비해 대체로 맛이 더 좋지만, 일부 건식 처리한 로부스타 또한 향미는 뚜렷하되 복합적이란 보고가 있다. 수세 처리는 로부스타 커피에서 주로 느껴지는 구운 옥수수를 연상시키는 날카로운 느낌과 쓴맛을 줄여 주고 달콤하게 하며 부드럽고 고소한 마우스필과 밝은 산미를 더해 주고 계통별로 가진 고유한 향미를 높이는 데 도움이 된다.

일반적 등급의 로부스타는 두툼한 나무껍질 느낌, 구운 옥수수 느낌에 강한 쓴맛이 있으며 우디함, 묵은 취, 산패취 같은 나쁜 향도 나며, 입안 느낌은 거칠고 텁텁하다. 이런 맛 속성은 처리 과정이 적절치 않았을 때 발생하는데, 로부스타 처리에 신경을 많이 쓰지 않는 것은 로부스타의 시장가격이 낮기 때문일 수 있다. 인도에서 진행된 로부스타 가공 실험에서는 처리법에 따라 다양한 맛 프로필을 지닌 생두를 생산할 수 있었다. 열매가 충분히 익어 검붉은 색을 띨 때 수확해야 고유한 향미가 제대로 발현되고 떫은맛이 나지 않는다. 이는 열매가 검붉은색으로 변할 즈음에 따면 발효취가 날 위험성이 있어서, 붉게 익었을 때 따야 하는 아라비카와는 확연히 다르다.

과육을 제거할 때는 상처가 나지 않게 하고, 과육을 제거한 뒤에는 커피를 발효시켜 파치먼트를 싸고 있는 끈끈한 점액질을 제거한 다음 세척기로 씻어 준다. 수세 처리 전 과정에서 상처가 나지 않도록 주의를 기울여야 한다. 발효 세척이 끝난 뒤에는 건조 과정으로 넘어간다. 햇빛건조 또는 햇빛건조와 기계 건조를 병행할 수 있다.

로부스타 커피는 가공법과 무관하게 에스프레소 추출 시 크레마 형성에 도움이 되며, 종류가 다른 생두를 혼합하여 맛을 내는 데 도움이 된다. 수세 처리가 잘 된 로부스타 생두가 블렌드에 들어가면 명료하면서 힘찬 느낌이 나고 향미가 부드러우면서도 섬세하게 드러날 수 있어서 전체적인 풍성함이 더해진다. 이는 에스프레소용에서건 필터 드립용에서건 마찬가지이다. 그렇지만 로부스타를 수세 처리하는 것은 아라비카보다 어렵다는 것을 염두에 두어야 한다. 로부스타의 점액질이 더 두껍고 끈적하기 때문이다. 일부 국가에서는 72시간 이상 두어도 발효가 다 끝나지 않는다. 게다가 로부스타는 대개 저지대에서 재배되기 때문에 처리장 온도가 높은데, 이 또한 위험 요소이다. 과잉 발효가 일어나지 않도록 주의해야 한다. 발효 시간이 길고 점액질이 두껍기 때문에 발효 탱크가 커야 하고 물도 더 많이 필요하다.

현재는 과육과 점액질을 한 번에 제거할 수 있고, 물을 적게 사용하며 이동이 가능한 자동화 처리 장치가 판매되고 있다. 이 덕에 소규모 영농인도 시장 수요가 더 많고 수익성도 큰 수세 로부스타를 생산할 수 있게 되었다. 이런 장치 중에서 일부는 소형 기계식 건조기와 결합할 수 있게 설계되어 있어 수세 처리 후 바로 균일 건조가 가능하여 우디(Woody)함, 묵은취, 산패취 등 음료의 품질에 나쁜 향미를 줄이는 데 도움이 된다. 오늘날은 반수세식 또한 고품질의 로부스타의 생산에 활용될 수 있다. 하지만 로부스타는 아라비카에 비해 처리가 까다롭다.

인도에서는 아라비카와 로부스타 커피 깊숙한 곳에 숨어 있는 극도로 섬세한 향미를 부각하기 위해서는 발효해야 한다는 믿음이 강하다. 건조도 중요한

데, 인도는 예전에는 햇빛건조를 활용할 만큼 일조량이 충분했지만, 최근 기후 변화로 갑작스럽게 비가 내리는 등 어려움이 있다. 그래서 기계 건조를 검토 중인데, 현재까지 기계 건조는 건조 최종 작업에만 쓰일 뿐, 대부분의 건조 과정은 햇빛건조로 진행하고 있다.

기계 건조를 하려면 40°C가 넘지 않는 최적 온도에서 건조가 부족하거나 과잉이 되지 않도록 하여 음료 맛의 깔끔함에 문제가 생기지 않도록 해야 한다. 건조를 마친 후 주트(Jute, 황마) 포대에 담는데, 포대 또한 식물성 기름으로 연화 처리해서 커피콩의 품질에 영향을 미치지 않도록 해야 한다. 환기가 잘 되는 보관 창고에 두어야 향미가 유지되며, 판매 시점에서 탈곡한다.

* 참고: 탄산 침용법(Carbonic Maceration)

탄산 침용법(Carbonic Maceration)은 프랑스 보졸레 누보 와인의 생산과정에서 과일 향을 극대화하기 위한 발효 방식이다. 6개월 이상 장기간의 숙성 대신 약 5주 정도의 짧은 숙성기간을 거쳐 햇 와인을 빠르게 시장에 내놓을 수 있는 것이 특징이다.

이를 위해서는 온전한 형태의 포도송이를 이산화탄소로 채워진 밀봉된 탱크에 넣고 발효한다. 효모나 미생물의 개입 없이 포도가 가지고 있는 효소를 이용하여 알코올과 향미에 영향을 미치는 다양한 화합물을 생성한다. 탄산침용(CM)으로 만든 와인 대부분은 색이 옅고, 타닌이 적으며, 부드럽고 과일 향이 난다. 껍질의 타닌이 덜 녹아들었기 때문이다. 이를 위해서는 탱크의 바닥에 있는 열매까지 최대한 온전하게 형태를 유지해야 하는데 쉽지 않다.

외부 효모가 만든 효소 대신, 포도 안에 존재하던 알코올 탈수소효소가 작동한다. 이 효소(ADH)는 숙성과 함께 점진적으로 증가하여 소량의 에탄올을 생성하고 글리세롤 및 아세트알데히드와 같은 부산물을 축적한다. 일부 방향족 화합물이 껍질에서 과육으로 스며들고, 말산의 이화작용으로 추가적인 알코올과 석신산 및 기타 산을 형성하지만, 젖산은 형성하지 않는다. 말산의 약 50%가 이러한 방식으로 전환될 수 있으며, 포도의 pH는 대략 0.25 상승한다. 그리고 이런 pH 상승은 와인 양조 과정에 다양한 영향을 미친다. 알코올 생산량이 약 2%에 도달하면, 효소 활동이 중단되고 포도 알맹이가 터지게 된다.

- 산소 호흡으로 인한 부작용을 최소화한다.
- 이스트를 사용하지 않고, 포도 자체의 효소로 발효가 일어난다.
- 적은 타닌 양 덕분에 부드러운 마우스 필을 가진다.
- 와인의 빠른 생산과 소비를 가능하게 한다.
- 높은 당분과 적은 알코올을 함유하게 된다.
- 알코올 농도를 높이기 위해 2차 프로세싱을 진행한다.
- 적포도에서 예쁜 색상을 얻을 수 있다
- 독특한 향미를 가진다. 체리, 라즈베리, 딸기, 바나나, 풍선껌.
- 백포도에서는 이점이 없으며 이취 발생의 요인이 되기도 한다.

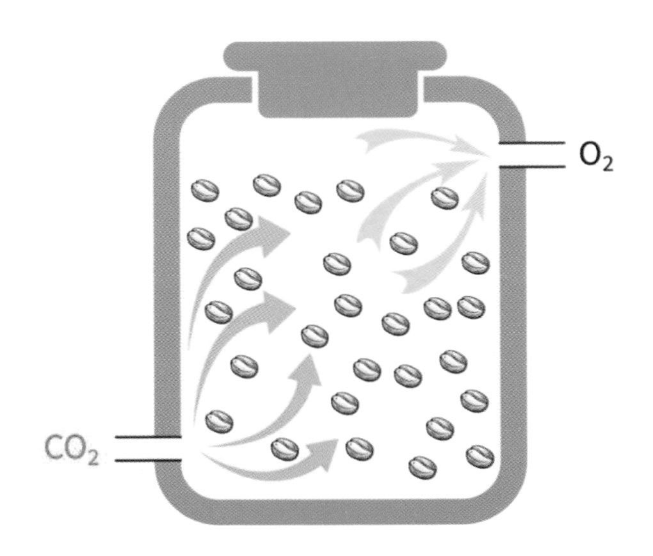

우리나라에 이런 CM을 활용한 커피가 많이 알려지게 된 것은 2015년 월드바리스타챔피언십 우승자인 샤샤 세스틱(Sasa sestic)이 수단 루메의 내추럴 가공 커피 50%, CM 가공 커피 50%를 대회용 커피로 사용하면서부터다. 그가 와인 제조 전문가로부터 익힌 기술을 커피 가공에 접목하여 생산한 것이다. 샤샤 세스틱은 2014년 콜롬비아 농장에서 수단 루메 커피를 접하고 좀 더 훌륭한 커피를 얻기 위해 와인의 발효 방식을 농장주에게 제안한다. 일반적인 커피 발효 저장고인 콘크리트 또는 타일 대신에 스테인리스 저장고에 파치먼트를 밀폐 저장한 후 이산화탄소를 주입, 커피 발효 시의 산소 접촉을 최소화하여 커피 맛의 선명도(clarity)를 진하게 만들고, 과일 향이 더 강조될 수 있게 했다.

4. 건조와 보관

커피 건조는 반드시 면밀하게 제어해야 향미 손실이나 곰팡이 발생을 피할 수 있다. 보통 커피 보관을 아주 수동적인 활동으로 여기기 쉬운데, 실제로 보관은 습도, 온도, 시간 같은 요소를 이용하는 적극적인 제어 활동이다. 이 요소에 의해 향미가 잘 유지되거나 손상되기 때문이다.

수세 처리된 커피의 수분은 52.7~53.5%로 높은 편이며, 미생물, 곰팡이와 효모가 번식하기 좋다. 이들이 번식하면 커피는 품질은 물론 유해성에서 문제가 생길 수 있다. 커피의 수분을 10~12%로 건조하면 수분 활성도는 0.65~0.68이 되며 이 정도면 미생물 성장과 대사 활동이 충분히 줄어든다. 효모(Aspergillus ochaceus)가 번식할 수 있는 최저 수분 활성도는 0.83~ 0.87이다. Pardo 팀(2005)은 수분 활성도가 0.80일 때는 오크라톡신 A 독소가 생성되지 않는다고 보고했다.

커피콩을 보관하면 시간이 지나면서 여러 가지 물리적, 화학적, 생물학적 변화를 겪는다. 장기간 보관된 커피는 다른 향미가 사라지면서 신맛이 상대적으로 강해지고 맛이 부드러워지는 경향이 있다. 커피의 수분은 보관 장소의 습도에 따라 변한다. 그러니 습도와 온도를 일정하게 유지해 줄 수 있도록 보관 장소는 충분히 넓어야 하고 공기 순환이 잘 돼야 한다.

유통 과정에서 커피는 여러 환경에 노출될 수 있다. 예를 들어, 항구로 운송될 때는 온도와 습도가 크게 달라질 수 있다. 급작스레 온도가 달라지면 수분의 응축이 일어날 수 있는데, 더운 나라에서 생산된 생두가 추운 곳으로 수송될 때는 이 응축 현상이 큰 문제가 된다. 응축으로 생긴 수분 때문에 곰팡이가 발생할 수 있고, 독소도 생산될 수 있다. 가장 문제가 되는 독소는 오크라톡신(Ochratoxin)으로 누룩곰팡이속(Aspergillus) 곰팡이 일부와 페니실륨 베루코숨(Verrucosum) 같은 균류가 만든다.

커피콩을 장기간 보관하면 아무리 보관 환경이 좋아도 커피콩의 색상이 변하고 향미도 변한다. 지질의 산화가 가장 문제인데, 세포 안의 지질과 인접한 단백질도 함께 산화될 수 있다. 단백질의 카보닐기는 주변에 활성산소 또는 산화된 지질이 있으면 산화될 수 있다. 커피의 건조, 보관 작업은 가능한 한 품질에 영향을 적은 것을 목표로 하지만, 특정 제품은 오히려 이런 작업을 통해 새로운 향미를 만들고 새로운 가치를 창출할 수도 있다. 인도네시아 라부와 인도의 몬순 커피가 그 예이다.

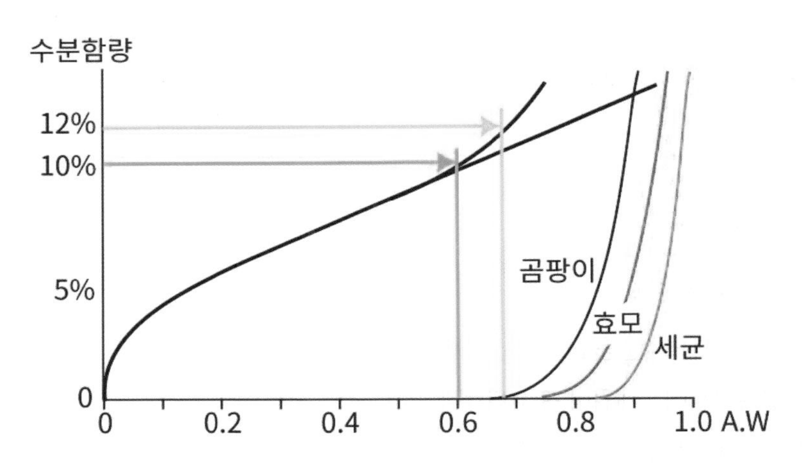

커피의 수분 함량과 수분활성도의 관계(espresso coffee, illy, 2005)

- 인도네시아 라부(Labu)

인도네시아 라부 커피 처리법은 웻 헐링 작업에 어느 정도의 무산소 발효를 결합한 것으로 열매의 과육을 벗긴 다음 비닐 포대에 넣고 최대한 공기를 빼내고 밀봉한 뒤 발효시킨다. 결과적으로 혐기성 미생물이 발효를 이끌고 대사물질을 생성시키는데, 이 점이 기존의 산소 발효와 차이가 난다. 발효 시간이 길어서, 발효 과정을 빠르게 하려면 작업 중 포대를 뒤집어줄 필요가 있다. 이런 처리를 한 커피의 향미는 야생 과일 향과 선명한 산미가 특징이다.

발효가 끝나면 커피를 씻은 다음 1~3일간 햇빛에 건조한다. 파치먼트의 거죽이 마르면(아직 커피콩 자체는 마르지 않은 상태) 웻 헐링 작업을 시작한다. 웻 헐링은 풀 워시(full wash) 또는 길링 바사(giling basah)라고도 한다. 이렇게 하는 이유는 이 지역에서는 수확시기가 우기와 겹치기 때문이다. 우기에는 건조 기간이 2~3주까지 걸릴 수 있는데, 곰팡이 성장을 막으려면 최대한 빨리 말릴 필요가 있다. 웻 헐링이라는 복잡하고도 힘든 처리법은 환경 조건 때문에 탄생한 셈이다. 탈피 작업(hulling) 중에는 습기가 많고, 커피에 압력이 가해지므로 커피콩에 상처가 많이 날 수 있다. 날씨가 좋다면 반쯤 마른 상태에서 햇빛 건조한다. 기계 건조도 가능하다. 라부 커피는 선명한 산미에 바디가 좋고, 복합적인 향미가 있어 SCAA 대회에 높은 점수를 받았으며, 스페셜티 커피 업계에서도 선호된다.

- 인도 몬순 커피

400년 전 범선을 운송수단으로 이용하던 때는 인도에서 생산된 커피를 유럽으로 운송하는데 6개월이 소요되었다. 무역선은 희망봉을 돌아가는데, 아라비아만으로부터 몬순성 비가 내렸고, 황마(Jute) 재질의 백에 담긴 아라비카 커피는 목재 적재함을 통해서 수분을 흡수했다. 바다와 비에서 공급된 습기로 가득한 공기로 인해 커피콩은 수분을 먹고 부풀어 올랐으며, 화학적으로 변하면서 색상은 청회색에서 황금빛 노란색으로 변하고, 무게는 가벼워지고, 크기는 두 배 가까이 커졌다. 당연히 맛도 변했다. 스칸디나비아의 무역상과 소비자는 황금색 또는 노란색 커피를 받았고, 이 커피의 독특한 맛에 소비자들은 이내 적응했다. 그런데 범선이 증기선으로 바뀌고, 수에즈 운하가 개통됨에 따라 운송에 걸리는 시간이 대폭 단축되었고, 과거 장시간 운송할 때 만들어지는 특별한 향은 사라졌다. 특이한 인도 커피 향에 심취했던 고객들은 예전의 맛을 찾았고, 그 맛을 재현할 방법을 개발했는데 이를 몬수닝이라고 한다.

현재 몬순 처리는 인도 서해안의 특정 지역에서 수확기 후반기인 6~10월에 엄격히 제어된 환경에서 진행된다. 남서 계절풍이 불어오는 시기로 먼저 아라비카와 로부스타 품종에서 품질이 좋은 건식(체리 상태) 커피를 고른다. 수세 처리하지 않은 커피를 12~20cm 정도의 두께로 고르게 저장소의 바닥에 펼친다. 환기가 잘 되는 저장소에 두껍게 커피콩을 펼치고, 일주일이 넘게 정기적으로 갈퀴질하면서 습기와 소금기를 머금은 몬순 계절풍에 노출한다. 커피콩 크기가 커지고 색상이 회갈색에서 밝은 노란색으로 변하면 모아서 황마 포대에 담아 일렬로 쌓아둔다. 이때 자루 사이의 간격은 충분히 벌리고, 바람 방향으로 황마 포대를 쌓아 다시 1주일 이상 몬순 계절풍에 노출해, 습기를 머금은 바람이 포대 속 커피콩을 통과하게 한다. 습기를 더 많이 흡수하게 한 후, 커피콩을 다시 바닥에 펼쳐 놓고 몬순 기후에 노출한다. 또 다시 포대에 담는 작업을 커피콩이 특유의 황금빛 노란색을 띨 때까지 반복한다. 6~7주가 지나면 원두는 과거의 몬순 커피의 색과 향을 갖는 커피가 된다. 이렇게 만들어진 몬순 커피는 수분 함량은 13~14% 정도 이상이어도 곰팡이 문제는 없다. 향미 특성는 부드럽고 크리미하고, 시럽 느낌에 입안 느낌이 좋고 살짝 화사한 느낌이 나타난다. 음료는 부드럽고 향미가 풍부한데, 캐러멜, 다크 초콜릿, 견과류, 파이프 담배, 흙내에 더해 약간의 향신료 느낌이 난다.

- 리오 결함, Rio taste

90년대에는 브라질 커피 생산량의 약 20%가 약품, 페놀 또는 아이오딘(요오드)과 유사한 강한 이취를 특징으로 하는 이른바 '리오 결함'을 나타냈다. 이것은 가끔 다른 원산지의 커피에서도 발생하는데, 원인이 되는 화합물을 찾기 위한 광범위한 조사가 수행되었다. 그래서 TCA(2,4,6-Trichloroanisole)가 '리오 이취'의 원인일 가능성이 가장 높은 화합물로 확인되었다. TCA는 모든 리오 샘플에서 1~100ppb(ng/kg) 범위의 농도로 발견되었고, 생두에 존재하는 TCA의 50% 미만이 로스팅 중 제거되고, 나머지는 남았다. TCA의 전구물질일 가능성이 있는 2,4,6-트리클로로페놀(TCP)도 대부분 샘플에서 발견되었다.

TCA는 커피뿐 아니라 여러 식품에서 클로로페놀과 함께 퀴퀴한 냄새와 약품취의 주범이 되기도 한다. 재생지로 만든 종이 포장이 미생물에 오염되어 제품으로 흡수된 때도 있다. 염소 처리는 리그닌과 반응하여 TCA가 만들어질 수 있다. TCA는 사과, 건포도, 닭고기, 새우, 땅콩, 캐슈너트, 녹차, 커피, 맥주, 위스키 등에서도 문제를 일으킬 수 있다. 이중 유명한 것이 와인의 코르크 취다. 코르크는 무취이지만 미생물에 의해 코르크에 있던 페놀 계통 물질

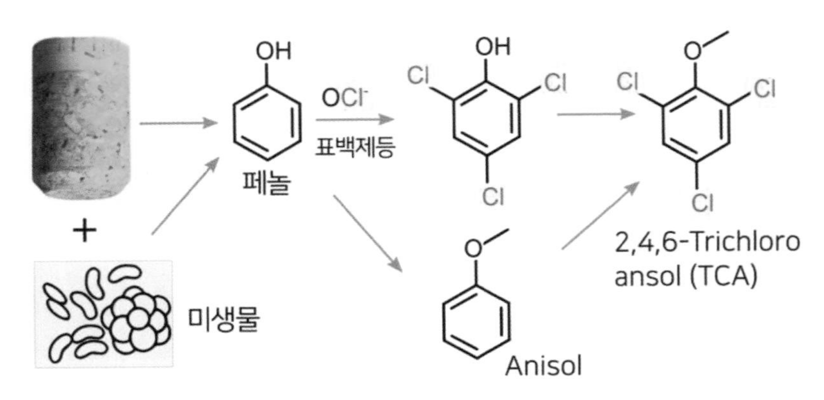

페놀에서 2,4,6-TCA 생성 과정

이 TCA로 바뀌면서 이취가 발생한다. 그런데 TCA가 오염된 와인에서 곰팡이 냄새가 느껴지는 것은 TCA 자체의 냄새 때문이 아니라, TCA가 후각 세포의 일부를 차단하여 냄새 맡는 능력을 왜곡하기 때문으로 알려졌다. TCA로 동시에 여러 개의 후각 수용체가 부분적으로 마비되면 냄새가 왜곡되는데, 후각이 왜곡되면 좋은 쪽보다는 나쁜 쪽으로 작용할 가능성이 훨씬 높다. TCA는 곰팡이나 흙냄새로 묘사되는 멕시코 생두에도 존재하는데, TCA가 지오스민(Geosmin), MIB(Methyl isoborneol), 피라진(sec-Butyl methoxy pyrazine) 같은 분자와 존재하면서, 이들 분자 중 하나가 우세하면 리오(Rio) 결함이 곰팡이 또는 흙냄새 결함으로 바뀔 수 있다. 보관이 잘못되면 리오 이취를 유발하는 미생물이 증식할 수 있다. 살균제, 특히 염소(TCP)를 포함하는 살균제도 피해야 한다. 이런 리오 커피는 유럽과 미국에서 결함 제품으로 분류되지만, 그리스, 터키, 레바논 및 일부 동유럽 국가와 같은 국가에서는 특이한 아로마를 높이 평가한다. 브라질의 일부 수출업체에서 해당 국가의 고객을 만족시키려고 일부러 이 결함을 일으키는 때도 있다.

내가 맛을 설명할 때면 항상 "미각은 단순하지만, 깊이가 있고 후각은 다양하지만, 흔들리기 쉽다"라고 강조하는 이유는 특정 향기 물질의 호불호는 그 자체에 있는 것이 아니라, 농도와 맥락에 따라 완전히 달라지는 경우가 많기 때문이다. 인도의 몬순 커피, 브라질의 리오 커피처럼 향의 호불호는 조금만 조건이 바뀌어도 너무나 쉽게 변한다.

- 스페셜티 커피의 등장과 추적성

원두커피 시장이 커지면서 좋은 품질의 원두에 그만한 높은 비용을 기꺼이 지불하는 원두 구매자가 늘고, 농가는 그만큼 고품질 원두를 생산하려는 노력이 늘고 있다. 그래서 '스페셜티 커피'가 등장했다.

하지만 스페셜티 커피가 무엇인지 명확히 정의하기는 쉽지 않다. 100점 만점에 80점 이상을 받은 커피로 결점두가 일정 규정 이하여야 한다는 정의도 있지만 여러 정의는 너무 모호해서 유용하지 않거나, 너무나 구체적이어서 폭넓게 적용하기 힘든 문제가 있다. 향미가 탁월한 최고 품질의 생두라고 하면 개인의 취향 차이를 적용하기 힘들다. 어떤 사람에게는 최고의 향미가 다른 사람에게는 아닐 수 있다. 그래서 SCA는 2021년 커피의 속성과 연관지어 스페셜티 커피를 정의한 백서를 발표했다. 커피가 가진 복합적인 속성을 평가하는 것이다.

복잡한 제품의 특징을 개별 구성요소로 분해하면 각각의 상대적 중요성과 특징을 파악할 수 있다. 제품마다 속성이 서로 달라서 적절한 그룹으로 분류할 수 있다. 잘 정의된 속성은 다양한 방법을 사용해 계량할 수 있고, 특성화하여 다른 제품들과 비교하는 데 사용할 수 있다. 커피 업계에서는 훈련된 패널을 이용해 센서리 속성들을 계량하여 커피 플레이버 휠을 개발하거나 취향

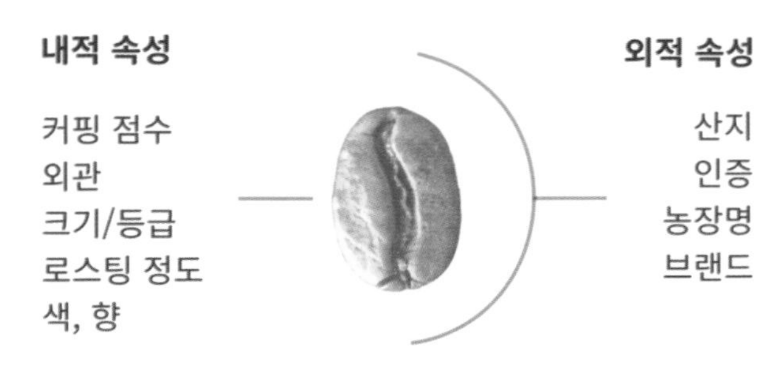

스페셜티 커피의 속성 분류의 예(출처: SCA 백서)

을 분석할 수도 있다. 그래서 어떤 속성이 가격에 가장 많은 영향을 미치는지도 분석할 수 있다. 어떤 커피를 '스페셜'하다고 판단했다면 그 커피의 향미, 원산지, 로스팅 스타일 등에서 인정받을 만한 독특한 속성이 있다는 의미이고, 내적 속성(결점두 없음, 향미 속성, 생두 크기)과 외적 속성(원산지, 생산자, 농업 형태 등)을 간단하게 평가함으로써 스페셜티 커피를 구별하기가 더 쉬워진다. 외적 속성도 제품의 고유 속성이므로 추적 가능성과 투명성도 매우 중요한 요소가 된다. 추적 불가능한 커피는 내적 속성만 평가할 수 있고, 투명하게 추적이 가능한 커피는 내적 속성 외에도 외적 속성까지 평가받으므로 시장에서 더 높은 가치를 얻을 수도 있다.

이러한 속성의 평가는 다양한 문화에 맞는 변용이 가능하다. 예를 들어 우리나라는 커피에서 느끼는 중요한 속성으로 과일 느낌을 유럽보다 훨씬 더 높게 평가할 수도 있다. 국가나 문화별 차이를 이해하고 포용하는 방법을 제공하는 것이다. 더욱 다양한 소비자 취향을 존중하는 수단으로 생산자는 자신이 생산한 커피의 가치를 증진하고 소통하는 방법을 잘 이해하도록 도울 수 있다.

스페셜티 커피로 인정받으려면 생산 이력을 추적할 수 있어야(traceability) 한다. 어느 국가의 어떤 지역/농장에서 재배되었고, 어떻게 가공되었는지 추적할 수 있어야 한다. 그래서 제품 포장지에는 추적성과 특징을 나타내는 여러 정보가 제공된다. 스페셜티 커피의 경우 긴 이름을 가진 경우가 많은 이유이다. 이런 스페셜티 커피를 전문적으로 취급하는 매장은 기존의 획일화된 커피 문화에 반기를 들고, 단순히 향미가 좋은 커피를 넘어서 새로운 커피의 문화운동으로 여러 가지 활동이 결합하여 있는 경우가 많았다. 하여간 스페셜티 커피는 씨앗에서 컵까지(From seed to Cup) 모든 과정에 최선을 다하겠다는 의미가 포함되어 있다.

소규모 생산(마이크로랏) 커피라고 해서 대규모로 커피를 처리하는 것과 과정상 다른 점은 없다. 하지만 물량이 적기 때문에 효율성의 문제가 생길 수 있다. 소량의 특별한 생두를 생산했는데, 다른 것과 합해져 처리되면 그 품질을 유지할 수 없다. 그래서 소량(마이크로 랏)에 적합한 소규모의 수세 처리장과 건조기가 필요하다. 수세 처리장은 원래 소규모이거나 여러 라인으로 나눌 수 있기에 용량은 문제가 되지 않는다. 유연하게 적용할 수 있는지가 문제다. 마이크로 랏에서 가장 어려운 문제는 처리법을 정확히 준수하고, 열매 투입과 파치먼트 배출, 결실도나 발효에 따라서 열매를 분리하는 작업을 철저하게 관리할 수 있는 작업자를 확보하는 것이다. 현대의 커피 처리 기계들은 계속 대형화 쪽으로 개발되어 왔기 때문에 소량 생산에 적합하지 않은 경우가 많아 효율적인 전용 설비가 필요하다.

- 프로세싱의 개선

커피 생산자의 다수는 소규모 생산자들이며, 이들은 서로 다른 방식으로 커피를 처리하고 있어, 이는 각각 품질에 영향을 미친다. 커피 품질이 일정하게 유지되기를 바라는 시장에서 이 점은 중요한 과제라 할 수 있다. 수세 처리하는 커피의 경우 여러 소규모 생산자의 커피를 중앙 처리장에 모아, 같은 처리 과정을 거쳐 같은 품질의 커피를 만드는 방식을 사용할 수 있다. 이 방식은 점점 인기를 끌고 있다. 중앙 수세 처리장은 최신 기술을 도입해 결실 정도에 따라 열매를 분류하고, 커피 손상을 줄이고, 과육의 분리를 잘하고, 특정 품질에 알맞게 점액질을 제거하고, 물 소모량을 줄이고, 오수를 효과적으로 처리하는 것이 가능하다. 이런 노력 덕분에 여러 농부가 공급한 커피라 할지라도 품질이 높고 일정하다. 환경문제도 오수처리는 중앙 처리장 한 곳에 담당하는 것이 훨씬 낫고, 설비의 운영 유지에도 장점이 많다.

중앙 처리장의 단점이라면, 특정 지역 내지는 개별 농장의 추적성(Traceability)이 사라지기 쉽다는 점이다. 소규모 물량을 중앙 처리하면서도 별도로 관리하려면 시간이 많이 필요할 뿐만 아니라, 해당 물량을 처리하는 짧은 기간 동안 기기를 미세 조정할 기회는 거의 없어지기 때문에, 품질이 최고 수준에 도달하기 힘들다. 대안으로는 처리 라인을 분리하는 방법이 있는데, 중앙 처리장의 처리 라인을 여러 개로 나누어 사용하고, 발효 탱크나 건조기 역시 여러 개 갖춘다.

3장. 생두의 성분과 특징

생두는 커피 체리의 속 씨로, 그 자체로는 특별한 맛도 향도 없다. 생두 고형분의 절반 이상은 단단한 세포벽을 구성하는 성분이다. 클로로젠산이 모든 식물 중에서 가장 많은 편이며, 카페인은 클로로젠산과 밀접하게 연관되어 만들어지고 이동한다.

1. 생두의 일반성분과 수분

커피의 품질을 좌우하는 요소는 다양하지만, 결국 생두의 품질이 핵심이 된다. 아무리 기줄이 좋아도 생두의 잠재력을 뛰어넘을 수는 없다. 커피는 결국 생두의 잠재력을 얼마만큼 로스팅을 통해 발현시키고, 추출을 통해 한 잔에 담아내는지가 핵심이다.

커피는 꽃이 피고 10달에 가까운 시간이 지나야 2g도 안 되는 작은 열매가 된다. 단단한 속 씨를 만들고, 그 안에 얼마만큼 내용물을 충실하게 채워 넣는가가 생두의 품질을 좌우한다. 커피는 품종마다 성분이 다른데, 그중에서 그 특징이 가장 잘 연구된 것이 아라비카와 로부스타의 차이다. 이 두 가지의 생두의 성분이나 단단함 등의 차이가 어떻게 커피의 최종 품질에 영향을 주는

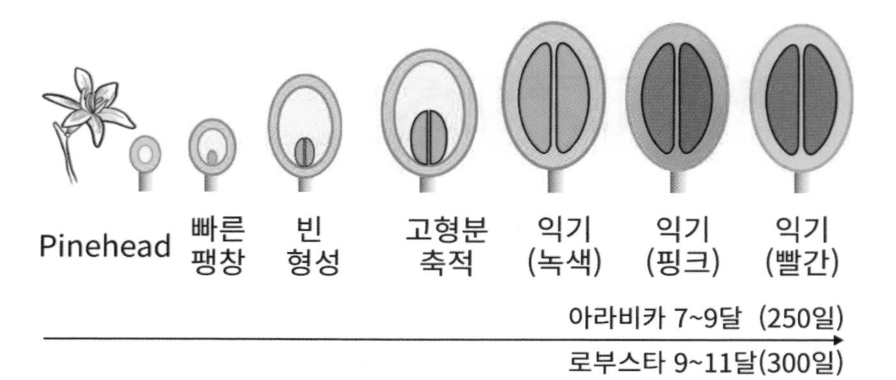

커피 체리의 성장단계 및 기간

지 추적해보는 것이 커피 풍미 이해의 효과적인 방법이 될 것이다.

아라비카 커피는 탄수화물(설탕, 올리고당, 만난), 지질, 트리고넬린, 유기산(말산, 시트르산, 퀸산), 3-페룰오일퀸산 함량이 높다. 그에 비해 로부스타는 카페인, 단백질, 아라비노갈락탄, CGA, 회분(칼슘 등), 금속염(철, 알루미늄, 구리) 함량이 높다. 이런 차이는 원두의 품질과 특성을 가르는 결정적인 요인이 된다.

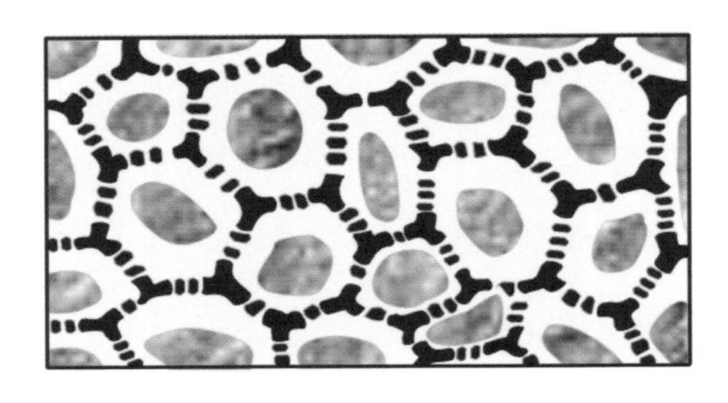

미성숙
세포 안의 내용물이
아직 충실하지 못함

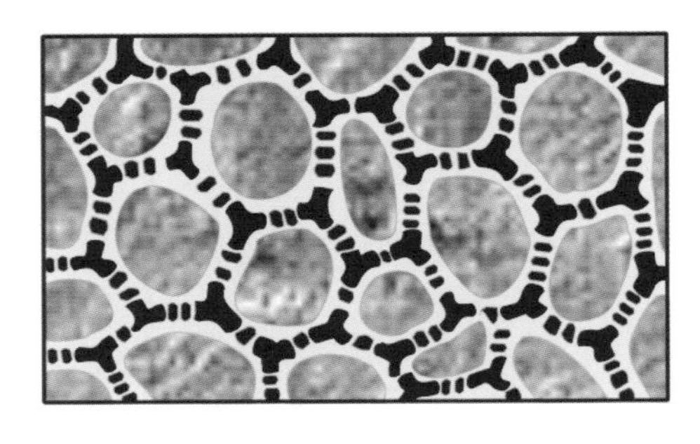

성숙
잘 자란 생두
세포 내용물이 충실함

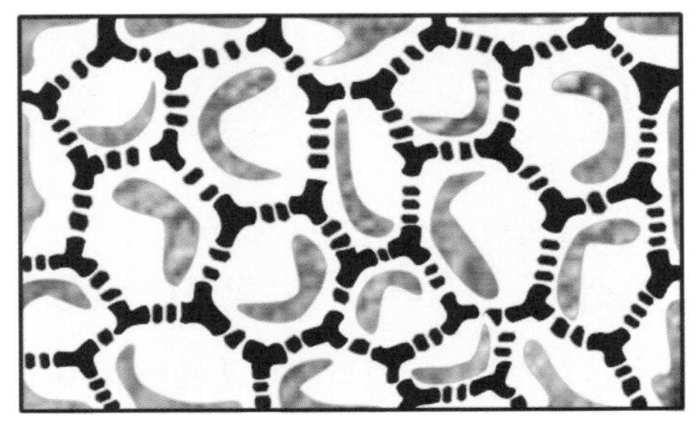

병해
미생물 감염으로
내용물에 손상이 큼

표. 생두 아라비카와 로부스타의 화학 조성(Belitz et al. 2009)

성분	건조 함(%)		내용물
	아라비카	로부스타	
수용성 탄수화물	9-12.5	6-11.5	
단당류	0.2-0.5	0.2-0.5	과당, 포도당, 갈락토스
이당류, 올리고당	6-9	3-7	설탕(sucrose 90%)
수용성 섬유소	3-4	3-4	
불용성/세포벽	46-53	34-44	
불용성 섬유소	41-43	32-40	
헤미셀룰로스	5-10	3-4	
리그닌	1-3	1-3	
유기산	2-2.9	1.3-2.2	시트르산, 말산, 퀸산
CGA	6.7-9.2	7.1-12.1	5-CQA 등
지질	15-18	8-12	
지방	15-17.7	8-11.7	리놀레산, 팔미트산 등
왁스	0.2-0.3	0.2-0.3	
질소화합물	11-15	11-15	
유리아미노산	0.2-0.8	0.2-0.8	글루탐산, 아스파르트산, 아스파라긴
단백질	8.5-12	8.5-12	
카페인	0.8-1.4	1.7-4.0	
트리고넬린	0.6-1.2	0.3-0.9	
미네랄	3-5.4	3-5.4	
물	8~12	8~12	

- 수분과 고형분

커피 열매는 겉이 형성된 후, 속이 자라는 식으로 발달한다. 그리고 발달 단계별로 합성되는 성분도 다르다. 처음에는 수분이 속 씨의 90%를 차지할 정도로 많지만, 자라면서 점점 줄어들고, 글루코만난 같은 성분이 증가하여 세포벽이 점점 두툼해지고 단단해진다. 커피 열매가 완전히 성숙할 시기에는 수분이 50% 정도로 줄어들지만, 장시간 보관을 위해서는 건조를 통해 12% 이하로 낮추어야 한다. 수분활성도(A.W)가 0.65 이하가 되어야 미생물로부터 안전하기 때문이다. 또한 커피의 생두는 아직 발아가 가능한 상태라 수분이 많으면 배아(embryo)에 의해 성분이 사용되어 감소할 수도 있다. 물은 대부분 식품과 생명체의 주성분으로 여러 식품 현상에 결정적인 영향을 미치지만, 커피에서는 추출에도 중요한 역할을 한다. 이런 물의 특징은 3부에서 다루기로 하고 여기서는 결합수와 자유수 정도만 소개하고자 한다.

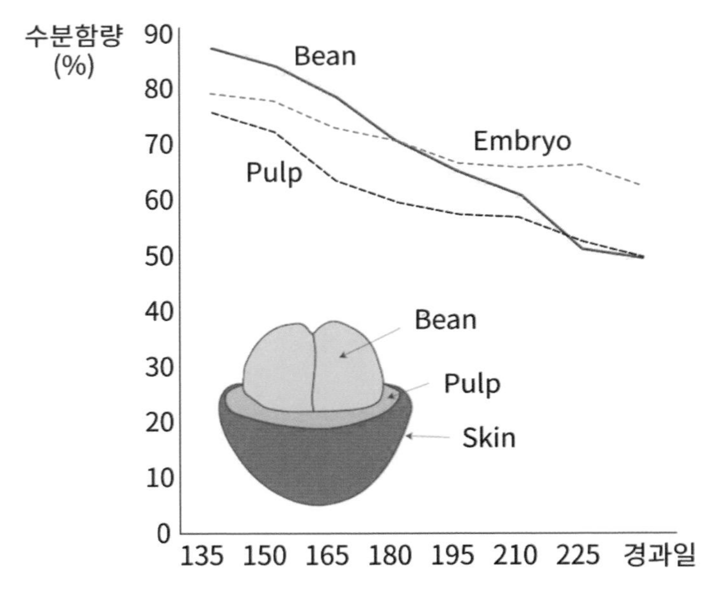

커피 생두의 수분 변화 (Braz. J. Plant Physiol., 2006)

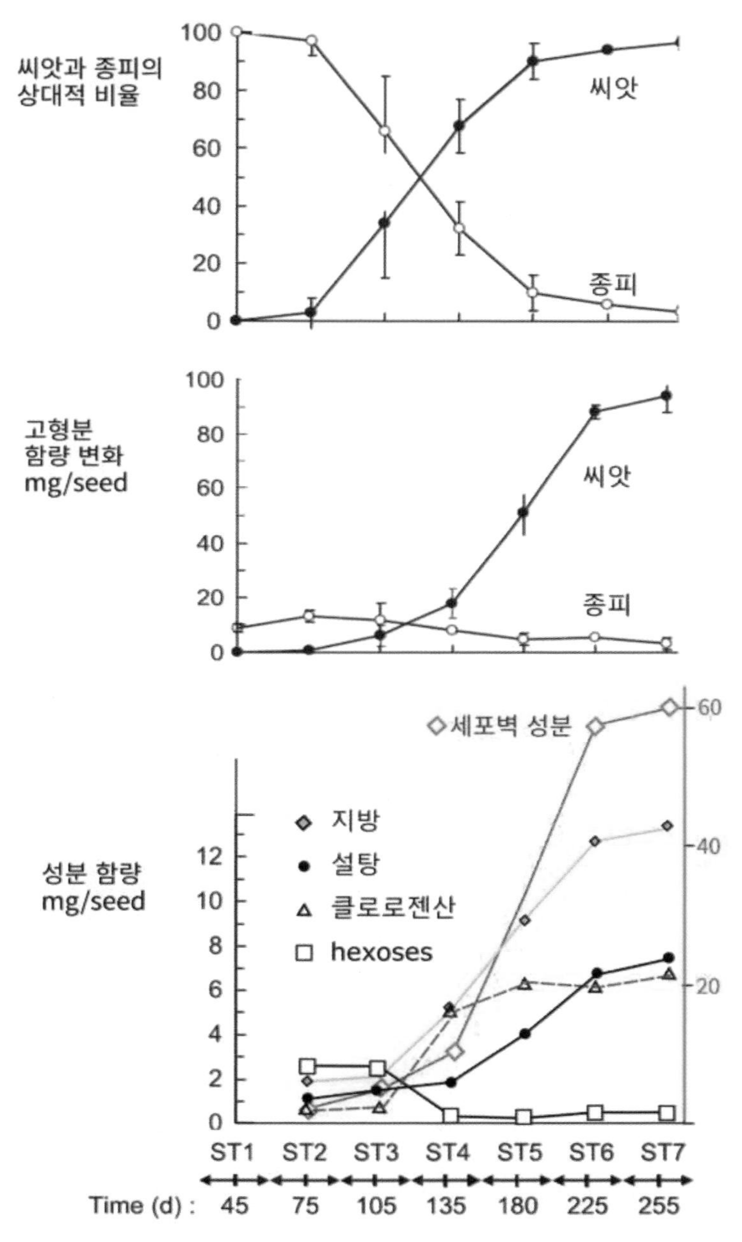

커피의 성장 단계에 따른 성분의 변화(Thierry joet, 2009)

- Aw(수분활성도), 수분은 여러 식품 현상에 결정적이다

① 결합수(= bound water)

- 탄수화물의-OH, 단백질의 -NH2와 -COOH, 지질의 -OH 등과 수소결합 등으로 단단하게 결합한 수분.
- 일반적으로 100℃에서 증발되지 않는다
- 영하(-18℃)에서도 잘 얼지 않는다.

② 자유수(= free water)

- 보통의 물로써 운동이 자유로운 수분
- 물로서 본연의 역할을 할 수 있어서 저장 기간에 영향을 준다.
- 자유수는 용매, 분산매로 작용
- 건조할 때 쉽게 증발되며, 0℃ 이하에서 잘 언다.
- 식품이나 원료에 약 6~96% 정도 함유되어 있다.
- 변질이나 부패에 직접 관여한다.

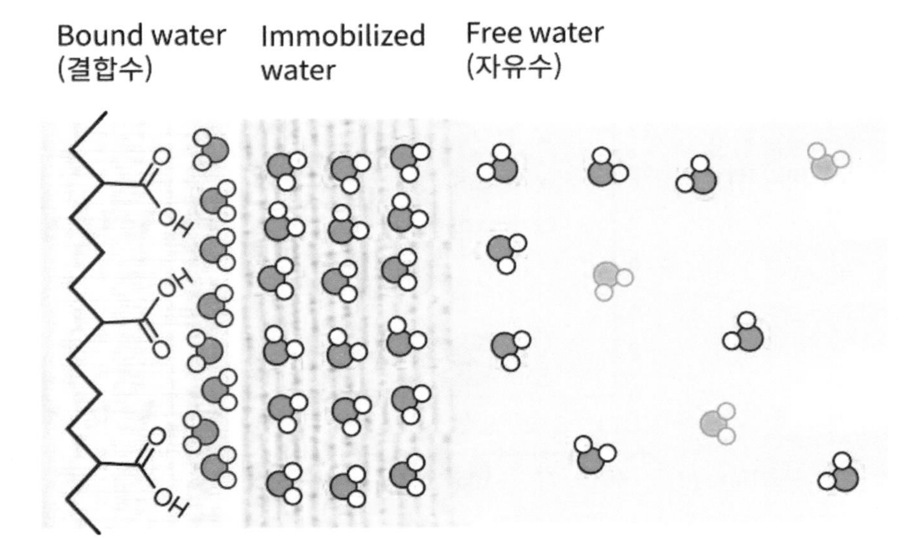

BET point: 물이 균일하게 단분자막을 형성하여 식품을 덮고 있는 영역.

- 지방 산패가 가장 적음.
- 식품마다 차이가 있으나 Aw 0.2 이상, 0.3~0.4 정도.
- 수분과 식품의 구성 성분 간에 이온결합으로 이루어져 있음.

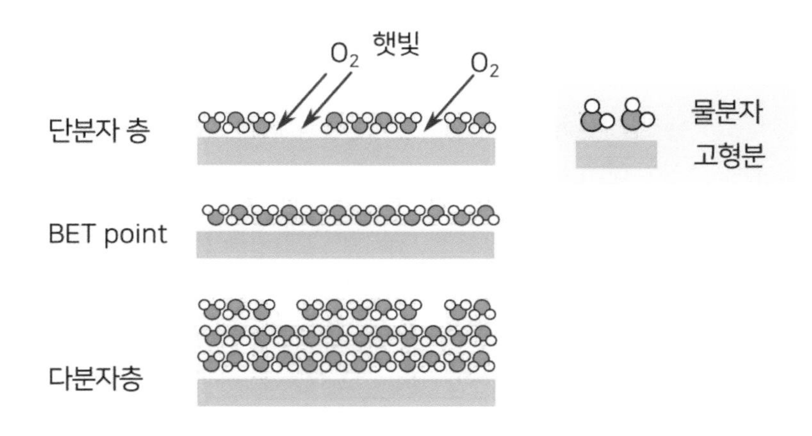

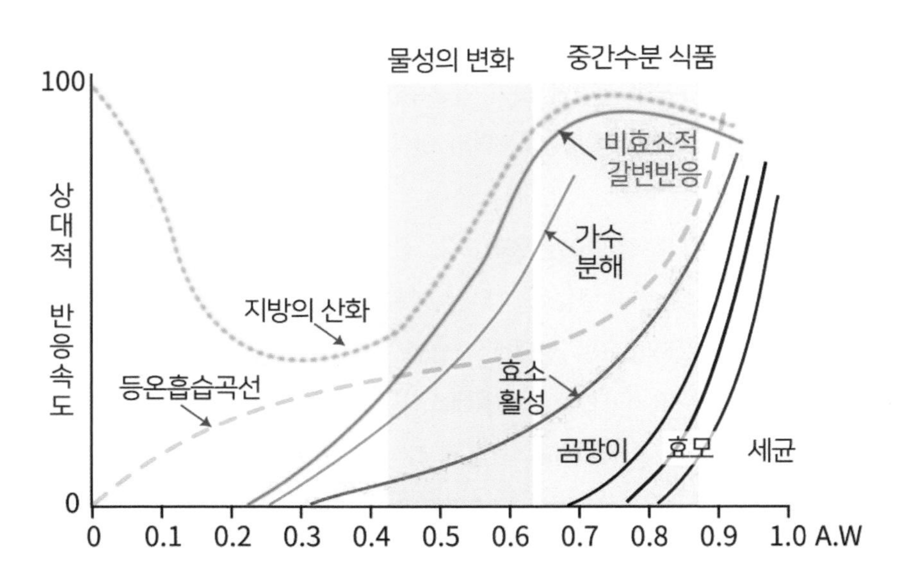

2. 탄수화물과 유기산

탄수화물은 탄소(carbon; 炭)에 물이 결합한(hydrate; 水化物) 형태의 분자다. 단당류는 구성하는 탄소의 수에 따라 삼탄당부터 칠탄당이 있으나, 포도당 같은 육탄당과 리보스 같은 오탄당이 대부분이다. 단당류가 2개 결합한 이당류에는 설탕, 맥아당, 유당 등이 있다. 당이 3개가 결합한 삼당류, 4개가 결합한 사당류도 있는데 올리고당, 물엿, 덱스트린 같은 이름으로 불린다.

식물은 이산화탄소와 물만 있으면 햇빛의 에너지를 이용하여 포도당을 만들 수 있고 이것으로부터 모든 유기물을 만든다. 포도당과 같은 단당류이면서 모양만 약간 바뀐 것이 과당, 갈락토스, 자일로스, 아라비노스, 만노스 등이다. 그리고 당류가 2개 결합한 것이 이당류인데 포도당 2개가 결합한 맥아당, 포도당과 과당의 결합이 설탕, 포도당과 갈락토스가 결합한 유당(젖당)이 대표적이다.

포도당이 여러 개 결합하면 올리고당, 물엿, 덱스트린 형태이고, 수천 개 이상 결합하면 전분이나 셀룰로스가 된다. 탄수화물 중에는 포도당이 직선으로 결합한 셀룰로스와 코일 형태로 결합한 전분이 압도적으로 많다. 따라서 세상에 가장 많은 유기화합물이 셀룰로스와 전분이다. 그리고 이것을 식량으로 살아가는 동물이 가장 많다. 사람은 잡식이지만 그래도 식사의 비중에서 가장 높은 비율을 차지하는 것이 탄수화물이고 한국인이 먹는 음식도 67% 정도가 탄수화물이다.

단당류 Monosaccharides

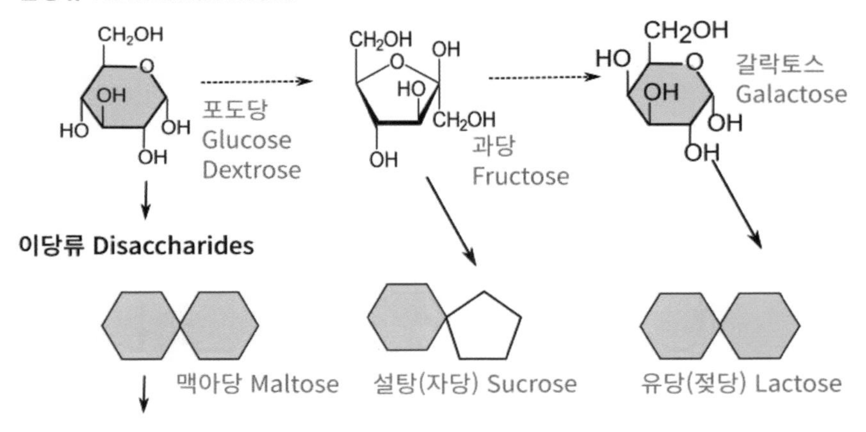

올리고당류 Oligosaccharides

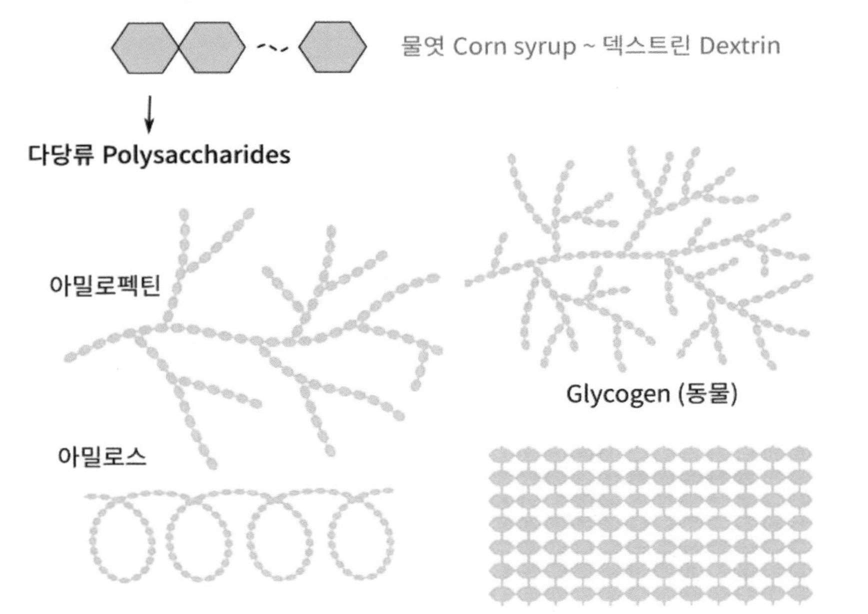

전분 : 아밀로펙틴 + 아밀로스(0~20%) 셀룰로스 Cellulose, Fiber

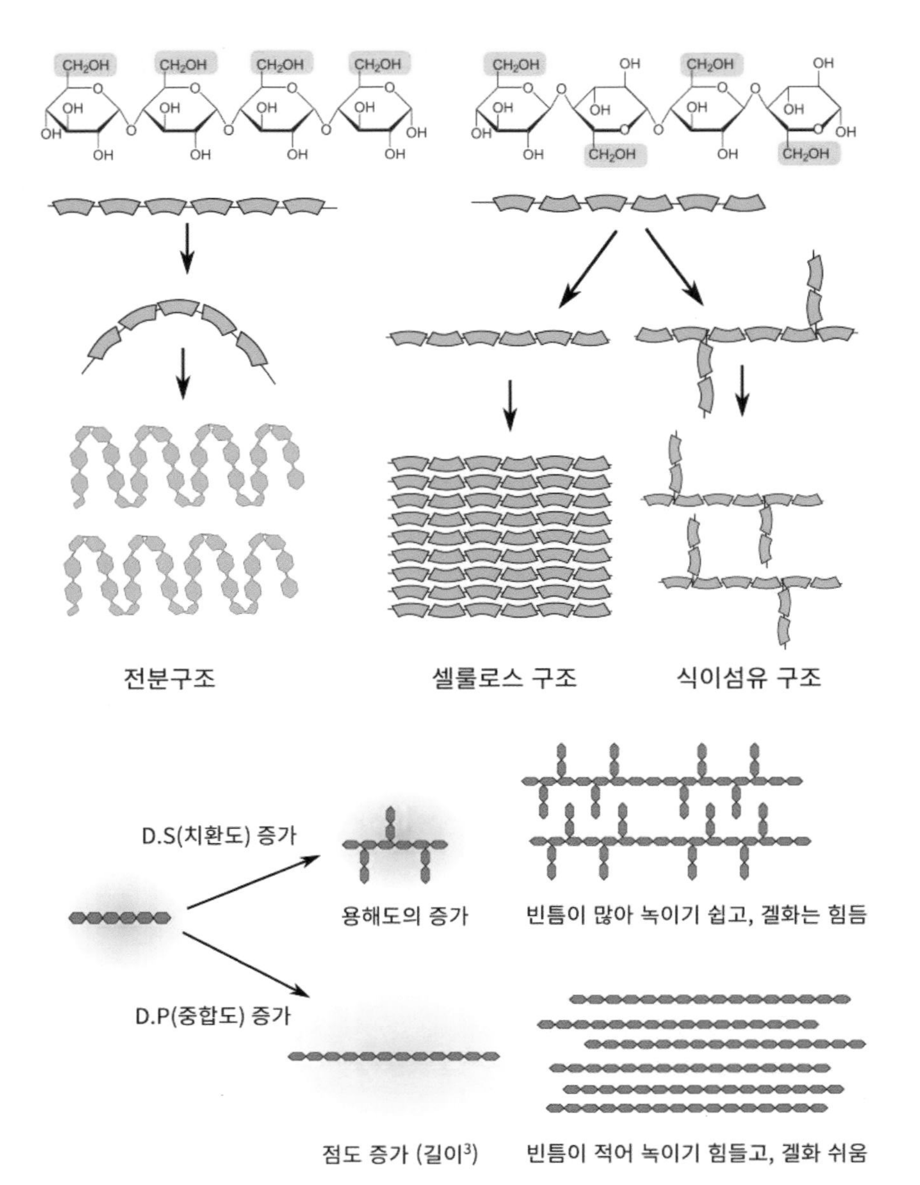

포도당의 연결 형태에 따른 물성의 차이

- 커피의 탄수화물

커피도 식물이라 탄수화물이 많다. 생두 건조 무게의 40~65%를 차지한다. 엽록소에서 광합성으로 포도당을 만들고, 일부를 과당으로 전환한 뒤 포도당과 결합하여 설탕의 형태로 체관을 통해 식물의 다른 부위로 공급한다. 설탕이 모든 유기물의 시작인 셈이다. 설탕은 여러 형태로 전환되는데 커피에서 가장 많은 것은 아라비노스, 갈락토스, 포도당, 만노스 같은 당류들이 결합하여 만들어진 세포벽이다.

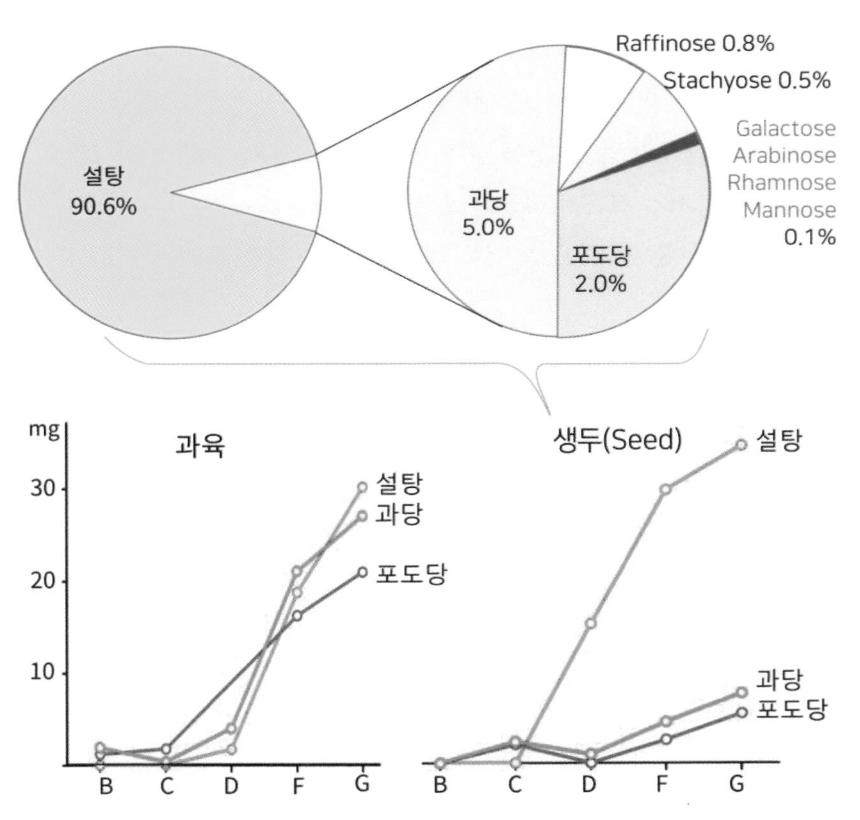

커피 체리에서 설탕의 축적과정(Knopp S-E, et al., 2006, Y. Koshiro et al 2015)

생두에 보관된 설탕은 가열 반응에 즉시 참여하고, 세포벽을 이루는 갈락토만난과 아라비노갈락탄도 분해된 형태로 참여한다. 아라비노갈락탄은 다양한 가지(branch)구조를 가지고, 로스팅 중에 이 결합구조가 쉽게 깨어지면서 함량이 줄고, 유리 아라비노스를 방출한다. 그리고 이것들이 메일라드 반응에 참여한다.

단당류, 이당류는 비교적 소량이지만 캐러멜 반응 및 메일라드 반응을 통해 향기 물질 형성에 필수적인 성분들이다. 그중에 설탕(sucrose) 함량이 가장 많고, 중요한 역할을 한다. 아라비카에는 8%, 로부스타에는 그 절반 정도(3~6%)가 들어 있다. 아라비카의 향미가 더 복합적인 이유로 높은 설탕 함량을 꼽는 경우가 많다. 올리고당(스타키오스, 라피노스)과 다른 단당류(과당, 포도당, 갈락토스, 아라비노스)도 생두에서 소량 발견된다. 포도당과 과당은 로스팅 초기에 농도가 높아지는데, 이는 설탕이 포도당과 과당으로 분해되기 때문이다. 이런 거의 모든 유리당은 로스팅 중 메일라드 반응과 캐러멜 반응으로 소진되면서 물, 이산화탄소, 색, 향, 맛 성분이 만들어진다. 단당류와 이당

표. 커피의 탄수화물 조성(Espresso coffee, illy, 2005)

성분	아라비카	로부스타
단당류	0.2~0.5	0.2~0.5
이당류(설탕)	6~9	3~7
다당류	43~45	46.9~48.3
아라비노스	3.4~4.0	3.8~4.1
만노스	**21.3~22.5**	**21.7~22.4**
포도당	6.7~7.8	7.8~8.7
갈락토스	10.4~11.9	12.4~14
람노스	0.3	0.3
자일로스	0~0.2	0~0.2

류(설탕)는 열에 약하다. 로스팅이 시작된 지 수 분 안에 분해된다. 다당류도 로스팅 중에 분해되는데 향미에 기여하는 정도는 다당류의 구조에 따라 다르다. 아라비노갈락탄의 곁가지로 연결된 아라비노스는 분해되어 기여하기 쉽고, 뼈대를 이루는 갈락탄은 기여하기 어렵다. 셀룰로스나 만난(mannan)처럼 단단한 구조물은 거의 변하지 않는다.

- 다당류와 세포벽

커피의 비수용성 성분은 주로 세포벽을 이루는 복합 다당류이다. 생두의 두껍고 단단한 세포벽 구조물은 주로 만난, 헤미셀룰로스, 셀룰로스의 세 가지 중합체로 구성되어 있다. 이들은 로부스타보다 아라비카에 더 많이 들어 있다. 생두에서 가장 함량이 많은 다당류는 갈락토만난으로 무게의 19% 이상이다.

세포벽을 구성하는 다당류는 구조체를 만드는 역할 뿐 아니라, 저장용 탄수화물로서 곡물의 씨방 내 전분과 비슷하게, 씨앗의 에너지 저장용으로 사용된다. 갈락토만난은 β-1,4- 고리가 연결된 만노스 분자가 중심 뼈대를 이루고 갈락토실 사슬이 군데군데 연결된 구조를 이룬다. 이들은 약배전에서는 12~24%가 분해되고, 강배전에서는 35~40%가 분해된다. 로스팅한 원두를 조사해 보면 아라비노갈락탄과 아라비노스를 연결하는 사슬은 끊어져 있는 데 반해, 셀룰로스와 만난은 그대로인 것을 확인할 수 있다. 이런 다당류는 로스팅 중 향 형성에는 특별히 기여하지 않지만, 점성이라든가 마우스필 등에 기여한다.

펙틴(Pectin)

펙틴은 고대 그리스어 Pēktikós(응고된)에서 유래된 말로, 과거부터 잼이나 머멀레이드 등을 만드는 데 활용되었다. 대부분 식물의 1차 세포벽에 존재하지만 시판되는 펙틴은 보통 시트러스 과일(레몬, 라임, 오렌지)이나 사과 등에서 생산한다. 갈락투론산이 길게 이어진 매끈한(smooth) 영역과 사슬 구조가 많은 영역(hairy) 영역으로 나눈다. 과일에 아주 흔한데, 과실이 익는 동안 펙틴은 펙티네이스(Pectinase)와 펙틴에스터분해효소(Pectinesterase)에 의해 분해되는데, 이 과정에서 중간 라멜라(Lamella)가 분해되고 세포가 서로 분리되면서 과실이 부드러워진다.

커피에서 펙틴은 수분을 잘 흡수하여 점액층을 만드는데, 커피 체리에서 과육을 제거할 때는 이 점액층까지 효과적으로 제거하지 않으면 부패가 일어나므로 발효를 통해 분해하여 제거한다. 펙틴은 우리 몸에서는 소화가 어려워 식이섬유소로 작용하는데 반추동물은 장속의 박테리아 효소에 의해 최대 90%까지 소화한다고 한다.

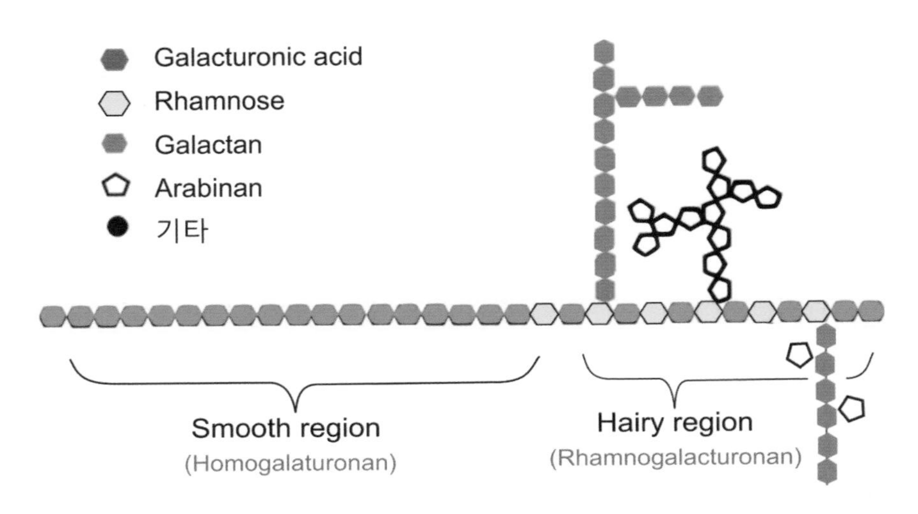

펙틴의 기본 구조(Schols, H.A, et al. 2002)

2) 커피의 단단한 세포벽 구조

- 셀룰로스와 세포벽

식물의 단단한 세포벽은 세포를 보호하는 가장 핵심 수단이다. 자신의 몸체를 지탱할 강도를 부여하고 곤충, 곰팡이, 세균 등이 쉽게 침입하지 못하게 한다. 셀룰로스는 분해하여 소화기에 너무 단단한 조직이라 먹는 것을 포기하게 된다. 보통 바깥쪽의 1차 세포벽은 셀룰로스가 주성분이며, 1차 세포벽과 2차 세포벽을 연결하는 중간층은 펙틴이 주성분이고, 2차 세포벽에는 리그닌, 수베린, 큐틴이 추가된다. 리그닌이 있으면 나무처럼 목질화되고, 수베린이 들어가면 코르크화, 큐틴이 있으면 큐티클화 된다. 식물은 이런 세포벽의 구조물을 통해 몸체의 기계적 강도를 유지하고 수송의 통로도 제공한다.

셀룰로스는 식물 전체 질량의 33% 정도를 차지하기 때문에, 지구상에서 가장 흔한 유기화합물이다. 면화는 90%, 목본식물은 50% 정도가 셀룰로스다. 예전에는 먹을 것이 없어서 굶어 죽는 경우도 많았는데, 셀룰로스는 쌀, 감자, 고구마의 전분과 마찬가지로 포도당으로 되어 있다. 셀룰로스만 포도당으로 분해할 수 있다면 식량 걱정이 없었을 텐데, 우리는 셀룰로스를 분해할 수 없다. 보통 전분은 알파 결합을 하고, 셀룰로스는 베타 결합을 하는데 동물 대부분은 베타 결합을 끊을 효소가 없어서 소화할 수 없다고 한다. 하지만 진짜 문제는 효소의 유무가 아니라 효소가 끼어들 여지가 없이 단단하게 결합한 셀룰로스의 구조다.

반추동물이 셀룰로스를 분해한다고 하지만, 통나무를 주면 소화하지 못한다. 되도록 어린잎이나 부드러운 것을 먹는다. 셀룰로스가 충분히 발달하지 못해 분해하기 쉽기 때문이다. 사실 풀 정도의 부드러운 셀룰로스를 소화하는데도 큰 노력이 필요하다. 반추동물은 4개의 방으로 분화된 커다란 위를 가져야 하며, 사료를 섭취하고 되새김질하는데 하루 12시간 이상 시간을 보내며

30,000~50,000번을 씹는다. 그래서 음식을 씹고 소화하는데 섭취한 에너지의 25% 이상을 소모한다. 베타 결합 자체가 중요한 것이 아니라, 베타 결합이 만든 단단한 형태와 구조가 핵심인 것이다.

같은 포도당으로 만들어진 다당류라도 그 연결된 형태에 따라 특성이 달라진다. 전분은 포도당이 한 방향으로 결합한 것이라 안쪽으로 점점 말려 들어가 나선형 구조를 이루고 있어 전분의 사슬 사이에 간격이 넓다. 그래서 그 사이로 수분이 들어가 쉽게 호화되고, 소화되기 쉬운 구조다. 전분의 형태 중

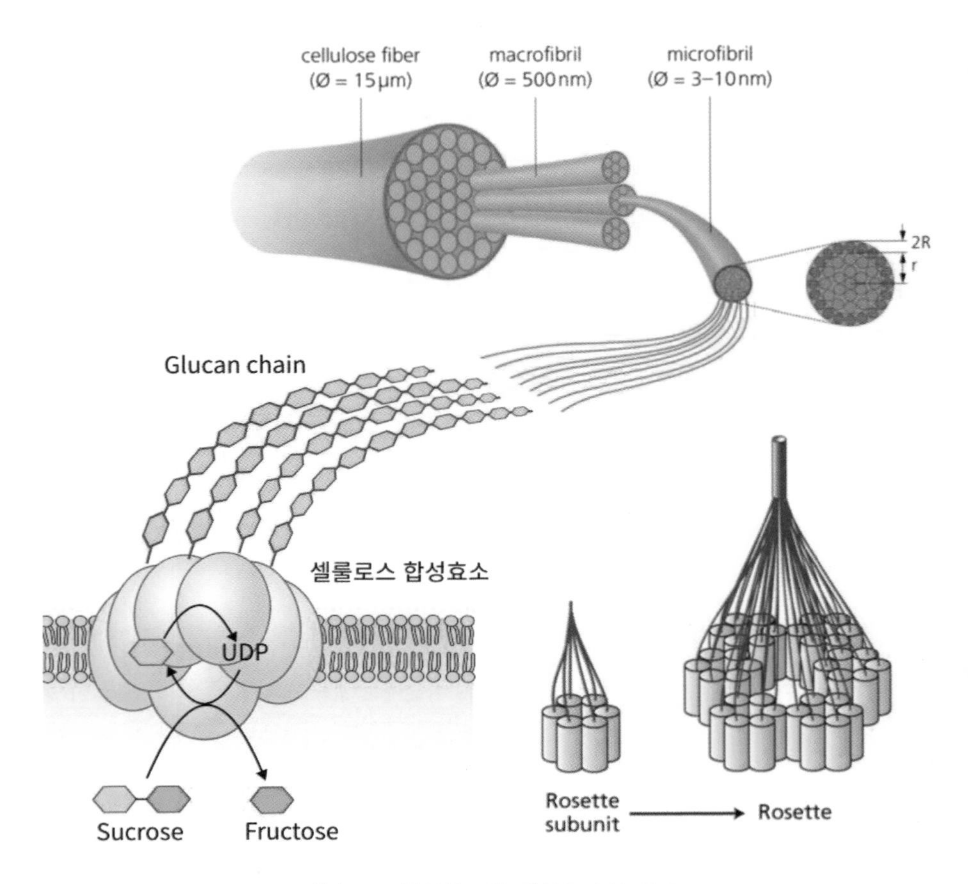

셀룰로스 합성효소와 셀룰로스의 구조

에 가장 소화하기 쉬운 것이 포도당이 10개 단위 정도로 여러 개의 짧은 가지 구조를 가진 글리코젠이다.

셀룰로스는 포도당이 상하로 교차하면서 지그재그로 결합한 형태이다. 그래서 쭉쭉 뻗은 직선이고 빈틈없이 빽빽하게 공간을 채울 수 있다. 물이나 효소가 침투하기 힘든 구조다. 만약에 셀룰로스가 전분처럼 틈이 많고 엉성한 구조였다면, 나무로 된 통나무집이나 나무로 만든 배는 비나 물에 잠기면 금방 분해되어 흔적도 없이 사라질 것이다. 셀룰로스는 정말 강인한 구조이다. 그래서 우리가 음식으로 섭취할 수는 없지만, 그 덕분에 숲에 나무가 남아 있을 수 있는 것이고, 나무가 100미터 넘게 자랄 수 있는 것은 셀룰로스가 그만큼 단단하기 때문이다. 예전에 마로 밧줄이나 옷을 만들었는데 모시, 삼베도 식물의 셀룰로스로 만든 것이다. 식물이 이런 셀룰로스를 합성하는 과정은 정말 경이적이다. 그 작은 효소로 그렇게 크고 단단한 구조를 만드는 것은 개미가 100층짜리 고층 건물을 짓는 것만큼이나 정말 경이적인 현상이다.

셀룰로스는 로제트(Rosette) 말단 복합체에 의해 세포막에서 합성된다. 로제트 말단 복합체는 각각 셀룰로스 합성효소를 포함하는 25nm 지름의 6합체(hexamer) 단백질 구조이다. 이런 로제트 말단 복합체는 세포막에 떠 있고, 세포벽으로 미세섬유(Microfibril)를 만들어 회전시킨다.

- 커피 세포벽의 저장다당류

커피는 세포벽이 유난히 두꺼운 점이 특별하다. 고형분의 절반 이상이 세포벽의 성분일 정도로 많은 물질이 투입되어 단단한 속 씨를 만든다. 생두의 전자현미경 사진을 보면 정말 두꺼운 세포벽을 볼 수 있다. 보통 세포는 세포벽에 0.1~1㎛ 정도이고 목질화된 부분이 1~4㎛ 정도인데, 생두는 30~40㎛ 정도의 세포를 5~7㎛ 두께의 세포벽이 감싸고 있다. 더구나 세포벽은 주름관 모양이

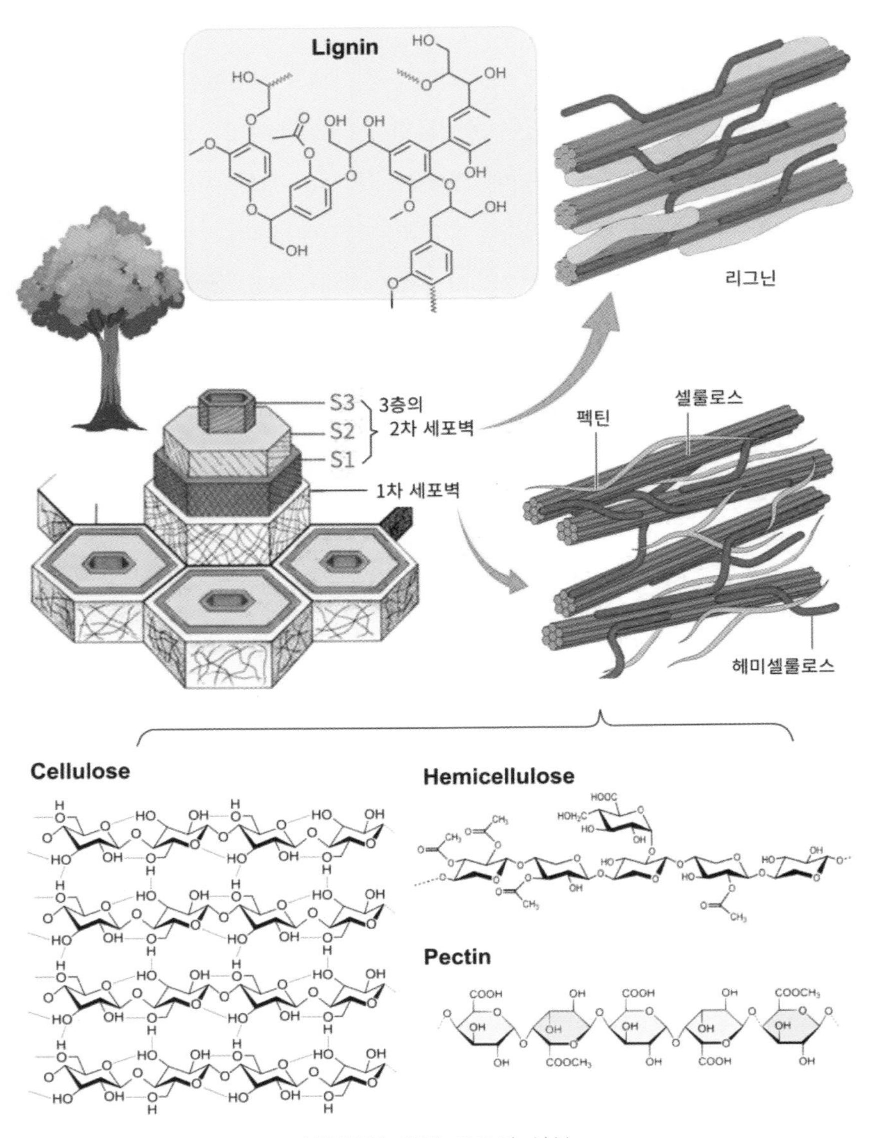

세포벽의 기본 구조와 성분

라 더욱 튼튼하다. 그래서 생두는 가장 단단한 과일의 속 씨에 속한다. 그리고 그 덕분에 세포 하나하나가 로스팅 중의 고압을 견디는 고압 반응로처럼 작동한다. 커피의 단단한 세포벽 덕분에 강력한 로스팅을 가능하게 하고, 로스팅된 향미도 오래 유지되는 것이다. 세포벽이 로스팅의 핵심 조건이라는 것은 생두를 분쇄하여 로스팅하면, 기존의 커피와 같은 향미를 발현시키기 힘들다는 것으로 알 수 있고, 단단한 세포벽이 향미 보존에 핵심이라는 것은 로스팅한 원두를 분쇄하면 금방 향미가 손실되는 것에서 알 수 있다.

생두를 로스팅하면 수증기와 이산화탄소의 생성으로 대량의 가스가 발생하는데, 이때 커피는 생각보다 조금만 팽창한다. 세포질 안의 성분들이 녹고 뒤섞여 세포벽을 코팅하기 때문에 세포벽이 더 두꺼워진 것처럼 보인다. 이처럼 커피의 세포벽이 두껍고 단단하여 강한 로스팅이 가능한 것은 맛 측면에서 유리하지만, 커피나무 자체에는 불리해 보인다. 커피나무에 꽃이 피고, 열매를 맺는 것은 씨앗을 통해 번식하기 위해서다. 생두가 발아하여 잎을 나고 광합성을 할 때까지는 오직 생두에 저장된 영양분으로 살아가야 한다. 그런데 생

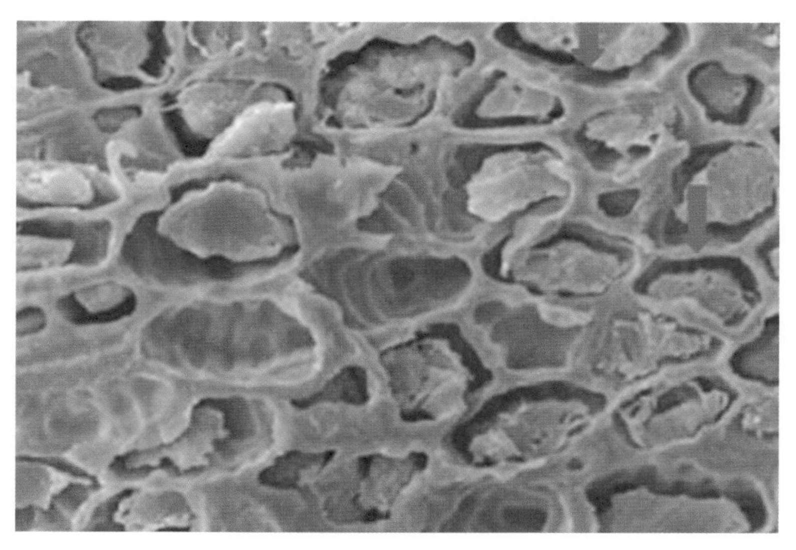

커피 원두의 세포구조 (출처: Flávio Meira Boré et al, Coffee Science 2013)

두의 50%를 차지하는 세포벽의 성분이 셀룰로스나 리그닌과 같은 성분이면 곤란하다. 자신도 영양분으로 이용할 수 없기 때문이다. 다행히 커피 세포벽의 주성분은 갈락토만난과 아라비노갈락탄이다. 이들은 가지 구조가 많아서 셀룰로스처럼 단단한 결정구조를 형성하지 않아 효소를 통해 다시 분해하여 영양원으로 쓸 수 있다. 그래서 저장다당류(storage polysaccharides)라고 한다. 생두의 배젖은 살아있는 조직이고, 세포벽은 식물이 소화할 수 있는 식이섬유라서 발아가 아닌, 일반 보관 중에도 영양원으로 일부 사용될 수 있다. 그러면 그만큼 품질이 나빠진다. 생두의 수분을 낮게 유지해야 하는 이유 중 하나가 보관 중에 배젖이 작용(활동)하지 못하게 하기 위해서다.

커피의 발아 과정

- 갈락토만난, 생두의 가장 많은 성분

갈락토만난은 만노스가 뼈대(Backbone)를 이루고 갈락토스가 사이드체인으로 결합한 것이다. 갈락토만난을 주성분으로 하는 검류가 몇 종 있는데 폴리머 길이와 사이드체인의 비율에 따라 특성이 달라진다. 생두에 셀룰로스와 펙틴의 비율은 처음에는 제법 높지만, 점점 비중이 감소하여 15%가 된다. 갈락토만난이 점점 증가하여 이들의 비율이 상대적으로 감소한 것이다. 최종 단계에는 50%가 갈락토만난이 되어 이들이 로스팅 중에 고온·고압을 버티는 데 핵심적인 역할을 하며, 일부는 분해되어 향, 색소, 멜라노이딘 물질의 일부가 되고, 일부는 커피 음료에 추출되어 식이섬유로 작용한다.

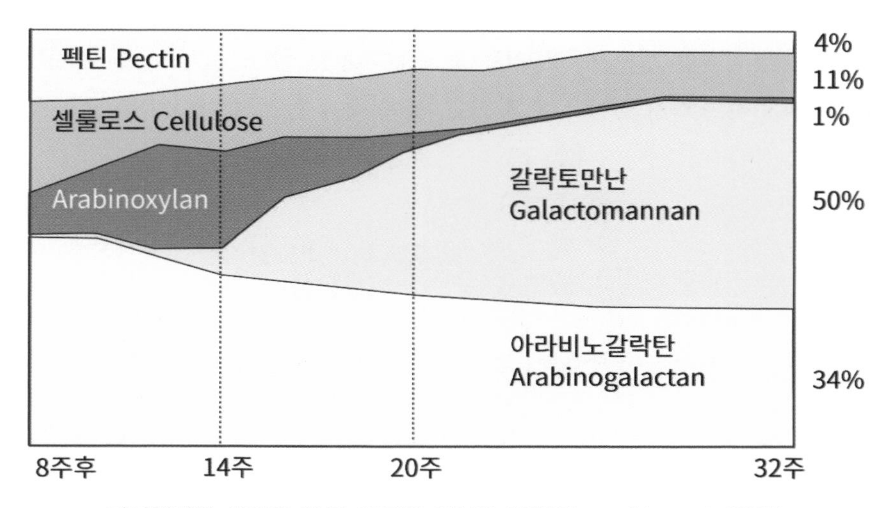

커피체리의 성장에 따른 세포벽 성분의 변화(Zheng Li et al, 2021)

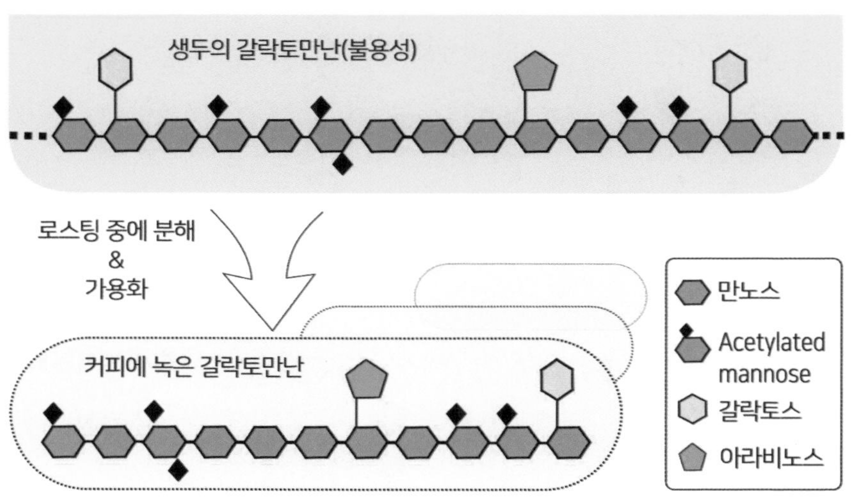

갈락토만난의 분해로 만들어지는 식이섬유(Knopp S-E, et al., 2006)

- 아라비노갈락탄

아라비노갈락탄은 아라비노스와 갈락토스로 구성된 고분자로 아라비아검과 가티검을 비롯한 많은 증점제(Gum)의 주요 성분이다. 이는 종종 단백질에 부착된 형태로 발견되며, 그렇게 만들어진 아라비노갈락탄단백질(AGP)은 세포 간 신호 분자나 식물 상처를 봉인하는 접착제 역할을 한다. 갈락토만난에 비해 사이드체인이 많아서 그만큼 틈이 많고, 물에 녹기 쉽고, 분해되기도 쉽다.

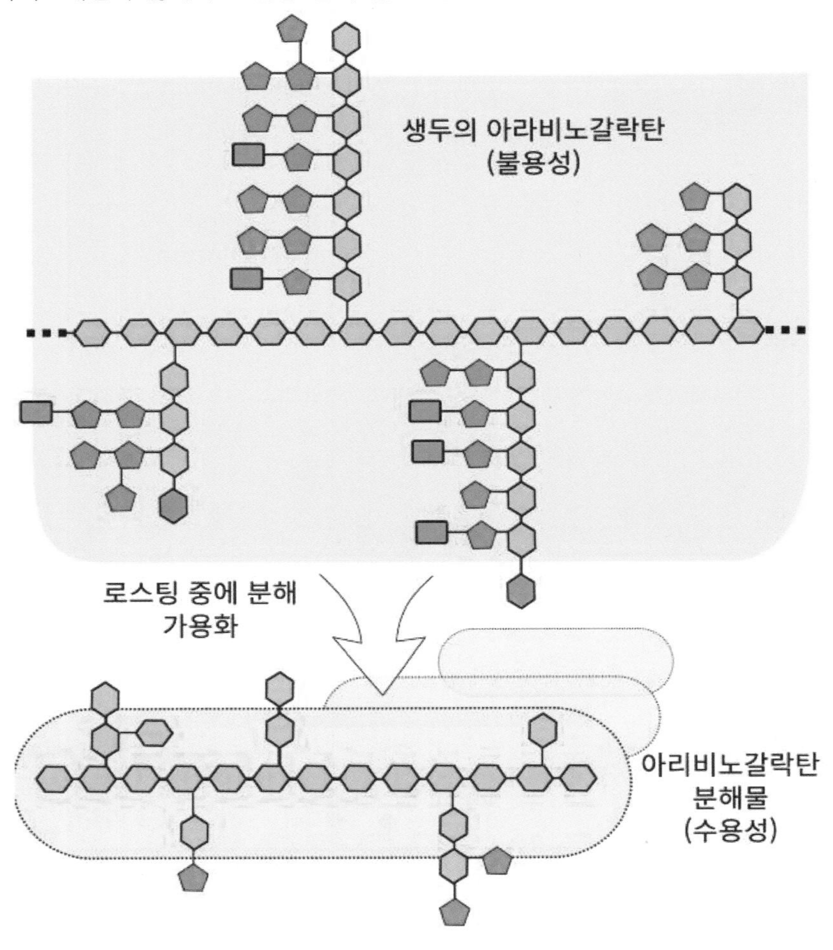

아라비노갈락탄의 분해 산물(Knopp S-E, et al., 2006)

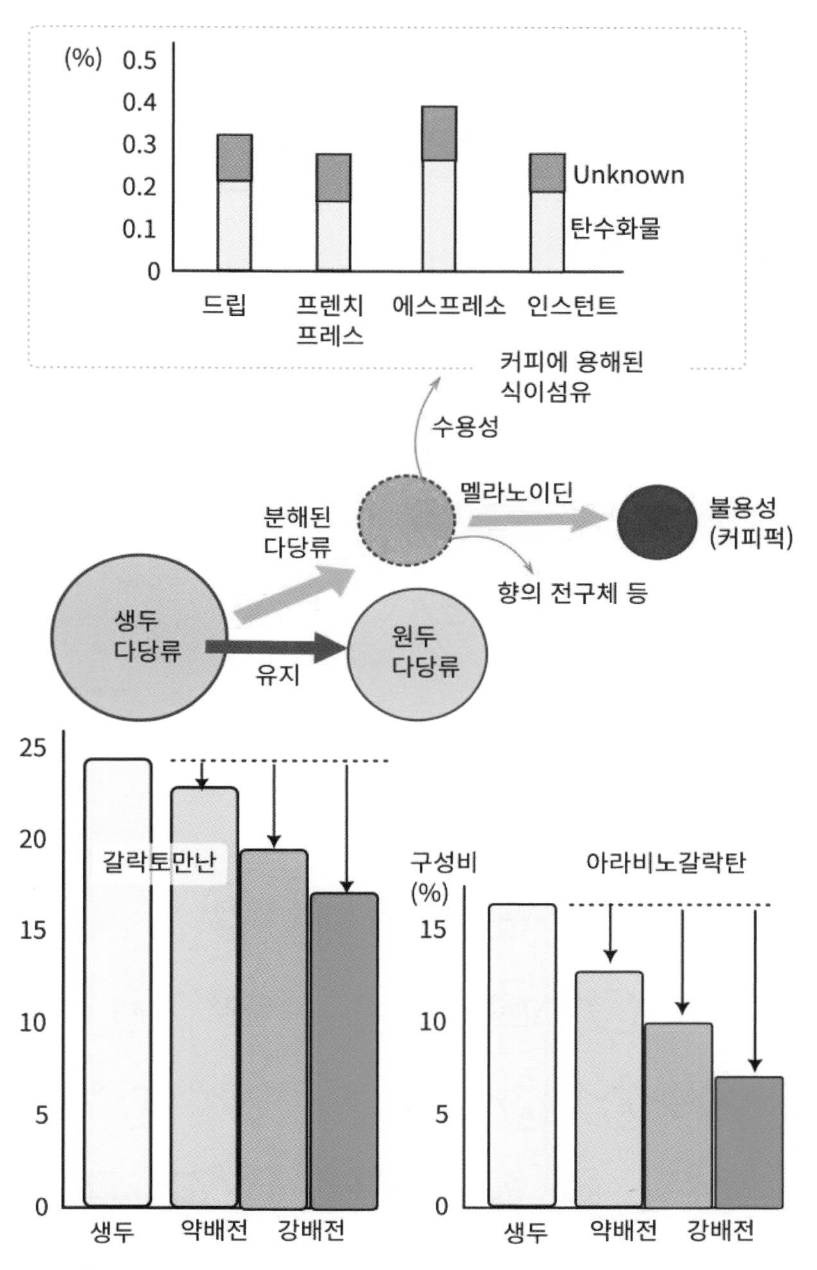

식이섬유 분해로 만들어지는 성분(Díaz-Rubio ME et al, 2003, 재구성)

셀룰로스 Cellulose

G G G G G G G

아라비노갈락탄 Arabinoxylan

X X X X X X X

A A A

갈락토만난 Galactomannan

A Ga Ga

M M M G M M M

G D-glucose

X D-xylose

Rh L-rhamnose

A L-arabinose

M D-mannose

Ga D-galactose

COOH Gl-A D-glucuronic acid

Acetyl group

아리비노갈락탄 Arabinogalactan

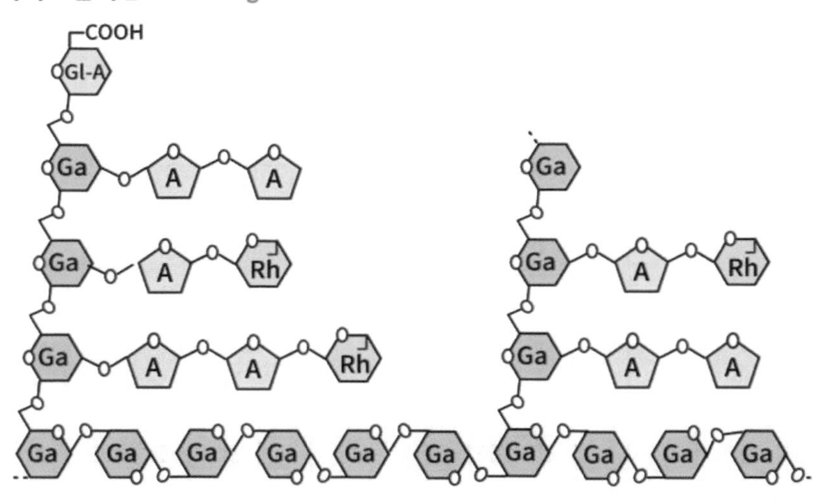

커피 세포벽의 주요 구성 성분 (Zheng Li et al, 2021)

- 세포벽의 통로, 원형질연락사(Plasmodesmata) 벽공(Pit)

커피의 단단한 세포벽을 생각하면 식물에는 혈관도 없는데, 각 세포에 영양분은 어떻게 전달이 될까 하는 의문이 들 수 있다. 식물 세포벽에는 원형질연락사(Plasmodesmata)가 있어서 분자가 통과할 수 있다. 세포막은 2㎛ 전후의 얇은 지방으로 된 막이지만, 대부분의 분자를 차단한다. 이에 비해 세포벽은 훨씬 두껍고 단단하지만, 중간 사이사이에 미세한 틈(pores)이 있어서 세포간에 영양물질 등이 쉽게 통과한다. 한편 이 통로는 디카페인과 추출에서도 핵심 역할을 한다.

카페인을 제거하는 대표적 디카페인 추출법이 '스위스 워터 방식'인데 생두

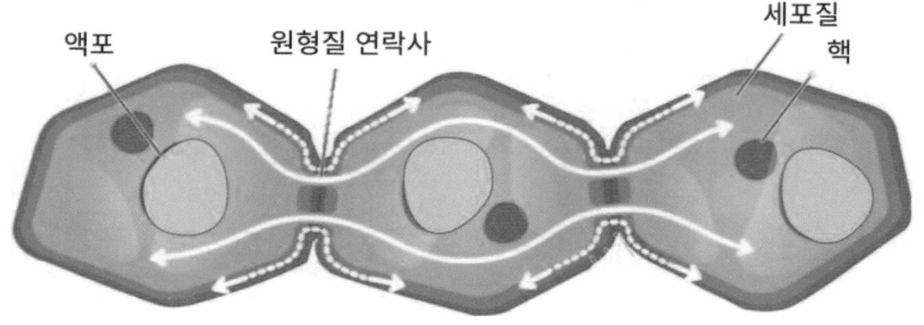

를 뜨거운 물에 넣어 카페인을 포함한 수용성 물질들이 물에 녹아 나오도록 하는 것이다. 뜨거운 물에 담가두면 생두가 부풀고, 통로가 커져서, 물이 출입하게 되고, 카페인 같은 성분이 녹아 나온다.

로스팅을 마친 원두는 1달 동안이나 이산화탄소가 배출된다. 로스팅으로 세포벽은 더 얇아지고, 세포벽에 존재하는 틈(mesopores, macropores)들은 훨씬 커졌는데, 이산화탄소가 그렇게 오랫동안 유지되는 것은 매우 특별한 현상이다. 이산화탄소는 비극성이고 크기가 작아, 세포막 정도는 아주 쉽게 통과한다. 심지어 단단한 페트병에 충전된 콜라는 아무리 밀봉된 상태를 잘 유

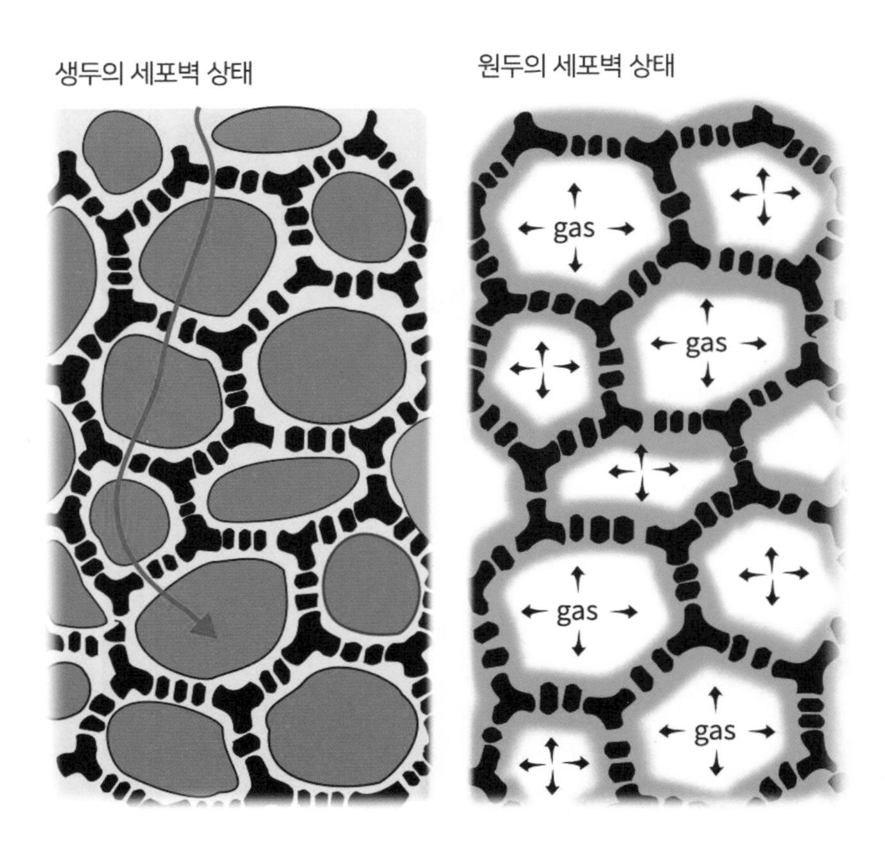

원형질연락사의 구조와 로스팅에 의한 세포질 성분의 변화

지해도 이산화탄소가 페트병을 조금씩 통과하여 3개월이면 절반이 빠져나올 정도다. 결국 고온의 로스팅 과정에서 세포질의 성분들이 완전히 녹았다가 식으면서 세포벽의 틈을 완전히 메운 것으로 추정할 수 있다. 그래서 추출하기 위해 뜨거운 물을 부으면 이 틈을 메우던 성분이 녹아 다시 틈이 생기면서 이산화탄소가 빠져나와 거품이 발생한다. 커피의 디카페인, 가향, 향미 유지, 추출 등 커피의 여러 가지 공정을 이해하는데, 세포벽과 이 통로가 핵심적인 역할을 한다.

3) 유기산

- 유기산은 에너지 대사의 핵심이다

우리는 신맛을 내는 물질은 유기산에 대해서 별 관심이 없지만. 생명 활동은 유기산으로 연결되었다고 할 정도로 모든 핵심 대사의 중간산물은 유기산인 경우가 많다. 특히 아데노신삼인산(이하 ATP)을 만드는 에너지 대사의 경우 그렇다. 가전제품은 전기가 있어야 작동하듯, 생명체는 ATP가 있어야 작동한다. 휴대폰이 배터리가 떨어지면 모든 기능이 멈추듯, 우리 몸도 ATP가 고갈되면 모든 기능이 멈춘다. 그래서 사용량도 엄청나다. 매일 자기 체중만큼의 ATP를 소비한다. 그래서 우리 몸의 모든 세포는 잠시도 쉬지 않고 ATP를 만든다. 사실 우리가 음식을 먹는 이유의 대부분은 몸을 작동하는데 필요한 에너지를 얻기 위함이다. 이런 ATP를 생산하는 회로는 피루브산, 구연산, 석신산, 말산과 같은 유기산으로 이루어져 있고, 광합성 회로도 유기산으로 되어 있다. 그러니 생명체의 유기산의 종류는 정말 다양하다.

- 산미료는 다양하다

신맛은 이런 유기산이 내놓은 수소이온(H+)의 농도를 감각하는 기능을 한다.

신맛이 있다는 것은 수소이온이 있다는 것이고, 수소이온(H+)의 농도는 미생물의 생육에 결정적인 조건이 된다. 미생물은 정말 종류가 많아서 상상을 초월하는 환경에서 사는 것도 많지만, 대부분 낮은 pH에는 잘 자라지 못한다. 음료나 과일주스는 대부분 산성이고, 이런 제품은 살균으로 보존성이 충분히 유지된다. 이처럼 pH가 미생물의 생존에 결정적인 영향을 미치는 이유는 ATP합성효소가 수소이온의 농도 차이를 이용하여 작동하기 때문이다. 원하지 않는 쪽의 수소이온 농도가 높아져 농도 차이가 없어지면 ATP합성효소가 작동하지 못하고, ATP가 없으면 모든 생명 현상은 멈춘다. 그래서 산미료는 식품에서 가장 광범위하게 사용되는 보존제이기도 하다.

이런 pH는 물의 성격을 바꾸어, 물이 어떤 물질을 녹이는 정도가 완전히 달라지기도 한다. pH에 따라 물질의 용해도가 어떻게 바뀌는지에 대한 설명은 추출 파트에서 좀 더 자세히 설명하고자 한다.

무기산과 유기산의 종류

분류		산미료
무기산 (미네랄산)		질산, 인산, 황산, 염산
유기산	카르복시	Tri- : 구연산 Di- : 석신산, 푸마르산, 말산, 옥살산 Mono : 초산, 젖산, 프로피온산, 소브산 지방산(특히 단쇄지방산)
	방향족	신남산, 벤조산, 살리실산
	락톤산	비타민C, G.D.L
	아미노산	글루탐산, 아스파트산

- 커피에도 다양한 유기산이 있다.

커피에 존재하는 산 종류는 30종이 넘고, 비휘발성 산으로 중요한 것은 클로로젠산(chlorogenic acid, CGA), 구연산, 말산, 퀸산이고 휘발성 산은 주로 폼산, 아세트산이다.

커피의 유기산 중에서 가장 특별한 것이 CGA다. 커피는 모든 식물을 통틀어 CGA 함량이 가장 많은 식물이라 할 만큼 많은 CGA가 들어 있다. 아라비카보다 로부스타가 더 많은 CGA를 함유한다. 생두의 경우 로부스타에 8~14.4%, 아라비카에 3.4~4.8% 정도 들어 있다. 유기산은 원래부터 존재하는 것도 있지만 일부는 발효 과정 또는 로스팅 중에 생성된다.

표. 커피에 포함된 유기산의 함량(유기산은 자료와 분석법에 따라 차이가 많다.)

성분	아라비카	로부스타	향미
초산 Acetic	0.06	0.04	Sour, vinegar aroma
구연산 Citric	1.16	0.61	Sour, odorless
젖산 Lactic	0.06	-	Sour, astringent, acrid
말산 Malic	0.52	0.29	Sour, odorless
석신산 Succinic	0.17	-	Sour, bitter, odorless
퀸산 Quinic	0.25	-	Sour, bitter, astringent
카페산 Caffeic			Intensely bitter

- 클로로젠산(Chlorogenic acid, CGA)이 독보적으로 많다

클로로젠산(CGA)은 카페산과 퀸산이 에스터 결합한 물질로 페닐알라닌에서 리그닌이 합성되는 중간 과정에서 만들어진다. 이름에 '클로로'는 염소(Chloride)가 포함되었다는 의미는 아니다. CGA가 산화될 때 녹색을 띠어서 붙여진 이름으로, 그리스어 클로로스(밝은 녹색)와 게노스(상승)의 의미다. 사실 염소 기체(Cl_2)도 녹색이라 클로라이드(chloride)라고 불린다. CGA는 한 가지 물질은 아니고 히드록시신남산류(카페산, 페룰산, *p*-쿠마르산)가 퀸산과 함께 에스터 결합을 한 것으로 퀸산의 3, 4, 5번에 1~2개의 카페산이나 페룰산, 쿠마르산이 결합하여 만들어진다. 그중에는 5-CQA 즉 퀸산의 5번 위치에 카페산이 결합한 형태가 가장 많다.

CGA는 병원균, 초식동물, 영양분, 온도, 햇빛 등의 스트레스에 대응하기 위해 만들어진 물질로 추정된다. 분자량은 큰데 방출할 수소이온은 1개에 불과해 산도에 주는 영향은 적고, CGA가 분해되어 만들어진 물질이 오히려 여러 가지 맛이나 향에 영향을 준다. CGA는 다크 로스팅에서 100%에 가깝게 손실이 되고, 라이트 로스팅에서도 45~54%의 손실이 관찰되었다. CGA가 분해되면서 중간물질로 퀸산, 히드록시신남산 등이 되고, 더 분해가 진행되면서는 페놀 물질로 변한다. 과이어콜류인 2-메톡시페놀(과이어콜), 4-에틸-2-메톡시페놀(4-에틸 과이어콜), 4-비닐-2-메톡시페놀(4-비닐 과이어콜) 같은 휘발성 페놀 성분은 강배전 커피에서 전형적인 스모키함, 우디함, 재(ashy)의 느낌을 만든다. 로부스타에는 CGA가 많아 이런 성분이 더 만들어진다. 그리고 CGA에서 페닐인데인 같은 결정적인 쓴맛 성분도 만들어진다.

CGA는 다른 폴리페놀 성분과 마찬가지로 생물학적 항산화 물질로 알려져 있다. 커피의 항산화 효과는 여전히 연구되고 있는 분야지만, CGA 및 다른 폴리페놀 물질은 과산화물에 의한 손상을 억제하는 널리 알려져 있다. 그래서 CGA의 연구는 주로 건강이라는 주제에 초점이 맞추어져 있다.

CGA는 카페산과 퀸산이 결합한 형태가 80% 정도를 차지하며, 그중에 5-CQA 형태가 가장 많다. 그다음으로 4-CQA, 3-CQA가 많다.

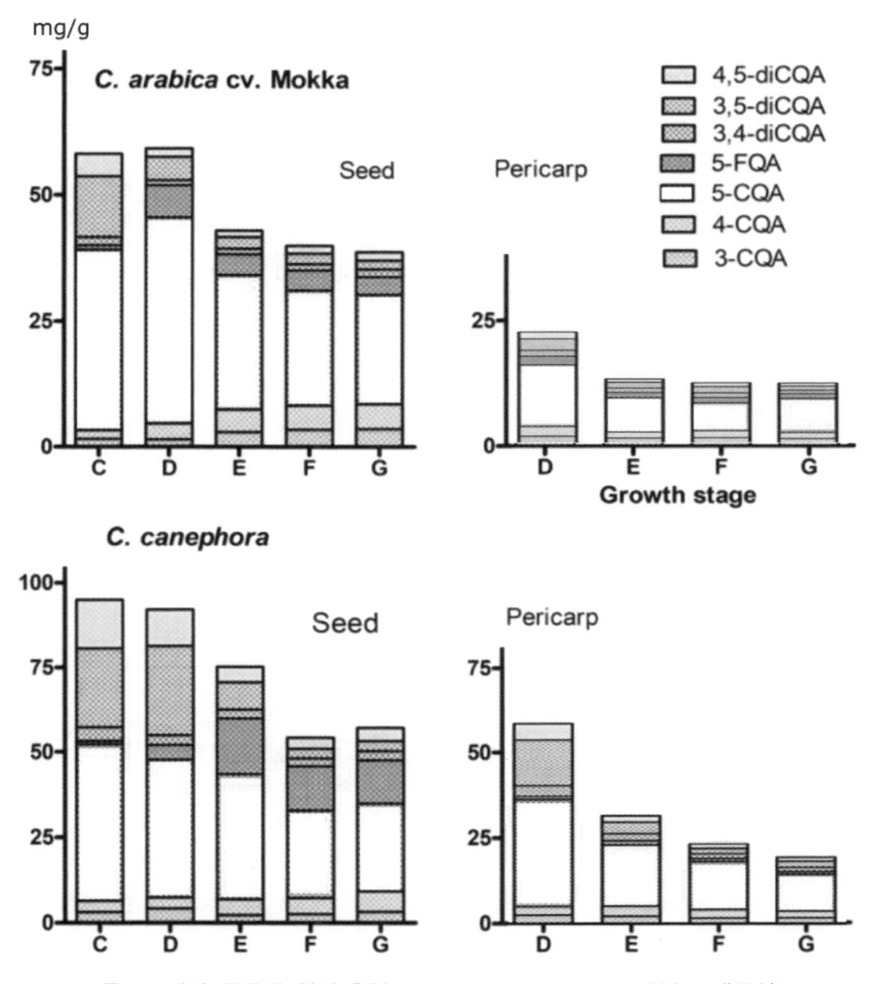

클로로젠산 종류별 함량(출처: Yukiko Koshiro et al. 2007, 재구성)

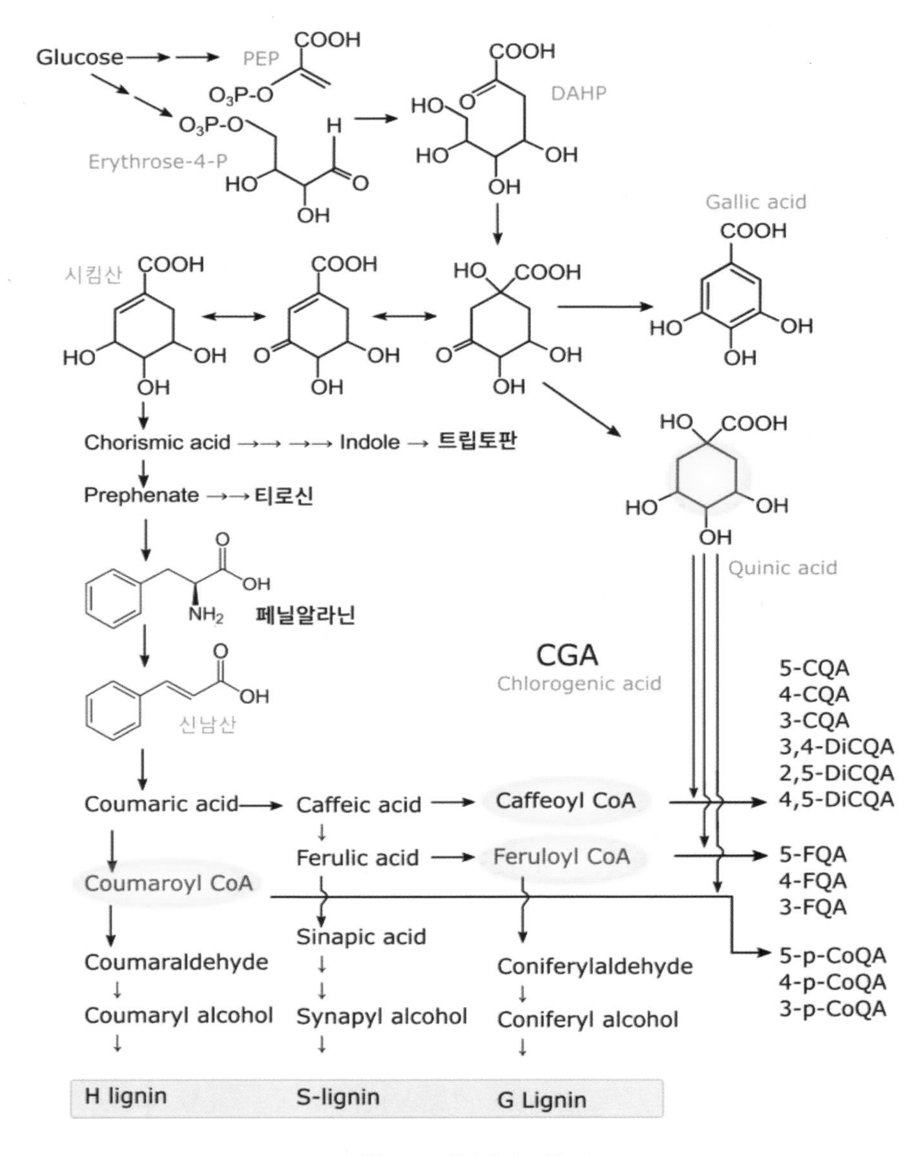
Glucose
PEP
COOH
O_3P-O
Erythrose-4-P
H
HO
OH
O
DAHP
HO
COOH
Gallic acid
시킴산
Chorismic acid
Indole
트립토판
Prephenate
티로신
NH_2
페닐알라닌
신남산
Quinic acid
CGA
Chlorogenic acid
5-CQA
4-CQA
3-CQA
3,4-DiCQA
2,5-DiCQA
4,5-DiCQA
Coumaric acid
Caffeic acid
Caffeoyl CoA
Ferulic acid
Feruloyl CoA
5-FQA
4-FQA
3-FQA
Coumaroyl CoA
Sinapic acid
5-p-CoQA
4-p-CoQA
3-p-CoQA
Coumaraldehyde
Coniferylaldehyde
Coumaryl alcohol
Synapyl alcohol
Coniferyl alcohol
H lignin
S-lignin
G Lignin

클로로젠산의 합성 경로

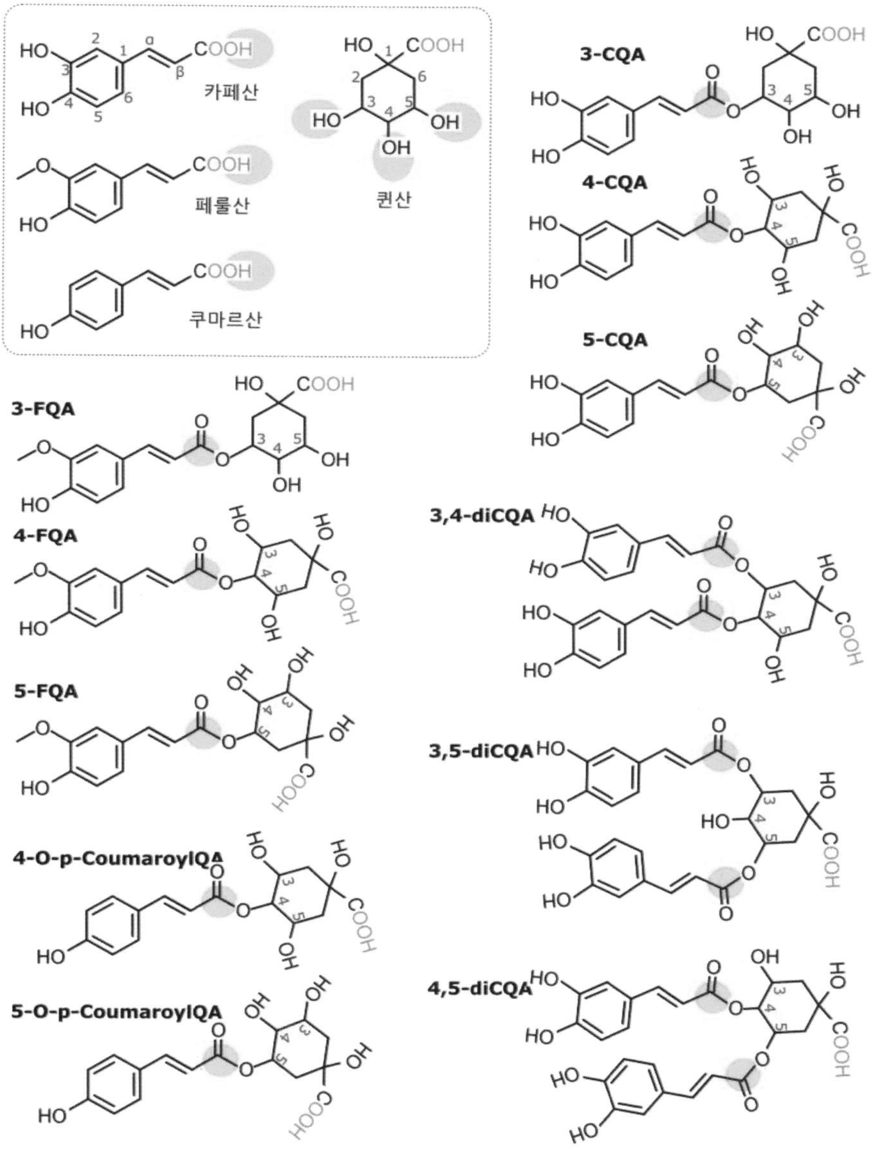

카페산

페룰산

쿠마르산

퀸산

3-CQA

4-CQA

5-CQA

3-FQA

4-FQA

5-FQA

3,4-diCQA

3,5-diCQA

4,5-diCQA

4-O-p-CoumaroylQA

5-O-p-CoumaroylQA

클로로젠산의 종류

* 클로로젠산, 폴리페놀과 항산화력

폴리페놀(polyphenol)은 페놀 그룹이 두 개 이상, 작용기로 여러 개의 수산기(-OH)를 가지고 있다. 항산화력이 있어서 건강에 좋을 것이라고 기대한다. 커피의 클로로젠산도 폴리페놀(슈도-타닌)로 분류할 정도로 분자 구조가 유사하고, 항산화력이 있는 것은 분명하지만, 우리 몸에서도 그것이 기대하는 역할을 할지는 불확실하다. 우리 몸은 에너지 대사 과정에서 대량의 활성산소를 꾸준히 만들고, 그것을 감당할 항산화 시스템은 꾸준히 재생되는 원리로 작동하는 것이라, 재생회로가 없는 식품 속의 항산화 물질들이 우리 몸에서도 효과적으로 작동할지는 미지수이다.

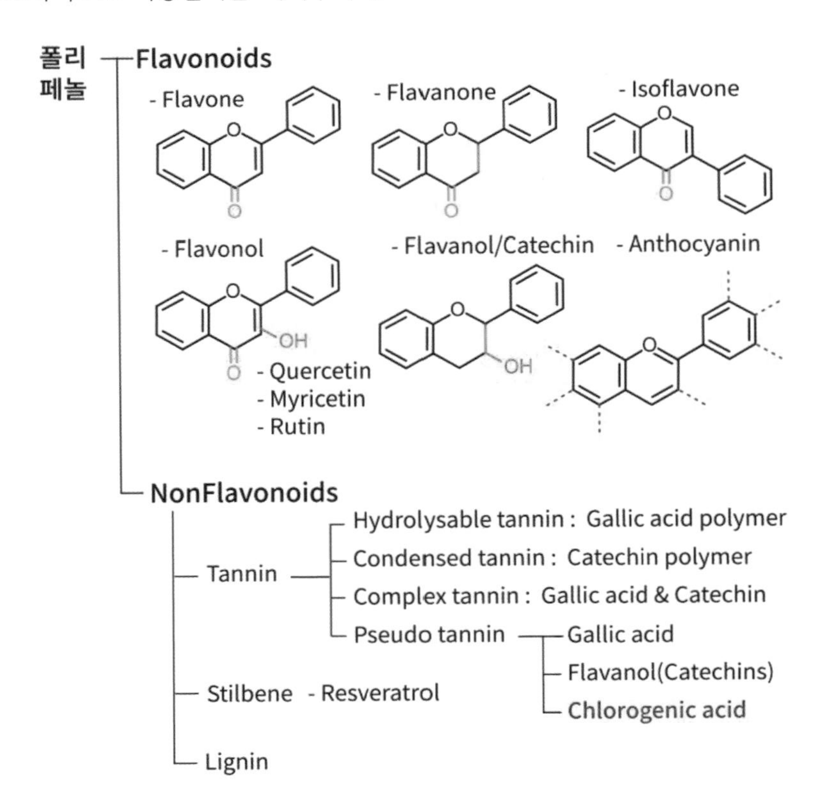

3. 단백질과 질소화합물

- 단백질은 형태가 다양하다

단백질(protein)은 그리스어의 'proteios(중요한 것)'에서 유래된 것이며 한자인 '蛋白質'은 달걀의 흰 부분에서 유래한 것이다. 분자의 관점에서 보면 20여종의 아미노산이 화학결합을 통해 수십~수백 개 연결된 것이다.

탄수화물은 주로 포도당 1가지로 된 것이라 형태가 직선형이고 단순한 데 비하여 단백질은 구성하는 아미노산이 20종이고, 하나하나가 형태가 다르고, 아미노산마다 친수성과 소수성 등 크기와 성질이 다르다. 더구나 펩타이드 결합 중간에 질소가 포함되어 있어 탄수화물이나 지방에 비해 비교할 수 없이 다양하고 복잡한 모양을 만들 수 있다. 그 형태에 따라 수많은 기능을 하며 형태가 영구적이지 않고 조건에 따라 변한다.

단백질이 제 기능을 하려면 제 형태를 갖추어야 한다. 단백질이 기다란 직선의 아미노산 사슬로부터 정확한 입체적 모양을 갖추는 것을 단백질 접힘이라고 한다. 일종의 분자 종이접기다. 단백질 모양의 중요성을 보여주는 첫 번째 예가 효소이다. 효소는 화학 반응이 쉽고 빠르게 일어나도록 도와주는 단백질이다. 효소가 잘 작동하기 위해서는 퍼즐 조각들이 서로 들어맞듯이 반응 성분들이 공간적으로 정확하게 맞물려야 한다. 이를 위해서 정확한 형태를 유지하는 것이 필요하다.

단백질은 우리 몸 안에 물 다음으로 많이 존재하는 성분이다. 탄수화물은 글리코겐의 형태로 1% 이하만 존재하고, 단백질은 이보다 훨씬 많은 16% 정도를 차지한다. 물론 지방이 16%보다 많은 사람도 많다. 하지만 그것은 우리 몸에서 필요한 양이 아니다. 우리 몸이 꼭 필요로 하는 지방은 2% 정도이고, 나머지는 칼로리 과잉으로 비축된 것이다. 우리 몸에 단백질이 가장 많이 필요하고 존재하는 이유는 단백질이 가장 많은 기능을 하기 때문이다.

사실 대부분의 생물학적 현상은 단백질에 의해 이루어진다. 따라서 단백질의 기능을 파악하는 것보다 생명 현상에서 단백질의 기능이 아닌 것만 파악하는 것이 훨씬 빠를 것이다. 생명의 설계도는 DNA에 있고, DNA는 수만은 유전자가 있고, 유전자가 하는 일은 아미노산을 설계도대로 연결하여 단백질을 만드는 것이다. 우리 몸의 유전자로부터 2만여 종의 단백질을 만든다고 알려졌는데, 면역 단백질을 포함하면 그보다 훨씬 다양한 종류의 단백질이 있다.

식물은 광합성을 통해 모든 탄수화물과 지방을 그리고 아미노산의 전구체인 유기산(케토산)까지는 만들지만, 질소고정을 하지 못해 외부의 공급에 의존해야 한다. 그만큼 질소 자원을 아껴서 사용하기 때문에 질소화합물은 식물에 특별한 의미가 있는 경우가 많다.

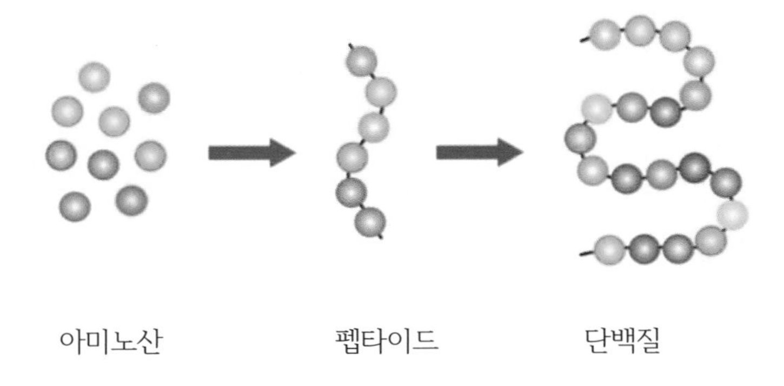

- 커피의 질소화합물은 주로 단백질이다

커피의 질소화합물은 주로 단백질로 이루어져 있으며, 건조 중량의 11~15%를 차지한다. 유리(free)아미노산은 0.5~1% 정도다. 특징적인 알칼로이드 성분으로 카페인, 트리고넬린이 있다.

단백질 중 일부는 수용성 다당류인 아라비노갈락탄과 연결되어 당단백질(아라비노갈락탄 단백질, AGP)을 만든다. 유리아미노산은 1% 미만이지만, 최종 향미에 기여하는 정도는 크다. 이들이 메일라드 반응 및 스트렉커 분해 반응에서 핵심적인 물질로서 많은 향미 전구체가 된다. 아미노산으로는 대표적으로 글루탐산, 아스파트산, 아스파라긴이 있다. 이런 아미노산들이 어떻게 분포하느냐에 따라 메일라드 반응을 통한 향미 프로필이 좌우된다. 단백질과 펩타이드도 분해가 되면 향기 물질 전구체로 역할을 할 수 있다. 유리아미노산은 로스팅 중 대부분 분해되어 사라진다.

표. 아라비카 생두 추출물에서 유리아미노산의 함량

유리아미노산	함량(w/w%)
글루탐산	0.13
프롤린	0.03
아스파라긴	0.05
GABA	0.05
알라닌	0.05
아스파트산	0.05
세린	0.03
페닐알라닌	0.02

- **트리고넬린(Trigonelline)**

트리고넬린은 여러 식물과 동물에도 존재하는데, 커피에는 2% 정도 들어 있다. 트리고넬린은 니코틴산으로부터 만들어지며, 이 반응이 가역적이라 식물에 따라 트리고넬린을 니코틴산의 저장 수단으로 이용하기도 한다.

트리고넬린은 생각보다 중요한 식물 대사 조절 물질이다. 세포 주기를 조절하고, 산화 스트레스에 관한 신호 전달을 하며, 삼투압 조절도 한다. 그리고 잎의 폐쇄 여부 조절, 수면주기 조절, 발아 조절, 자외선 스트레스로부터 보호, 염 스트레스로부터 보호 그리고 커피 씨앗 발아 동안에 보존의 역할도 한다. 로스팅 시 일부는 향기 물질이 된다.

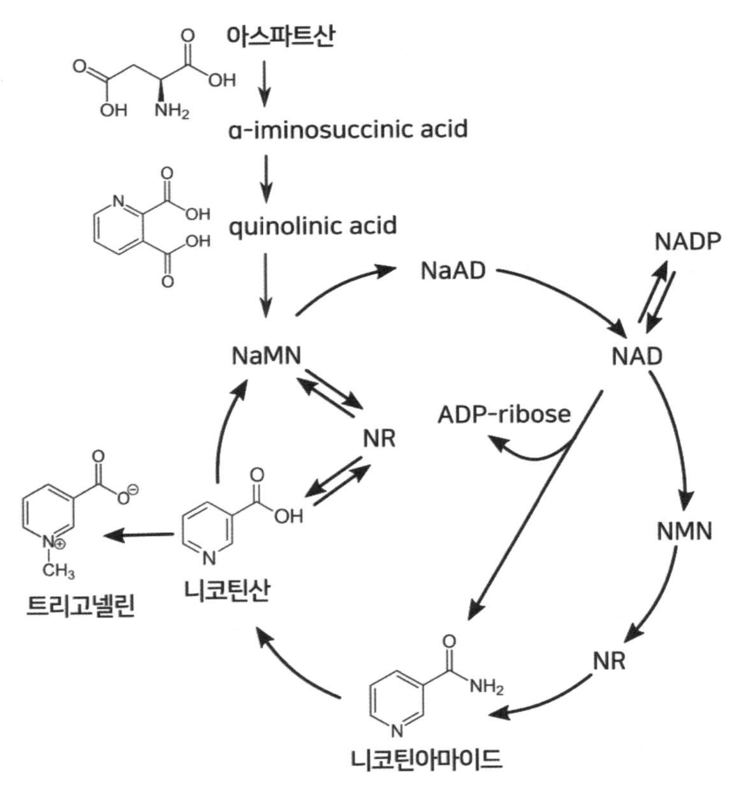

트리고넬린 생합성 경로(Phytochem. Rev., 2015)

- 카페인(Caffeine), 각성 기능

커피 열매 원산지는 에티오피아의 고원지대이다. 이런 커피가 본격적으로 세상에 알려지게 된 것은 이슬람 세력의 확장과 함께이다. 예멘에서 14~15세기 무렵 수피들이 수행 시 졸음 방지 목적으로 도입되었다. 수피즘(sufism)은 금욕과 고행을 중시하고 청빈한 생활을 이상으로 했다. 당시에 수피들은 커피뿐 아니라 대마와 아편 등 여러 가지를 이용해 잠을 쫓았다. 원래 커피보다 먼저 인기를 끈 것은 카트(khat)라는 식물의 잎으로 만든 차였다. 카트는 각성작용이 있어 지금은 생잎을 씹는 방식으로 이용하는데, 카트의 카치논(Cathinone, β-keto-amphetamine) 성분이 암페타민 효과를 보이고 행복감과 흥분을 불러일으키기 때문에 인기가 더 높았다. 그렇지만 카트는 고지대에서만 재배할 수 있고, 신선하지 않으면 효능이 떨어지기 때문에 재배지에서 멀어지면 구하기가 어려웠다. 그러다 커피가 그 기능을 할 수 있다고 알려졌고, 15세기 말 이슬람 성지 메카로 전파된 커피는 예배를 드릴 때 졸음에서 벗어날 목적으로 사용되기 시작했다. 술이 금지된 이슬람 세계에서 유용한 대체 음료가 될 수 있고, 각성 작용이 경건함을 일깨운다며 오히려 커피를 장려했다.

커피가 오늘날에 이르는 동안 건강에 미치는 영향에 관한 여러 논란이 있었고, 경제적 부담도 있어서 커피를 대체할 제품도 많이 개발되었다. 18세기 후반 프로이센 왕은 국고의 유출을 걱정해 치커리 등으로 대용 커피를 만들게 했고, 1806년 나폴레옹의 대륙봉쇄령 이후로 커피가 부족해지자 대용 커피가 활발히 개발되었다. 이들은 커피의 향미는 어느 정도 흉내 낼 수 있었지만, 커피와 같은 각성 기능은 내는 소재는 찾기 힘들었다. 1819년 카페인이 발견되었고, 그 후 온갖 카페인 유해론이 등장했지만, 커피의 인기는 줄어들지 않았다. 그래서 커피에서 카페인을 줄이는 방법도 많이 고안되었다. 처음에는 유기용매를 이용하는 방법이 사용되었지만, 지금은 초임계 이산화탄소를 이용하여 안전하고 깨끗하게 카페인만 줄일 수 있다. 육종을 통해서 저 카페인의

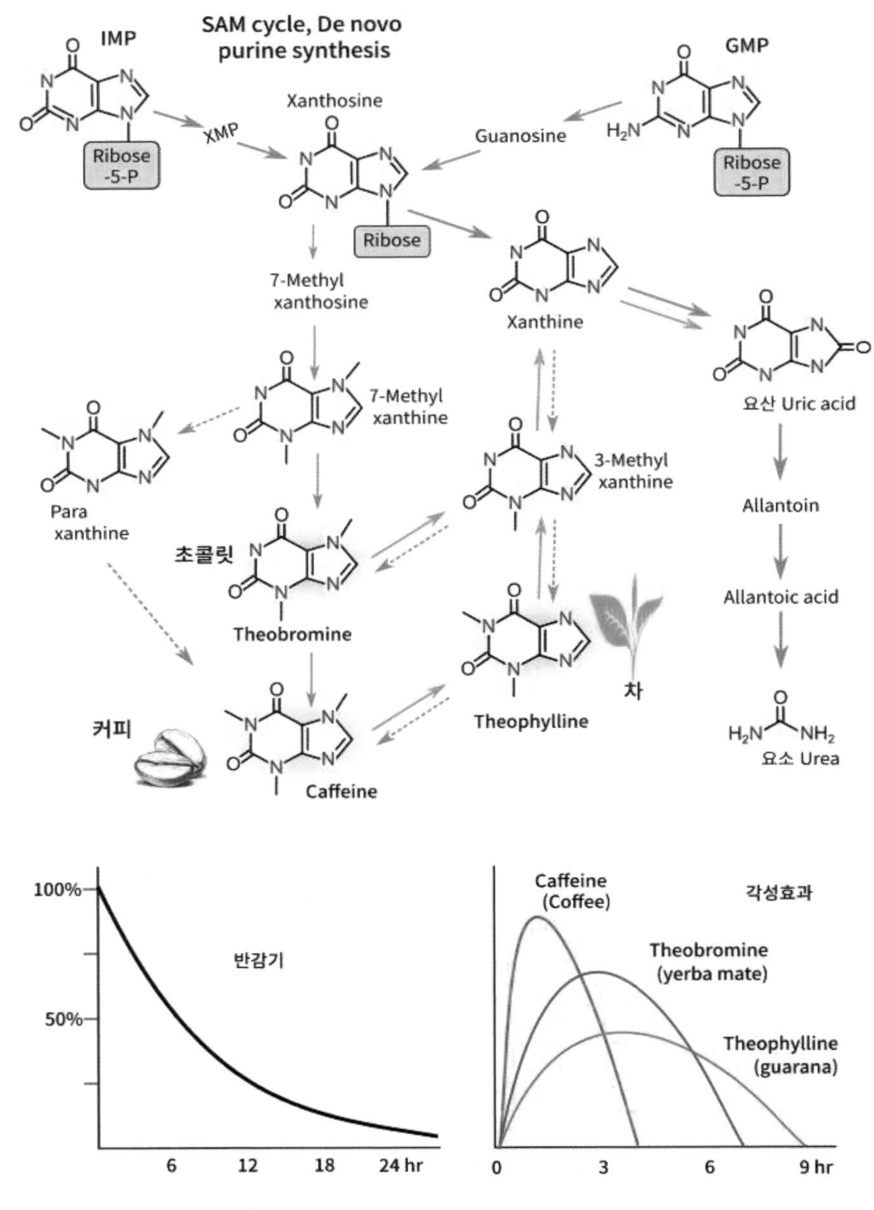

카페인의 합성 경로와 반감기(향의 언어, 2021)

커피나무를 만들 수도 있다. 하지만 카페인을 줄인 커피가 크게 인기를 끈 적은 없었다.

카페인을 생산하는 식물은 100종이 넘고, 커피에는 1~2% 정도 함유되어 있는데, 카페인은 열매와 잎에 존재하고 뿌리 등에는 없다. 카페인은 잎의 액포에서 생산되어 CGA 복합체 형태로 이동된다. 카페인의 합성 기작은 원래 여러 경로를 통해 잔틴(Xanthine)을 거쳐 요산과 최종적으로 암모니아와 이산화탄소를 배출하는 것인데, 특정 식물은 효소에 의해 초콜릿에 유명한 성분인 테오브로민을 거쳐 카페인을 합성한다. 그리고 이것은 차의 테오필린이 되기도 하니, 결국 커피, 초콜릿, 차의 활성 성분은 한 형제인 셈이다.

- 커피나무에서 카페인의 역할: 자기 보호 또는 자가 중독

2차 대사산물인 카페인, 트리고넬린, CGA는 어린잎부터 농도가 높고, 관련 효소 역시 매우 활성이 높다. 그래서 초식성 벌레들에 관한 방어 수단으로 추정한다. 저절로 떨어지는 잎에는 카페인이 없다고 하는 것을 보면 소중한 질소원인 카페인을 회수하여 재사용한다는 것을 암시한다. 카페인과 CGA의 합성은 서로 밀접한 관계가 있다. 카페인은 식물에서 생리적 방해물 역할을 하기에 자신에게도 독성이 될 수 있다. 따라서 카페인 합성 식물들은 자가 중독을 피하기 위한 수단이 필요하다. 대표적으로 CGA에 의해 세포의 구조물 안에서 따로 구분되어 축적되는 방식이다. 결국 카페인의 위치 및 축적의 제어는 CGA에 의한 것으로 보인다. CGA 이동에 따라 카페인의 분포가 달라지는데 잎의 부위에 따라 농도가 다르다. 카페인은 잎 끝부분에는 많이 축적되어 있고, 중간 부분에는 농도가 현격히 낮은데 CGA의 분포와 똑같다. 곤충 공격에 먼저 닿는 잎 끝부분의 농도를 높여 효율성을 높인 것이다. 카페인 같은 퓨린계 알칼로이드 함량이 높은 식물은 CGA(ex 커피, 마테)나 카테킨(ex 코코아, 콜라, 구아라나) 또는 두 가지 물질의 함량 모두가 높다(ex 차).

카페인은 나무가 자라는 동안 식물을 보호하는 역할을 하지만, 모든 동물에 통하는 것은 아니다. 벌은 놀라울 정도로 카페인과 같은 화합물을 잘 견딘다. 심지어 카페인 섭취 후 젊은 여왕벌은 향상된 동작을 선보이기도 한다. 카페인, CGA 같은 물질은 방어 수단이지만, 완벽하지는 않고, 다른 식물 또는 자신에게 독성이 되기도 한다. 카페인을 만드는 식물 주변에는 다른 식물이 자라기가 어렵다. 해가 지나면서 점점 토양에 카페인이 농축되면 자기 자신도 제대로 자라기 힘들게 된다.

표. 여러 생물에 관한 카페인의 생리작용(Espresso coffee, 2005)

대상	영향	작용 기작
세균, 곰팡이, 효모	정균 효과	DNA 복원 기능 저해
곰팡이	정균 효과	알려지지 않음
식물	발아 및 성장억제	세포판 형성억제 등
연체동물	심장박동 감소	칼슘 신호 방해
곤충	발달 과정 방해	cAMP phosphodiesterase 저해
포유류	각성 작용, 혈관 수축 등	아데노신 수용체와 결합 등

4. 지방

지방은 트리글리세라이드(글리세롤 + 3개 지방산) 형태로 에너지를 보관하고, 디글리세라이드 형태로 세포막을 형성한다. 글리세롤에 2개의 지방산과 1개의 인산을 포함한 극성분자가 결합한 형태이다. 이외에도 여러 형태가 있지만 이 두 가지를 구성하는 지방산의 종류와 특성만 알면 충분하다.

지방산은 크게 포화와 불포화지방으로 나누어진다. 포화지방은 이중 결합이 없는 것이고 불포화지방은 이중 결합이 있는 지방이다. 불포화지방은 이중 결합의 숫자와 위치에 따라 단일 불포화지방, 다가 불포화지방으로 나뉜다.

생두의 지질 함량은 아라비카 15~18%, 로부스타 8~12% 정도다. 일부는 커피콩을 덮고 있는 커피 왁스이고, 다른 일부는 중성지방(트리글리세라이드)이다. 주요 지방산은 리놀렌산(40~45%)과 팔미트산(25~ 35%)이며 디터펜(카페스톨, 카훼올)과 유리 스테롤 및 에스터화된 스테롤이 있다. 로스팅 중 지질은 열

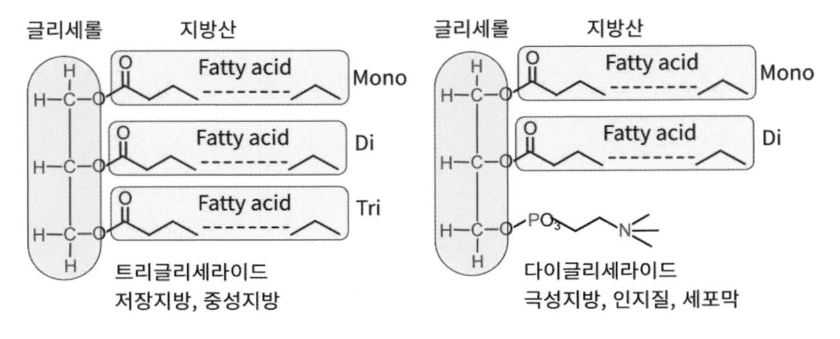

지방의 종류

분해 과정을 거쳐 알데히드가 되고, 이후 다른 커피 성분들과 다시 반응한다.

커피에는 디터펜 물질인 카페스톨(Cafestol)과 카훼올(Kahweol) 등이 들어 있는데, 이들이 커피 음료로 추출되면 마시는 사람의 지질 효소를 바꾸어 콜

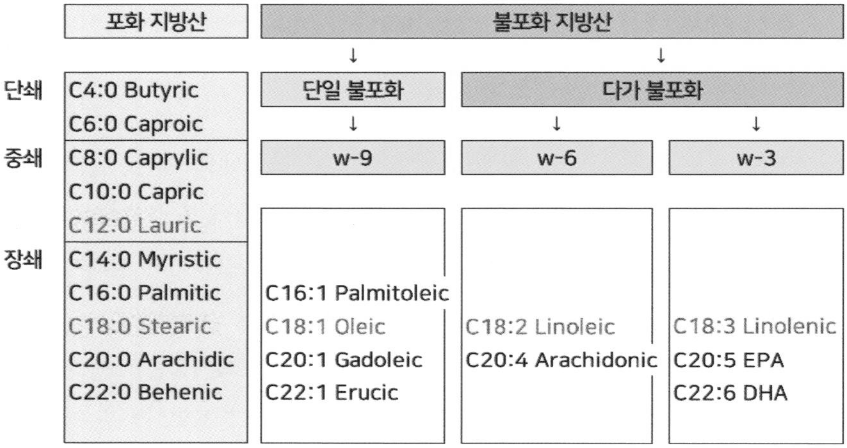

	포화 지방산	불포화 지방산		
		단일 불포화	다가 불포화	
		w-9	w-6	w-3
단쇄	C4:0 Butyric			
	C6:0 Caproic			
중쇄	C8:0 Caprylic			
	C10:0 Capric			
	C12:0 Lauric			
장쇄	C14:0 Myristic			
	C16:0 Palmitic	C16:1 Palmitoleic		
	C18:0 Stearic	C18:1 Oleic	C18:2 Linoleic	C18:3 Linolenic
	C20:0 Arachidic	C20:1 Gadoleic	C20:4 Arachidonic	C20:5 EPA
	C22:0 Behenic	C22:1 Erucic		C22:6 DHA

표. 생두의 지방산 조성(Speer et al., 1993)

지방산	지방산 조성	
	로부스타	아라비카
C14:0 미리스트산	미량	미량
C16:0 팔미트산	27.2~32.1	26.6~27.8
C18:0 스테아르산	5.8~7.2	5.6~6.3
C18:1 올레산	9.7~14.2	6.7~8.2
C18:2 리놀레산	43.9~49.3	52.2~54.3
C18:3 리놀렌산	0.9~1.4	2.2~2.6
C20:0 아라키드산	2.7~4.3	2.6~2.8
C20:1 Eicosenic acid	0.2~0.3	미량~0.3
C22:0 베헨산	0.3~0.8	0.5~0.6
C24:0 리그노세르산	0.3~0.4	0.2~0.4

레스테롤 수치에 영향을 준다. 커피에 카페스톨 수치가 10mg씩 최대 100mg까지 높아질 때, 혈장 내 총콜레스테롤 수치는 0.15mmol/L씩 높아진다. 원두 조성과 여과 방법에 따라 디터펜 함량이 달라지는데, 로부스타에는 사실상 카페스톨이 없으며, 종이 필터를 사용한 커피와 인스턴트커피는 디터펜이 거의 없지만(잔당 0~1mg), 에스프레소 기반 음료는 잔당 1~2mg이 있고, 프렌치 프레스나 터키식 커피에는 잔당 2~10mg이 있다. 카페스톨이 체내 콜레스

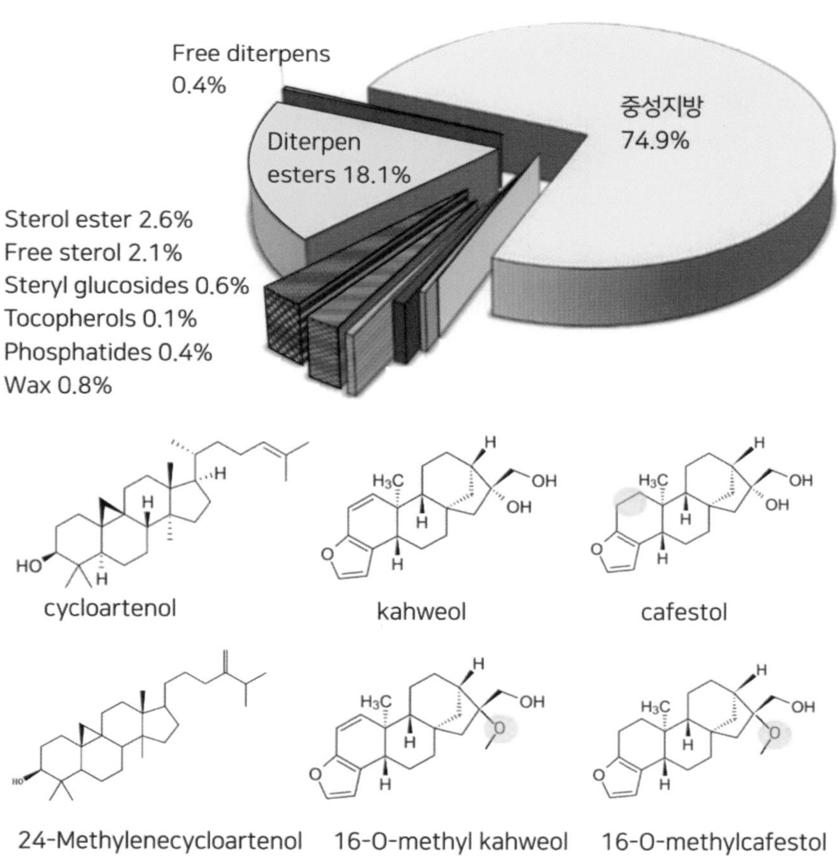

커피의 지방 조성(K. Speer, 2019)

테롤을 증가시키는 이유는 지방 대사와 관련 있다. 지방을 소화하기 위해서는 간에서 만든 콜레스테롤을 이용해 담즙산을 합성해야 하는데, 카페스톨이 이를 방해하여 콜레스테롤이 증가한다. 아라비카종의 지방은 로부스타보다 50% 정도 많은데 이들이 향이 만들어지는 과정에서 중요한 역할을 한다.

표. 일반적인 식품의 지방산 조성(물성의 원리, 2018)

종류	유지	6:0	8:0	10:0	12:0	14:0	16:0	18:0	20:0	18:1	18:2	18:3	포화
	지방 융점	-15	-5	5	15	33	45	55	64	5	-15	-21	
식물성	들기름						6.5	2		17.8	15.3	58.3	9
	포도씨유						7	4		17	72		11
	해바라기유				0.5	0.2	6.8	4.7	0.4	18.6	68.2	0.5	13
	대두유					0.1	11	4	0.3	23.4	53.2	7.8	16
	옥수수유						12.2	2.2	0.1	27.5	57	0.9	15
	유채유						3.9	1.9	0.6	64.1	18.7	9.2	7
	참기름						9.9	5.2		41.2	43.2	0.2	15
	면실유					0.9	24.7	2.3	0.1	17.6	53.3	0.3	28
	커피						27	6	2	7	53	2	35
	현미유		0.1	0.1	0.4	0.5	16.4	2.1	0.5	43.8	34	1.1	20
	올리브유						13.7	2.5	0.9	71.1	10	0.6	17
	땅콩유					0.1	11.6	3.1	1.5	46.5	31.4		19
	팜유				0.3	1.1	45.1	4.7	0.2	38.8	9.4	0.3	51
	팜핵유	0.3	3.9	4	49.6	16	8	2.4	0.1	13.7	2		84
	야자유	0.5	8	6.4	48.5	17.6	8.4	2.5	0.1	6.5	1.5		92
	MCT	2	55	42	1								100
	코코아버터					5	26	32		35	2		63
동물성	버터	2.3	1.1	2	3.1	11.7	27.2	5		36	2.9	0.5	57
	계지				0.2	1.3	23.2	6.4		41.6	18.9	1.3	31
	돈지			0.1	0.1	1.5	24.8	12.3	0.2	45.1	9.9	0.1	40
	우지			0.1	0.1	3.3	25.5	21.6	0.1	38.7	2.2	0.6	52

5. 미네랄

- 질소고정과 미네랄의 합성은 식물도 불가능하다

식물은 비타민을 포함한 모든 유기물을 스스로 만들 수 있는데, 이런 식물에 가장 많이 필요한 것이 물(H_2O)과 이산화탄소(CO_2)이다. 물과 이산화탄소를 130,000mg 사용할 때 질소(N)는 10,000mg, 칼륨(K)은 2,500mg, 칼슘(Ca)은 1,250mg, 마그네슘(Mg)은 800mg, 인(P)은 600mg 정도가 필요하다. 이산화탄소는 공기 중에 일정량이 있고, 칼슘과 마그네슘은 토양에 충분하여 별도로 추가할 필요가 없고, 물과 토양에 크게 부족한 질소(N)와 인(P) 그리고 다소 부족한 칼륨(K)을 보충할 필요가 있다. 식물은 칼륨을 통해 팽창 압력을 유지하고 기공의 개폐를 돕는 것과 같은 삼투압 조절 기능을 한다. 이렇

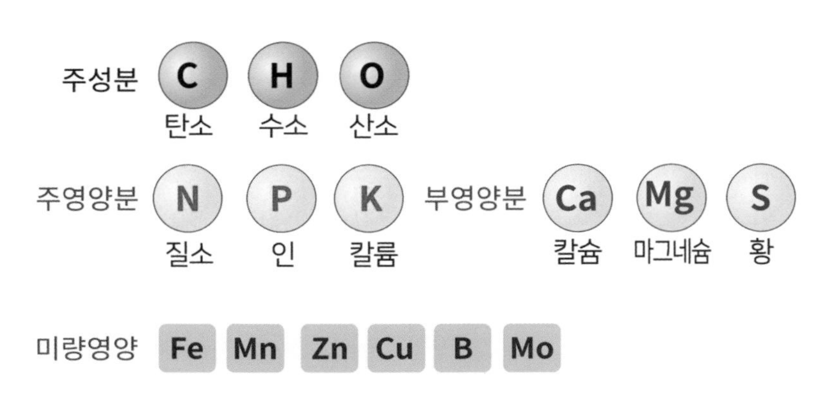

식물에 필요한 원소들

게 식물이 섭취한 미네랄이 결국에는 우리가 섭취하는 음식에 포함된 미네랄이 된다.

- 커피에 많은 미네랄은 칼륨(K)

다른 식물과 마찬가지로 커피도 칼륨(K, 포타슘)이 많다. 칼륨은 나트륨에 비해 초기에 쓴맛이 쉽게 발현된다. 그래서 로부스타 커피에 칼륨이 얼마나 있느냐에 따라 후미가 달라지는 경우가 있다. 칼륨 함량이 많으면 짠 느낌이 많고, 좋지 않은 맛이 나는, 소위 Brackish라는 후미가 되고, 함량이 적으면 짠 느낌이 적고 기분 좋은 소위 쌉쌀한 후미가 된다.

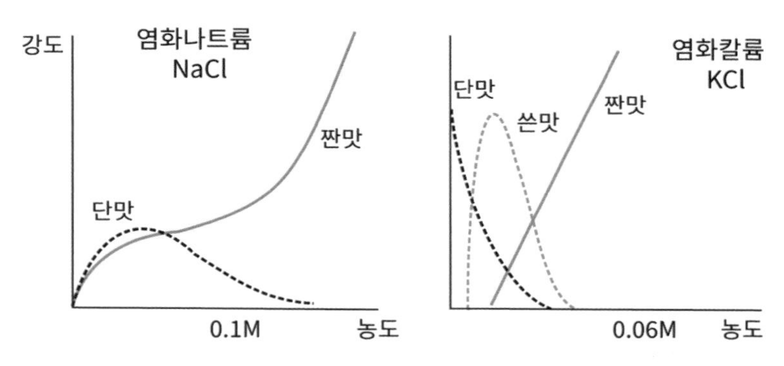

염화나트륨과 염화칼륨의 농도에 따른 맛 변화

표. 커피의 미네랄 함량

미네랄	생두	원두	인스턴트커피
칼륨 K	1.21~2.14	0.11~2.91	1.87~6.15
인 P	0.14~0.22	0.02~0.40	0.04~0.43
칼슘 Ca	0.08~0.19	0.05~0.22	0.01~0.26
마그네슘 Mg	0.01~0.23	0.08~0.31	0.08~0.55
나트륨 Na	0.00~0.01	0.00~0.15	0.00~0.67
Fe, Mn, Cu, Zn,			

식물 속에 존재하는 미네랄은 토양에서 흡수한 것이다. 흙에 풍부한 성분일수록 식물이 대량으로 보유하기 쉬운 성분인데, 지표성분 중에 가장 많은 것은 이산화규소이다. 그리고 알루미늄, 철분이 많다. 하지만 이들은 식물에 미량만 존재한다. 생존에 꼭 필요한 물질이 아니기 때문이다. 우리가 흔히 아는 미네랄 중에는 칼슘, 나트륨, 칼륨, 마그네슘의 순서로 존재한다. 그런데 식물에 존재하는 양은 칼륨만 압도적으로 많다. 삼투압의 유지 등의 목적으로 대량으로 흡수하기 때문이다.

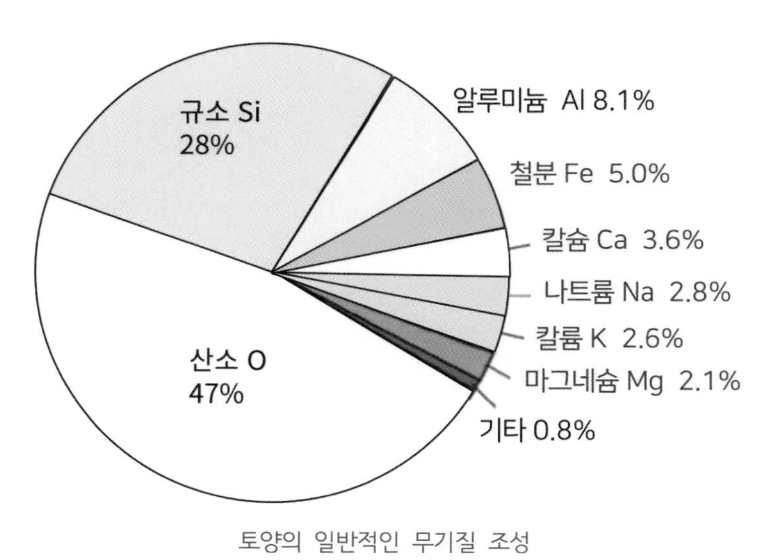

토양의 일반적인 무기질 조성

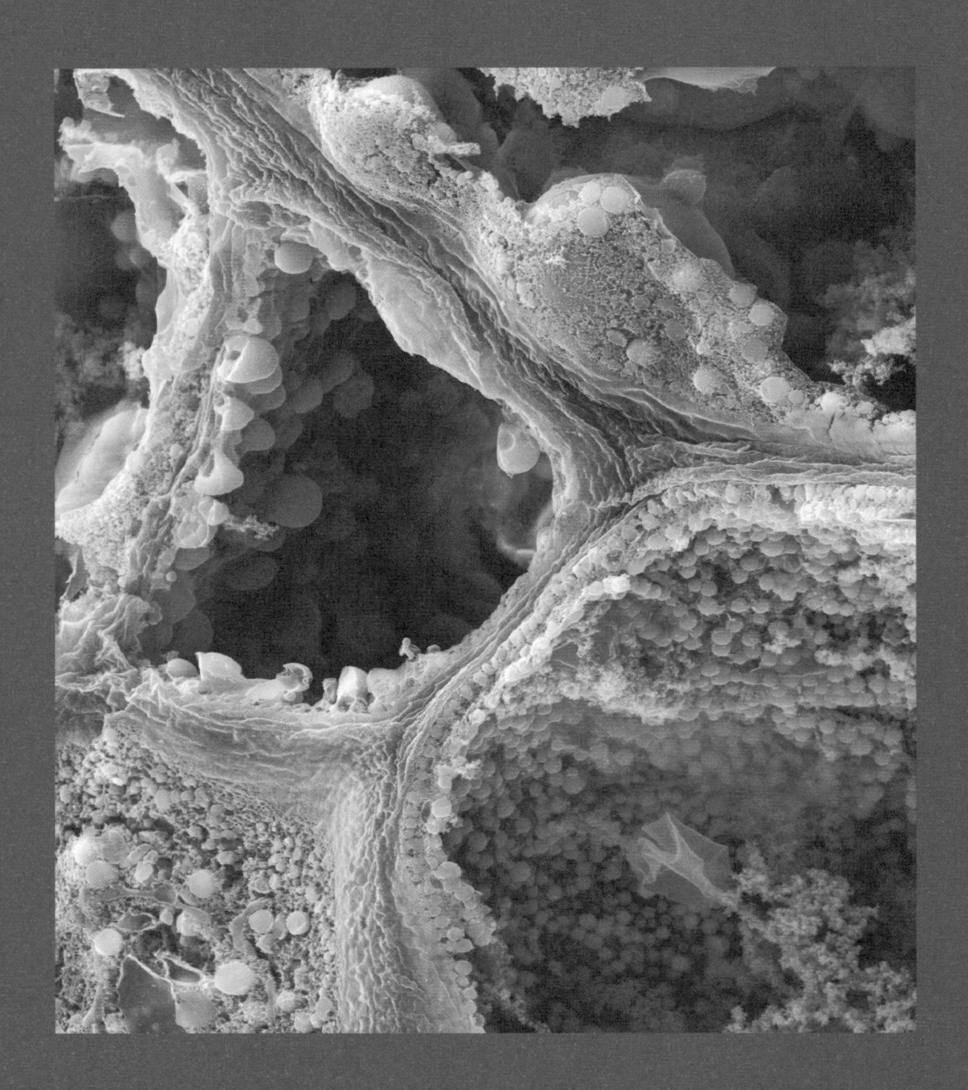

최낙언의

커피 공부

From Bean to Flavor

Part 2

로스팅의 화학

생두를 원두로

4장. 로스팅의 원리

커피 생두의 성분은 향미의 잠재력일 뿐이며 제대로 로스팅을 해야 우리가 원하는 맛의 커피가 된다. 이런 커피의 로스팅 과정은 식품 중에서 가장 고온에서 순식간에 이루어지는 것이라 섬세한 조절이 필요하다.

From bean to Flavor

1. 로스터의 구조와 기능

1) 로스팅이란

로스팅은 생두의 잠재력을 향미 가득한 원두로 발현하는 핵심적인 작업이다. 우리가 커피라고 느끼는 향미의 대부분은 생두에 존재하던 것이 아니라 로스팅으로 만들어지는 것이기 때문에 로스팅이 생두의 품질 다음으로 중요한 공정이라 할 만하다. 생두를 뜨거운 공기로 가열하여 적절하게 로스팅하면 원하는 향미를 지닌, 어두운 색상에 부서지기 쉬운 다공성 조직의 원두가 된다. 로스팅이 잘되어야 원하는 향미를 가질 수 있고, 분쇄와 추출이 쉬워진다. 그리고 그런 커피를 잘 추출하면 마침내 훌륭한 커피 한 잔이 완성된다.

로스팅을 통해 생두에 내재한 향미 잠재력을 잘 발현하여 원하는 풍미의 원두를 얻으려면 적절한 로스팅 기기와 기술이 필요하다. 산업용 로스팅 설비로 적외선, 극초단파, 과열 증기 등 여러 방식이 시도되었지만, 지금 널리 사용되는 것은 열풍을 사용하는 방식이다. 열풍식 로스터는 연속식과 배치식

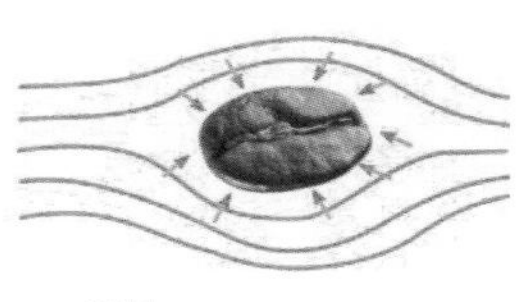

열전달의 형태

(Batch)이 가능한데 연속식 로스터는 수십 년 전에 유행했지만, 현재는 거의 사라졌다. 배치식이 작업 유연성이 높고, 관리하기 쉬운 등의 장점이 있어 현대 산업용 로스터에서 주류를 차지하고 있다.

2) 로스터의 구조

로스팅 중 커피콩으로 열전달이 균일하게 이루어지려면 로스터 안의 커피콩이 끊임없이 움직여야 한다. 드럼 또는 볼 같은 회전용 도구를 사용하거나 유동층 로스터처럼 공기를 고속으로 쏘아서 커피콩이 공기 중에서 움직이게 한다. 커피콩을 움직이는 것은 커피콩에 어느 정도 기계적으로 스트레스를 주는 일이다. 이를 최소화하여야 한다.

공기 흐름: 소규모 로스팅 방식에서는 한쪽 끝에서 공기를 빨아들여 가열하여 사용한 뒤 다른 쪽으로 배출하는 개방형 방식을 사용한다. 이때 고온의 기체가 배출되므로 에너지 효율이 낮다. 대규모 설비에서는 공기 재순환 장치를

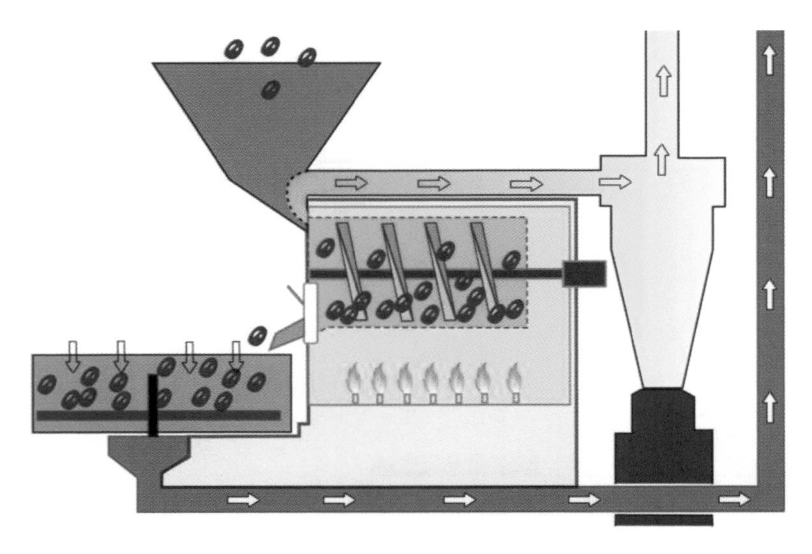

로스터의 기본 구조

사용해 에너지 효율성을 높인다. 기체의 상당량(80% 정도)을 다시 로스팅실로 넣어 열원으로 활용하는 방식이다. 그래도 일정량(20% 정도)은 그대로 배출해야 하는데 폭발성이 있는 기체들이 농축되는 것을 막기 위해서이다. 기체는 배출되기 전에 잘 정화되어야 한다.

열전달: 열풍식 로스터의 열전달은 대류, 전도, 복사의 세 가지 방식으로 열전달이 일어난다. 뜨거운 공기가 직접 커피콩 표면에 열을 전달하는 대류, 로스터 드럼의 뜨거운 표면에 접촉하면서 전달되는 전도열이 중심이며, 복사는 매우 한정적이라 무시해도 될 수준이다. 전도와 대류만을 생각한다면 로스팅에 사용된 공기의 양이 핵심적인 작용을 한다. 유동층 로스터에서는 대류가 주된 열전달 방식이고, 드럼 로스터는 상당량의 열이 전도 형태로 전달된다. 열전달에서 전도/대류의 비중을 정확하게 계산하거나 측정하기는 어렵다.

수냉 장치(예비 냉각 장치): 중대형 규모의 설비에는 대개 물 냉각 장치가 준비되어 있다. 커피콩이 최종 온도에 도달하는 즉시, 일정량의 냉수를 커피콩에 분사하여 미리 냉각하면서 로스팅 공정을 종료한다. 커피콩 표면에 분사된 물이 급속하게 기화되면서 커피콩을 식혀준다. 이런 냉각은 배치 별로 로스팅 정도를 일정하게 하는 데 도움이 된다. 적당량의 물은 향미나 커피콩의 물성에 영향을 주지 않지만, 과도한 양은 커피콩으로 물이 흡수되어 수분 함량이 높아질 수 있다. 이 점을 이용해 물 냉각을 커피콩의 최종 수분 함량을 조정하는 수단으로 사용할 수도 있지만, 수분 활성도가 너무 높아지면 신선도가 빨리 감소하고, 향미 안정성이 떨어지고, 제품 보존 기간이 줄어든다.

3) 로스터의 형태

- 드럼(Drum) 로스터

배치 타입으로 가장 많이 쓰는 로스터다. 일정 분량(배치)의 생두를 로스터 드럼에 투입하고, 드럼 철망 사이로 열풍을 불어 넣는다. 뜨거운 공기는 드럼을 통과하여 생두에 열을 가하고 빠져나간다. 드럼의 회전과 드럼 내부에 설치된 날개판(Baffle)의 작용으로 생두는 뜨거운 공기와 고르게 만나 균일하게 가열된다. 로스팅을 마치면 드럼 앞쪽에 있는 문을 열어 커피콩을 냉각조로 쏟아내고 냉각한다. 보통 공기 대 커피 비율이 낮고 생두가 휩쓸릴 정도로 강하게 열풍을 불어 넣을 수 없다. 로스팅 시간은 8~20분 정도다. 직화식의 경우 연소실이 드럼 바로 아래 있어 열이 직접 드럼을 가열한다. 따라서 드럼 벽의 온도가 상대적으로 높아 생두가 뜨거운 벽에 접촉하면서 받는 전도성 열전달량이 상당히 많다. 그에 비해 간접 가열식은 드럼 뒤쪽에서 열풍을 밀어 넣어 가열하기 때문에, 대류성 열전달이 많이 이루어지게 된다.

- 페들(Paddle, Tangential) 로스터

페들식은 내부에서 페달이 달린 교반 도구가 회전하는 방식이다. 열풍은 로스팅실 아래쪽에서 들어오는데, 좁은 면에서 들어와 로스팅실의 위쪽 넓은 부분인 팽창실로 이동하면서 통과한다. 팽창실에서는 공기 속도가 크게 줄어들기 때문에, 공기 대 커피 비율을 높게 설정해도 커피콩이 딸려 올라가지 않는다.

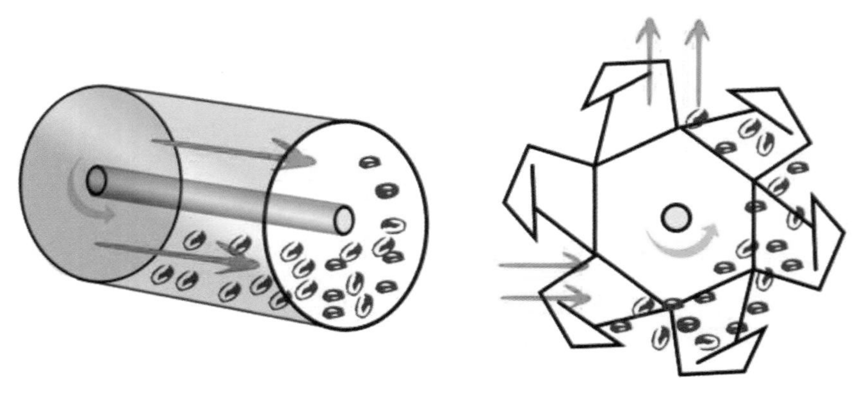

드럼(Drum)형과 페달(Paddle)형 로스터(World atlas of coffee, 2018)

이 방식 로스터에서 생두를 움직이는 힘은 공기 흐름이 아니라 회전하는 페달이다. 그래서 로스터를 설계할 때 공기 대 생두의 비율을 상당히 넓게 잡을 수 있고, 전도와 대류 비율도 가변적이다.

- 볼(Bowl, Centrifugal) 로스터

생두가 담긴 로스팅 볼이 회전하면서 커피를 볶는다. 볼 주변은 나선형 모양을 하고 있다. 생두는 원심력에 의해 볼의 가장자리로 이동하고, 날개판 때문에 다시 볼 가운데로 돌려보내진다. 열풍은 회전축을 따라 나 있는 수직 샤프트를 통해 위에서 아래로 내려와 로스팅 볼 바닥으로 주입되며, 여기서 다시 위 방향으로 움직이면서 생두와 만난다. 이 방식에서는 원하는 특정 정도로 공기 대 커피 비율을 조절할 수 있다.

- 유동층 로스터

유동층 로스터는 로스팅실 안에 따로 움직이는 부분이 없다. 거의 전적으로 열풍 기류의 힘으로 생두를 움직인다. 생두가 공기 중에 떠다니게 해야 하므

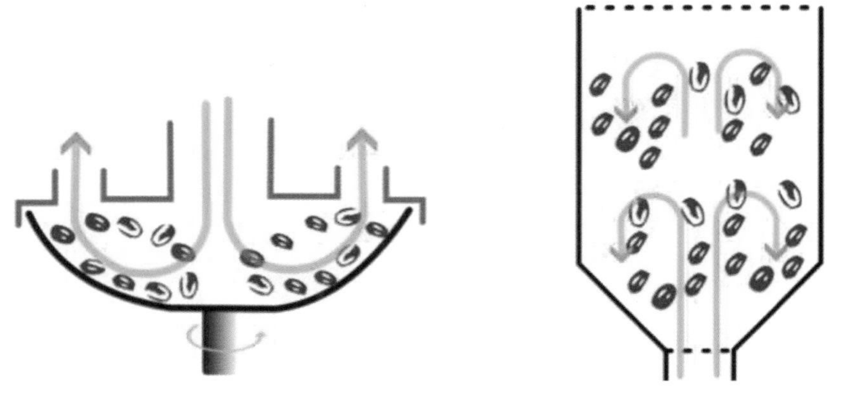

볼(Bowl)형과 유동층(Fluid bed)형 로스터

로 공기의 속도가 빨라야 한다. 공기는 로스팅실의 아래쪽 천공판을 통해 들어온다. 필요에 따라 공기가 소용돌이칠 수 있도록(회전 유동층) 로스팅실을 설계할 수 있다. 사용한 공기는 로스팅실 위쪽의 출구를 통해 빠져나간다. 대류가 주된 열전달 방식이지만, 로스팅실 구조에 따라서는 커피콩이 로스팅실의 경사면을 따라 미끄러져 내려오면서 일정량의 전도열을 받을 수도 있다. 최종 온도에 도달하면 중력의 힘으로 커피콩을 냉각조로 배출한다.

4) 생두의 조합(블렌딩)

단일 산지의 커피콩을 볶는 방식이 점점 인기를 끌고 있긴 하지만, 아직 많은 커피 제품은 여러 산지의 커피를 혼합해서 만든다. 산지별, 품종별로 향미 잠재력이 다양하고 물리적 속성도 다르므로 제품 개발 기술만 충분하다면 블렌딩의 가능성은 무궁무진하다. 이때 중요한 결정이 블렌드를 하고 나서 로스팅하는가(사전 블렌드), 개별로 로스팅한 것을 조합(사후 블렌드)하느냐다.

사전 블렌드: 대규모 로스팅에서는 대개 사전 블렌드 방식을 쓴다. 블렌드를 구성하는 재료를 모아 한 번에 로스팅하는 것이다. 이 방식은 작업이 간단하고 비용이 절감되는 장점이 있지만, 생두마다 품종의 특성(크기, 모양, 함수율, 밀도 등)이 다르기에 적합한 로스팅 정도가 상당한 차이가 날 수 있다.

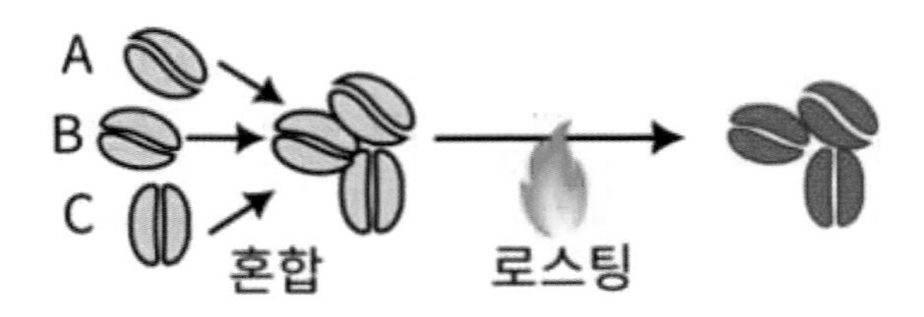

사후 블렌드: 아라비카와 로부스타는 로스팅에 따른 변화 양상이 상당히 달라서 각각 로스팅하는 것이 바람직한 경우가 많다. 또한 어느 한 재료의 향

미 특성을 강조하거나 생두의 특성에 맞게 로스팅하기 위해 개별적으로 로스팅해야 할 수도 있다. 이런 방식은 고품질 제품에서 더 일반적이며, 보관 시설이나 별도의 혼합 장치가 필요하므로 작업은 더 복잡하다.

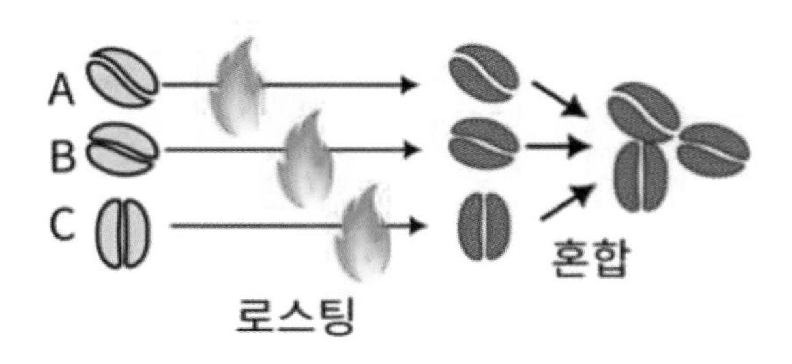

- 배합의 기본 원리

배합(조합)이란 새로운 맛을 창조하는 것으로 오랜 경험과 지식을 바탕으로 한다. 유명한 커피 회사들은 나름대로 커피를 배합하는 기술을 가지고 있는데, 조합할 때 지켜야 할 기본 법칙은 다음과 같다.

1. 원두의 성격을 잘 알아야 한다. 사용하고자 하는 원두들의 향미적인 측면에서의 장단점을 잘 파악하고 상호 간에 결점을 보충할 수 있도록 해야 한다. 각각의 원두를 사용해서 얻을 수 있는 효과의 정도를 명확히 알고 있어야 제대로 된 블렌딩을 할 수 있다.
2. 배합에 기본으로 사용하는 원두는 특히 품질이 안정된 것(브라질, 콜롬비아 등)이어야 한다.
3. 개성이 있는 원두를 주축으로 하고, 그 위에 보충의 원두를 배합한다.
4. 특정 원두의 공급이 어려운 경우를 대비하여 항상 대체 배합을 염두에 두어야 한다.

2. 로스팅에 의한 커피의 변화

1) 품온의 상승

커피는 다른 식품(견과류, 코코아 등)보다 강하게 로스팅한다. 일정 시간 동안 생두 온도를 190℃ 이상 올려야 하며, 품온을 꾸준히 올려서 최종 온도에 도달하면 즉시 냉각해야 한다. 고온에서 향미 손실이 크기 때문이다. 최종 온도는 200~250℃이며, 시간은 3~20분 정도다. 여기에서 온도는 정확한 생두의 품온은 아니다. 로스팅 중 생두 실제 표면 온도 또는 내부 온도를 측정하기는 어렵다. 대부분의 로스팅 설비는 실용적인 이유로 로스팅실 내부에 온도 탐침봉을 끼워 넣는 방식으로 온도를 측정한다. 탐침봉은 계속 생두와 실내 공기와 접촉한다. 그러므로 탐침봉 온도는 생두 표면 온도와 내부의 뜨거운 공기의 온도가 섞인 것이다. 이것만으로도 공정 제어를 적절하게 할 수 있지만, 설비에 따라 반영되는 온도 값이 달라 결과물이 달라진다. 그러니 다른 설비의 온도 조건과 결과를 직접 비교하기가 어렵다.

- 흡열과 발열 단계

로스팅 중 커피콩 내부의 온도가 상승하면서 복잡한 화학 반응이 일어난다. 그 결과 원두의 조성은 생두와는 완전히 달라진다. 중요한 화학 반응으로 캐러멜 반응, 메일라드 반응, 스트렉커 분해, 열분해 등이 있다. 로스팅 초기는 흡열 단계로 수분 증발과 화학 반응이 일어날 수 있도록 상당한 에너지가 필요하다. 로스팅 중 어느 순간부터는 화학 반응의 에너지 균형이 자가촉매적으로 변한다(발열). 이때부터는 커피콩이 스스로 열을 만들기 시작한다. 그래서 로스팅 진행 속도가 점점 빨라지고 점차 연소 단계로 나아간다. 이 단계에서는 진행 제어가 정말 중요하다. 몇 초 차이로 적절한 로스팅이나 과잉 로스팅으로 갈릴 수 있다. 원하는 로스팅 정도가 되면 효과적으로 냉각하여 로스팅 반응을 바로 멈추어야 한다. 아니면 품질이 낮아지고, 로스터 내 환경이 불안정해지고 커피콩에 불이 붙을 수도 있다.

- 온도별 반응

커피 원두를 볶는 동안 일어나는 대표적인 물리화학적 변화를 생두 품온의 상승과 연결되어 있다. 로스터에 투입된 생두는 열을 공급받아 100℃까지 올라가면서는 변화는 상대적으로 느리다. 100℃부터는 원두 안에 수분 증발이 시작된다. 130℃ 부근에서는 커피콩 색이 노랗게 변하기 시작하고 부피의 증가가 일어난다. 140℃ 부근에서는 탄수화물, 단백질, 지방의 분해가 일어나기 시작하고 일산화탄소(CO), 이산화탄소(CO_2) 등이 방출되기 시작한다. 150℃에 이르면 팝핑이 일어나기 시작하며, 원두 중앙의 홈(center cut)이 약간 벌어

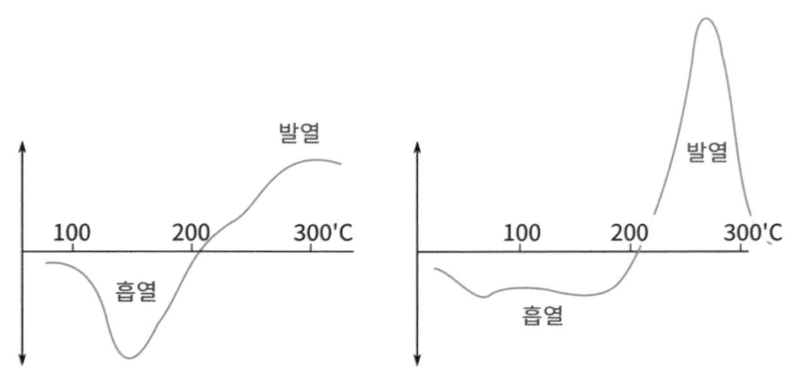

아라비카 생두의 시차분석(DTA) 곡선

지기 시작한다. 160℃에 이르면 원두는 스스로 열을 방출하기 시작하는데 이 때 원두는 갈색으로 변하기 시작하며, 본격적인 팝핑과 함께 여러 화학 반응으로 커피 본연의 향기 성분이 생성되기 시작한다. 190℃에 달하면 격렬한 팝핑에 의해 원두 표면에 아주 작은 균열이 생기기 시작하고, 이곳을 통해 다소 푸른빛을 띠는 연기가 방출된다. 200℃에서 원두는 짙은 갈색이 되며 탄화가 시작된다. 210℃ 부근에서 모든 반응은 절정에 이른다.

2) 수분의 감소와 색의 발현

로스팅 전 생두의 수분은 10~12% 정도다. 로스팅 중에 수분이 빠져나가 최종적으로 2.5% 정도가 된다. 물로 사전 냉각할 때는 원두에 뿌린 물이 일부 흡수될 수 있으므로 최종 수분 함량이 달라질 수 있다. 초기 수분 함량이 많은 생두라면 첫 로스팅 단계에서 물이 더 많이 빠져나가지만, 최종 수분 함량은

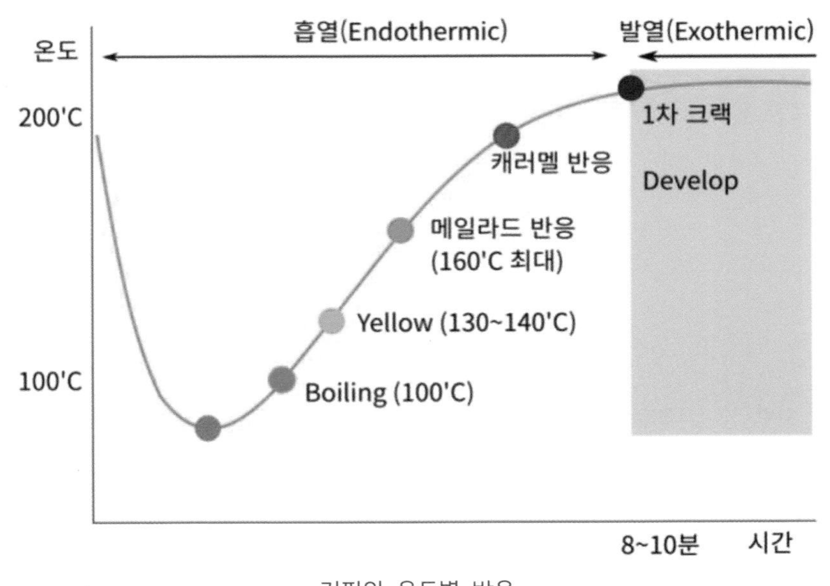

커피의 온도별 반응

같다. 감소량이 더 많은 것이다. 생두 자체에 존재하는 물 외에도 화학 반응으로 생성되는 물 또한 상당한데, 이 또한 로스팅 중 증발한다. 이런 수분의 양의 변화는 커피의 물리·화학적 역학에 중요한 역할을 한다. 온도 외에 향미를 내는 주요 화학 반응이 수분의 양에 따라 달라진다. 수분이 한계량 이하로 떨어지면 일부 화학 반응이 느려진다.

초기 수분 함량은 약배전 커피에는 큰 영향을 미치지만, 강배전을 하면 초기 수분 함량 차이로 인한 향미 차이는 거의 없어진다. 생두에 증기 처리를 하는 것은 로부스타종의 향미 품질을 높여주는 한 가지 방법이다. 증기 처리를 하면 단맛과 신맛이 더 많아지고 쓴맛이 줄어들면서 로부스타 특성이 크게 줄어든다. 포화 증기를 고압으로 가하면 전구체 조성이 일부 변화하는데, 주로 당과 아미노산이 영향을 받고, 불리한 성분들(카테콜, 하이드로퀴논, 피라진, 휘발성 페놀류 물질)이 덜 만들어진다. 이런 변화는 CGA 같은 수용성 성분이 부분적으로 추출되어 감소하고, 설탕이 과당과 포도당으로 분해되기 때문이라고 설명된다. 페룰오일퀸산이 줄어들면서 4-비닐과이어콜이 줄어들고, 유리아미노산이 감소하여 알킬피라진이 줄어든다. 증기 처리한 커피는 색상이

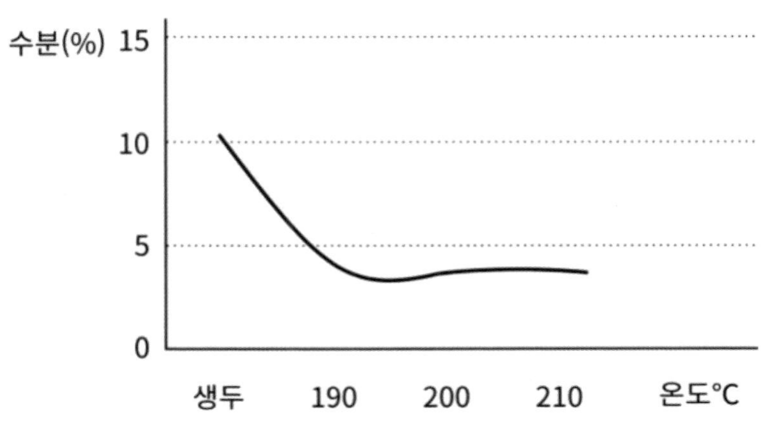

로스팅 중 수분 감소(Juan R. Sanz-Uribe, 2008)

더 빨리 변하기 때문에 로스팅 시간이 더 짧다. 실제로, 몬순 커피도 이와 유사한 기제를 따라 전구체가 변화한다. 습도가 높은 환경에서 CGA가 부분 수화되고 저분자 성분이 줄어들면서 향신료 같은 속성이 커진다. 공기 대 커피의 비율이 높아지면 향미 복합성이 떨어지고 향미가 평이해지는 것으로 보인다. 이는 공기 흐름이 커지면서 향미를 많이 빼앗기기 때문이다.

- 색의 발현

색상 변화는 로스팅 정도를 보여주는 가장 분명하고 시각적인 지표이다. 커피콩은 로스팅 중에 녹색기가 도는 회청색(생두 색상)에서 시작해 노란색, 귤색, 갈색, 고동색을 거쳐 마지막에는 검정에 가까운 색으로 변한다. 색상 변화는 향미 발현과도 관련이 깊기에 로스팅 정도를 가장 쉽게 알려 주는 척도이자 매우 중요한 품질 표지가 된다. 로스팅 정도를 '시티', '프렌치' 같은 용어로도 표현하지만, 산업체 및 학계는 수치를 측정하는 방식을 선호한다. 가장 신뢰도 높은 결과를 얻으려면 커피콩을 분쇄한 다음, 표준 방식으로 처리하고 상업용 광학 색도계를 써서 측정한다. 널리 쓰이는 것으로는 Lab 색체계가 있으며, 여기서 L=26 정도를 중배전 정도로 보고 있다. (Agtron 66 정도.)

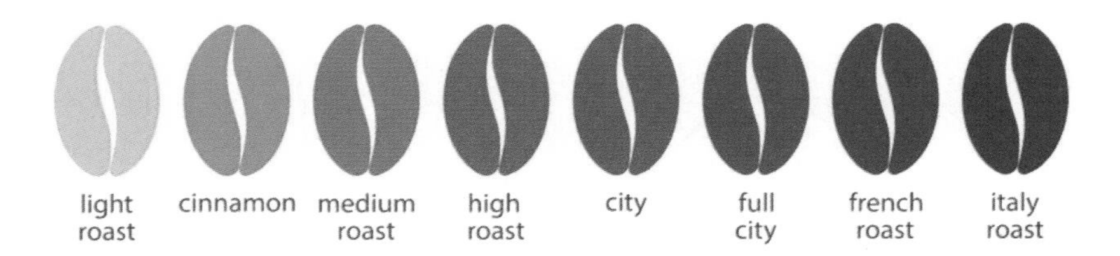

3) 기체의 발생과 부피의 변화

로스팅 중 상당량의 기체가 발생한다. 기체 생성률은 등온 로스팅일 경우, 시작 단계에서는 낮다가, 후반부터 급격히 높아진다. 이때 기체의 주성분은 이산화탄소이며, 일산화탄소(CO)와 질소도 있다. 이산화탄소의 생성 원료물질을 조사해 보면 클로로젠산(CGA) 자체는 이산화탄소를 별로 방출하지 않았다. 그런데 CGA의 분해물인 카페산을 가열하면 많은 이산화탄소가 생성된다. 글리신과 설탕을 사용한 모델 시스템을 만들어 로스팅하자 다량의 이산화탄소가 검출되었다. 이것은 메일라드 반응이 이산화탄소의 생성에 중요한 역할을 한다는 것을 알려 준다. 그리고 단백질과 다당류를 포함한 다양한 생두 성분에서 이산화탄소가 생성되었다. 이산화탄소의 절반은 생두에서 25% 정도를 차지하는 저분자량 화합물에서 생성되었다. 기체 일부는 대기로 방출되며, 일부는 커피콩 안에 갇혀 있다가 보관 중 천천히 방출되거나, 분쇄 등 단계에서 방출된다. 필요에 따라 기체 방출 장치를 갖추어 추출이나 포장 제품(밀봉 포장한 캡슐형 커피)에서 압력 과잉 상태가 되는 것을 방지한다. 커피콩 포장재

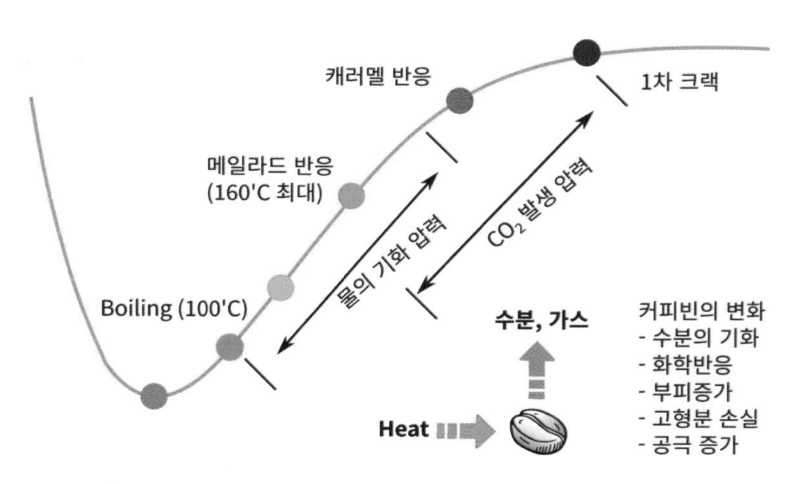

로스팅 중 기체의 생성기작 (Hisashi yamamoto coffee 2017 참고)

에는 대개 기체 방출을 위한 밸브(one way valve)를 단다.

이처럼 많은 양의 기체를 세포 안에 묶어 둘 수 있다는 것은 커피가 가진 큰 특성이라고 할 수 있다. 발생한 기체로 커피콩 내부의 압력은 매우 높아진다. 기체량 측정 실험 및 모델링 계산으로는 **로스팅 직후 원두의 내압이 10기압 이상으로 나타났다(Schenker, 2000).** 커피는 세포벽이 두꺼우므로 이 정도 내압에는 부서지지 않고 견딜 수 있지만, 조직이 커지면서 내부 구멍들도 커진다. 로스팅 최종 단계에는 기체가 갑자기 터져 나가듯 방출되면서 일부 구조가 부서지고 깨지기도 한다. 이때 튀는 듯한 소리가 날 수 있다. 로스팅 중 커피콩의 팽창을 일으키는 요인은 연소로 생긴 기체와 수증기 둘 다이다.

- 부피 증가와 구조의 변화

전형적인 원두 향미가 만들어지는 데는 커피콩의 구조가 중요한 역할을 한다. 실험에서 생두를 분쇄하여 로스팅하면 분쇄하지 않은 생두를 볶을 때와 같은 온도에 노출해도 원하는 향미 성분이 나오지 않는 것으로 나타났다. 즉, 커피콩의 물리적 구조 자체가 화학 반응을 일으키는 소규모 반응로(Reactor)로 작

로스팅에 의한 부피의 팽창과 밀도의 감소

용하는 것이다. 온도, 수분 활성도, 압력, 물질이동(Mass transfer) 현상들은 커피콩의 구조와 큰 관련이 있으며, 이 변수들이 향미를 만드는 화학 반응을 관장한다.

커피콩은 로스팅 중 최대 2배까지 부풀어 오른다. 그래서 내부 구조가 빽빽하게 밀집된 상태에서 공극이 많은 구조로 바뀐다. 어느 순간 갑자기 터지는 팝콘과는 달리, 커피콩은 천천히 계속 부풀어 오른다. 이런 팽창을 일으키는 주된 힘은 커피콩 내부에서 생성되는 기체의 압력이고, 이를 막고 있는 것은 두꺼운 세포벽이다. 상전이(Glass transition) 이론에 따르면, 세포벽을 구성하는 탄수화물은 수분 함량과 온도에 따라 유리 상태 또는 고무상태로 존재할 수 있다. 세포벽에 존재하는 탄수화물별로 각각 상태 변화가 달라서 이런 상태 전환은 단계적으로, 확연히 구분되지 않고 모호하게 일어난다. 그렇지만 원칙적으로 커피콩은 로스팅 중 유리 상태에서 고무상태로 변했다가 다시 유리 상태로 돌아간다. 부피가 커지는 것은 고무 상태일 때, 즉 세포벽의 물리적 저항이 줄어들었을 때 일어난다. 세포벽 물질의 상태 변화는 온도와 수분 함량에 따라 달라지므로, 로스팅 프로필이 중요하다.

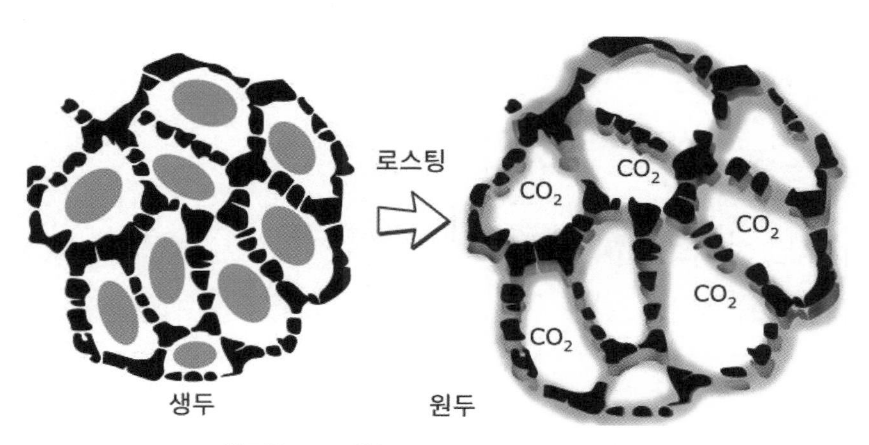

생두를 로스팅할 때 세포벽과 세포질의 변화

로스팅 중 부피 증가, 탈수, 화학 반응은 커피콩의 세포 단위에서 일어나는 커다란 변화에 의한 것이다. 생두의 조직은 매우 치밀하고 빽빽하며 그 구조가 매우 복잡하다. 커피콩의 세포벽은 다른 식물 품종에 비해 유난히 두껍다. 단면도를 보면 세포벽은 주름관 모양을 하고 있는데 이런 구조 덕에 좀 더 튼튼하다. 로스팅으로 본래 구조가 부서지고 속이 빈 구조가 조금씩 나타난다. 세포벽 구조 자체는 여전히 남아 있지만, 발생한 기체가 액체를 세포벽으로 밀어내면서 가운데 부분에 빈 공간이 생긴다. 남아 있는 세포질 일부는 변성되어 세포벽을 덮는 형태를 이룬다.

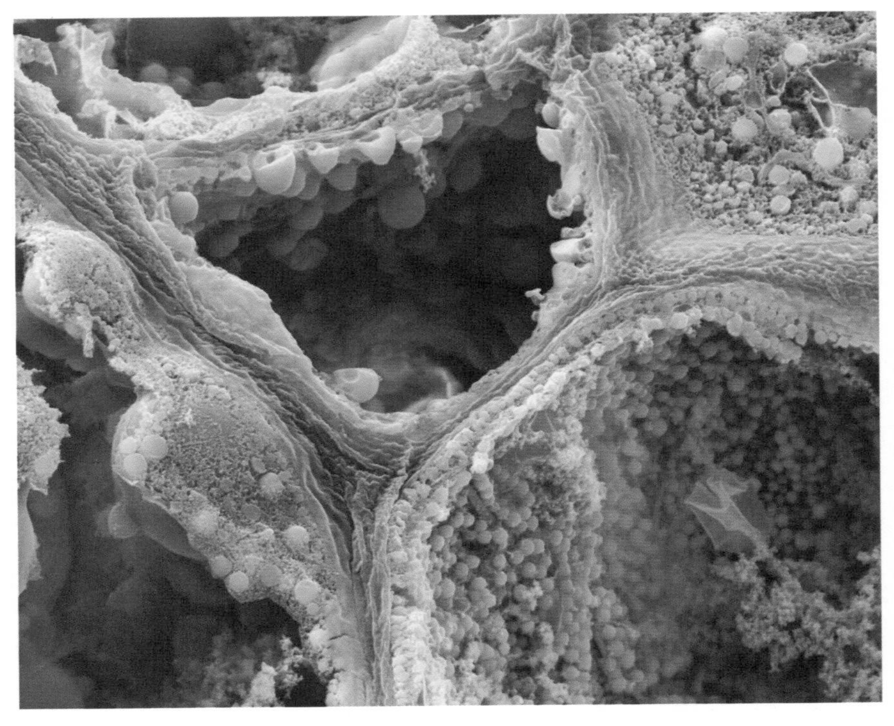

로스팅한 커피의 세포 모습. (사진 Kacie Prince)

- 로스팅 중 손실

로스팅하면 수분은 증발하고 성분 일부는 휘발성 물질로 변한다. 그래서 12~20% 정도 무게 감소가 일어난다. 로스팅 손실(Roasting Loss, RL)은 중량의 감소율로 생두 무게와 원두 무게로 계산한다. 로스팅 손실은 수분 증발, 유기물의 휘발, 실버 스킨(은피)이나 먼지, 커피콩 조각, 기타 가벼운 물질의 손실 등 여러 이유로 인해 발생한다. 로스팅 손실은 커피마다 다르며 로스팅 중 계속 일어난다. 로스팅 손실률이 가장 높은 단계는 로스팅 초기로, 가장 큰 원인은 탈수이다. 유기물 감소는 더 나중에 나타난다. 강배전 원두의 경우 당연히 약배전 원두에 비해 로스팅 손실이 더 크다.

로스팅 손실은 로스팅 정도를 나타내는 지표로 활용할 수 있는데, 생두의 수분이 일정하지 않으므로 로스팅 정도의 지표로 삼으려면 수분 감소율을 제외한 순수 유기물의 무게 감소를 알아낼 필요가 있다. 그렇게 산출된 유기물

표. 로스팅 손실률과 유기물 손실률 계산 예

생두			원두				
고형분	수분	중량	고형분	수분	중량	RL	ORL
88	12	100	87	5	92	8	1.14
			86	4	90	10	2.27
			85	3	88	12	3.41
			84	2	86	14	3.55
			83	2	85	15	5.68
			82	2	84	16	6.82
			81	2	83	17	7.95
			80	2	82	18	9.09
			79	2	81	18	10.23

의 손실률은 색상 측정을 통해 얻은 수치와 잘 들어맞는다. 생두에는 실버스킨이 일부 덮여 있다가 로스팅 중 자연적으로 떨어져 나간다(1% 정도).

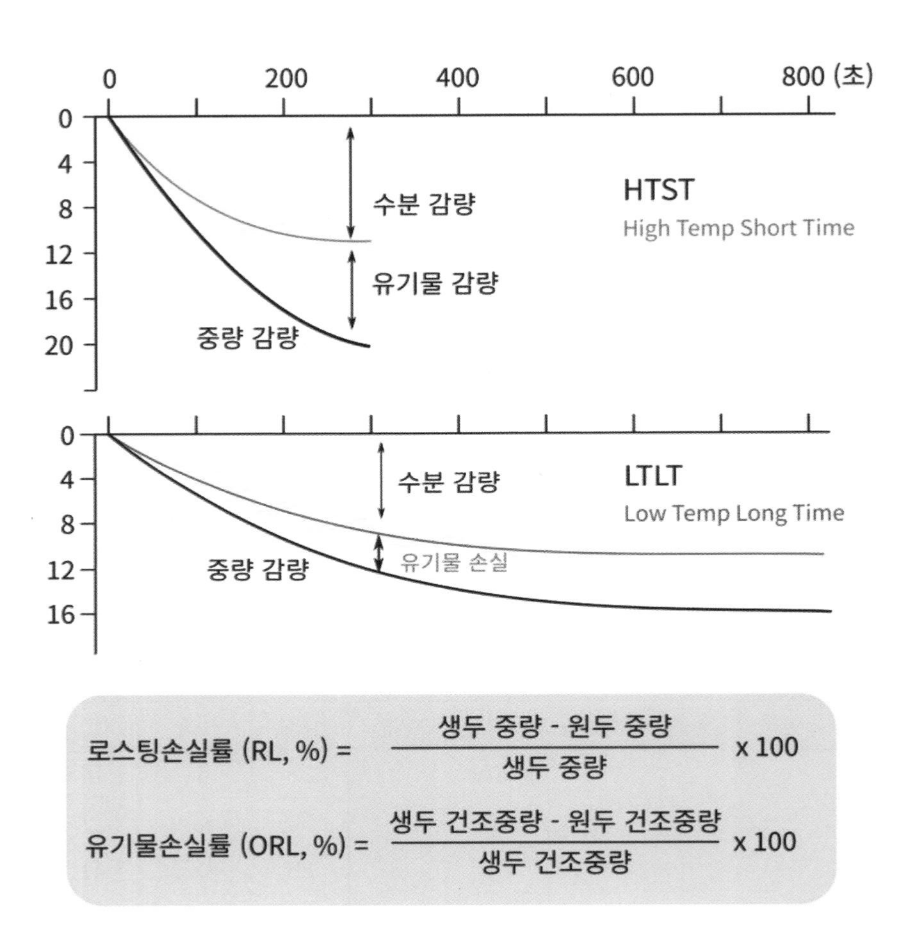

- 커피콩 표면으로 기름 이동

커피의 지질 함량은 최대 18% 정도다. 지질은 식물 세포의 세포질 안에 들어있으며, 별도의 막으로 둘러싸인 상태로 세포벽을 따라 존재한다. 로스팅 중 커피 조직에 구조적 변화가 일어나면서 세포 내 기관들이 부서지는데, 이때 지질도 유동성 있는 커피 기름이 된다. 원두는 가끔 '기름기로 번들거리는데', 커피콩 내의 기체 압력으로 인해 지방이 세포벽에 나 있는 작은 통로를 따라 커피콩 표면으로 나온 결과이다. 기름이 이동하는 첫 단계에는 커피콩 표면에 미세한 기름방울들이 여럿 나타나고, 이후 기름방울들이 뭉쳐지면서 커졌다가 결국에는 커피콩 전체가 번들거리는 기름 막으로 감싸진다.

- 향미 물질의 생성

로스팅을 통해 다양한 향미 물질이 만들어지는데, 로스팅으로 만들어지는 향미 성분은 매우 복잡하며, 생성된 물질은 화학 반응을 일으키기 위한 특정 조건(온도, 수분활성도, 압력)을 어떻게 제공하느냐에 따라 달라진다. 같은 생두를 써도 로스팅 시간이나 온도가 다르면 전혀 다른 향미 프로필이 나타날 수 있다.

로스팅의 초기 단계에서는 향미 물질이 많이 생성되지 않지만, 향미 전구체가 형성된다는 점에서 중요하다. 로스팅 중간 단계부터 향미 물질이 빠르게

표. 로스팅 과정에서 일어나는 전체적인 변화

항목	로스팅 중의 변화
색깔	로스팅이 될수록 어두운 색깔로 변한다.
표면	로스팅이 강하면 표면에서 기름이 배어 나와 번들거린다.
콩의 구조	많은 양의 이산화탄소가 분출되면서 다공성으로 변형되면서 부서지기 쉬워진다.
밀도	1.2~1.5에서 0.7~0.8로 감소한다.
수분	10~12%에서 2~3% 이하로 감소한다.
유기물 손실	약배전은 1~5%, 중배전은 5~8%, 강배전은 12% 이상 감소.

생성되는데 이때 수분은 7%에서 2%로 감소한다. 이후 로스팅이 더 진행되면서 향기 물질의 열분해도 시작한다. 열에 약한 휘발성 성분들은 로스팅이 진행될수록 손실되어 농도가 오히려 낮아진다. 이에 비해, 일부 내열성이 있는 향미 물질(과이어콜 등)은 고온에서도 계속 생성되고 남는다.

로스팅으로 불리한 성분도 만들어진다. 좋은 커피는 향, 산미, 쓴맛이 잘 균형이 잡혀야 한다. 로스팅이 강할수록 산미는 줄어들고 쓴맛은 증가한다. 과도한 쓴맛 성분이 발현되지 않도록 주의해야 한다. CGA 등은 로스팅 중 천천히 분해된다. 반대로 아세트산과 폼산은 로스팅 중에 유기물의 분해로 생성

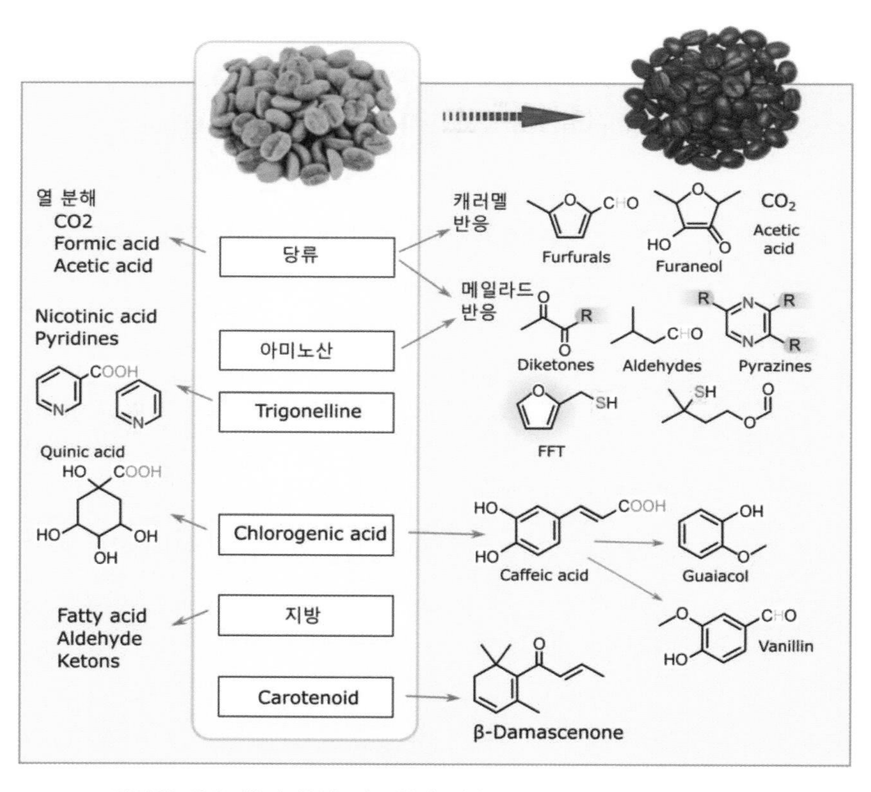

커피의 주요 향기 물질 전구체와 반응물(Yeretzian et al., 2002)

되며 산미를 높인다. 이 성분들은 생두 상태에서는 농도가 매우 낮은데 로스팅 초기에 탄수화물 전구체로부터 생성되다가, 로스팅 최종 단계에 이르러 다시 분해된다. 퀸산 및 일부 휘발산은 로스팅 중 조금씩 농도가 높아지지만, 전체적으로는 산미는 로스팅 중 명백하게 줄어든다. 그래서 약배전 커피는 강배전 커피에 비해 산미가 훨씬 높다. 로스팅으로 인해 커피에 쓴맛이 나타나

표. 로스팅 중 생두와 원두의 화학 조성 변화(Illy & Viani, 1995)

성분	아라비카		로부스타	
	생두	원두	생두	원두
질소화합물				
､단백질	9.8	7.5	9.5	7.5
､아미노산	0.5	0.0	0.8	0.0
카페인	1.2	1.3	2.2	2.4
트리고넬린	1.0	1.0	0.7	0.7
탄수화물				
､설탕	8.0	0.0	4.0	0.0
､환원당	0.1	0.3	0.4	0.3
､기타 당	1.0	n.a.	2.0	n.a.
､다당류	49.8	38.0	54.4	42.0
산				
､알리파트산	1.1	1.6	1.2	1.6
､퀸산	0.4	0.8	0.4	1.0
､CGA	6.5	2.5	10.0	3.8
지질	16.2	17.0	10.0	11.0
멜라노이딘	-	25.4	-	25.9
휘발성 향 성분	흔적	0.1	흔적	0.1
미네랄	4.2	4.5	4.4	4.7
물	8 ~ 12	0 ~ 5	8 ~ 12	0 ~ 5

는데 CGA에서 생성된 락톤류가 커피의 주요 쓴맛 물질로 규명되었다 (Hofmann, 2008). 자세한 것은 5장에서 다룰 것이다.

○ 참고: 커피 부피와 밀도의 측정

생두의 밀도는 커피의 품질과 관련이 깊다. 커피의 성분 중에서 물과 지방을 제외한 나머지 성분이 많을수록 밀도가 높아진다. 같은 부피일 때 무게가 증가하는 것이다. 만약에 생두가 물에 뜰 정도면 속이 텅 빈 상태라 반드시 제거해야 한다. 생두는 같은 조건이면 크기가 균일하고 밀도가 높은 것이 세포벽이 단단하고 내용물이 충실한 품질 좋은 생두일 가능성이 높다. 이런 생두가 로스팅 과정도 잘 견디고 향미 발현도 잘 된다. 밀도가 낮은 커피는 로스팅 도중에 무게의 손실이 많은 경향이 있다.

커피의 밀도를 측정하려면 무게와 부피를 측정해야 하는데 부피의 측정이 생각보다 까다롭다. 부피 측정의 가장 기본적인 방법이 눈금실린더를 이용해 증가하는 부피를 측정하는 방식이지만, 제품의 형태가 얇고 넓은 형태나 가벼

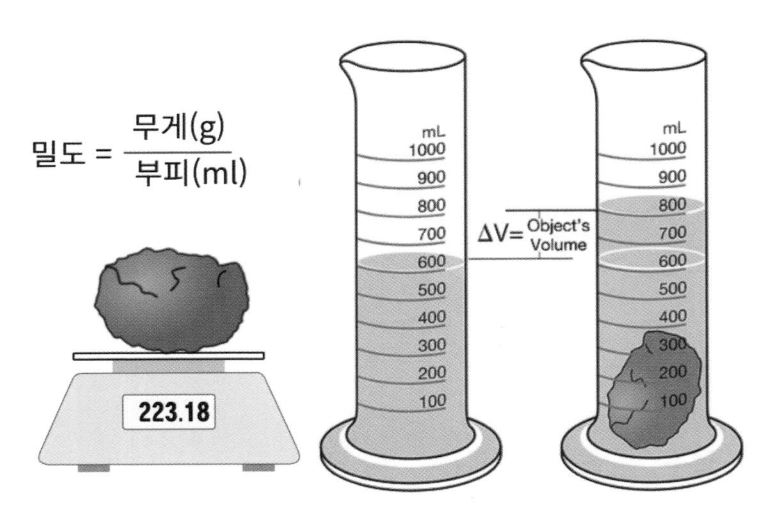

일반적인 밀도(무게/부피)의 측정법

워서 물에 뜨는 형태는 곤란하다. 눈금을 읽는 정밀도도 떨어진다.

이보다는 저울을 이용하는 방법이 훨씬 정확하다. 컵에 물을 채우고 늘어나는 무게를 측정하면 된다. 이때는 반드시 측정하려는 물체가 바닥에 닿거나 물 위로 뜨지 않게 하여야 한다. 가느다란 핀이나 끈으로 고정하는 방법이 필요하다. 1.0g의 물은 1.0ml(혹은 1.0㎤)를 차지하므로 부피만큼 무게가 증가한다. 커피를 개별로 측정하려고 하면 무게가 0.3g도 되지 않으므로 0.01g 이하를 측정할 저울이 필요하다. 아니면 여러 개를 통에 넣고 측정할 수 있다.

커피에서 많이 사용하는 밀도계는 일정 부피의 컵에 커피를 채우고 그 무게로 밀도를 환산하는 방식이다. 이때는 0.66g/mL을 보통, 0.64g/mL 이하를 낮은 밀도, 0.68 이상을 높은 밀도로 간주한다.

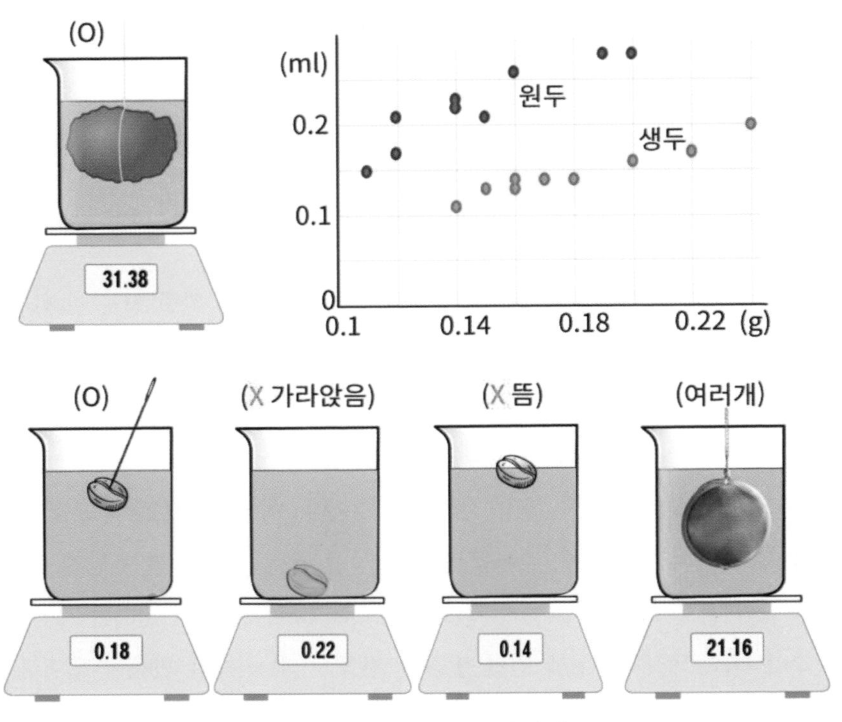

저울을 이용한 부피의 측정법

3. 로스팅의 제어

1) 제어의 핵심은 커피콩이 견딜 만큼 열을 공급하는 것

커피의 로스팅은 여러 식품의 공정 중에 가장 격렬한 화학 반응이다. 다른 많은 식품도 가열은 하지만, 커피만큼 품온을 높이지는 않는다. 고기를 굽고 튀겨도 겉면이지, 제품의 속까지 그렇게 고온으로 올리지는 않는다. 보통 식품의 품온이 250℃가 높으면 탄화가 일어나는데, 커피는 생두 전체의 온도를 200℃ 넘게 올린다. 그만큼 광범위한 탈수와 화학 반응이 일어나 생두의 상태가 완전히 바뀌게 된다. 생두 안의 세포 하나하나가 고압의 압력솥처럼 작동하면서 세포 안의 성분을 격렬하게 변화하는 것이다. 커피 성분의 1/4이 멜라노이딘으로 변할 정도다.

이런 고온의 로스팅은 향을 만드는 과정이기도 하지만, 한편 향을 파괴하는 공정이기도 하다. 향은 원래 아주 작은 지용성의 휘발성 분자이고, 열에 매우 약하다. 그러니 고온에서 로스팅하면, 원래 있던 향기 성분뿐 아니라 로스팅으로 만들어지는 향기 성분마저 파괴되고 휘발되기 쉽다. 단지 로스팅으로 생성되는 양이 그보다 많아 향이 진해지는 것이다. 하지만 생성량에도 한계가 있어 로스팅 시간이 길어질수록 점점 내열성이 있는 향기 성분만 남게 된다. 만약 끝까지 로스팅하면 모든 유기물이 숯으로 변하는 탄화가 일어난다.

그러니 로스팅은 원두가 견딜 만큼의 열을 가해 신속히 반응이 일어나게 하고, 적절한 시점에서 멈추는 것이 핵심이다. 로스팅 반응은 후반에 들어갈

수록 급속이 일어나므로 공급되는 열량을 조절해야 하고, 원하는 향미가 형성되면 즉시 냉각하여 추가적인 향미 성분의 손실을 없애는 것도 핵심이다. 생두가 얼마만큼의 열에 견딜 수 있는지를 파악하고 그것에 적합한 열을 가하는 것이 로스터의 핵심적인 자질이다.

- 로스터의 제어

로스터는 모양과 크기가 다양하지만, 어떤 것이든지 잘 사용하면 모두 훌륭한 원두를 만들 수 있다. 로스터에 공기 흐름 제어장치 및 드럼 회전 조절 장치가 있다. 이런 장치들은 모두 커피콩에 열이 전달되는 방식에 영향을 준다. 드럼 회전 속도를 높이면 커피콩이 위로 올라갔다 떨어지면서 커피콩과 드럼 표면의 접촉시간이 줄어든다. 드럼에서 전도로 전달되는 열을 줄고, 공기의 대류로 전달되는 열이 증가한다. 커피콩 전체가 열을 받으므로 산미가 더 부드러워지고, 로스팅이 더 균일해진다. 하지만 드럼 회전 속도가 너무 빠르면 원심력 때문에 커피콩이 드럼 표면에 붙은 상태로 더 오래 접촉하면서, 드럼에 닿은 면만 열전달이 더 많이 되어 불균일해진다.

공기 흐름을 제어하는 장치는 드럼을 지나가는 공기 속도를 낮추거나 높일 때 사용한다. 공기 이동 속도 또한 대류성 열전달을 제어할 수 있다. 화력 제어로는 시간이 더 걸리는 데 비해, 공기 속도를 제어하는 방식은 거의 즉각적으로 반응한다. 화력의 제어, 드럼 속도 조절, 공기 흐름 제어는 로스팅하는 사람들이 가장 일반적으로 사용하는 제어 기술이다.

- 로스팅 속도와 시간

로스팅을 시간에 따라 분류하면 장시간, 단시간, 중간형으로 분류할 수 있다. 장시간 로스팅은 회전형 드럼 로스터를 사용하는 전형적인 가열 방식이 주로 여기에 속하는데 12~15분 정도의 시간이 소요된다. 단시간 로스팅은 주로 고속의 열풍에 의한 가열 방식이 해당되는 데 2~4분 정도 만에 배전이 완료된다. 중간형 로스팅은 장시간형과 단시간형의 중간형으로 보통 5~8분 정도가 소요된다.

A: Long time roaster(conventional roaster)

흔히 저온장시간(LTLT, Low Temp. Long Time) 방식이라고 한다. 직화식 회전형 드럼을 사용하는 방식이 많다. 로스팅 시간은 일반적으로 8~15분 정도이며, 드럼에 들어가는 가스 온도는 450℃ 정도다. 커피의 양 대비 투입하는 연소가스의 양이 적어서, 로스팅 완료까지 시간이 더 걸린다. 원두가 열을 받는 시간이 길어서, 상대적으로 생성된 향기 성분의 손실이 크고, 유기산도 많이 분해되어 신맛이 적은 특징을 갖게 된다. 그래도 구조가 단순한 장점이 있어서, 가장 널리 사용되고 있다.

B: Short time roaster(fluidized bed roaster)

열풍식 로스터로 불리며, 아주 빠른 속도의 열풍이 원두에 충분히 닿게 하여 원두가 공중에 뜬 상태로 고루 섞이며 로스팅하는 방식이다. 장점은 공정 관리가 쉽다는 것과 원두가 균일하게 로스팅된다는 것이 있다. 또한 고장이 거의 없고, 청소와 유지 보수가 쉽다는 것도 큰 장점이다. 원두 껍질(chaff)의 제거도 쉬워, 상대적으로 연기도 적게 발생한다. 배전 시간은 2~4분 정도이며 짧게는 1분 30초 만에 배전을 마칠 수도 있다. 이렇게 짧은 시간만 원두가 열을 받으므로 상대적으로 향기 성분의 손실이 적어 향이 강하고, 유기산의 파괴가 적어 신맛이 강한 특징이 있다.

로스팅 시간은 향미 발현과 물리적 속성의 변화에 중요한 역할을 한다. 고속 로스팅의 경우 열전달률이 높아서 커피콩 온도가 빨리 올라가고, 탈수 작용과 화학 반응도 빠르게 진행된다. 로스팅 중 기체 생성 또한 빠르다. 그래서 커피콩의 팽창 또한 더 빨리 진행되며 부피와 공극성이 더 크고 밀도는 더 낮아진다. 이런 물리적 구조에 차이는 추출 수율에도 영향이 있다. 일반적으로, 고속 로스팅한 커피의 경우 수용성 물질이 더 많이 추출되는데, 이는 수용성 물질의 생성이 많고, 커피콩 안의 공극도 커져서, 물의 접근성이 더 높기 때문이다. 고속 로스팅을 하면 최종 수분 함량이 약간 더 높은데, 수분의 이동과 재분포에 시간이 걸려서 탈수에 제약이 있기 때문이다.

고속 로스팅한 커피는 지방이 내부에서 외부로 지질이 이동량이 많아지기 때문에 지질 산화의 영향을 더 많이 받고, 향미 강도가 높은 편이다. 그렇다고 음료 풍미가 반드시 더 좋은 것은 아니다. 로스팅 정도(색상)가 같이도 고속과 저속 로스팅의 향미가 다른데 어느 것이 좋은지는 소비자 선호도 평가로 판단해야 한다. 향미 물질은 종류에 따라 어떤 성분은 고속 로스팅에서 더 잘 만들어지고, 어떤 성분은 저속에서 더 많이 만들어진다. 고속 로스팅한 커피는 대개 산미가 더 많고 볶은 커피 향, 버터 느낌의 향을 내는 디케톤 및 푸

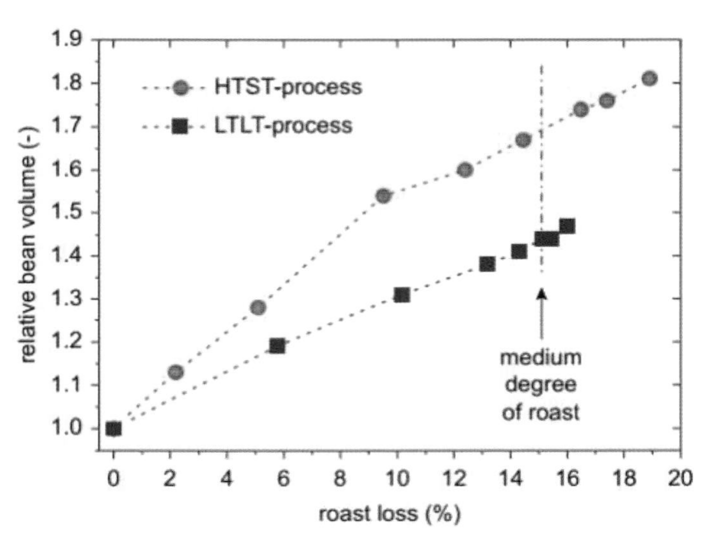

로스팅 부피와 손실률의 관계 (S. Scenker et al, 2000)

르푸랄은 양이 많아지는 대신 페놀 물질은 줄어들어 탄내, 연기 느낌의 향미는 감소한다. 반면 저속 로스팅한 커피는 균형감, 과일 향, 구운 빵 느낌 등의 속성이 더 표현된다. 극단적인 고속 로스팅을 하면 커피콩 내부까지 열이 전달되지 않을 수도 있다. 커피콩의 표면만 가열되고 내부는 열전달이 되지 않아 커피콩의 표면과 중심부 사이의 온도 편차가 커진다. 결국 표면은 과잉 로스팅되고, 중심부는 과소 로스팅될 수 있다. 이 경우 그슬린 듯한 맛과, 설익은 듯한 느낌이 동시에 나타난다.

- 열과 공기 대 커피 비율 조절

로스팅 할 때는 일정한 열을 가하거나 로스팅 후반부에 단계별로 열을 줄이는 방식을 사용할 수 있고, 다단계로 로스팅이 진행되는 전체 작업 시간 동안 열전달률을 조절할 수 있다. 이런 열전달의 프로필이 달라지면 색상과 로스팅 시간이 같아도 향미 발현, 커피콩의 물리적 속성, 수분의 탈수 곡선도 차이가 날 수 있다. 각 로스팅 단계에서 수분의 차이가 있으면 화학 반응에 영향을 줄 수 있고 구조적으로도 변화가 나타날 수 있다.

공기 대 커피 비율(ABR, Air to Bean Ratio)은 로스팅 설비의 구조의 영향을 받지만 팬 속도를 조절하거나 덮개값을 달리하여 어느 정도 조정할 수 있다. ABR 값에 따라 커피콩의 향미와 구조 발현이 달라진다. 커피양 대비 공기량이 많아지면 커피콩에 닿는 기류 속도가 빨라지고, 결과적으로 커피콩의 수분 증발로 인한 질량 이동이 커진다. 탈수가 가속화되는 것이다. 다른 모든 로스팅 변수가 일정할 때, ABR 값을 달리하면 제한적이기는 하지만 통계적으로 유의한 향미 차이가 나타난다. ABR 값이 달라지면 커피콩의 물리적 구조도 달라질 수 있지만, 그 영향은 로스팅 정도나 로스팅 시간만큼 크지 않다. 일반적으로 ABR 값이 크면 최종 커피콩의 부피는 약간 줄어든다.

2) 로스팅, 감각적인 제어

로스팅을 하는 사람에게 가장 중요한 선택은 결국에는 생두를 고르는 일이다. 재료가 최종 품질을 가장 많이 좌우하기 때문이다. 생두가 가진 밀도, 수분 함량, 크기, 형태 등 모든 요소가 로스팅 프로필에 큰 영향을 미친다. 그리고 로스팅 과정을 제어해야 하는데, 로스팅 장치가 클수록 정교한 제어 시스템이 들어 있지만 로스터의 섬세한 조절이 필요하다.

열풍 온도가 일정해도 생두의 초기 수분 상태, 날씨, 로스터의 초기 시동 특성 등에 따라 로스팅이 배치 별로 일관되게 유지되지 않는다. 향상된 제어 시스템에서는 로스터 안의 공기 온도보다는 실제 커피콩의 온도 변화에 따라 반응한다. 그래야 실제 온도에 의해 원하는 프로필대로 로스팅할 수 있다.

과거에는 원두 표면의 색을 관찰하며 배전 정도를 조절했으나 요즈음은 원두 표면의 온도를 읽어 배전 정도를 조절하는 것이 가능하다. 원두의 외관과 색상, 팝핑 소리, 향기 변화, 온도 프로파일 등을 통해 최종 단계를 결정한다.

로스터에는 샘플러가 있어서 열을 직접 조절하면서 샘플러로 진행 과정을 추적할 수 있다. 샘플러는 대개 드럼 앞쪽에 있고, 로스팅 중 커피콩을 소량

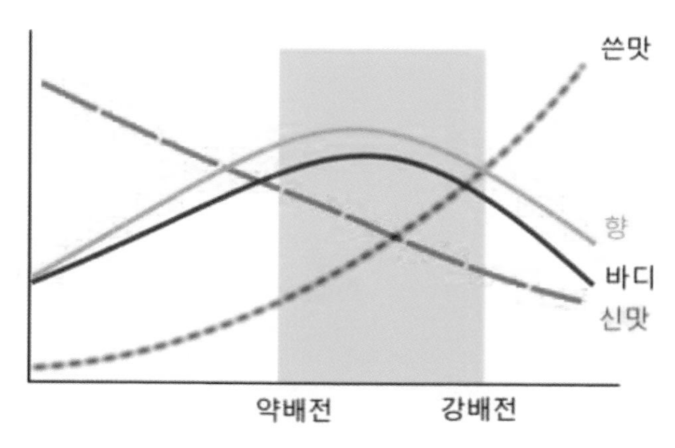

로스팅 정도의 결정(Luigi Poisson, et al. 2017)

꺼낼 수 있다. 색상, 크기, 질감 변화를 살피고, 커피콩에서 나는 향기 역시 중요한 판단 요소이다. 설비에 따라 샘플러를 사용할 때마다 드럼 안으로 찬 바람이 들어갈 수 있으니 주의하면서 샘플링해야 한다.

로스팅이 진행되면서 기체가 발생하는데, 이때 발생한 기체의 일부는 세포 안에 남아 있다가 보관 중 배출된다. 강배전 커피의 경우 기체가 빠져나가려는 힘이 더 많이 작용하기 때문에, 콩의 팽창과 내부 기름의 이동 또한 빨라진다. 그래서 아주 강하게 로스팅한 커피콩은 표면에 기름기가 나타난다. 로스팅 강도가 높아질수록 향미는 진해지고, 산미는 줄어들고, 쓴맛은 강해진다. 로스팅이 강해질수록, 물리적 구조의 변화가 뚜렷해진다. 강배전으로 갈수록 커피콩의 부피가 팽창하여 공극률이 높아지고 밀도는 낮아진다. 하지만 어느 정도까지 팽창하다가 멈춘다.

약배전에서는 달콤한, 과일, 꽃, 빵, 견과류 느낌이 나고, 중배전을 하면 보다 복합적인 향이 난다. 강배전에 접어들면 코코아, 향신료, 페놀 등 강하게 볶았을 때 특유의 냄새가 난다. 로스팅이 너무 많이 진행되면(CTK<50), 디케톤, 푸르푸랄, 4-비닐과이어콜 등의 휘발성 성분이 손실되어 향기 물질의 양이 오히려 줄어든다. 과일, 블랙 커런트 느낌이 드는 황 화합물인 3-메르캅토-3-메틸뷰틸폼산은 강배전 커피에서는 완전히 사라진다. 향기 물질의 변화가

로스팅 단계별로 향미가 다르게 느껴지게 한다. 로스팅 후반에 형성되는 향미 물질이 단맛과 흙내 느낌을 덮어 버리는 마스킹 효과를 보이기도 하고, 로스팅 초반에 만들어지는 과일 향, 꽃 향 느낌이 사라지고 볶은 커피 향 및 탄 느낌이 증가한다.

로스팅이 진행될수록 쓴맛은 증가하고 신맛은 줄어든다. 향미 조성은 로스팅 전 과정 내내 끊임없이 달라진다. 이는 단계마다 새로운 향미 물질이 만들어지고 사라진다는 것을 의미한다. 하지만 최적 단계를 넘어 과잉 로스팅이 되면 향미와 바디는 모두 탄 느낌, 거칠고 기분 나쁜 느낌이 된다.

최적 로스팅 정도까지는 기분 좋고 상쾌한 향이 나지만, 이 시점을 지나 로스팅을 계속해 나가면 이런 향미가 줄어든다. 바디나 마우스필도 일정 지점까지는 커졌다가 더욱 진행하면 줄어든다. 그러니 로스팅은 원하는 정도에서 멈추는 것이 중요하다.

3) 로스팅 프로파일: 수치적인 제어

시간별로 로스팅 온도를 기록해 두면 원하는 로스팅 프로필로 찾는데 도움이 된다. 예를 들어 샘플러로 커피를 꺼냈을 때 볶은 곡물 향이 난다면 생두에서 수분이 증발하기 시작한 지 8분쯤 된 것으로 볼 수 있다. 커피 색상이 녹색에서 노란색으로, 다시 귤색으로 변하는 모습을 지켜볼 수 있을 것이다. 커피콩이 1차 크랙 시점에 들어서면 부서지는 듯한 소리 또는 팝콘이 튀겨지는 듯한 소리가 나는데, 이때 진정한 커피의 특성이 나타나는 첫 향기를 느낄 수 있다. 커피콩의 표면은 거칠고 고르지 않은 상태에서 부드러운 상태로 변해간다. 1차 크랙 시기는 흡열 반응에서 발열 반응으로 전환하는 단계이므로 로스터는 화력을 조절할 필요도 있다. 1차 크랙 이후부터는 시각과 후각이 더 중요해진다. 당이 캐러멜화되면서 나타나는 달콤하면서 자극적인 향을 맡을 수 있다. 2차 크랙까지 진행한다면, 당의 캐러멜화가 끝나면서 로스팅 향이 추가

될 것이다. 적절한 시간에 로스팅을 멈추어야 성공적인 로스팅이 마무리된다. 이런 일련의 변화를 온도의 변화를 정밀하게 분석하여 어느 정도 예측할 수도 있다.

로스터 안의 온도를 측정하면 로스터 드럼 안에 생두가 투입될 때, 달궈진 드럼 안의 온도가 일시적으로 떨어지지만, 얼마 후에 다시 높아지는 터닝 포인트가 생긴다. 로스팅이 진행되는 속도는 RoR(Rate of Rise)라고 하는데, 이런 속도 등을 해석하여 원두에 수분을 어떤 식으로 방출하고 향이 만들어지는지 추정한다.

커피의 향미는 고온의 로스팅으로 만들어지는데, 향미 물질을 만드는 만큼 열에 의한 파괴도 동시에 일어난다. 따라서 생두가 버티는 범위 안에서 강한 열량을 투입하여 신속하게 로스팅하는 것이 효율적이다. 생두가 열에 얼마나

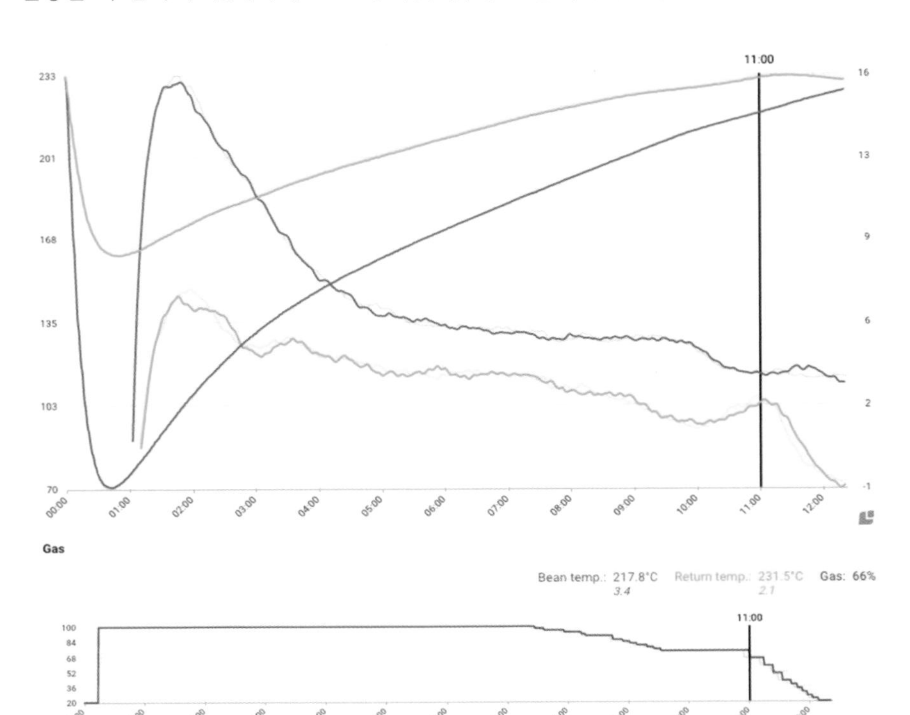

잘 견딜 수 있는지 알 수 있다면 그만큼 실패 없는 로스팅이 가능한 것이다. 온도 변화의 그래프를 통해 생두가 얼마만큼 열에 견디는지를 추정할 능력이 생기면 감각적인 제어가 아닌 수치적인 제어가 가능해지는 것이다.

이런 데이터(수치)를 바탕으로 로스팅을 제어하면 로스팅의 일관성을 높일 수도 있다. 향후 점점 관능에 의존한 로스팅보다 데이터를 활용한 로스팅이 증가할 것이다.

5장. 로스팅의 화학

커피를 로스팅하는 과정에서 향미 성분이 만들어지는 원리는 다른 식품과 다르지 않다. 단지 아주 높은 온도에서 만들어질 뿐이다. 커피의 로스팅을 통해 다른 식품이 향미가 만들어지는 원리도 같이 공부할 수 있다.

1. 식품의 일반적인 가열 반응

1) 가열에 의해 식품의 맛과 향의 변화

커피의 향이 다른 식품과 다르다고 향이 만들어지는 과정까지 다른 것은 아니다. 커피를 로스팅할 때 향이 만들어지는 과정은 다른 식품을 굽거나 튀길 때처럼 캐러멜 반응, 메일라드 반응 등을 통해 향이 만들어진다. 단지 각각의 성분이나 비율이 다를 뿐이다.

커피뿐 아니라 수많은 식품이 가열을 통해 향기 성분이 만들어진다. 가열을 통해 미생물이 살균되고, 음식은 좀 더 소화하기 쉬운 형태로 변하고 새로운 색과 향이 만들어진다. 단지 커피의 로스팅은 생두를 200~250℃의 고온에서 3~20분 정도 가열하는 과정이라 다른 어떤 식품보다 강렬하다는 차이가 있다. 가열은 실로 엄청난 화학적 변화이다. 향과 색이 변하고 심지어 물성마저 변

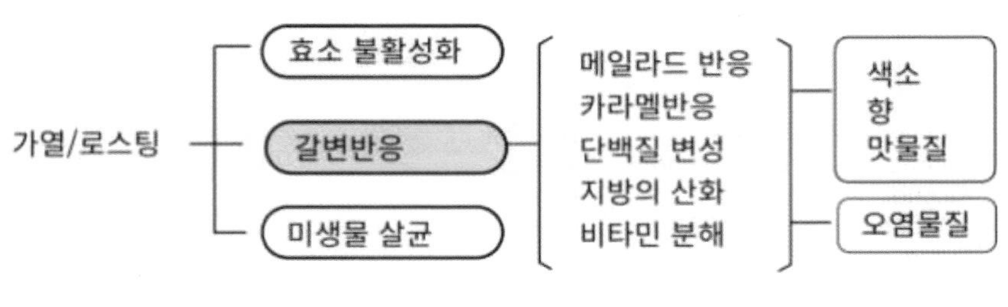

가열 반응의 개요

한다. 그 과정은 너무 복잡한 변화라 아직 그 반응의 전모가 완전히 밝혀지지 않았다.

가열로 향이 만들어지는 주반응은 탄수화물(당류)만으로 일어나는 캐러멜 반응과 당류와 단백질(아미노산)과 만나서 일어나는 메일라드 반응이다. 이런 과정을 통해 피라진류나 황 화합물 등 인류가 좋아하는 향이 만들어진다. 이때 지방의 역할도 상당하다. 지방산이 분해되어 반응의 전구체가 되거나 향미 물질이 된다. 튀김의 향미는 주로 지방의 분해로 만들어진다. 그리고 식물 대부분에 존재하는 카로티노이드의 분해가 일어나 향기 물질이 만들어진다. 비타민 B1은 질소와 황이 포함된 티아졸 구조를 가져서 향에 상당한 영향을 미친다. 비타민 C도 메일라드 반응을 통해 향을 만들고 갈변도 일으킨다. 이런 비타민 C의 반응은 과일주스 등에는 불리하지만, 빵에서는 긍정적인 효과를 준다. 먼저 이런 식품에 공통적인 향기 물질 생성 반응에 대해 좀 더 자세히 알아보고, 나중에 커피의 구체적인 향기 물질을 알아보고자 한다.

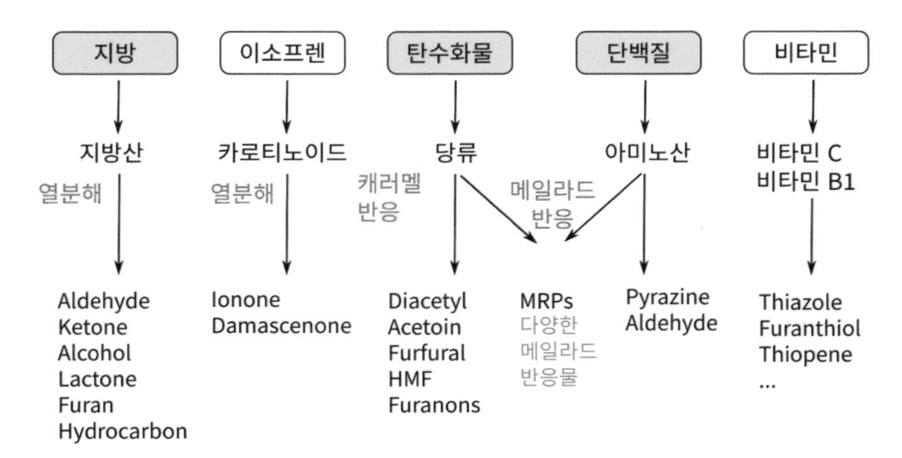

커피 향의 주요 전구체와 반응 생성물

- 커피의 향기 물질의 생성

아래 표는 커피의 대표적인 향기 물질과 그것의 생성 기작이다. 메일라드 반응(캐러멜 반응 포함)에 의한 향기 물질의 생성이 많고, 리그닌(페놀)의 분해 그리고 카로틴의 분해로 생성된 향기 물질도 있다.

표. 커피의 대표적인 향기 물질과 생성기작

핵심 향기 성분	출처
β-Damascenone	카로틴 분해
FFT(2-Furfurylthiol)	메일라드
3-Mercapto-3-methylbutylformate	메일라드
5-Ethyl-4-hydroxy-2-methyl-3(2H)-furanone	메일라드
4-Hydroxy-2,5-dimethyl-3(2H)-furanone	메일라드
Guaiacol	페놀 분해
4-Vinylguaiacol	페놀 분해
Methional	메일라드
2-Ethyl-3-dimethylpyrazine	메일라드
2,3-Diethyl-5-methylpyrazine	메일라드
3-Hydroxy-4,5-dimethyl-2(5H)-furanone	메일라드
Vanillin	페놀 분해
4-Ethylguaiacol	페놀 분해
5-Ethyl-3-hydroxy-4-methyl-2(5H)-furanone	메일라드

2) 캐러멜 반응(분자 탈수)

캐러멜 반응은 아미노산의 개입이 없이 당류만을 가열했을 때 일어나는 화학 반응이다. 이 반응을 통해 무색무취한 당에서 놀랍게 다양한 향이 만들어진다. 당을 고온으로 가열하면 분자의 형태가 변하면서 단맛은 줄어들고, 색과 향기 물질이 만들어진다. 그러다 지나치면 탄화로 쓴맛이 강해진다.

캐러멜은 주로 설탕으로 만드는데, 가열하면 설탕은 포도당과 과당으로 분해된 후 다양한 새로운 분자들로 바뀐다. 반응은 여러 단계를 거쳐 일어나는데 가장 기본적인 과정이 당류 분자에서 수분이 빠져나가는 탈수반응이다. 탈수가 일어나야 물에 녹지 않고 기름에 잘 녹는 향기 물질이 되고, 다양하게 쪼개어진 분자가 다른 분자와 만나 다양한 향기 물질이 된다. 과당을 '환원당(reducing sugar)'이라고 하는데, 분자 내에 알데히드 구조가 있어 반응성이 크기 때문이다. 그래서 캐러멜 반응이 포도당, 설탕은 160℃, 맥아당의 180℃에서 일어나는 데 비해 훨씬 낮은 110℃에서도 일어난다.

캐러멜 반응은 설탕을 물에 녹인 후 갈색이 될 때까지 가열해보면 쉽게 알 수 있다. 물은 설탕이 포도당과 과당으로 더 잘 분해되도록 해주고, 타지 않게 해준다. 설탕을 끓여 물이 줄면서 비점이 상승하여 시럽 온도가 100℃ 이상으로 올라간다. 113℃이면 농도가 85%에 도달하여 퍼지를 만들 수 있고, 132℃면 당도가 90%가 되며 태피를 만들 수 있고, 149℃ 이상 가열하면 수분이 거의 없는 상태가 되고, 그것을 식히면 하드 사탕이 된다.

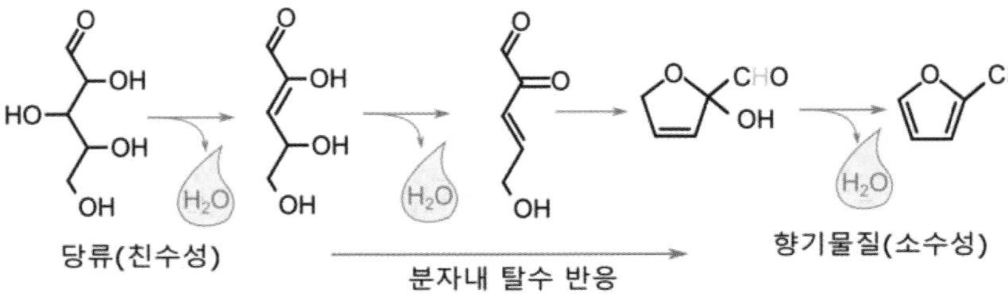

캐러멜 반응으로 생기는 향은 여러 느낌을 주는데 단내, 버터와 우유 향, 과일 향, 꽃향기, 럼주 향, 구운 향 등이 대표적이다. 가열로 만들어지는 향기물질 중에 퓨란은 산소가 포함되어 역치가 낮아 강한 냄새가 나는 경우가 많다. 2-아세틸퓨란은 코코아, 캐러멜, 커피 등의 냄새이고, 푸라네올도 역치가 낮고 아주 달콤한 캐러멜 향과 달콤한 딸기 느낌을 준다. 소톨론(Sotolon) 또한 역치가 낮아 고농도에서는 스파이시하고, 희석을 많이 하면 메이플시럽 향이 난다. 소톨론은 조미료 취라고도 하는데 쇠고기, 돼지고기, 된장, 간장 등에서 진한 세이버리 향미를 제공한다. 소톨론의 유사체인 메이플 푸라논(Maple furanone, Abhexon)은 강하게 달콤한 캐러멜 향과 메이플 향을 주며 커피에도 중요하다. 노르푸라네올(Norfuraneol)은 향은 유사하지만, 역치가 훨씬 높아 향으로 가치가 떨어진다.

피라논은 푸라논과 유사한 경로로 만들어지며 강력한 달콤함을 준다. 말톨

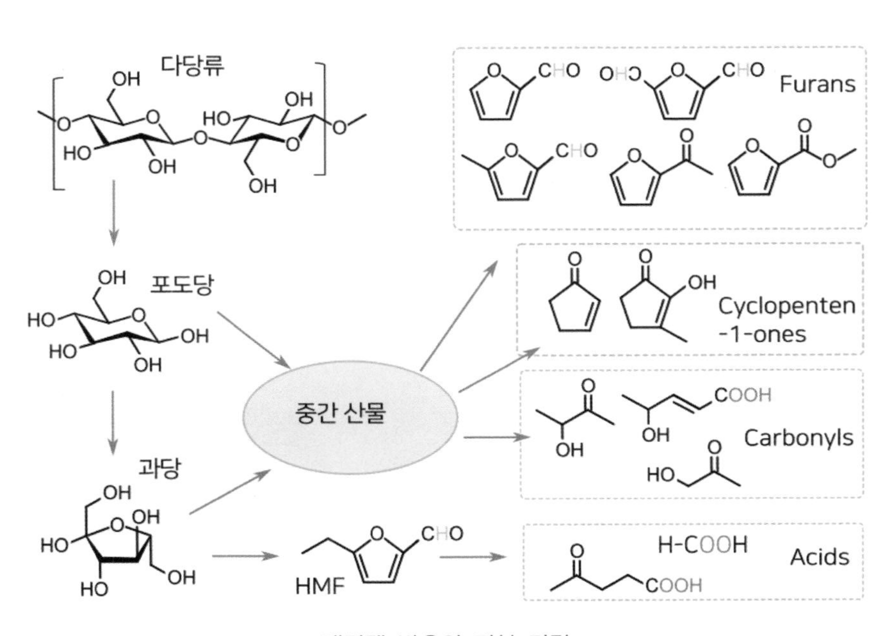

캐러멜 반응의 기본 기작

(Maltol)이 가장 잘 알려져 있고, 에틸말톨은 말톨과 유사한 향인데 6배 정도 강력하다. (에틸말톨은 아직 자연에서는 발견되지 않은 합성 물질) 사이클로텐(Cyclotene)은 강한 캐러멜 향을 가지고 간장에서 중요하고 토피와 캐러멜 등의 향료 원료로 자주 사용된다. 캐러멜 반응으로 향뿐만 아니라 색소도 만들어지는데, 색은 알칼리일 때 특히 진하게 만들어진다. 색을 목적으로 캐러멜 반응을 시켜 만든 캐러멜색소도 있다.

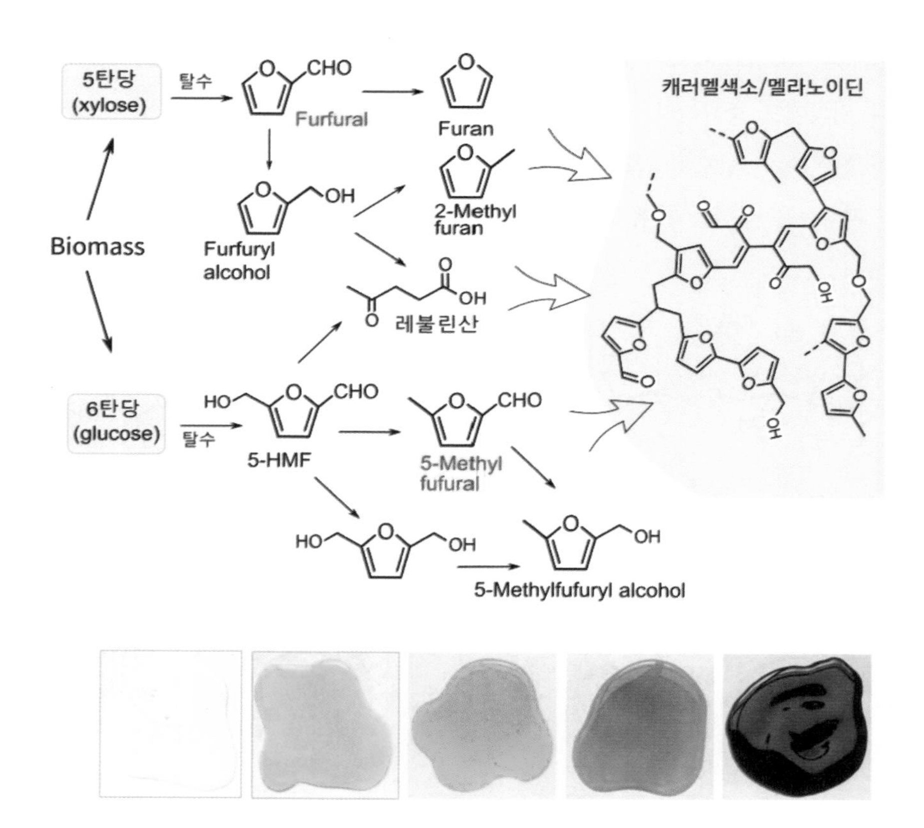

캐러멜색소의 합성 과정 (향의 언어, 2021)

3) 메일라드 반응(아미노산 촉매반응)

당류와 아미노산을 함께 반응시켜 향과 색을 만드는 것을 메일라드 반응이라고 하는데, 이런 메일라드 반응은 선사시대부터 요리에 이용됐지만, 구체적인 기작은 1910년에 들어서야 루이스 메일라드(마이야르)라는 화학자가 정리하기 시작했다. 메일라드 반응은 당류 중에 알데히드기가 있는 환원당이 단백질(아미노산)의 아민기와 결합하고, 일련의 계속된 반응을 통해 다양한 맛, 냄새, 색소 분자가 만들어지는 과정이다. 이 과정은 캐러멜 반응과 마찬가지로 알칼리 환경에서 더욱 촉진되며 가열한 음식의 맛과 향의 근본이 된다. 구운 빵, 비스킷, 구운 고기, 연유, 커피, 군고구마, 군밤, 호떡, 튀김 등의 로스팅 향이 이 메일라드 반응으로 만들어진다. 이 반응은 100℃ 정도까지는 반응이 미약하고 160℃ 정도에서 가장 활발하며, 이 이상의 온도에서는 당류와 아미노산의 결합이 어려워져 반응이 약해진다. 이 반응을 촉진하기 위해 설탕, 꿀, 메이플시럽이 추가되기도 하는데 과당 성분이 있으면 7배까지도 반응이 잘 일어나기 때문이다.

반응물(당류+아미노산)의 농도가 너무 낮거나 물이 많으면 반응이 잘 일어나지 않는다. 생선을 구울 때 표면의 물기를 제거해야 하는 이유이고, 생두의 수분이 더 감소한 후에야 본격적으로 향이 발현되는 이유이기도 하다. 수분이 많으면 물이 기화되면서 많은 열을 빼앗기 때문에 품온이 잘 올라가지 않고

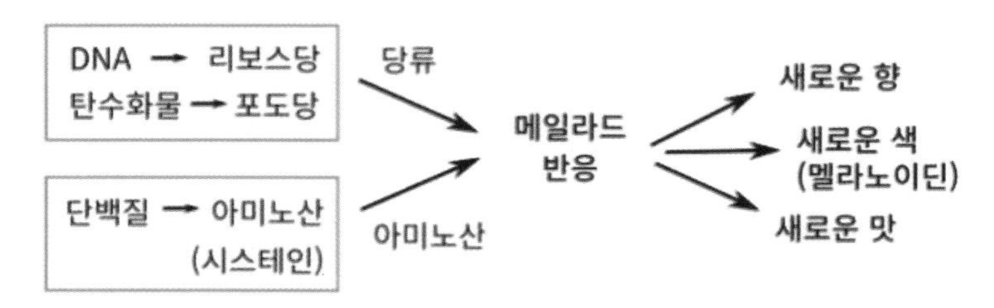

메일라드 반응의 개요

반응이 약해진다. 수분이 증발한 이후 반응이 본격적으로 일어난다.

반응의 시작은 포도당과 같은 당류가 아미노산과 결합하는 것이고, 아미노산과 결합하면 반응성이 훨씬 커져서 다양한 물질로 변환이 쉬워진다. 메일라드 반응은 열과 당류와 아미노산의 결합으로 효율적으로 많은 반응성 중간물질을 만들고, 이들이 이합집산을 하면서 다양한 향기 물질이 만들어지는 것이 핵심이다. 이 과정에 질소(N)와 황(S)이 작용하면서 향은 화려해지고 강력해진다. 질소를 포함한 피라진 물질은 내열성이 있어서 점점 축적이 일어나고, 황화합물은 역치가 낮아서 양에 비해 강력한 효과를 내기 때문이다.

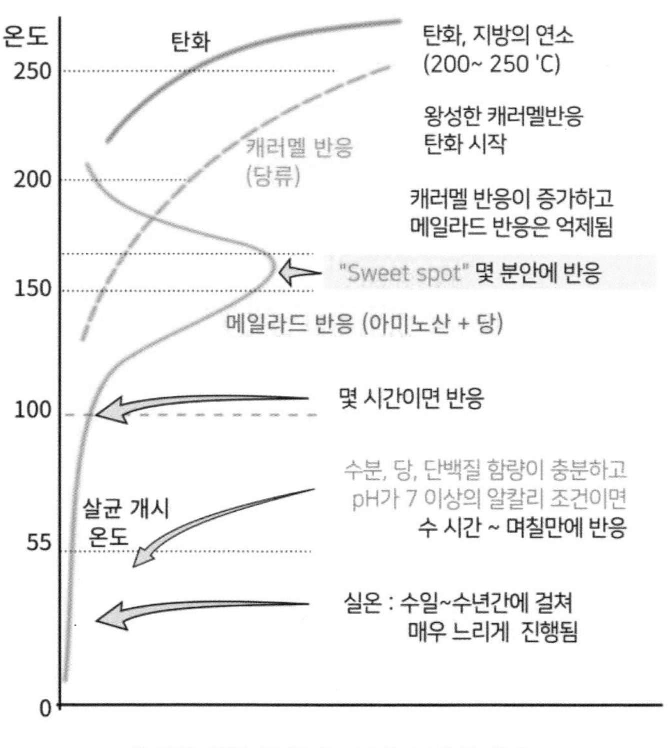

온도에 따라 일어나는 가열 반응의 종류

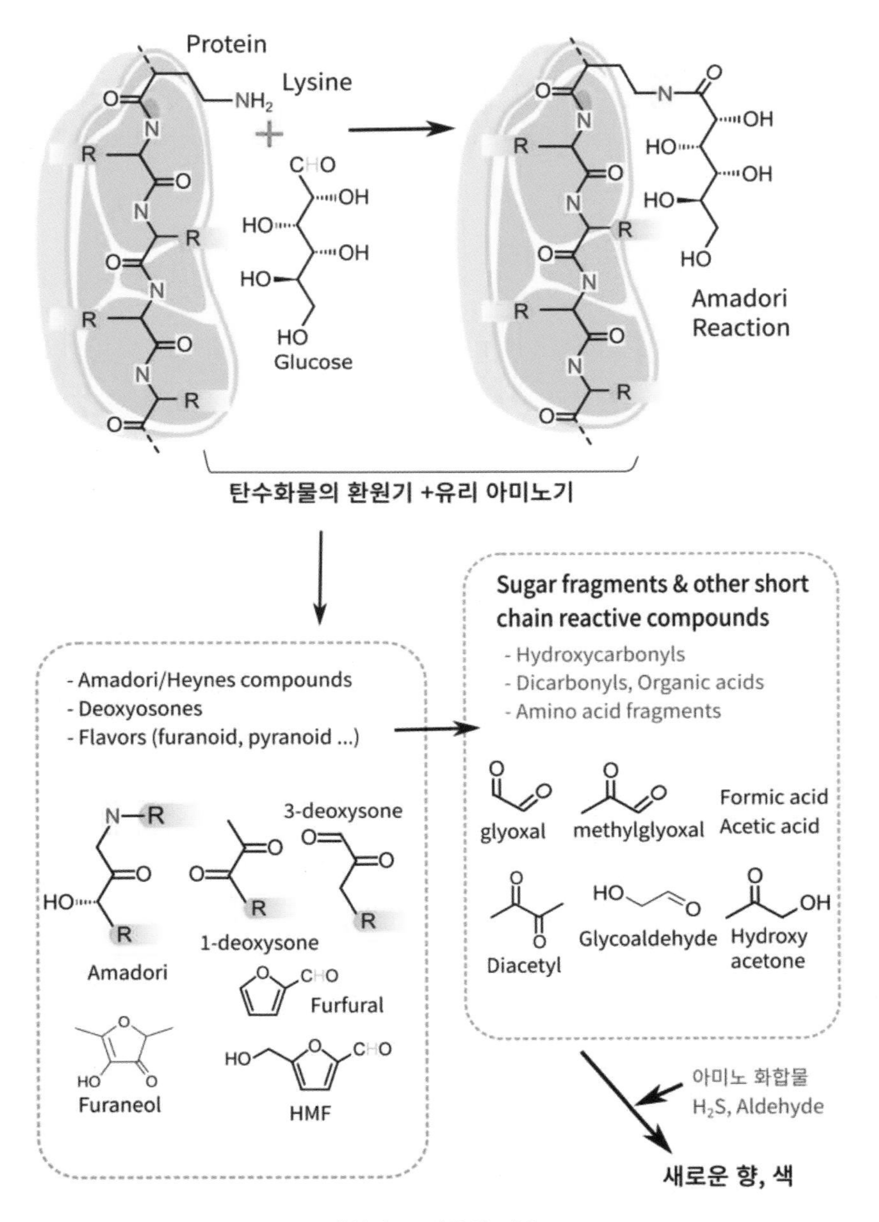
Protein
Lysine
Glucose
Amadori
Reaction
탄수화물의 환원기 +유리 아미노기
Sugar fragments & other short chain reactive compounds
- Hydroxycarbonyls
- Dicarbonyls, Organic acids
- Amino acid fragments
- Amadori/Heynes compounds
- Deoxyosones
- Flavors (furanoid, pyranoid ...)
3-deoxysone
1-deoxysone
Amadori
Furfural
Furaneol
HMF
glyoxal
methylglyoxal
Formic acid
Acetic acid
Diacetyl
Glycoaldehyde
Hydroxy acetone
아미노 화합물
H2S, Aldehyde
새로운 향, 색

메일라드 반응의 개요

- pH에 따라 달라지는 반응물

메일라드 반응은 보통 산성보다 알칼리에서 활발하여 pH가 낮아지면 갈변 반응은 억제된다. 보통 갈변 반응이 진행되면서 pH가 낮아지는데 이것은 알칼리를 띠는 아미노기(-NH_2)가 결합하여 제거되는 효과를 가지기 때문으로 생각된다.

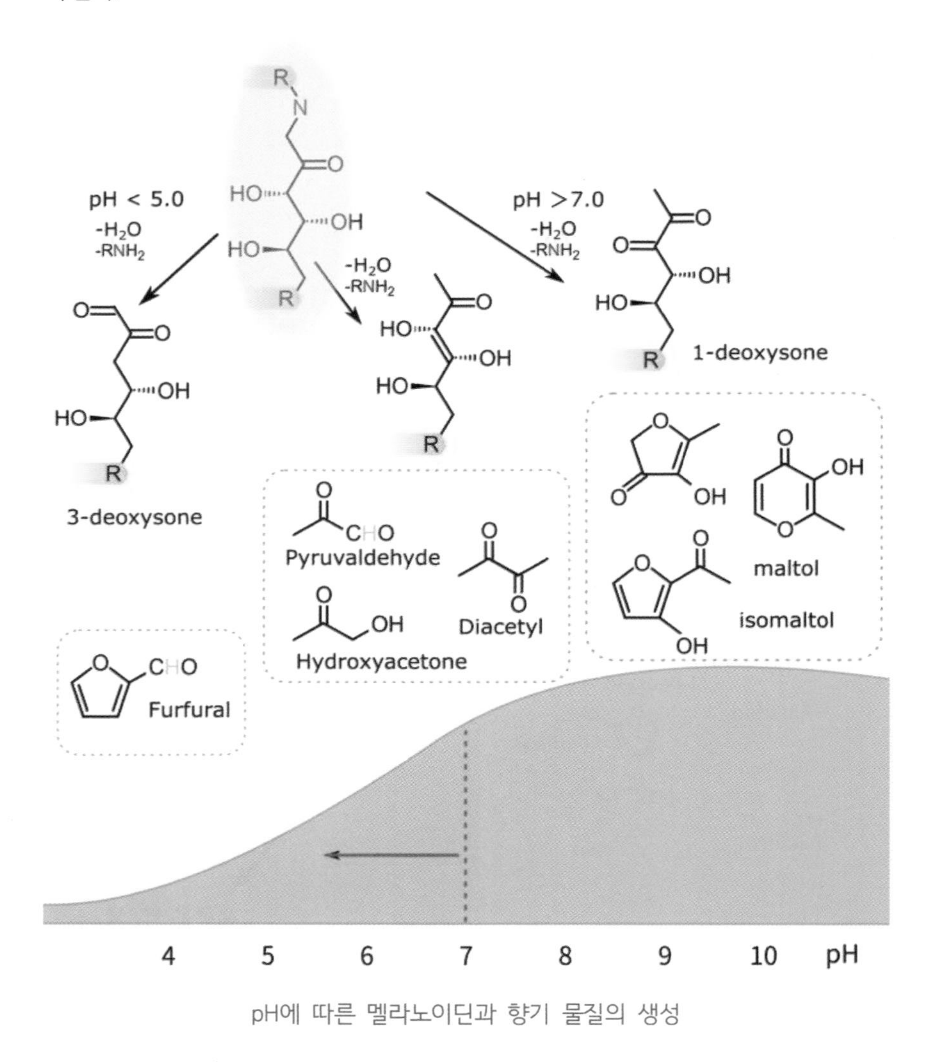

pH에 따른 멜라노이딘과 향기 물질의 생성

- 메일라드 반응 복잡성의 모델 연구

메일라드 반응을 이해하기 힘든 이유가 하나의 당과 하나의 아미노산만 반응시켜도 매우 복잡한 향기 물질이 만들어진다는 것이다. 예를 들어 차에는 특징적으로 테아닌(Theanine)이란 아미노산이 많은데 이것을 포도당과 함께 150℃ 이상으로 가열하면 정말 다양한 향기 물질이 만들어진다. 2가지 물질만 반응시켜도 복잡한데, 식품에는 수많은 성분이 들어 있다. 그만큼 복잡한 물질이 만들어진다.

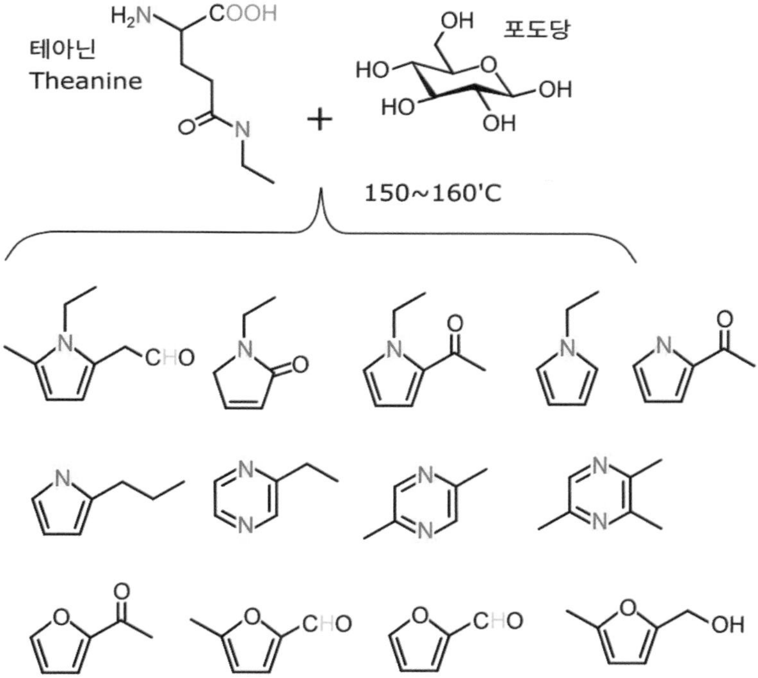

테아닌
Theanine

포도당

150~160'C

테아닌(아미노산)과 포도당의 메일라드 반응모델(Chi-Tang Ho, 2015)

표. 당과 아미노산의 조합에 따른 향기 물질(Food flavor technology 2판)

당류	아미노산	온도(℃)	향기 특징
포도당	시스테인	100~140	Meaty, beefy
리보스	시스테인	100	Meaty, roast beef
비타민C	트레오닌	140	Beef extract, meaty
비타민C	시스테인	140	Chicken
포도당	세린, 글루타민, 티로신	100~220	Chocolate
포도당	류신, 트레오닌	100	Chocolate
포도당	페닐알라닌	100~140	Floral, chocolate
리보스	트레오닌	140	Almond, marzipan
포도당	프롤린	100~140	Nutty
포도당	프롤린	180	bread, baked
포도당	알라닌	100~220	Caramel
포도당	라이신	110~120	Caramel
자일로스	라이신	100	Caramel, buttery
리보스	라이신	140	Toast
포도당	발린	100	Rye bread
포도당	아르기닌	100	Popcorn
포도당	메티오닌	100~140	Cooked potatoes
포도당	이소류신	100	Celery
포도당	글루타민, 아스파라긴		Nutty

다음 그림은 메일라드 반응의 개략도이다. 포도당은 아미노산과 결합 후 다양한 향기 물질의 원천이 될 수 있는 물질로 분해되고, 그것들이 이합집산을 하고 질소나 황의 물질과도 결합하여 고기, 초콜릿, 너트, 캐러멜 등 전형적인 가열의 향이 만들어진다. 이렇게 좋은 향도 만들어지지만, 한편 아크릴아미드 같이 바람직하지 않은 물질도 만들어진다.

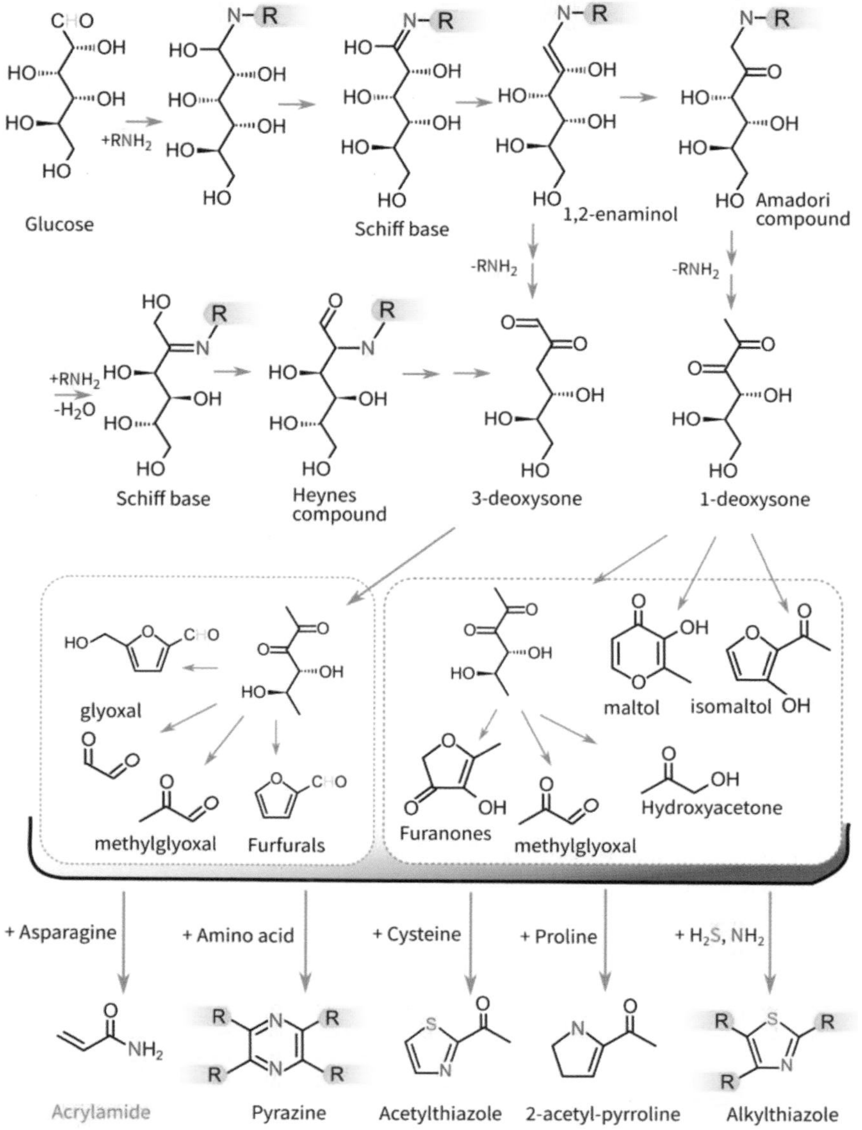

Glucose
+RNH2
Schiff base
1,2-enaminol
Amadori compound
-RNH2
-RNH2
+RNH2 -H2O
Schiff base
Heynes compound
3-deoxysone
1-deoxysone
glyoxal
methylglyoxal
Furfurals
maltol
isomaltol
Furanones
methylglyoxal
Hydroxyacetone
+ Asparagine
+ Amino acid
+ Cysteine
+ Proline
+ H_2S, NH_2
Acrylamide
Pyrazine
Acetylthiazole
2-acetyl-pyrroline
Alkylthiazole

메일라드 반응의 개략도

4) 열분해 (Pyrolysis, Dry distillation)

- 셀룰로스와 리그닌의 열분해

과거에 우리는 나뭇잎 등을 태울 때 나는 냄새를 좋아했다. 지금은 워낙 주거 시설과 난방 그리고 의복이 발달하여 과거에 추운 겨울에 모닥불이 얼마나 위로가 되었을지, 그리고 그때 나무가 타면서 났던 냄새가 어떤 느낌을 주었을지 상상하기 힘들겠지만, 그 당시 낙엽 태우는 냄새는 위로와 안도였다.

식물의 주성분은 셀룰로스와 리그닌이다. 셀룰로스는 수많은 포도당이 직선형으로 결합한 단순한 성분으로 만들어진 것이라 가열해도 만들어지는 향기 성분이 단순하다. 셀룰로스를 열분해할 때 만들어지는 향기 물질은 유기산(초산, 폼산), 말톨, 사이클로펜테논(Methyl, ethyl, dimethyl~), 퓨란(Furfural, 5-Hydroxy methylfurfural) 같은 것으로 포도당을 가열할 때 만들어지는 것과 다르지 않다.

하지만, 리그닌은 페닐알라닌이 축합한 것이라 벤젠 링을 가지고 있어서 다양하고 독특한 향기 물질이 만들어진다. 추가로 다양한 페놀과 크레졸, 과이어콜(4-Methyl, 4-Ethyl, 4-Propyl~), Pyrocatechol, 바닐린, 2,4,5-Tri methylbenzaldehyde, 유제놀, 시린골Syringol, Syringaldehyde 같은 것들이 만들어진다. 포도당으로 만들어진 셀룰로스의 열분해보다 리그닌의 열분해에서 훨씬 다양한 향미 물질이 만들어진다. 온도에 따라 만들어지는 물질의 유형이 달라지는데, 온도가 높아질수록 스모키한 향이 만들어진다.

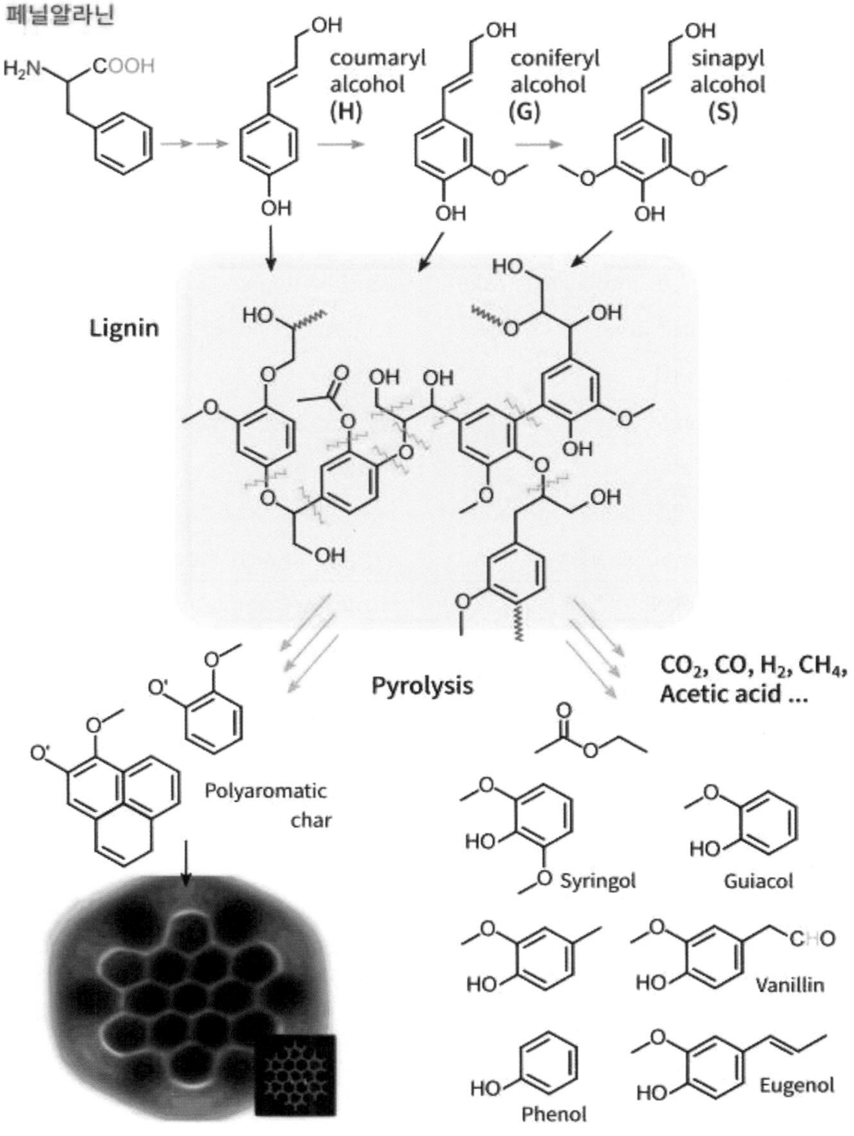

페닐알라닌

H_2N COOH

OH

coumaryl alcohol (H)

coniferyl alcohol (G)

sinapyl alcohol (S)

Lignin

Pyrolysis

CO_2, CO, H_2, CH_4, Acetic acid ...

Polyaromatic char

Syringol

Guiacol

Vanillin

Phenol

Eugenol

리그닌의 분해 산물(향의 언어, 2021)

표. 나무를 열분해할 때 온도에 따라 만들어지는 향기 물질

온도	성분	냄새 특징
저온	methanol	ethereal, alcohol
	formic acid, formaldehyde	sharp, chemical, suffocating
	acetic acid, acetaldehyde	pungent, vinegar, green
	propionic acid	pungent, cheesy
	acrolein (propenaldehyde)	acrid, irritating
	butyric acid	sour milk, cheesy
	diacetyl	buttery
	furans	solvent, earthy, malty, chocolate
	furfural	bready, nutty
	angelica lactone (furanone)	sweet, hay, coconut
	other furanones	caramel, sweet, burnt
중온	syringol	smoky, balsamic, medicinal, woody
	guaiacol	medicinal, smoky, woody, meaty
	4-vinylguaiacol	clove, medicinal, curry
	4-ethylguaiacol	bacon, clove, smoky
	3-, 4-methylguaiacol	vanilla, smoky
	propylguaiacol	clove, spicy, sweet
	eugenol, isoeugenol	clove, sweet
	vanillin	vanilla
고온	phenol (hydroxybenzene)	sweet, tarry, burnt, disinfectant
	2-methylphenol (o-cresol)	inky, medicinal
	3-methylphenol (m-cresol)	tarry, burnt, leather
	4-methylphenol (p-cresol)	stable, fecal
	dimethylphenols	sweet, tarry, burnt
	vinylphenol	medicinal, sweet

- 지방의 열분해

지방의 일부는 변한다. 리놀레산이 분해되어 약간 감소한다. 디터펜, 카페스톨(Cafestol), 카훼올(Kahweol)도 어느 정도 분해된다. 지방이 열로 분해될 때는 효소로 분해될 때보다 불규칙한 형태로 분해되어 다양한 냄새 물질이 만들어진다.

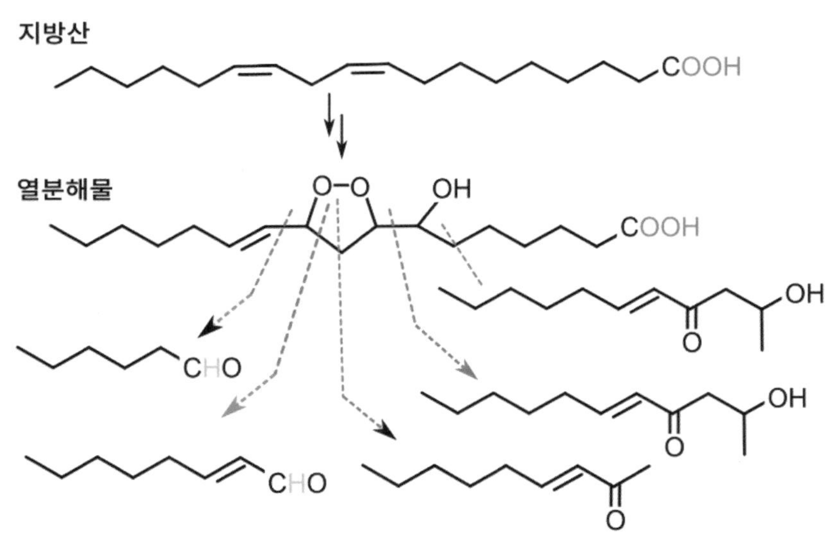

Aldehyde	**Ketone**	**Furans**
- Formaldehyde	- Acetone	- 5-Alkyl-2(3H)-furanones
- Acetaldehyde	- Acetoin	- 2-Alkylfurans
- Acrolein	- 2-Butanone	- 2-Formayl furans
- Propanal	- Glyoxal	
- Pentanal	- Methyl glyoxal	**Hydrocarbons**
- Hexanal	- Diacetyl	- C1~C7 Alkanes
- 4-Hydroxy-2-nonenal	- Malonaldehyde	- C5, C6 Cycloalkanes

지방의 분해로 만들어지는 향기 물질들(Takayuki Shibamoto, 2015)

- 베타카로틴의 열분해

식물은 광합성을 보조하고, 자외선으로부터 엽록소와 식물 자신을 보호하고자 다량의 카로티노이드를 합성한다. 그리고 이것은 빛 등 여러 가지 원인으로 분해될 수 있다. 비타민 A도 카로틴의 분해로 만들어지고, 이오논, 다마스콘(Damascones), 다마세논(Damascenone) 같은 향기 물질도 만들어진다.

β-다마세논은 엽록소와 함께 광합성의 핵심을 이루는 카로티노이드의 분해로 만들어지기 때문에 대부분 식물에서 소량씩은 만들어진다. β-다마세논의 특별한 점은 고농도에서는 다른 향기 물질에 비해 강도가 약해 보여도 희석한다고 쉽게 강도가 낮아지지 않는다는 점이다. 즉 역치가 낮아, 아주 작은 양이지만 향에 기여도는 상당한 편이다. 그래서 커피에도 핵심적인 향기 물질이며, 다양한 알코올 등 발효식품에서도 중요한 향기 물질로 작용한다.

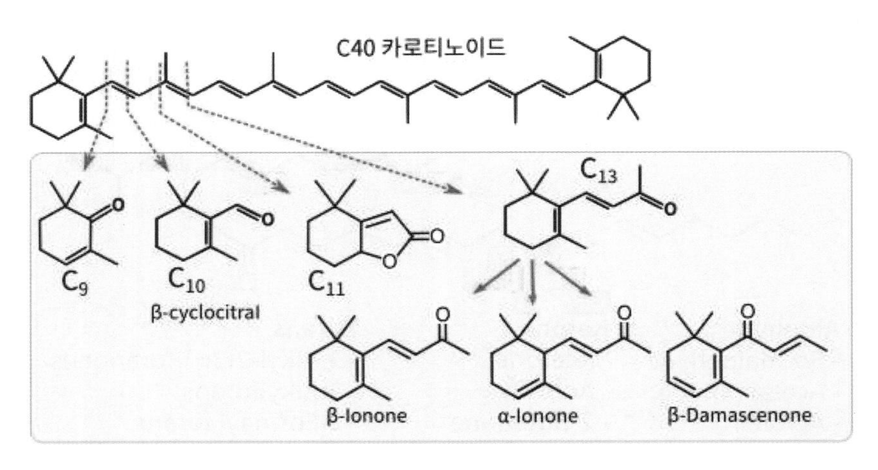

카로티노이드 분해로 만들어지는 향기 물질(향의 언어, 2021)

5) 로스팅으로 만들어지는 불리한 성분

일부에서는 커피에 아크릴아마이드와 여러고리방향족탄화수소가 있다는 이유로 여전히 커피를 발암성이 있다고 생각하고 있다. 그러나 역학 조사에서는 커피에 포함된 이 물질들과 암 위험 상승 사이의 관련성이 나타나지 않았다. 미국 FDA에서는 성인에게 노출되는 아크릴아마이드의 상당량이 커피를 통해 공급된다고 하는데, 아크릴아마이드는 실험실 연구에서 암과 관련 있는 것으로 나타났다. 하지만 사실 이 실험은 초고농도를 쥐에 노출한 것이었다(통상의 1,000~10,000배). 그에 비해 EFSA에서는 최근 "아크릴아마이드 노출과 대부분의 암 발생 위험 증가 사이에 일관된 지표가 없다"라고 밝히고 있다. 국제암연구소(IRAC)는 아크릴아마이드를 발암 추정 물질로 분류했다.

여러고리방향족탄화수소(Polycyclic aromatic hydrocarbon, PAH) 중 특히 벤조(α)피렌은 IARC에서 '인체에 발암성이 있음'으로 분류하고 있다. 이 물질은 식품을 강하게 볶거나 매우 높은 온도에 노출했을 때 생성된다. 그러나 커피에는 PAH 양이 매우 적다. 그래서 IARC의 2016년 토의에서는 전반적인 커피 제품의 분류를 '발암 가능 물질'에서 '인체 발암 물질로 추정할 수 없음'으로 옮겼다. 이런 변화는 사람과 동물에 관한 1,000건이 넘는 연구 자료를 바탕으로 이루어진 것이다.

여러고리방향족탄화수소

일반적인 로스팅 이후 내용물들이 커피 생콩에 비해서 종종 감소한다. 직접 가열 방식에 의한 로스팅과 간접 열풍 방식의 로스팅에서는 다른 점이 발견되지 않았다. 뜨거운 가스로부터 가열된 뜨거운 표면에서 커피콩으로 전달되는 열에 의해서 더 많은 벤조피렌이 형성되었다. 벤조피렌이 커피로 추출되는 양은 로스팅된 커피 내의 벤조피렌의 농도와 추출에 사용된 물의 비율로 결정되며, 평균 약 5% 정도다. 그래서 커피에서는 문제될 만한 양은 아니다.

아크릴아마이드의 생성

식품 중 아크릴아마이드는 2002년 처음으로 확인되었으며, 탄수화물 성분 함량이 높고 단백질 함량은 낮은 식물성 식품을 높은 온도에서 조리할 때 자연적으로 발생하게 된다. 120에서 150℃로 가열하는 동안 증가하다가 이후 열에 의해 분해된다. 커피에는 아크릴아미드의 생성량은 감자튀김 등에 보다 훨씬 적고, 2016년 식품 400여 품목 24만 건에 대해 총 64종의 유해물질 위해평가를 하면서 아크릴아마이드의 노출량도 조사했지만 위협 요인은 없었다. 커피뿐 아니라 다른 식품을 통한 아크릴아미드 섭취의 경우도 양이 미미해 인간이 암에 걸릴 가능성은 매우 낮다는 결론이다.

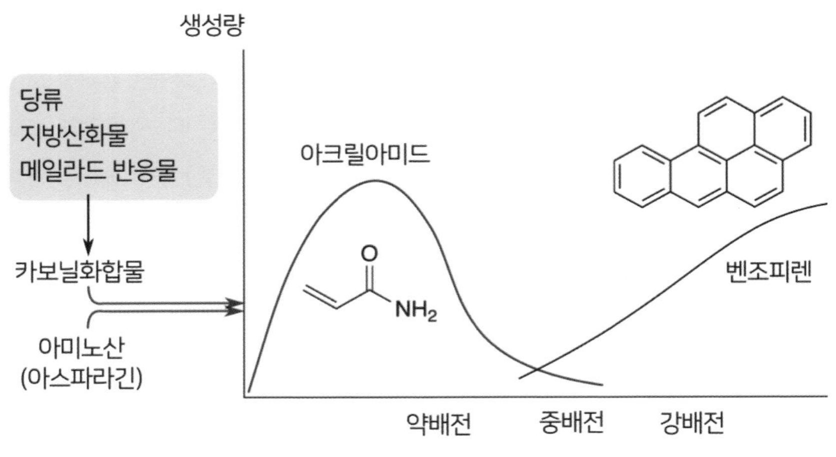

로스팅 정도에 따른 아크릴아미드 생성 정도

퓨란 화합물의 생성

퓨란은 식품을 고온으로 가열하는 과정에서 생겨나는 향기 물질이다. 캐러멜·과일·견과류를 떠올리게 하는 달콤하고 구수한 향기를 낸다. 아직 인간을 대상으로 한 연구 결과는 없지만, 동물실험 결과에 근거하여 잠재적 발암 물질로 분류된다.

캔 커피 뚜껑을 따고 퓨란이 줄어들도록 2분 기다리라는 주장도 있지만, 캔 커피나 인스턴트커피는 기본적으로 원두커피보다 퓨란 함량이 낮다. 커피 메이커로 내린 원두커피의 퓨란 함량은 평균 110.73ng/mL, 캔 커피는 28.08ng/mL, 물에 탄 인스턴트커피는 8.55ng/mL이다. 퓨란은 향기 물질의 일부이기 때문에 당연한 일이기도 하다. 인스턴트커피나 캔 커피의 향은 방금 내린 원두커피나 에스프레소에 비교하면 보잘것없다. 반대로 향기가 잘 보존된 캡슐커피의 경우 퓨란 함량이 에스프레소와 비슷하거나 더 높은 수준이다.

커피의 향기 물질에는 1,000가지가 넘는 화합물이 있고, 멜라노이딘의 성분을 따지자면 커피에는 몇 종의 화합물이 있는지 추정하기도 힘들 정도다.

당류 & 아미노산 /비타민 C / 카로티노이드 / 다가불포화지방(PUFA)

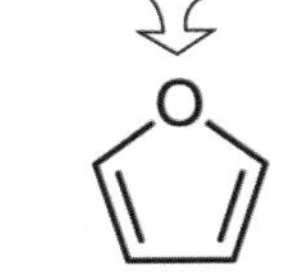

- 쥐에게 발암성 확인
- 1995년 인간에 발암 가능성 2B 군으로 분류
- 쥐에게는 아크릴아미드 보다 10배 까지 발암성 강함

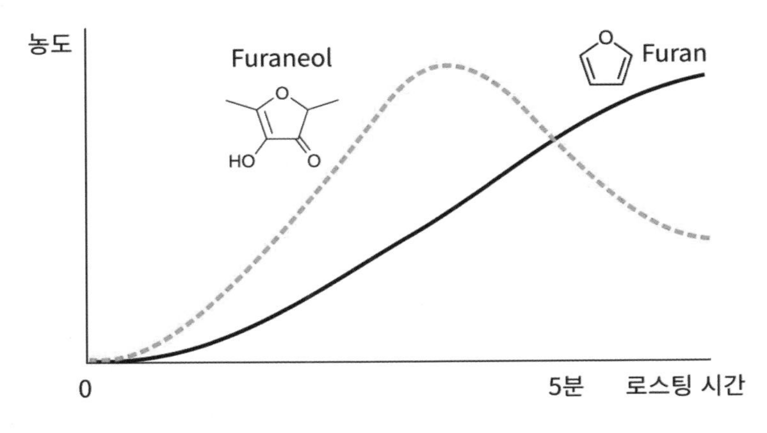

퓨란류의 생성패턴

커피를 마시면 이렇게 알 수 없는 수많은 물질을 마시게 된다. 그중에는 위험한 물질도 있고, 그런 단점을 상쇄하는 좋은 물질도 많다. 그래서 커피를 마시는 것이 위험하다는 논문보다 건강에 도움이 된다는 논문이 더 많다.

가열에 의한 곰팡이 독소의 분해

가열 과정에서 분해되는 성분도 많은데, 마이코톡신(Mycotoxin)은 로스팅하는 동안 대량으로 파괴된다. 아플라톡신 B1도 로스팅 중 90~100%까지 파괴된다. 오크라톡신 A도 로스팅 과정에서 사라진다. 열에 의해 분해된 것이다.

사람들은 독과 약을 완전히 다른 것으로 보지만 실제로는 양의 문제다. 약은 과하면 반드시 독이 되고, 독은 충분히 희석하면 독성이 없거나 약으로 작용하는 예도 있다. 우리 몸은 손상에 대비해 설계가 되어 있고, 우리 몸에 가장 귀중한 부위인 세포의 핵의 성분도 하루에 100만 회 이상의 손상을 받고 그것을 회복하는 복원 기작이 있다.

2. 커피의 특징적인 가열 반응

1) 생두에 있는 전구체의 변화

로스팅에 의해 만들어지는 맛과 향기 물질은 생두 성분에 따라 달라진다. 생두 성분 대부분은 향미나 색에 어떤 식으로든 이바지한다. 따라서 커피의 성분에 관한 공부가 필요한데, 생두에 가장 많은 성분은 세포벽을 구성하는 다당류이다. 수분을 제외한 생두를 구성하는 성분의 절반 정도가 글루코만난 같은 다당류이다. 그러니 커피의 향을 이해하려면 먼저 이런 다당류와 당류의 변화를 알아야 한다.

· 설탕 등 유리당 감소 → 향, 맛, 색 형성
· 유리아미노산 감소 → 향, 맛, 색 형성
· 다당류(아라비노갈락탄 등) 부분적 분해 → 아라비노스 방출, 아라비노스는 다시 메일라드 반응 등을 통해 향미 물질을 형성
· CGA 감소 → 쓴맛, 향기 물질, 색상 형성
· 트리고넬린 감소 → 질소 함유 성분(향, 맛, 색상) 형성
· 디터펜, 지질 부분 분해 → 일부는 향기 물질 생성
· 분해 중간 산물끼리의 상호 반응
· 시스테인, 메티오닌 같은 황 함유 아미노산의 분해: 메일라드 반응 중간 대사 물질과 반응하여 싸이올, 싸이오펜, 티아졸 등을 만든다.

표. 생두 아라비카와 로부스타의 화학 조성(Belitz et al., 2009)

성분	건조 함량(%)		내용물
	아라비카	로부스타	
수용성 탄수화물	9-12.5	6-11.5	
단당류	0.2-0.5	0.2-0.5	과당, 포도당, 갈락토스
이당류, 올리고당	6-9	3-7	설탕(90%)
수용성 섬유소	3-4	3-4	
불용성/세포벽	46-53	34-44	
불용성 섬유소	41-43	32-40	
헤미셀룰로스	5-10	3-4	
리그닌	1-3	1-3	
기타 유기산	2-2.9	1.3-2.2	시트르산, 말산, 퀸산
CGA	6.7-9.2	7.1-12.1	5-CQA 등
지질	15-18	8-12	
지방	15-17.7	8-11.7	리놀레산, 팔미트산 등
왁스	0.2-0.3	0.2-0.3	
질소화합물	11-15	11-15	
단백질	8.5-12	8.5-12	
유리아미노산	0.2-0.8	0.2-0.8	글루탐산, 아스파트산, 아스파라긴
카페인	0.8-1.4	1.7-4.0	
트리고넬린	0.6-1.2	0.3-0.9	
미네랄	3-5.4	3-5.4	
물	8-12	8-12	

- 탄수화물의 변화

생두의 단당류나 이당류는 쉽게 반응하여, 로스팅 후에는 거의 사라지고 흔적만 남는다. 설탕이 분해되면, 다양한 휘발성 물질(향)이나 비휘발성 물질(갈변물질 등)이 된다. 세포벽을 구성하는 성분도 일부 분해되어 반응에 참여한다.

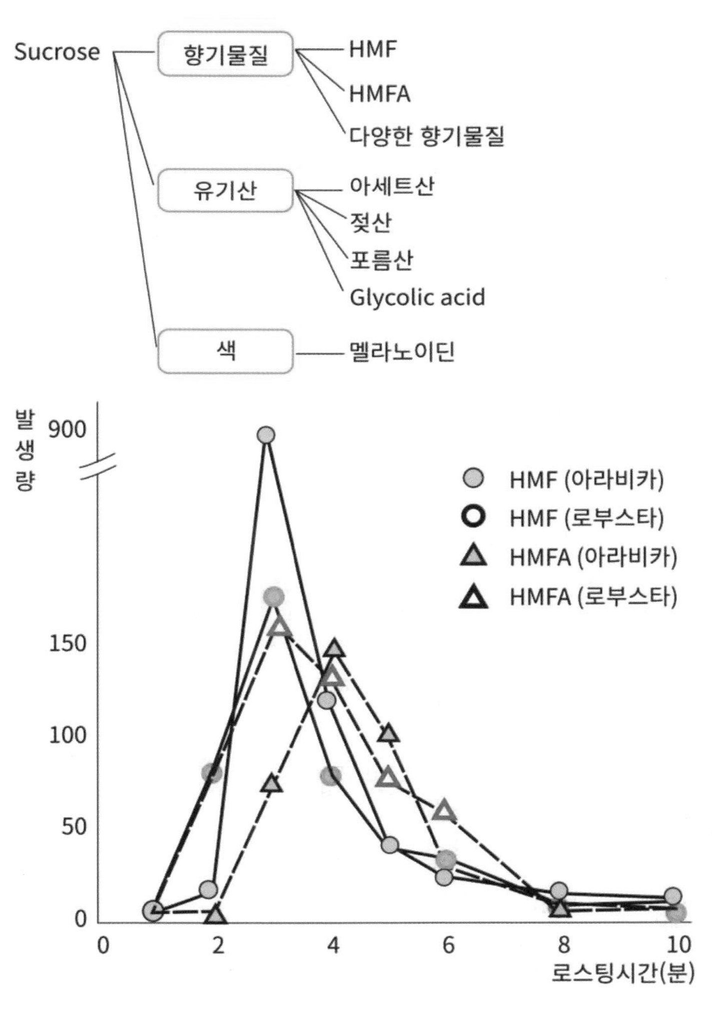

설탕의 분해로 만들어지는 물질들(Murkovic M, Bornik MA. 2007)

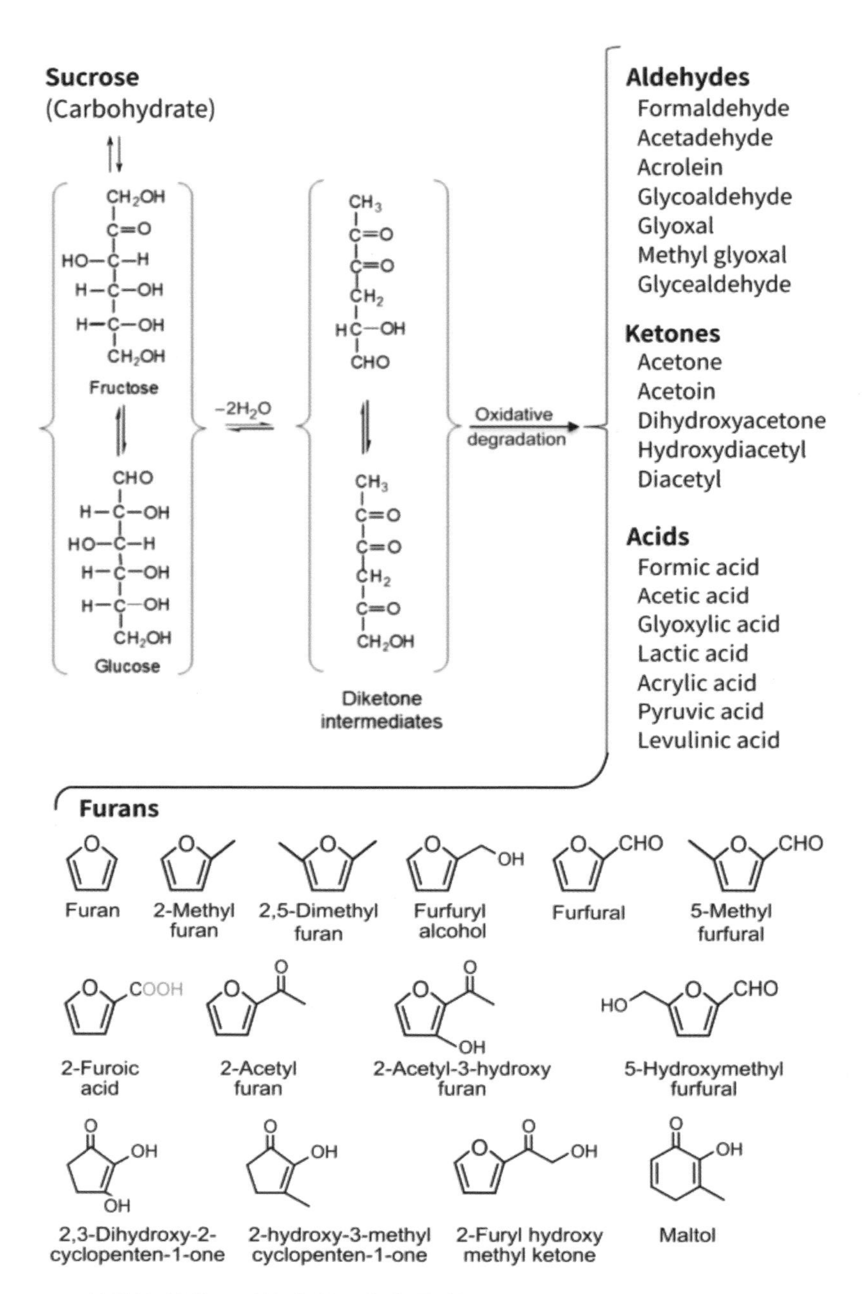

설탕의 분해로 만들어지는 향기 물질들(Takayuki Shibamoto, 2015)

- 식이섬유 일부가 분해되어 향기 물질이 된다

캐러멜 반응이나 메일라드 반응에 참여하는 것은 단당류나 이당류이다. 세포벽의 주성분인 갈락토만난이나 아라비노갈락탄은 거대한 다당류이므로 이런 반응에 직접 참여하지 못한다. 그런데 가열로 일부가 분해되면 분해된 다당류는 이들 반응에 참여할 수 있다. 방사성탄소[13]로 치환한 설탕 분자를 이용한 디아세틸의 생성 과정을 연구한 결과, 초기에는 주로 설탕에서 이 분자가 만들어지지만, 설탕이 전부 소비된 이후에도 계속 만들어지는데, 여기에 다당류 분해물이 그 역할을 한다. 갈락토만난과 아라비노갈락탄의 분해물의 일부가 디아세틸이 만들어지는 과정에 참여하여 설탕이 완전히 소비된 이후에도 계속 만들어진다. 분해물의 일부는 이처럼 향기 물질이 되지만, 주로 멜라노이딘이

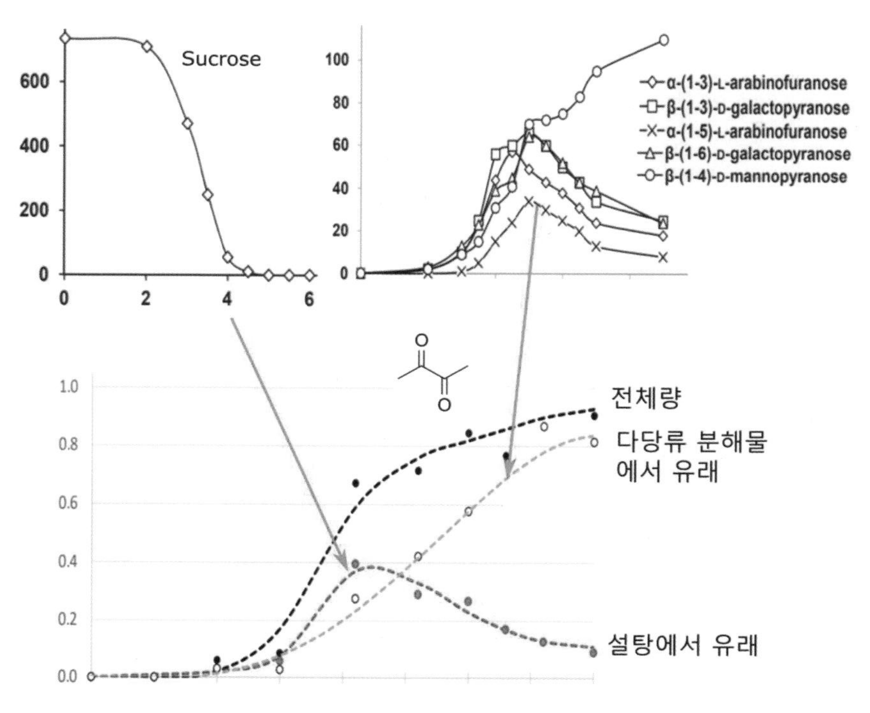

C^{13}-sucrose를 이용한 디아세틸 생성기작 연구(Wei F, Furihata, et al. 2012)

된다. 그리고 멜라노이딘의 일부가 마시는 커피 음료에 식이섬유 형태로 추출된다. 실제 추출된 커피 고형분의 절반이 이들에서 유래한 식이섬유이고, 그 양이 우리가 섭취하는 식이섬유의 10% 정도를 이들이 차지할 정도다.

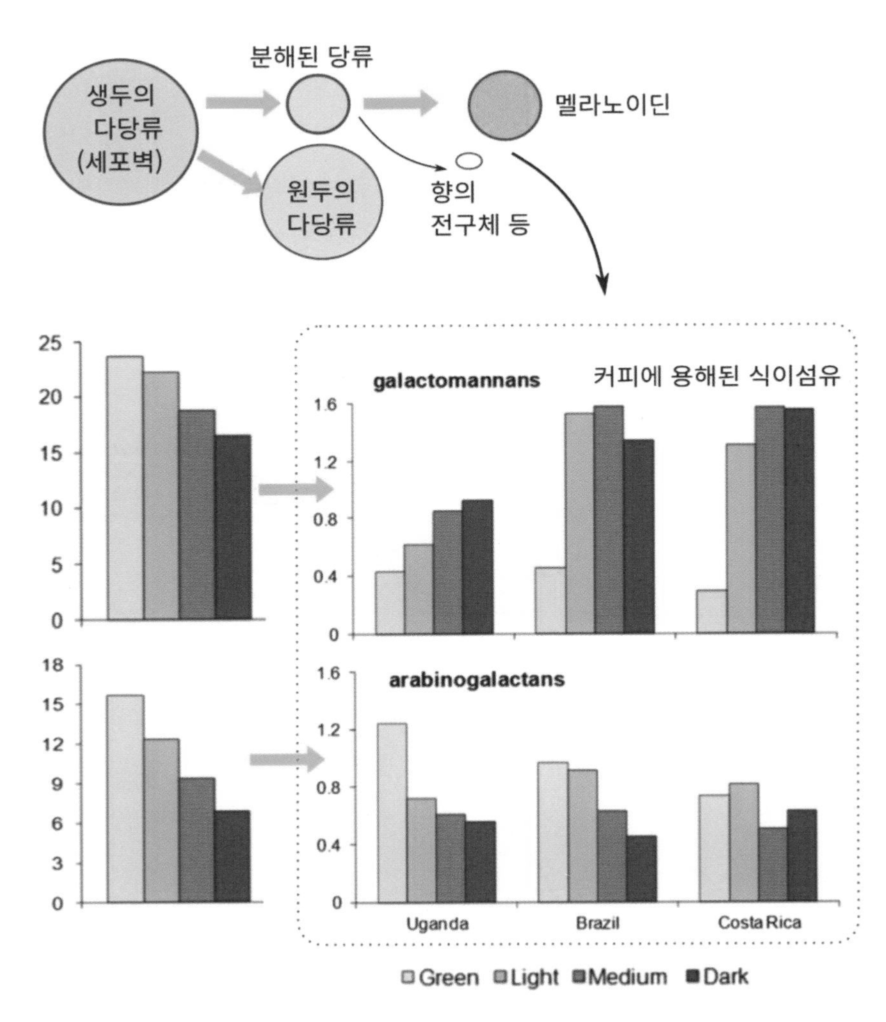

커피 다당류(세포벽)의 분해 산물(Redgwell RJ, et al. 2002)

- 클로로젠산(CGA)을 포함한 유기산의 변화

CGA는 생두의 산(Acid)중에서 가장 양이 많고 중요하며, 로스팅 도중에 분해된다. 먼저 커피산(Caffeic acid)과 퀸산(Quinic acid)으로 분해된 후 계속 다른 물질로 전환된다. 방향족 향기 물질로 분해되고 최종적으로 멜라노이딘에 흡수되기도 한다. CGA의 분해로 만들어진 가장 불리한 성분이 페닐인데인이다. 2007년 독일 뮌헨기술대학의 토마스 호프만 교수 연구진은 커피가 쓴맛을 내는 주요 원인이 CGA락톤과 페닐인데인 성분이라고 발표했다. CGA락톤

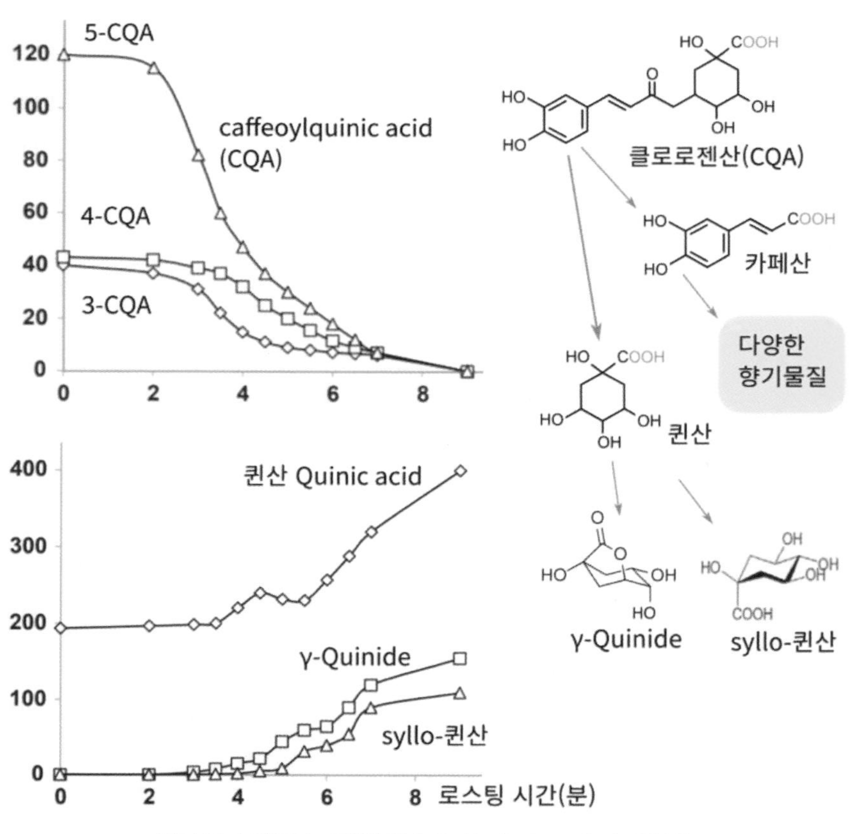

CQA가 분해되는 패턴(Wei F, Furihata, et al. 2012)

은 중배전에서 생기고, 페닐인데인은 에스프레소처럼 강배전을 할 때 생기는데 호프만 교수는 원두를 많이 볶을수록 커피가 더 쓴맛이 나는 이유가 이 물질 때문이라고 했다. 커피를 추출하는 압력과 온도가 높을수록 쓴맛이 많은 이유로도 이 물질이 많이 추출되는 것으로 꼽았다.

CGA 다음으로 많은 구연산도 분해되어 이타콘산, 글루타르산 등으로 변하

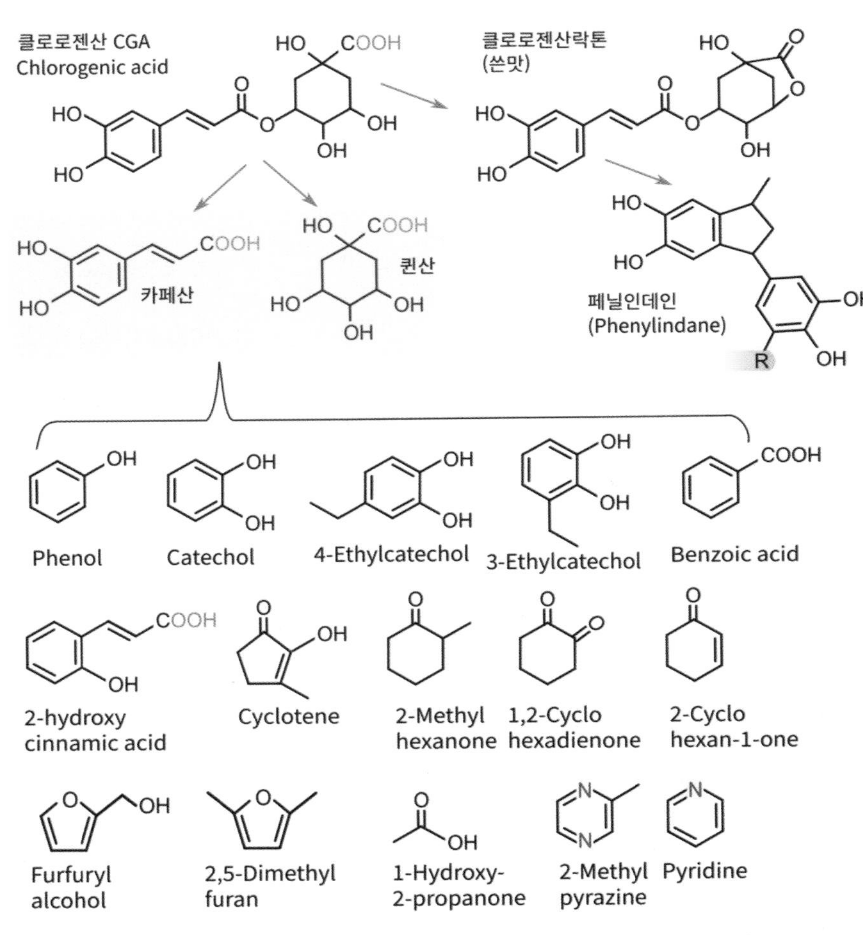

CGA 분해로 만들어지는 물질들(Takayuki Shibamoto, 2015)

며, 사과산도 다른 산으로 분해된다. 인산은 가열에 안정적인데 이노시톨인산염의 가수분해로 증가한다. 그리고 몇 가지 유기산은 다른 산의 분해로 만들어져 양이 늘어난다. 폼산과 초산 같은 경우이다.

- 질소화합물의 변화

질소화합물의 함량은 아주 조금 변화하지만, 성질은 크게 변한다. 모든 단백질이 변성되고, 소량 존재하는 유리아미노산들은 로스팅 후에 거의 흔적만 남게 된다. 전체 아미노태 질소는 20~40% 손실이 생기고, 강배전의 경우 50%의 손실이 생긴다. 이때 손실은 휘발되어 사라지는 것이 아니라 주로 다른 물질로 변화한다. 주로 멜라노이딘의 일부가 된다. 에스프레소에서 거품의 형성 정도는 추출된 단백질량과 로스팅 정도에 따라 달라진다.

이중 아스파라긴이란 아미노산은 가열할 때 유해 물질인 아크릴아미드를 만드는 주성분의 하나가 된다. 튀기거나 굽는 여러 식품에서 아크릴아미드 생성을 관리할 필요가 있는데, 커피는 아크릴아미드의 형성보다 높은 온도로 강

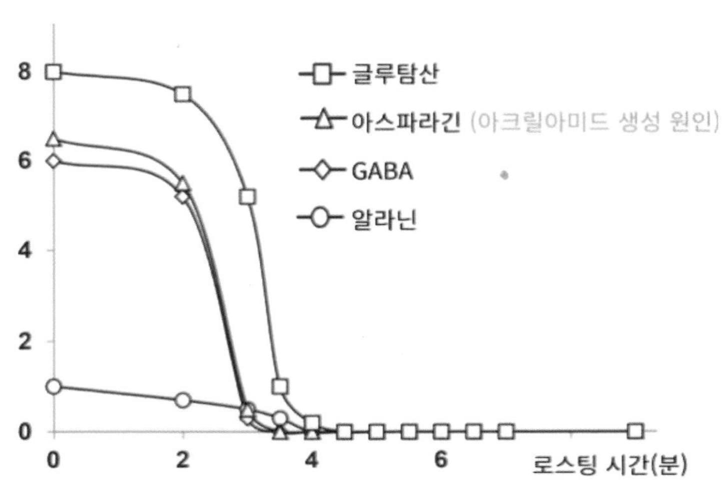

로스팅에 따른 유리아미노산의 변화(Wei F, Furihata, et al. 2012)

배전을 하므로 만들어진 아크릴아미드가 다시 분해된다. 최종적으로 커피에 남는 아크릴아미드는 다른 식품보다 적은 안전한 양이다.

카페인은 내열성이 높아서, 로스팅 중 함량 변화가 적다. 아주 적은 양은 승화작용으로 손실되지만, 수분 등의 감소로 전체 함량 비율은 줄어들지 않는다. 트리고넬린은 열에 약하여 부분적으로 분해된다. 약배전에서 약 50%가 남고 강배전에서는 미량만 남는다.

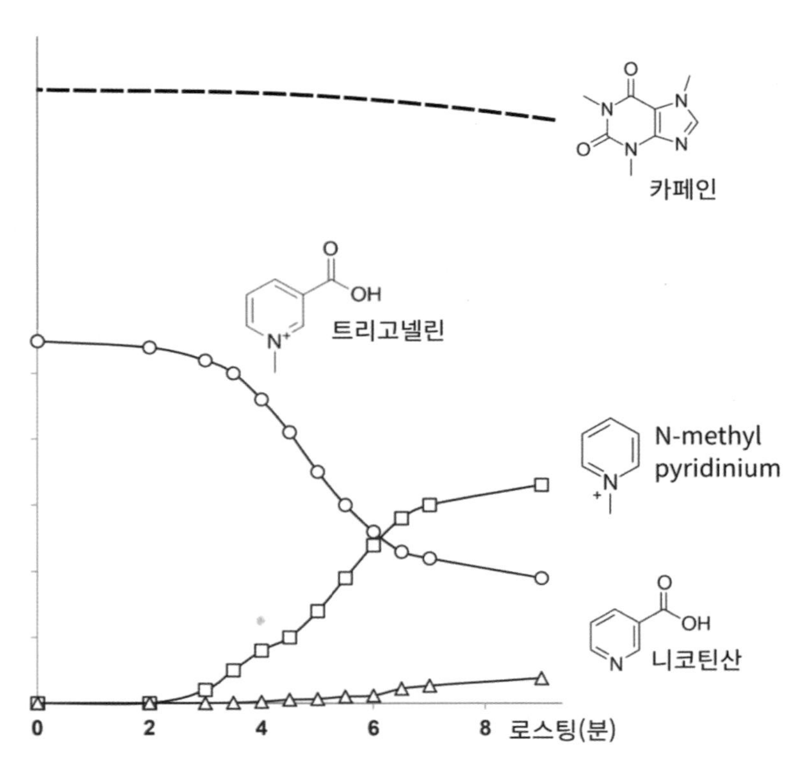

로스팅에 의한 카페인과 트리고넬린의 변화(Wei F, Furihata, et al. 2012)

2) 색소: 멜라노이딘의 생성

멜라노이딘(갈변 물질)은 메일라드 반응 또는 캐러멜 반응으로 만들어지는 색소이다. 커피뿐 아니라 시리얼, 빵, 구운 고기 등의 갈변된 부위와 맥아, 맥주에도 미량 형성된다. 사실 생두를 로스팅하면 가장 많이 만들어지는 것이 멜라노이딘이다. 고분자 물질로 바디감을 주며 항산화 기능 등이 있지만, 맛이나 향기 물질을 붙잡아 덜 느끼게 되는 요인이 된다. 멜라노이딘은 온갖 물질의 혼합물질이라 그 실체를 정확히 정의하기 힘들다. 로스팅 전에는 없다가 로스팅 이후에 전체 성분의 25%나 될 정도로 압도적으로 많이 만들어지기 때문에 당류, 유리아미노산 등이 반응하여 대부분 멜라노이딘이 되었을 것으로 추정한다.

커피의 멜라노이딘은 여러 물질이 결합한 고분자로 체내에서 식이섬유와 같은 역할을 한다. 이들은 CGA와 함께 면역 활성화에 공헌하며, 결장암 위험을 유의미하게 줄여 준다. 멜라노이딘이 결장암 예방하는 기작은 다음과 같이 추측한다. ① 결장의 운동성을 높이고, 배설을 원활하게 하여 발암률을 낮추는 것, ② 미생물 균형을 맞춰, 결장 내 염증 발생을 낮추어 주는 것(프리바이오틱 효과), ③ 자유라디칼을 흡수하는 스펀지 역할을 하는 것 등이다. 인체의 멜라노이딘 흡수에 대해서 제대로 연구 보고된 것은 없지만, 멜라노이딘이 항산화 기능이 있는 식이섬유의 역할을 할 것으로 추정하는 것이다.

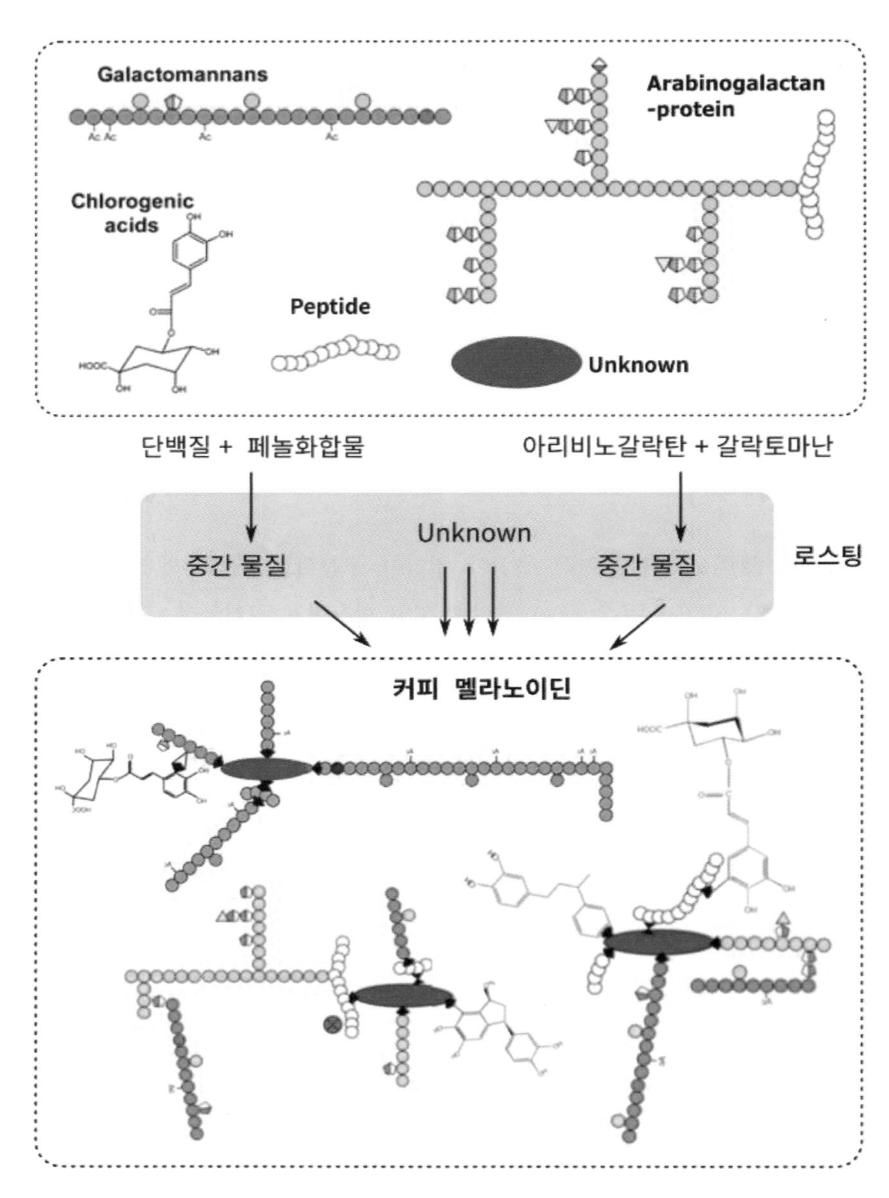

멜라노이딘 합성 경로 개요(Ana S. P. Moreira,etal 2012 재구성)

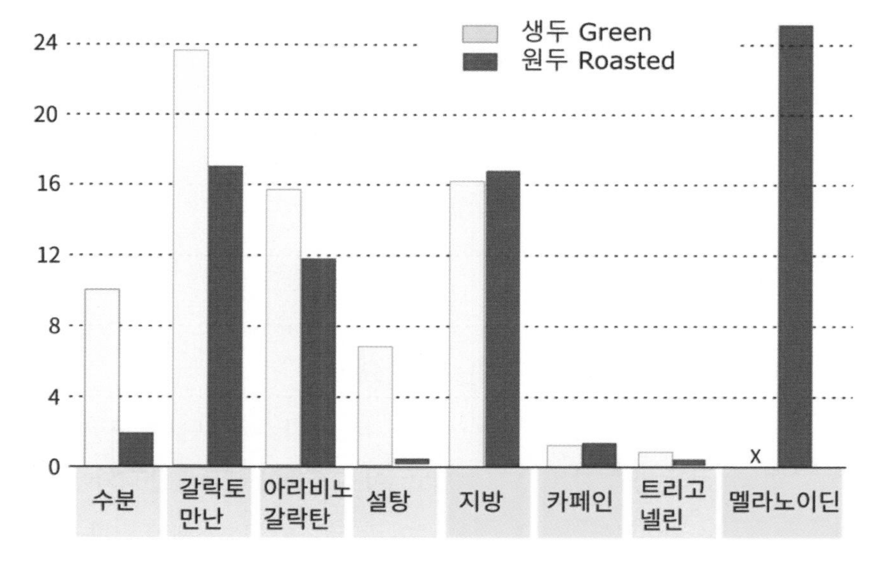

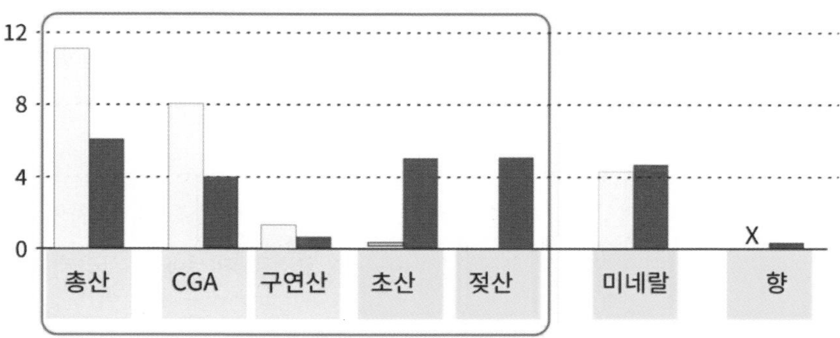

아라비카 커피의 로스팅 전후의 성분 변화

3. 향미 성분의 변화

1) 커피 향미 품질에 영향을 끼치는 핵심 요소

커피 품질에 영향을 끼칠 수 있는 요소는 다양하다. 재배 단계에는 기후, 품종, 수확 후 처리 방법 같은 요소가 있고, 이 요소들이 생두에 반영되어 있다. 하지만 생두는 향미의 잠재력을 가질 뿐이고, 제대로 로스팅해야 커피 특유의 향미가 있는 원두가 된다. 커피의 잠재적 품질은 이미 생두에 존재하는 향미 전구체의 조성을 통해 결정된 상태이고, 로스터가 할 수 있는 것은 로스팅을 통해 그 잠재력을 최대한 끌어올리는 것이다. 이런 로스팅의 향미 변화를 이해하려면 생두의 향미 전구체와 향미 형성 기작도 알아야 한다.

생두도 식물의 씨앗이라 식물 자체가 만든 향기 물질이 있다. 식물의 향에서 대표적인 것이 터펜류이다. 하지만 이들은 로스팅 과정에서 사라지고, 우

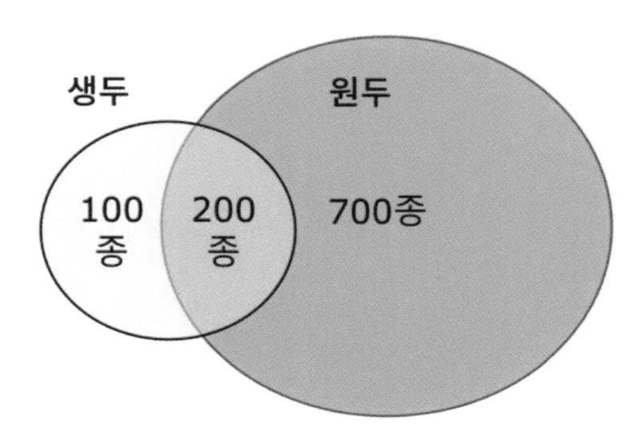

로스팅에 의한 향기 물질 종류의 변화

리가 즐기는 커피 향의 대부분은 로스팅 과정에서 만들어진 것이다. 생두에는 300가지 휘발성 물질이 있는데, 이 중 100가지는 로스팅 도중 사라지고, 700종이 새로 추가된다. 그래서 로스팅된 커피에서 1,000가지 휘발성 물질이 확인되었다.

- 로스팅이 시작되면 수분이 감소하고, 당류와 아미노산이 결합하여 메일라드 반응이 일어나기 시작하면서 색과 향이 만들어지기 시작한다.
- 메일라드 반응: 먼저 스트레커(Strecker) 분해가 일어나 만들어진 카보닐 분해물들이 아미노산 등과 만나 다른 향기 물질이 만들어진다. 대표적으로 3/2-메틸부탄알, 메싸이온알, 페닐아세트알데히드, 여러 가지 알킬피라진이

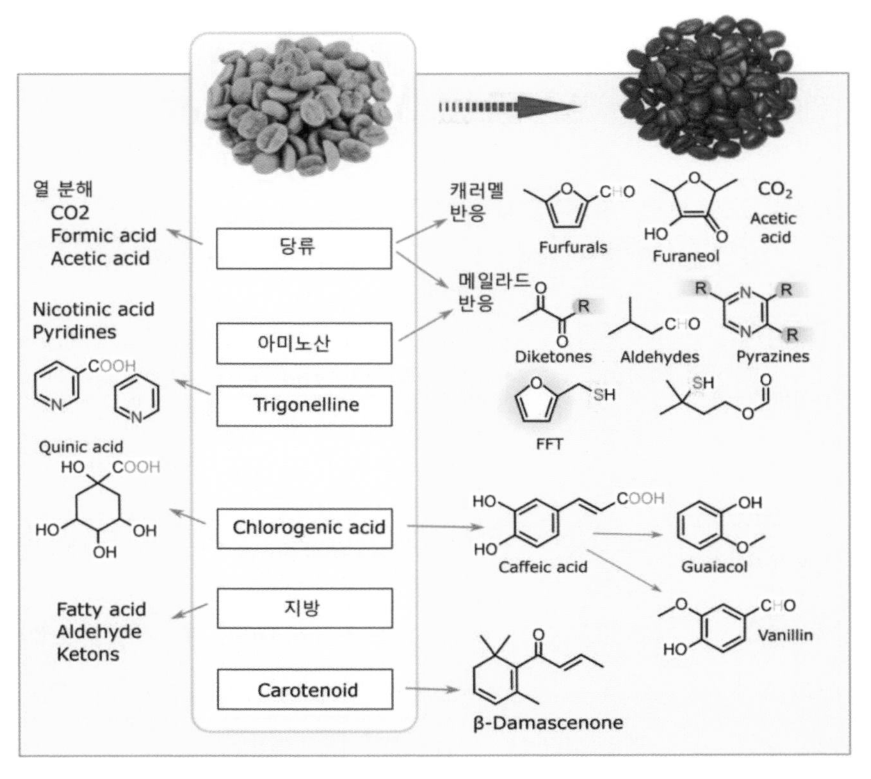

커피의 주요 향기 물질 전구체와 반응물(Yeretzian et al., 2002)

생성된다.

- 황 함유 아미노산의 분해: 시스테인, 메티오닌 같은 아미노산이 환원당이나 메일라드 반응 중간 대사물질과 반응하여 싸이올, 싸이오펜, 티아졸 등의 향기 물질이 만들어지는데 극소량으로 강한 향을 내는 것이 많다. 3-mercapto-3-methylbutyl formate, 3-methyl-2- butene-1-thiol, FFT, methanethiol 등이 대표적이다. 이렇게 만들어진 싸이올은 산화되기도 쉬워서 다른 황화합물로 전환된다. 그래서 싸이올을 신선도의 지표로 활용되기도 한다.
- 피라진이 만들어진다. 하이드록시(OH)기를 가진 세린, 트레오닌이 중요한 전구물질로 작용하여 많은 피라진(알킬 피라진)이 만들어진다.
- 프롤린과 하이드록시 프롤린에서 빵의 향미를 내는 피리딘, 피롤류가 만들어진다.

표. 커피 로스팅 중 향미 품질에 영향을 미치는 핵심 반응(Luigi Poisson, 2017)

반응	관련 전구체	형성된 화합물(향 속성)
메일라드 반응	·환원당 ·질소화합물	디케톤(버터 향) 피라진(흙내, 볶은 커피 향, 견과류 향) 티아졸(볶은 커피 향, 팝콘 향) 에놀론(캐러멜 향, 감칠맛 느낌) 싸이올(매캐한 황 느낌, 커피 느낌) 지방산(새콤함)
스트렉커 분해	·아미노산 ·디케톤	스트렉커 알데히드(볶은 곡물, 풋내, 꿀 느낌)
캐러멜화	·유리당	에놀론(Enolone 캐러멜 향, 감칠맛 느낌)
CGA 분해	·CGA	페놀(연기, 재, 나무, 페놀성 시큼함, 약)
지질 산화	·불포화지방산	알데히드(기름기, 비누, 풋내)

- 트리고넬린이 부분적으로 분해되어 알킬피리딘과 피롤 등이 만들어진다.
- CGA가 분해되어 과이어콜, 4-비닐과이어콜 등의 방향족 향이 만들어진다.
- 카로티노이드 등이 분해되어 이오논, 다마세논 등이 만들어진다.
- 지방의 분해로 향기 물질이 만들어진다. 불포화지방산이 분해되어 만들어진 헥산알, 노네날, 에날, 디에날 등이 대표적이다.
- 멜라노이딘 형성 → 색상 형성(다당류, 단백질, 폴리페놀 중합)

이들이 커피의 향이 만들어지는 대표적인 반응인데, 원두의 종류(구성 성분)와 로스팅 조건에 따라 최종적으로 만들어지는 향미 성분이 달라진다.

- 내열성에 따른 잔류량의 변화

커피의 향기 물질은 ① 내열성이 없고, 로스팅 중에 새로 만들어지지 않아 생두에 있던 것이 사라진 것, ② 로스팅 중 만들어지지는 않지만, 내열성이 강해서 생두의 것이 유지되는 것, ③ 로스팅으로 만들어지다가 사라지는 것, ④ 내열성이 있어서 점점 증가하는 것이 있다. 이 중에서 ③의 경우가 많다.

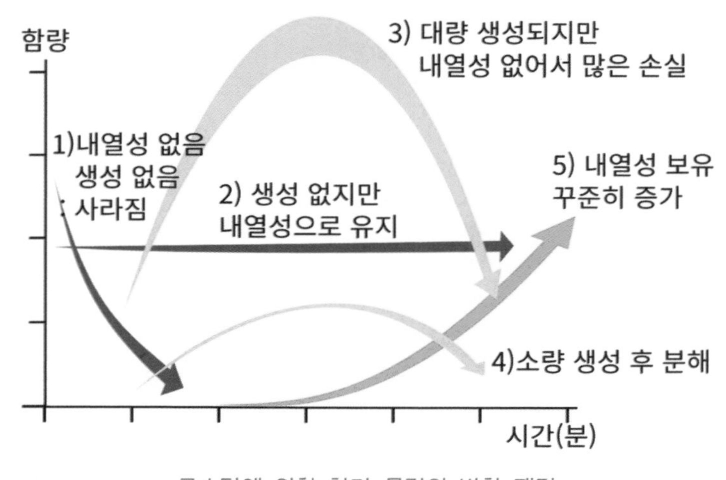

로스팅에 의한 향기 물질의 변화 패턴

향은 기본적으로 휘발성 물질이고 열에 약한 것이 많아 가열로 생성이 되기도 하지만, 분해되고 휘발되는 것이 많다. 온도에 따라 2-아세틸 티아졸이 생성되는 것을 분석한 연구를 보면, 50℃에서 10분 가열한 것과 100℃에서 가열한 것이 10배 이상 차이를 보이기도 한다. 100도에서는 분해가 일어나 일정 시간이 지나면 오히려 감소하는 패턴도 보여준다.

온도에 따른 생성 속도도 물질에 따라 다르다. 예를 들어 퓨란싸이올(Furanthiol)은 100℃가 넘어가야 생기기 시작하고, 피라진(Pyrazine)은 저온에서 고온으로 온도가 올라감에 따라 꾸준히 생성량이 증가하고, 푸르푸랄(Furfural)은 꾸준히 생성되고, 그만큼 멜라노이딘 같은 물질로 전환된다. 그래서 생산량에 비해 남는 양이 적다.

온도에 따라 생성되는 향기 물질의 종류와 양이 다르므로 로스팅 온도와 시간의 관리가 중요하다. 메일라드 반응이 시작되면 초산과 폼산이 만들어지는데 이것들은 시간이 지나면서 사라진다. 헥산알, 푸르푸랄류, 4-비닐 과이어콜 등 많은 향기 물질도 생성 후 점차 사라진다. 강배전보다 중배전 정도에서 많은 것이다. 그래서 블랙 커런트 느낌을 주는 3-mercapto-3-methyl

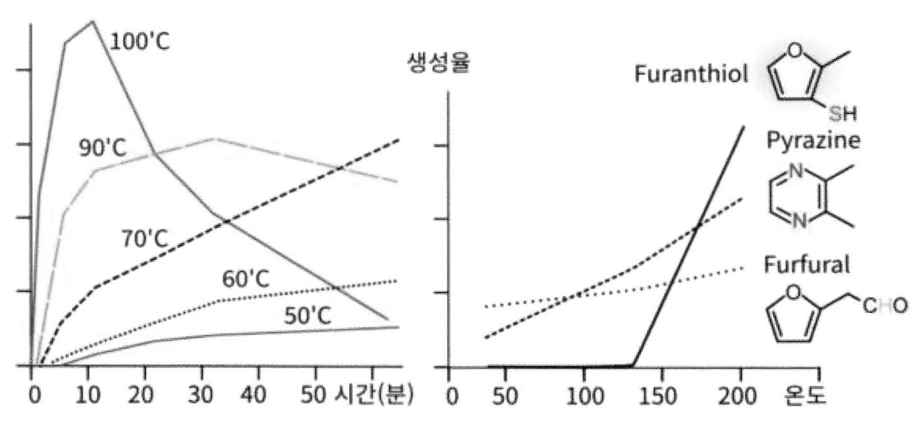

온도와 시간에 따른 향기 물질의 생성량 변화(Flavor chemistry & tech)

butyl formate 같은 물질은 강배전에서는 완전히 사라지기도 한다. 흙냄새, 견과류 냄새 등을 내는 피라진은 상대적으로 내열성이 강한 편이라 만들어진 후 계속 남게 된다. 커피의 핵심 향기 물질인 FFT, 피리딘, 메틸 피롤, DMTS는 로스팅 중에 꾸준히 증가한다.

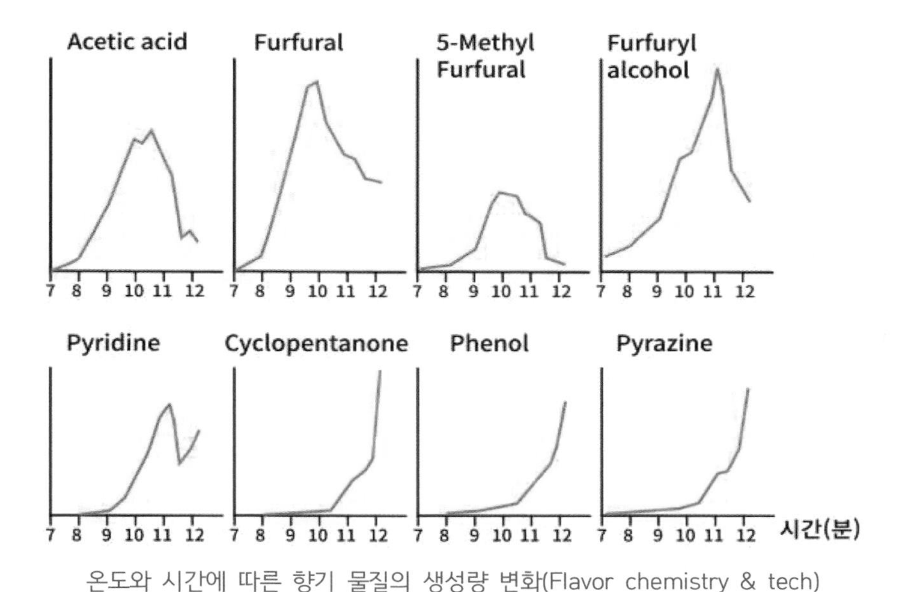

온도와 시간에 따른 향기 물질의 생성량 변화(Flavor chemistry & tech)

2) 향미물질의 변화

로스팅 중 변화는 메일라드 반응과 다수 관련 있다. 메일라드 반응은 복잡한 단계별 반응으로 그 시작은 환원당과 아미노산이 결합하는 것이다. 생두의 유리당 중 가장 많은 설탕이 가열을 통해 포도당과 과당으로 분해되고, 이후 메일라드 반응을 통해 중간물질인 아마도리 물질과 헤인즈 물질이 된다. 그리고 이 물질에서 다양한 휘발성, 비휘발성 물질을 만들어진다.

기본적으로, 메일라드 반응은 아미노산이 촉매 작용을 하고, 당이 분해되면서 향, 맛, 색(멜라노이딘)이 생성되는 과정이다. 메일라드 반응으로 만들어지는 물질은 생두의 조성에 따라 다르고, 온도, 시간, 압력, pH, 수분 함량 등에 따라 달라진다.

로스팅 초기 단계에 탄수화물 전구체가 메일라드 반응과 캐러멜 반응을 거치면서 아세트산과 폼산을 생성한다. 이들은 전체 산미에 큰 영향을 줄 수 있는데, 로스팅 마지막 단계의 높은 온도에서 이 성분들은 많이 분해되어 증발해 버린다. 사슬 길이가 짧은 휘발산도 로스팅 중 농도가 약간 증가하지만,

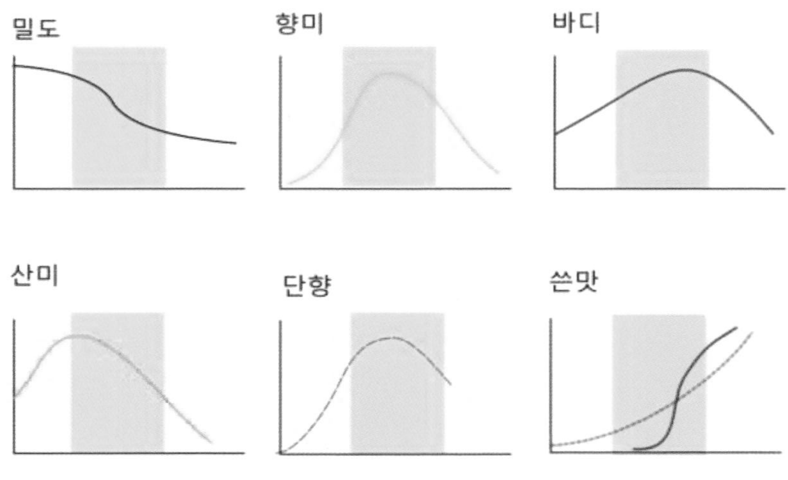

로스팅 정도에 따른 향미의 변화

맛으로 느껴지는 전체 산미는 로스팅 중 감소한다. 소비되는 부분이 더 많은 것이다.

메일라드 반응 단계에서 향미 형성에 특히 중요한 것이 스트렉커 분해 단계이다. 이를 통해 엿당 느낌(3/2-메틸부탄알), 감자 느낌(메싸이온알), 꿀 느낌(페닐아세트알데히드)의 여러 가지 휘발성 알데히드류가 생성된다. 기본적으로 스트렉커 분해는 아미노산이 탈아미노화 및 탈카르복시기화를 거쳐 스트렉커 알데히드가 되는 것이며, 이 반응으로 흙내, 볶은 커피 향을 내는 알킬 피라진류 등이 생성된다. 아미노산 중 황을 함유한 것(시스테인, 메싸이오닌)들은 싸이올, 황화물과 반응한다. 이들 중 일부는 향 역치가 낮아서 농도가 낮아도 커피의 향에 충분히 기여한다. 3-메르카토-3-메틸부틸 폼산염, 3-메틸-2-부틸렌-1-싸이올, FFT, 메테인싸이올 같은 것이다. 싸이올류(Thiols)는 산화되기 쉬운 물질로서 산화되면 이황화물이 된다. 높은 온도에서 당의 캐러멜화가 일어나면서 캐러멜과 조미료 취를 내는 물질이 생성된다.

CGA는 로스팅 중 상당량이 분해된다. CGA가 분해되면서 퀸산 등의 수화물 및 페룰린산 등의 페놀산이 만들어지는데, 이들은 다시 분해되어 과이어콜이나 4-비닐과이어콜 등의 중요한 페놀성 향기 물질을 만들어 낸다. 로스팅 후 9분이 되면 전체 CGA의 80%(생두의 7%)가 분해된다.

불포화지방산에서 지질의 산화반응으로 헥산알, 노넨알, 에날, 디에날 등의 반응성 높은 알데히드 물질이 만들어진다. 이 물질들이 커피의 주요한 향기 물질은 아니고 고리화 반응을 하거나 다른 커피의 성분과 반응하여 감소한다. 헥센알은 여러 가지 식품에서 지질 산화 정도를 나타내는 지표 물질로 사용된다.

카페인 같은 알칼로이드 물질은 비교적 안정적이다. 트리고넬린은 부분적으로 분해되고, 탄수화물 중합체, 지질, 카페인, 염류는 변화가 적다.

- 쓴맛 성분

커피는 로스팅이 강해질수록 쓴맛도 강해진다. 최근 들어 원두의 쓴맛 성분의 규명 및 형성 경로가 밝혀졌는데, 커피의 쓴맛을 담당하는 주요 기여자로 CGA 락톤 및 CGA(CQA) 분해 물질이 확인되었으며, 히드록실화 페닐인데인 또한 강한 쓴맛을 내는 물질로 보고되었다. 과거에는 25~30개의 물질이 커피

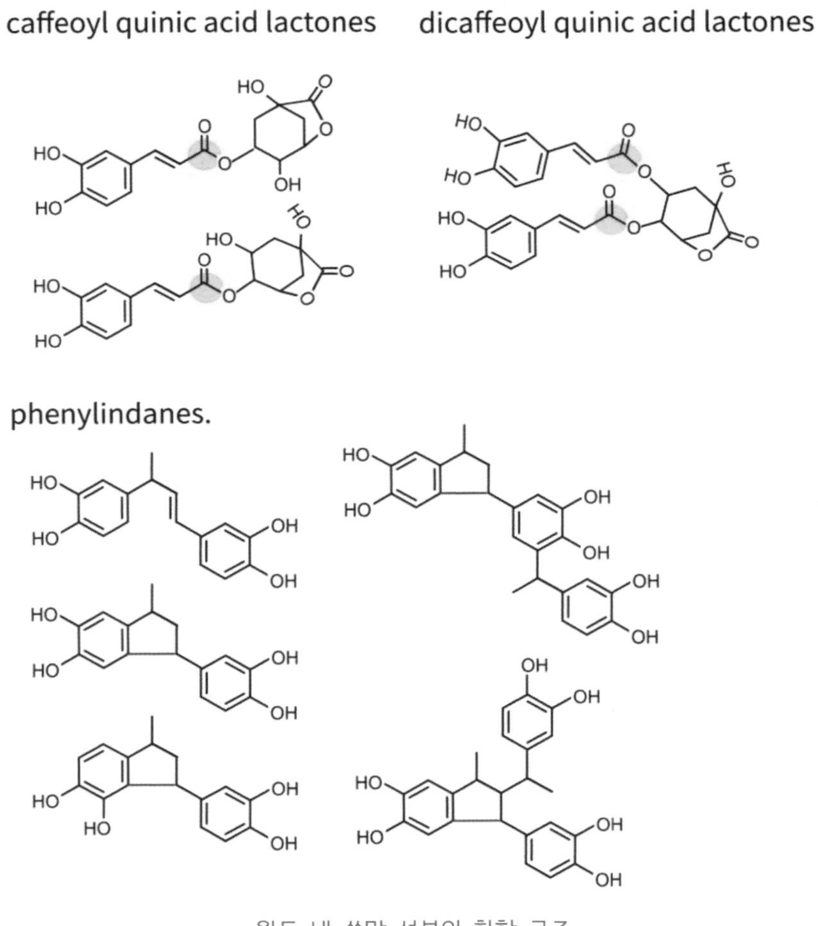

caffeoyl quinic acid lactones

dicaffeoyl quinic acid lactones

phenylindanes.

원두 내 쓴맛 성분의 화학 구조

의 쓴맛에 관여한다고 추정했으나 2007년까지는 어떤 물질이 주 역할을 하는지 알려지지 않았다. 카페인이 주범일 것으로 생각했지만, 토마스 호프만(Thomas Hofmann) 독일 뮌헨대 식품화학과 교수는 커피에서 15% 정도만 역할을 한다고 밝혔다. 이것으로 일반 커피와 디카페인 커피의 쓴맛 차이가 그리 크지 않은 이유를 알 수 있다. 커피는 로스팅을 강하게 하면 할수록 쓴맛이 증가한다. 따라서 로스팅할 때 만들어진 물질 중에 주범이 따로 있는 것이다. 호프만 박사는 정밀한 분석기기와 훈련된 평가 요원의 관능검사를 통해 커피의 결정적 쓴맛이 CGA락톤과 페닐인데인에 의해 생긴다고 밝힌 것이다. 2가지 물질은 생두에 없는 물질로 CGA에서 만들어진다. CGA락톤은 10여 가지 형태의 구조를 가지는데, 약배전~중배전한 커피에서 쓴맛을 내고, 이것에서 만들어지는 페닐인데인은 강배전 커피에 많다. 그리고 이것이 거슬리면서 오래 남는 쓴맛을 준다. 좋은 추출이란 이런 물질을 덜 추출하고 원하는 향미 물질만 많이 추출하는 기술일 것이다.

CQA락톤의 분해 산물인 페닐인데인은 1,3-비스 부테인, 트랜스 1,3-비스-1-부틸렌 및 8가지 다중 수산화 페닐인데인이다. 음료에서 확인된 일부 쓴맛 성분은 역치가 23~178 μmol/L로 낮은 편이다. 일반적으로, 로스팅 정도가 강해지면 이들 물질로 느껴지는 쓴맛도 강해진다. 맛 역치는 CQA가 30~200, 페닐인데인이 30~150, 벤젠디올이 50~800, DKP가 190~400, 카페인이 750 정도다.

- 신맛 성분

시트르산, 말산 등의 유기산은 신맛 물질이다. 생두에 들어 있는데, 로스팅 중에 조금씩 줄어든다. 아세트산과 폼산은 생두에는 적지만, 탄수화물이 분해되면서 점차 늘어난다. CQA에서 생성되는 퀸산 농도도 로스팅 중 약간 증가한다. 분해도 많이 일어나 관능적으로 인지되는 전체 산미는 로스팅 중 감소한다. 그래서 약배전 커피가 강배전 커피에 비해 신맛이 더 강하다.

- 로부스타와 아라비카의 차이

아라비카와 로부스타 두 품종 사이에는 성분 함량이 차이가 있고, 이것이 최종 관능 속성에 큰 차이를 준다. 아라비카 생두에는 올리고당, 지질, 트리고넬린, 유기산이 더 많이 들어 있는 데 비해 로부스타 생두에는 카페인과 CGA가 훨씬 많고 유리아미노산 또한 더 많다. 아라비카에는 이소류신, 류신이 약간 덜 들어 있어서 로스팅 후 스트렉커 알데히드 성분(2-메틸부탄알, 3-메틸부탄알)은 그만큼 적게 만들어진다. 로부스타에는 이들 아미노산이 더 많이 들어 있어서 흙내, 볶은 커피 향, 견과류 향미를 내는 피라진류가 더 많이 만들어진다. 로부스타는 CGA 분해로 생성되는 페놀 성분도 더 많아서, 결과적으로 로부스타 특유의 연기 내, 흙내, 볶은 커피 향 및 불쾌한 페놀성 신맛 프로필이 나타난다. 트립토판은 로부스타 생두에 특히 많이 들어 있어서 불쾌한 동물 냄새를 풍기는 3-메틸인돌(스카톨)이 더 많이 생성된다. 이에 비해 아라비카에는 3-메틸인돌이 거의 없다. 아라비카 생두에는 설탕 함량이 높아 더 많은 디케톤, 푸르푸랄, 시클릭에놀론(푸라네올)이 더 만들어진다. 아라비카와 로부스타뿐 아니라 커피 품종에도 성분(전구체)에 차이가 있어서 최종 제품의 향미가 달라진다. 더구나 커피의 물리적 구조가 달라지면 향미도 달라진다.

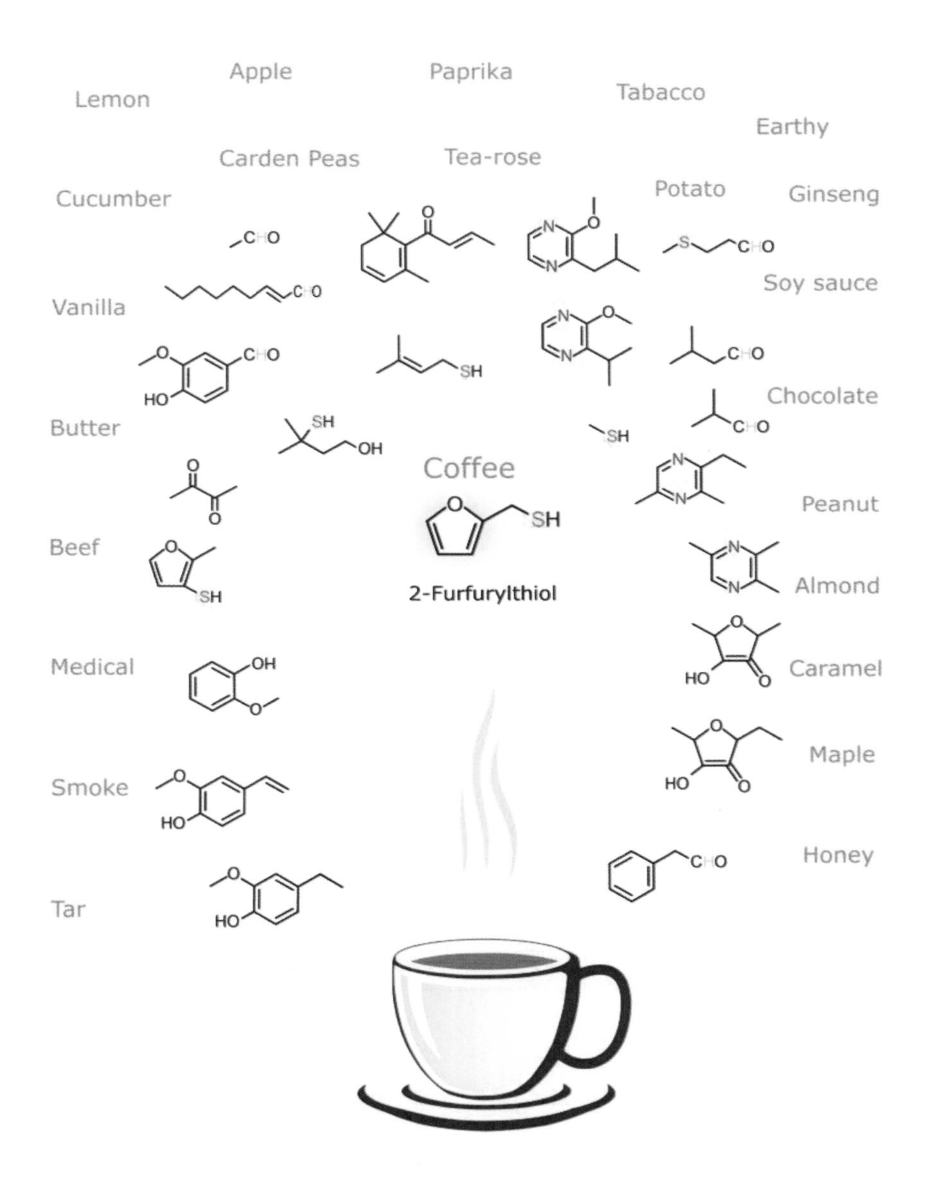
Lemon
Apple
Paprika
Tabacco
Earthy
Carden Peas
Tea-rose
Potato
Ginseng
Cucumber
Soy sauce
Vanilla
Chocolate
Butter
Coffee
Peanut
Beef
2-Furfurylthiol
Almond
Medical
Caramel
Smoke
Maple
Honey
Tar

6장. 커피 향의 분석과 해석

정밀한 분석기기와 기술을 통해 많은 식품의 향미 성분이 밝혀졌다. 문제는 그렇게 발견된 향미 물질이 너무나 많다는 것이다. 분석보다는 해석이 훨씬 어려운 것이다. 다양한 향기 성분을 어떻게 공부하고 이해하면 좋을지 방법을 소개하고자 한다.

1. 향미 물질의 분석 방법

오랫동안 로스팅 중에 커피 향미 형성과정은 미지의 영역이었다. 오늘날에는 정교한 분석 도구가 개발되면서 보다 세밀한 측정이 가능해졌고, 이를 통해 주요 향미 성분이 밝혀졌다. 하지만 탐구해야 할 부분은 여전히 많다. 특히 맛의 영역에는 연구할 거리가 많다. 그래서 커피의 맛은 현재까지 알려진 향미 성분만으로는 제대로 재현할 수 없다. 분석 방법 중에 생두를 '반응로'로 사용하는 커피콩 내 실험 접근법은 좀 더 실제적인 반응 환경을 제공해 준다. 실제 커피콩의 구조에 전구물질을 빼거나 집어넣는 방법을 결합하면 메일라드 반응 등과 그에 따른 반응물 물질 생성 기작을 더 깊이 있게 이해할 수 있다.

여러 연구를 통해 생두에는 반응 전구체 물질들이 매우 다양하게 들어 있으며, 이들은 상호작용을 하고 경쟁하면서 향미 물질을 만든다는 것이 분명해졌다. 아직은 향미 형성 역학에 대해서도 더 많은 연구가 필요하고, 실시간 분석법에 향미 전구체 변화 감별법을 결합해서 로스팅 변수에 따른 생두의 성분 조합과 향미 프로필 관련성을 연구하는 것 등이 필요하다.

로스팅은 과학의 도움을 통해 여러 미스터리가 점점 풀리고 있다. 커피콩 안에서 일어나는 화학적 변화를 분자 수준으로 설명하는 것은 점점 그 가치가 커지고 있다.

- 향미 분석의 과정

커피는 특히 향이 품질의 핵심 요소다. 드립커피가 인스턴트커피와 다르고, 에스프레소가 아메리카노와 구분되며, 로부스타와 아라비카가 다르고, 콜롬비아산 커피가 브라질산 커피와 다른 것은 모두 향 때문이다. 커피 향미는 1,000개 이상의 물질로 이루어져 있는데, 그중에 의미 있는 성분을 골라내기 위해서는 측정의 결과를 관능 평가의 결과와 잘 통합해 정교한 분석을 해야 한다. 적절한 방법론을 선택해서 수준 높은 분석 실험을 진행하고, 자료 처리와 해석도 효과적으로 수행되어야 한다.

커피 향을 온전히 이해하기는 매우 어려운 과제이다. 중요한 향기 물질은 여럿 있지만, 아주 극소량만 존재하며 게다가 반응성이 높아 불안정하다. 시간에 따라 성분이 변하는 것이다. 그래도 커피 향미에 중요한 성분을 확인하기 위해서는 GC-olfactory 검사라든가, 농도에 역치를 적용한 기여도 계산법 등이 핵심적인 향 성분을 규명하는 데 필수적이었다. 이런 접근법을 '센소믹'이라 하는데, 미각 성분을 규명하는 데에도 이 방식이 성공적이었다.

일반적인 센소믹 법의 순서는 다음과 같다. ① 커피의 향(휘발성 성분)이나 맛(비휘발성 성분) 요소를 분리한다. ② 분석을 통해 핵심적인 향기 성분을 찾아낸다. GC-O, AEDA(Aroma Extract Dilution Analysis), HPLC, TDA(Taste Tilution Analysis) 등이 이용된다. ③ GC-MS, LC-TOF-MS, LC-MS, 1D-/2D-NMR 등을 통해 그 물질이 무엇인지 확인한다. ④ 규명된 향미 성분들의 양을 확인하고, 역치를 반영해 향 기여도(OAV) 또는 DoT(Dose-over-Threshold)를 계산한다. 성분 함량의 정밀한 측정을 위해 동위원소 희석 분석법(SIDA)이 쓰이기도 한다. OAV나 DoT의 산출을 통해 향미 성분의 상대적 비중을 알 수 있다. ⑤ 향 기여도 분석(OAV, DoT)을 바탕으로 분석 자료와 관능 특성을 연결한다. 분석으로 확인된 주요 향 또는 맛 성분을 원래 농도 상태로 혼합해 그 관능 속성과 본래 커피 상품의 관능과 비교해보고, 전체 커피 향미 모델에서 그런 성분들을 제외해 봄으로써 해당 성분의 비중을 알아낼 수 있다. 그래서 관능 속성을 유의하게 변화시킬 수 있는 분자들을 주요한 커피 향미 성분으로 간주할 수 있다.

- GC/MS 분석

지금까지 커피 향에 관해 연구 결과로 1,000가지가 넘는 성분들이 발견되었다고 하지만 그 양은 원두 무게의 0.1% 정도이고, 개별 성분은 백만분의 일(ppm) 단위의 적은 양이다. 그 적은 양으로도 커피는 가장 풍부하고 복잡한 향미를 지닌 음료가 된다. 많은 성분 중에 커피의 향미에 기여하는 핵심 성분은 30개 이하다. 술이나 다른 식품도 분석하면 수백 가지 휘발성 성분들이 확인되지만, 핵심적인 것은 30개보다 훨씬 적은 경우가 대부분이다. 그래서 보통 휘발성 성분 중에서 의미 있는 향을 내는 것은 3% 미만으로 본다.

이런 향기 물질의 분석에 가장 흔히 사용되는 것이 GC/MS인데 가스크로마토그래피(GC)와 질량분석기(MS, mass spectrometry)를 결합한 장치다.

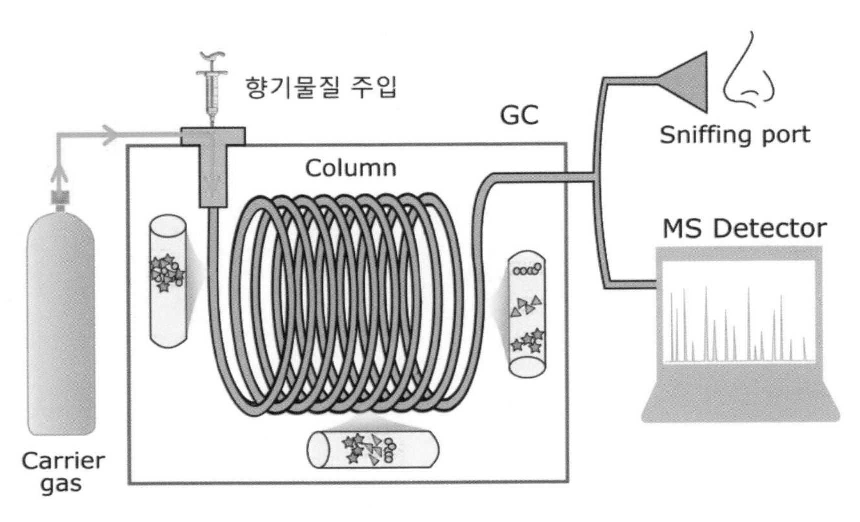

GC-MS 작동의 개념도

GC는 혼합물을 이루는 분자들이 긴 모세관 컬럼을 지나면서 이동속도가 달라 각각 물질별로 분리되어 그 양을 측정한다. 질량분석기(MS)는 각 분자를 이온화된 조각으로 분해하고 분해된 조각의 패턴을 통해 어떤 물질인지 추정한다.

GC-MS의 분석을 통해 어떤 향기 물질이 얼마나 있는지를 알게 되면 그것이 실제 식품의 향미에 어느 정도의 영향을 미칠지 파악해야 한다. 이를 위해서는 개별 향기 물질의 역치를 파악하는 것이 유용하다.

GC-O를 활용하여 AEDA(aroma extract dilution analysis)을 통해 핵심 향을 분석하거나, 향미 성분의 함량에 역치를 반영해 향 기여도(OAV)를 계산할 수 있다. 그러면 어떤 향기 성분이 많은 기여를 하는지 파악을 할 수 있다. 하지만 그 정도를 가지고 식품의 향미를 온전히 이해할 수 없다. 기여도 분석에 사용하는 역치는 감각 가능한 최소농도이지 실제 강도가 아니다. 향기 물질 별로 함량 증가에 따른 강도 증가의 정도는 다르고, 같은 향기 물질도 함량이 많아질수록 그 강도 증가 폭은 감소한다. 더구나 향기 물질은 70%는 자극으로 작용하고 30%는 억제로 작용한다. 다양한 물질이 복잡한 상호작용을 하는 것이다. 그나마 기여도 분석으로 확인된 주요 향 성분을 원래 농도 상태로 혼합해 본래 커피와 관능을 비교해보고, 전체 향미 모델에서 그런 성

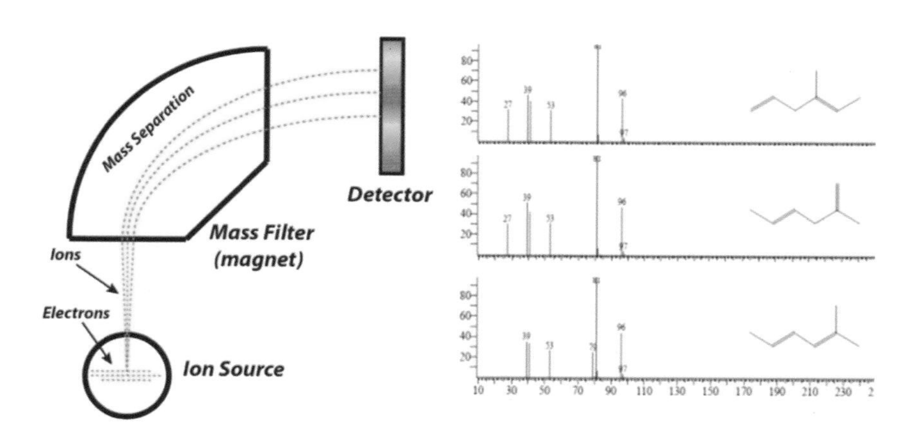

질량분석기를 통해 분자 구조를 추정하는 원리

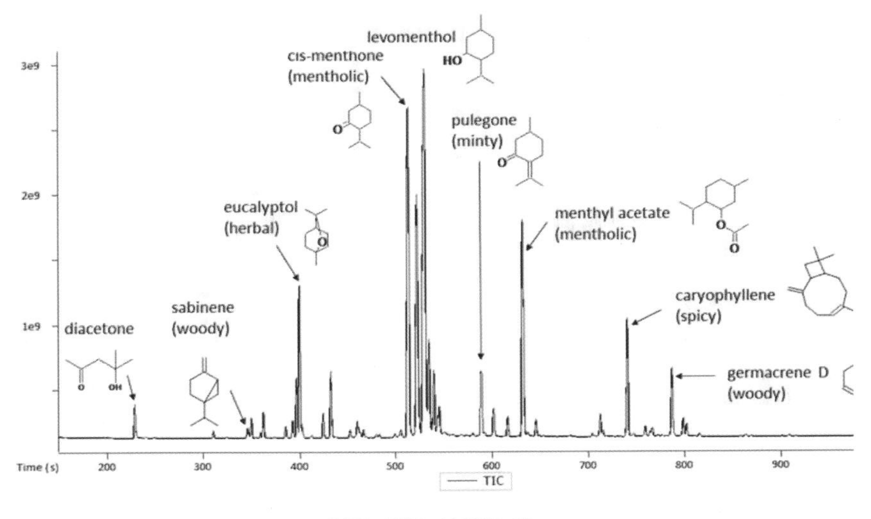

향기 물질 분석의 예

분들을 제외해 봄으로써 해당 성분의 비중을 추정할 수 있다. 관능 속성을 유의하게 변화시킬 수 있는 분자들을 주요한 커피 향미 성분으로 간주한다.

장미유의 향기 성분 기여도 분석의 예

향기물질	함량	역치	냄새값	기여도
β-Damascenone	0.14	0.009	156000	70.0
β-lonone	0.03	0.007	42860	19.2
Citronellol	38.00	40	9500	4.3
Rose oxide	0.46	0.5	9200	4.1
linalool	1.40	6	2300	1.0
Geraniol	14.00	75	1860	0.8
Eugenol	1.20	30	400	0.18
Nerol	7.00	300	233	0.1
Carvone	0.41	50	82	0.04
Phenethyl aclohol	2.80	750	37	0.02
Methyl eugenol	2.40	820	29	0.01

- 로스팅 기작의 연구 방법

잘된 로스팅은 대부분 경험에 의한 것이다. 그래서 로스팅을 수공예 또는 예술이라 말하기도 한다. 하지만 이에 관한 과학적 근거를 찾을 수 있다면, 수많은 변수 중에서 원하는 방향을 잡고, 시행착오를 줄이는 데 도움이 될 것이다.

커피 로스팅은 생두 구조의 특이함(세포 사이 공간은 없으면서 세포벽은 두꺼움), 전구체 물질의 종류가 많은 점, 고온 장시간 로스팅 중에 엄청난 물리적 변화가 일어난다는 점(구조 변화, 내압 증가, 커피콩 부피 증가) 등으로 연구가 쉽지 않다. 생두에 원래 존재하던 물질을 그대로 즐기는 것이 아니라 여러 전구체에서 향미 물질이 만들어지므로 전구체들이 어떻게 변화하는지 확인하기 위해 다양한 연구 전략이 적용된다.

반응 물질의 양과 복잡성을 줄이기 위해 로스팅 공정과 같은 온도 환경에서 전구체 혼합물을 가열하는 모델 반응으로 로스팅 화학을 추적하기도 한다. 그러나 메일라드 기반 향미 물질 형성에 관한 연구는 대개 당과 아미노산의 단순 환경에서 진행하며 당-단백질이나 당-펩타이드 혼합 환경에서 진행하는 연구는 거의 없다. 더 복합적으로 구성된 연구는 특정 커피 성분을 분리하고 실제 로스팅 환경에서 열처리를 진행하는 식으로 이루어졌다. 특히 수용성 물질의 역할을 알아보는 연구에서 이런 접근법이 쓰였다. 저분자 물질(설탕, 트리고넬린, CGA)은 로스팅 중 다양한 반응을 통해 피롤류, 퓨란류, 피리딘, 아세트산, 푸르푸랄, 페놀류, 2-푸르푸릴알코올 등을 생성한다. 고분자 물질은 다양성 및 함량 측면에서 이보다는 적지만 흙내, 볶은 커피 향, 견과류 향을 내는 강한 방향성 물질인 알킬피라진류를 생성한다.

커피콩 그 자체가 로스팅 중에 10바(Bar)의 압력이 걸리는 가압 반응로라고 볼 수 있다. 그러므로 단순히 성분만 사용하는 모델 연구를 통해 얻은 결론을 그대로 커피 로스팅에 적용하기는 힘들다. 실제 생두와 같은 반응조건이 아니면 반응 자체가 달라질 수 있기 때문이다. 그래서 커피콩을 그대로 활용한 연구도 있다. 생두를 물로 추출한 다음 추출물을 선택적으로 재구성한 커피콩을 사용하면 특정 전구체의 영향을 추정할 수 있다. 연구하려는 전구체가 들어 있는 수용액에 커피콩을 담그면, 해당 성분 외에 다른 성분이 줄어든 커피콩을 만들 수 있다. 이런 방식으로 실험한 결과는 의미가 있었다.

예를 들어, 이 방식으로 비수용성 생두 물질이 FFT를 만드는 데 전구체 역할을 한다는 것을 알 수 있었다. 수용성 물질을 뽑아낸 뒤에 로스팅했을 때도 유의미하게 증가했기 때문이다. 생두를 물로 추출한 다음 로스팅을 진행했을 때는 2-메틸뷰탄알, 3-메틸뷰탄알, α-디케톤류, 과이어콜 등이 크게 줄어들었는데, 그 이유로 수용성인 유리아미노산과 CGA가 상당량 빠져나갔기 때문으로 추정한다. 여기에 동위원소 라벨을 한 전구체를 이용하면 좀 더 구체적인 기작을 밝힐 수 있다. Poisson 등은 이런 방식으로 멜라노이딘 형성 기제 연구, 생두에서 싸이올 결합 부위의 존재 여부를 밝히는데 효과를 거두었다. CGA 및 그 열분해 산물인 카페산이나 퀸산 등이 저분자 싸이올과 비가역적 결합을 하여, 커피 음료에서 핵심 향 물질인 FFT를 줄이는 것으로 나타났다.

이처럼 실제 음식물 구조 환경에서 물질을 빼거나 집어넣는 방법을 결합하

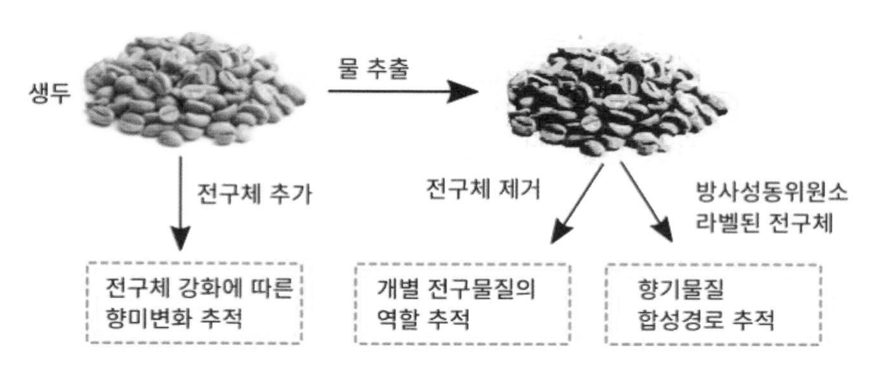

커피의 향기 물질의 형성 경로 연구 방법

면 메일라드 반응 같은 반응과 물질 생성 기제에 대해 더 깊이 있고 정확하게 이해하는 데 크게 도움이 된다. 여러 가지 연구를 통해 생두에는 전구체 및 반응 중개 물질이 매우 다양하게 있으며, 이들은 상호 경쟁하거나 심지어는 완전히 다른 경로를 통해 향미 물질을 만들어 낸다는 것이 분명해졌다.

- 로스팅 중 실시간 향 형성 감시

로스터와 과학자들은 오랫동안 고품질 커피를 위해 로스팅 기작을 더 잘 이해하려고 노력해 왔다. 커피 로스팅 중 향미 형성은 매우 역동적인 과정으로서 특히, 발열 단계에서는 많은 반응이 일어나면서 성분의 복잡성이 증가한다. 예를 들어 커피 로스팅 중 발생한 기체를 분석하는 할 때 예전부터 GC/MS 등을 사용했다. 하지만 이들은 샘플 채취와 분석을 별도로 진행하기 때문에 실시간 측정이 불가능하다.

예를 들어 로스팅 과정을 관찰하면 거친 쓴맛을 내는 물질(페닐인데인, 디케토피페라진)은 계속 생성되는 반면, 부드러운 쓴맛을 내는 CQA락톤은 CTN

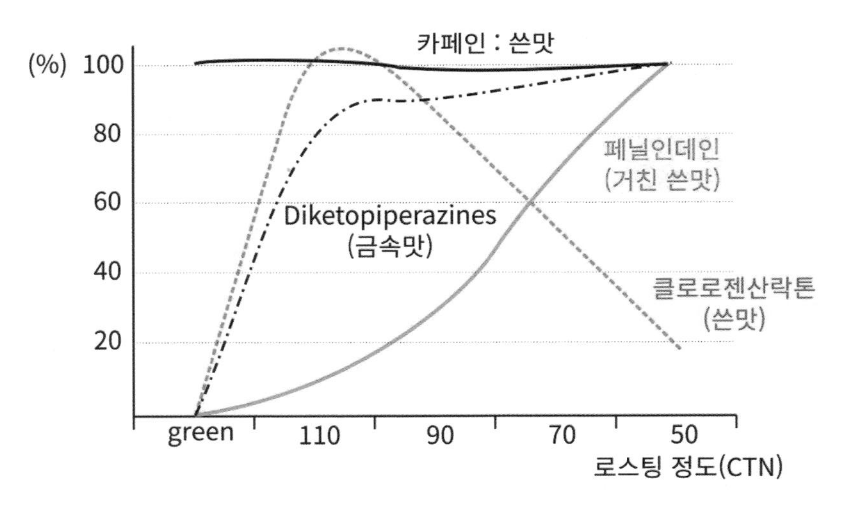

로스팅 정도에 따른 쓴맛 성분의 변화(Luigi Poisson, et al. 2017)

100에서 최대치를 이루었다가 이후 계속 분해되어 감소한다. CQA 락톤은 거친 쓴맛을 내는 페닐인데인으로 변한다. 그러므로 로스팅 과정의 후반 단계를 제어하는 것이 매우 중요하다.

이처럼 로스팅의 최종 결과물뿐 아니라, 그것이 만들어지는 중간 과정의 이해도 필요한데, 실시간 질량 분광법은 로스팅 과정 중에 빠른 속도로 일어나는 향미 형성 역학을 추적하기 위해 개발된 기법이다. 특히 로스팅 기체를 실시간 분석할 수 있는 PTR-MS 등을 이용한다. 이런 연구를 통해 CGA 분해 같은 화학 반응 경로를 확인할 수 있었다. 여러 산지 및 로스팅 시간별 휘발성 유기물의 형성을 추적하자 산지별로 휘발성 유기 물질의 방출 기작이 달리 나타났고, 산지가 다를 경우 전구체 조합과 원두의 물리적 속성이 달랐는데, 이는 곧 향기 물질이 만들어지는 시작점이 시간대별로 달랐음을 의미한다. 윌랜드(Wieland) 등은 로스팅 중 원두에서 방출된 휘발성 물질을 헤드스페이스에서 농도를 실시간으로 분석했다. 그러자 시간에 따라 휘발성 물질의 농도 변화에서 3가지 패턴이 나타났다. 로스팅 후반부에 높은 생성률을 보인 것, 중배전 단계에서 정점을 찍고 강배전 단계에서는 급속히 줄어드는 것, 전체 로스팅 중 점점 농도가 높아지는 것이다.

피셔(Fischer) 등은 같은 기법을 사용해 아라비카와 로부스타에서 향미 성분의 형성을 비교했다. 로스팅 중 배출된 가스를 단광자 이온화-TOFMS분광기법으로 측정했을 때 평균값은 유사하게 나타났지만, 더 상세하게 분석한 결과 품종, 로스팅 정도, 로스팅 환경에 따른 구분이 가능했다. 그 외에도 로스팅 정도를 측정하는 방법으로 화학적 감각 측정기 조합을 사용해 특정 대표 성분(2-푸르푸릴알코올, 하이드록시-2-프로파논)을 관찰하는 방법 및 인공신경망에 전자코 기술을 결합하는 방법도 제안된 바 있다.

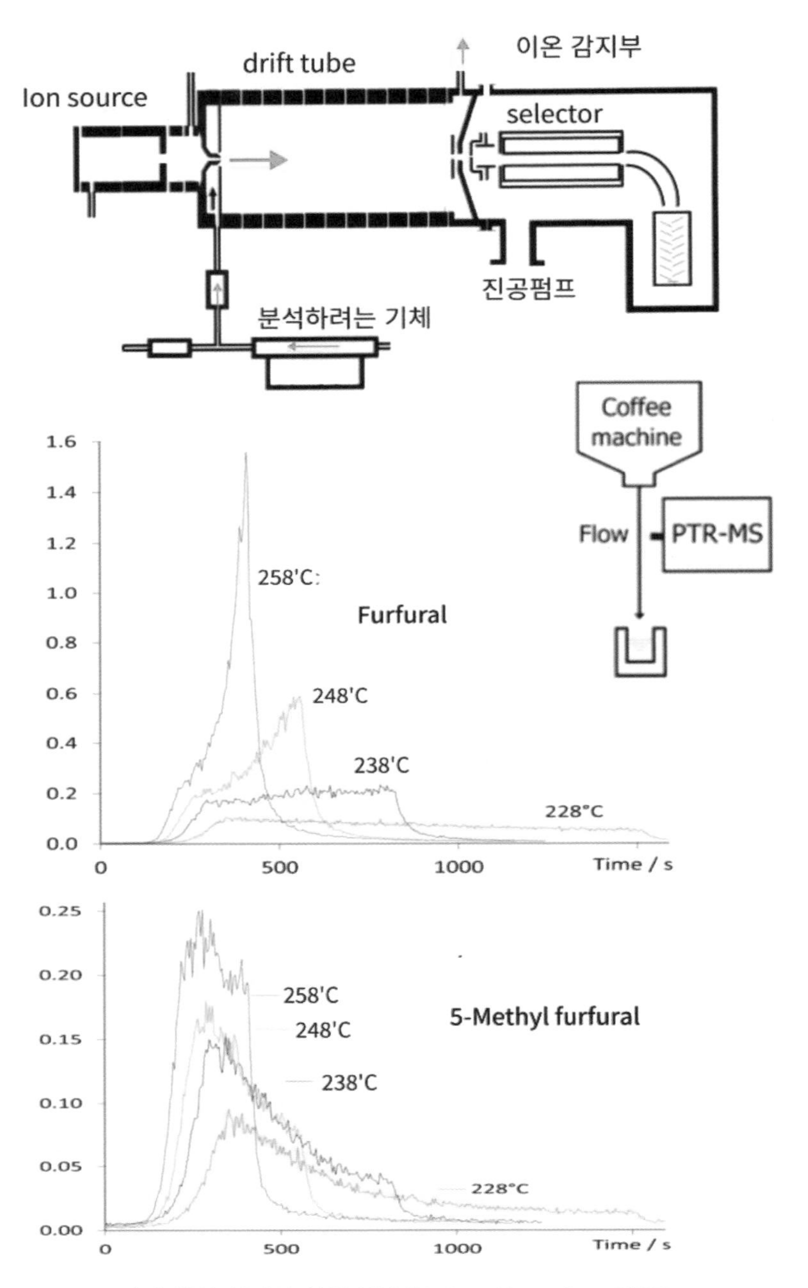

커피 향의 실시간 분석 방법(Chahan Yeretzian, 2019)

- 향미 형성 기작을 보여 주는 센소믹 열지도

향미 성분이 시간에 따라 어떻게 변하는지는 상대적 농도 변화를 나타내는 센소믹 열지도로 나타낼 수 있다. 아래 그림은 260℃에서 4분간 드럼 로스터로 볶는 경우 여러 가지 향미 성분들의 생성과 분해에 대해 표준화한 모습을 보여준다. 풀 느낌이 나는 헥사날은 생두 상태에도 일부 존재하며, 로스팅 초반에 대부분 만들어졌다가 로스팅이 진행되면서 천천히 분해된다.

볶은 느낌을 내는 FFT는 피리딘 및 n-메틸피롤과 같이 로스팅이 시작된 지 200초대에서 발생한다. 이에 비해 블랙커런트 향이 나는 3-메르캅토-3-메틸부틸 포름산염은 이 단계에서 이미 분해가 진행 중이다. 버터 느낌의 향이 나는 디아세틸도 이미 형성되었다가 조금씩 분해가 진행된다. 엿당 느낌의 향

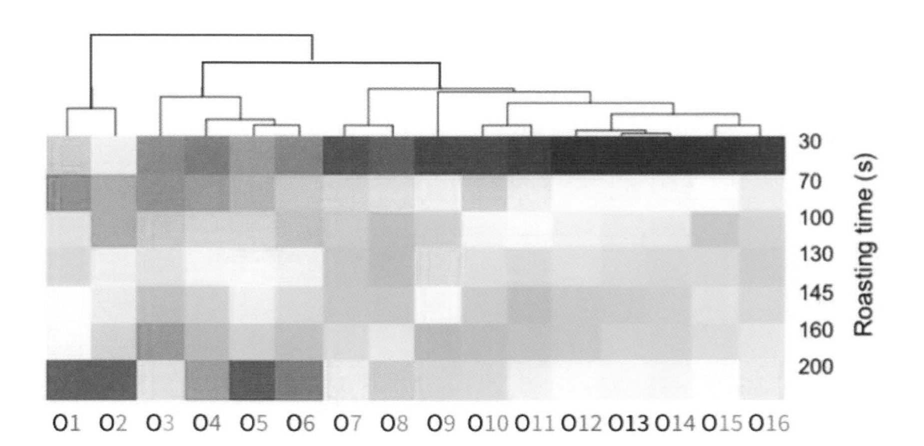

로스팅 초기 단계에서 향기 물질 생성의 히트(heat) 맵(260℃, isotherm), (Luigi Poisson et al, 2017)

Dimethyl sulfide (DMS, O1), hexanal (O2), 3-mercapto-3-methylbutyl formate (MMBF, O3), N-methylpyridine (O4), 2-furfurylthiol (FFT, O5), pyridine (O6), 2,3-butanedione (O7), 2,3-pentanedione (O8), dimethyl trisulfide (DMTS, O9), methyl mercaptane (O10), 3- methylbutanal (O11), 2-ethyl-3, 5-dimethylpyrazine (O12), 2-methylbutanal (O13), 2,3,5- trimethylpyrazine (O14), methylpropanal (O15), 4-vinylguaiacol (O16).

이 나는 스트렉커 알데히드 물질(O11, O12, O15)은 260℃ 등온 로스팅 환경에서는 흙내 느낌의 피라진(O12, O14)과 같이 2~3분 정도에 형성된다. 연기 느낌의 4-비닐과이어콜(O16)은 70초대가 지나 형성되어 130초대에서 최대치를 이룬 뒤 조금씩 분해된다.

다음 그림은 쓴맛 나는 성분의 조성 변화에 대해 자료 표준화 뒤 농도의 상대적 변화를 열지도로 나타내고 있다. 쓴맛의 전구체인 카페산, 5-*O*-카페오일퀸산, 3-*O*-카페오일퀸산, 4-*O*-카페오일퀸산은 로스팅이 시작된 지 120~180초 안에 급속히 분해되어 쓴맛을 내는 물질인 락톤, 에스터 등으로 변한다. 로스팅이 진행되면서 CGA락톤, 니코틴산, N-메틸-니코틴산 에스터가 만들어졌다가 360초가 지나면서 다시 줄어든다. 로스팅이 더욱 진행되면 특히 디하이드록시벤젠 및 트리하이드록시벤젠에서 생성된 향 응축 물질이 생성되는데, 이들은 가장 중요한 쓴맛 성분들이다. (T4, T5, T6, T7, T9, T10)

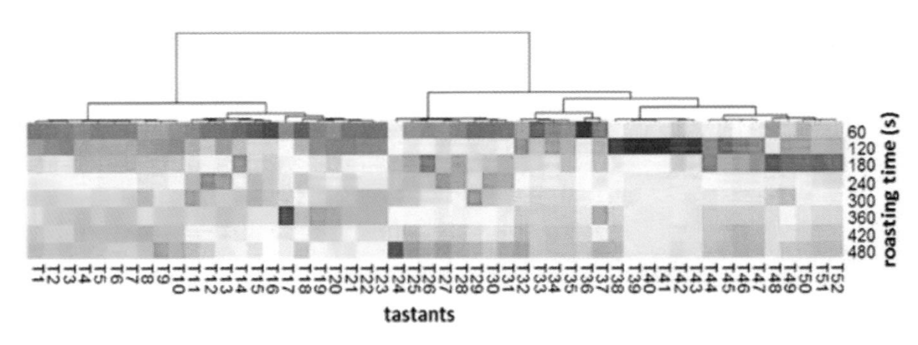

8분간 로스팅을 할 때 생성되는 맛 물질 변화의 히트 맵(260 C, isotherm). (Luigi Poisson et al, 2017)

2. 향기 물질의 특징 및 명명법

1) 향기 물질의 특징

- 향기 물질은 휘발성 유기물로 분자량 26~300의 적은 분자이다

향기 물질은 휘발성이 있는 아주 작은 크기의 분자이다. 분자량 300 정도가 향기 물질이 될 수 있는 최대 분자량이고 평균 150 정도다. 설탕의 분자량이 340이니 설탕보다 가벼워야 향기 물질이 될 가능성이 있다. 분자량이 적어도 설탕처럼 물에 잘 녹으면 향이 약하거나 맛 성분이 되기 쉽고, 기름에 잘 녹는 성질을 가진 것이 향기 물질이 될 가능성이 높다. 향기 물질도 대부분 유기화합물이라 뼈대가 탄소(-CH2-) 형태로 되어 있고, 탄소 개수는 4~16개 정도다. 그중에서 8~10개 정도가 우아한 향조(flavor note)를 가진다. 크기가 너무 작으면 자극적이면서 짧게 유지되는 향이 많고, 크기가 크면 천천히 움직이고 오래 지속되는 경우가 많다.

향기 물질의 휘발성은 분자의 끓는점과 관련되어 있다. 끓는점이 너무 높으면 상온에서 휘발하지 못하므로 향기 물질이 될 수 없다. 그렇다고 향기 물질의 끓는점이 아주 낮은 것은 아니다. 보통 120~350℃ 정도다. 만약 끓는점이 너무 낮으면 순식간에 기화하여 향으로 쓸 수 없다. 끓는점이 적당히 높아 상온에서 액체이거나 고체이면서 매우 소량씩 휘발하는 물질이 향기 물질로 적당한 것이다. 향은 정말 작은 분자라 초미량이어도 분자의 숫자로는 아주 많다.

- 분자량: 17~300 정도
- 끓는점: 120~350℃
- 유기물이기 때문에 타기 쉽고, 인화점이 낮은 것이 많다.
- 중합이나 아세탈화 등 느린 화학 반응이 일어난다.

표. 향기 물질의 분자량과 끓는점, 지속성의 관계

성분	지속성	끓는점(℃)	분자량
Ethyl acetate	3시간	77	88.11
Acetyl isoeugenol	3시간	80	206.24
Geranyl isovalerate	3개월	137	238.37
d-Limonene	3시간~1일	177	136.24
Linalool	1일~3일	198	154.25
Methyl benzoate	3일~1주	200	136.15
Benzyl alcohol	3시간~3일	205	108.14
Benzyl acetate	1일~3일	215	150.17
Geranyl formate	1~3일	216	182.27
Phenyl ethyl alcohol	1일~3일	220	122.17
Linalyl acetate	3시간~1일	220	196.29
Nerol	3일~1주	227	154.25
Citral	1일~3일	228	152.24
Dihydro jasmone	3개월	230	166.27
l-Carvone	1일~3일	231	150.22
Neryl acetate	3일~1주	231	193.29
Eugenol	1개월~3개월	253	164.21
Ethyl anthranilate	1주~1개월	267	165.20
Methyl isoeugenol	1주~1개월	270	178.23
Hexyl salicylate	3개월	290	222.29

- **향료 분자의 일반적 특성**

향기 물질의 분자적 특징에 관한 설명은 『향의 언어』(예문당) 5장에 비교적 자세히 설명했기 때문에 여기서는 최소한의 설명만 하고자 한다. 향기 분자는 주로 탄소(C), 수소(H), 산소(O)로 되어 있고 일부는 질소(N), 황(S)을 포함하고 있다.

- 향이 있는 물질은 반드시 휘발성이 있고 약간의 친수성과 상당한 친유성이 있어야 한다. 따라서 향료 물질은 대부분 분자량이 300 이하(보통 200 이하)이다. 탄소 개수는 16개 이하(4~16개)다. 그중에서 8~10개의 범위가 가장 우아한 방향을 가지고 탄소 개수가 적으면 짧고 강하고 길어지면 미묘하고 오래가는 향취가 된다.
- 길이/크기 효과: 같은 형태의 분자는 분자의 길이가 길수록 녹는점과 끓는점이 증가한다. 즉 휘발성은 감소한다. 분자 길이가 짧은 것은 기체이거나 쉽게 휘발하여 자극적인 냄새인 것이 많다. 길이가 짧을수록 냄새도 짧게 지속된다. 대체로 탄소 한 개가 증가하면 지속 시간이 두 배로 늘어난다. 분자량이 증가하면 같은 양일 때 분자의 개수는 감소하고 휘발성이 감소한다. 다양한 발향단을 가질 확률이나 오래 결합할 가능성이 증가한다.
- 형태 효과: 가지, 이중 결합(꺾임), 환구조

  이중결합은 분자의 형태를 완전히 바꾸어주므로 이중결합의 위치가 향조와 강도에 큰 영향을 준다. 환구조나 가지구조의 분자가 향기 물질로 유리하다. 분자의 형태가 직선형일 때 끓는점이 높고, 사이드체인이 많으면 끓는점이 낮아진다.
- 극성 효과: 향기 분자는 공간을 날아 코에 도달해야 하므로 휘발성이 있어야 하는데, 극성이 낮은 것이 유리하다. 산소나 질소 같은 극성기를 가지고 있으면 '수소결합'과 같은 힘으로 서로 결합하고 있어서 끓은 점이 높아지고, 분자들이 분리되어 휘발하는 것을 억제한다.

향기 물질에서 극성을 부여하는 것은 산소, 황, 질소이다. 산소를 포함한 분자는 산소가 (-)의 극성을 가진 경우가 많아 다른 분자의 (+)극성을 가진 분자와 결합하여 끓는점이 높아진다(휘발성이 낮아진다). 예를 들어 에탄, 벤젠 같은 비극성 분자보다 에틸알코올, 벤질알코올 같은 산소를 포함한 극성의 분자가 끓는점이 낮고 휘발성이 높다. 이런 효과는 분자가 적을수록 효과가 강력하고, 분자가 커지면 나머지 부위의 비율이 커져서 효과가 작아진다. 산소에 의한 극성 효과도 형태에 따라 다르다. 예를 들어 C=O의 형태(알데히드, 케톤, 에스터)는 수산기(-OH)가 있는 산이나 알코올보다 약하다. 향기 물질에는 일부는 질소(N)를 가지고 있고 질소가 있는 부위는 주로 (+)의 극성을 가지고 있고 이것이 극성 효과를 부여한다.

향기 물질 중에 가장 많은 종류가 에스터 물질이다. 에스터는 알코올류와 산류가 결합한 것으로 알코올이나 산류는 친수성이 높아 맛 물질(향은 약하거나 없음), 두 분자가 결합하면 물 분자가 빠져나가면서 소수성 물질(향기 물질)이 된다. 예를 들어 에탄올과 초산은 물에 매우 잘 녹는데, 두 분자가 결합하여 에틸아세테이트(에스터류)가 되면 지용성의 향기 물질이 된다.

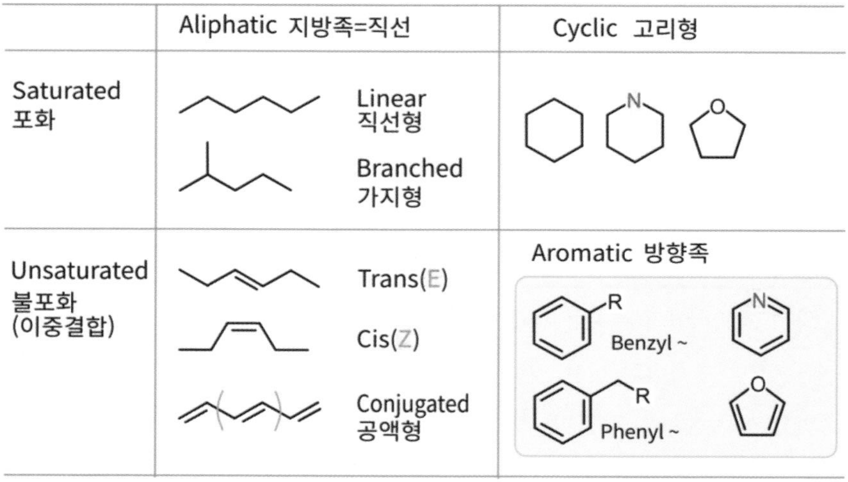

	Aliphatic 지방족=직선	Cyclic 고리형
Saturated 포화	Linear 직선형 Branched 가지형	
Unsaturated 불포화 (이중결합)	Trans(E) Cis(Z) Conjugated 공액형	Aromatic 방향족 R Benzyl ~ R Phenyl ~

2) 향기 물질(유기화합물)의 명명법

- 향기 물질은 관용명이 많다

식품에서 발견된 향기 물질은 11,000종이다. 세상에 1~2억 종의 물질이 있고, 그중 90%가 유기화합물이라고 한다. 11,000종이라고 하면 극히 일부이지만, 사실 이름만 알기에도 종류가 너무 많다. 유기화학과 분석기술이 본격적으로 발전하면서 발견된 화합물의 종류가 급속하게 늘어나게 되자, 분자의 구조를 바탕으로 하는 체계적인 명명법이 필요해졌다. 1920년에 IUC가 발족하고, 1947년 IUC는 IUPAC으로 바뀌면서 꾸준히 이름을 붙이는 규정을 만들고 개정하고 있다. 유사한 명명법으로 미국화학회 사무국(Chemical Abstracts Service, CAS)에서 개발한 명명법도 있다.

향기 물질은 화학/과학이 발전하기 전부터 관심이 많아서 일찍부터 발견된 물질이 많고, 그만큼 관용명이 많다. 그러니 과학적인 명칭, 관용명, 이명이 존재하여 이름을 아는 것이 향기 물질 공부의 절반 이상이라고 할 정도로 복잡하다. 반대로 그런 이름이 붙은 이유를 알면 공부의 절반은 마친 셈이라, 향기 물질의 이름을 아는데 필요한 유기화합물의 명명법을 간단히 정리해 두고자 한다.

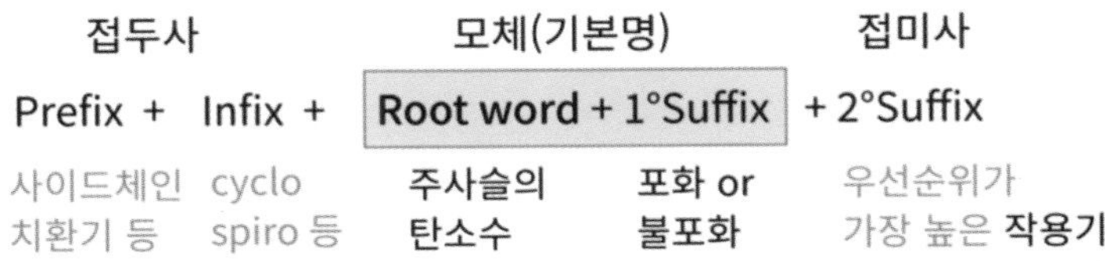

접두사		모체(기본명)		접미사
Prefix +	Infix +	Root word +	1°Suffix	+ 2°Suffix
사이드체인 치환기 등	cyclo spiro 등	주사슬의 탄소수	포화 or 불포화	우선순위가 가장 높은 작용기

- 명명법 1: 모체가 되는 탄화수소 찾기

유기화합물의 명칭에는 모체가 되는 부분, 작용기, 치환기 위치 등을 설명하기 위하여 많은 접두사, 접미사가 사용된다. 분자의 이름을 결정하기 위해서는 먼저 모체가 되는 사슬을 정해야 한다. 모체가 되는 사슬은 최대의 치환된 작용기를 가진 것, 최대 수의 다중 결합을 가진 것, 최대 수의 단일 결합을 가진 것, 사슬의 길이가 가장 긴 것 등의 조건으로 결정된다.

향기 물질은 휘발성이 있는 물질들이라 크기가 작아, 모체 길이가 12개 이하인 경우가 대부분이다. 그러니 1~12까지를 나타내는 숫자 표현만 알아도 충분하다.

탄소	모체 길이	관용어
1	Meth-	Form-
2	Eth-	Acet-
3	Prop-	Prop-
4	But-	But-
5	Pent-	Am-, Valer-
6	Hex-	Capro-
7	Hept-	Enanth-
8	Oct-	Capryl-
9	Non-	Pelargon-
10	Dec-	Capr-
11	Undec-	-
12	Dodec-	Laur-

접두 수사
mono /hen
di / do
tri
tetra
penta
hexa
hepta
octa
nona
deca

- 명명법 2: 작용기의 우선순위

모체가 되는 사슬을 결정하기 위해서는 작용기를 알아야 한다. 향기 물질의 작용기는 에스터류가 40% 정도를 차지할 정도로 가장 다양하고, 알데히드, 케톤, 알코올류가 많다. 작용기가 많을 때는 다음 순으로 우선순위가 높다.

라디칼 > 음이온 > 양이온 > Zwitter 이온 > **카복실산** > 카복실산 유도체

(산무수물, **에스터,** 카복실산 할라이드, 아미드) > 나이트릴 > **알데히드** > **케톤** > **알코올** > 하이드로과산화물 > 아민 > 에테르 (향기 물질은 간략히 **카복실산** > **알데히드** > **케톤** > **알코올** 순서 정도만 알아도 된다)

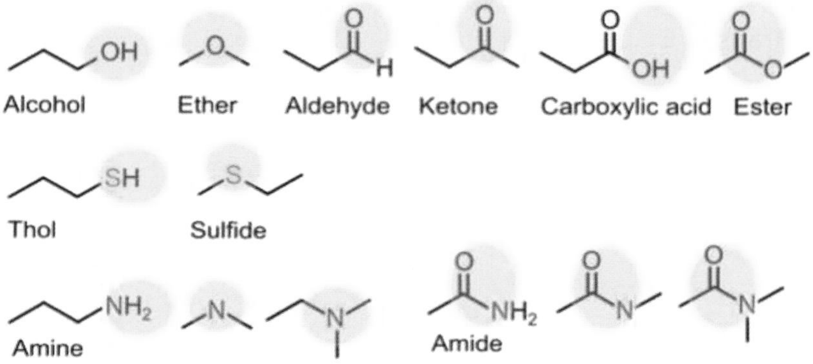

OH Alcohol
O Ether
O H Aldehyde
O Ketone
O OH Carboxylic acid
O O Ester

SH Thol
S Sulfide

NH_2 Amine
N
N
O NH_2 Amide
O N
O N

작용기		접두사	접미사
알코올	-OH	hydroxy	-ol (-yl alcohol)
알데히드	-CHO		-al (-yl aldehyde)
케톤	-CO-	oxo	- one
Ether	-R-O-R	alkoxy-	
카복실산	-COOH	carboxy	-oic acid
에스터	-COOR		-oate
아민	-N	amino-	-amine
아미드	-CON-	-carbamoyl	-amide
니트릴	-C≡N	cyano	nitrile
니트로	-NO2	nitro	
이민	-NH2		
싸이올	-SH	sulfanyl	thiol (-yl mercaptane)

- 명명법 3: 입체 이성체

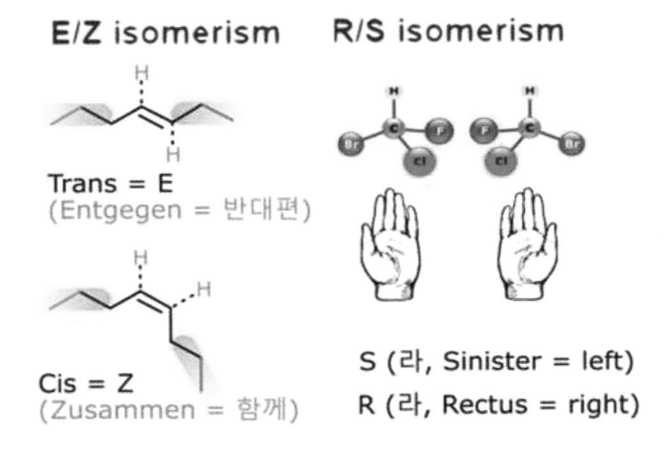

- 명명법 4: 기하 이성체

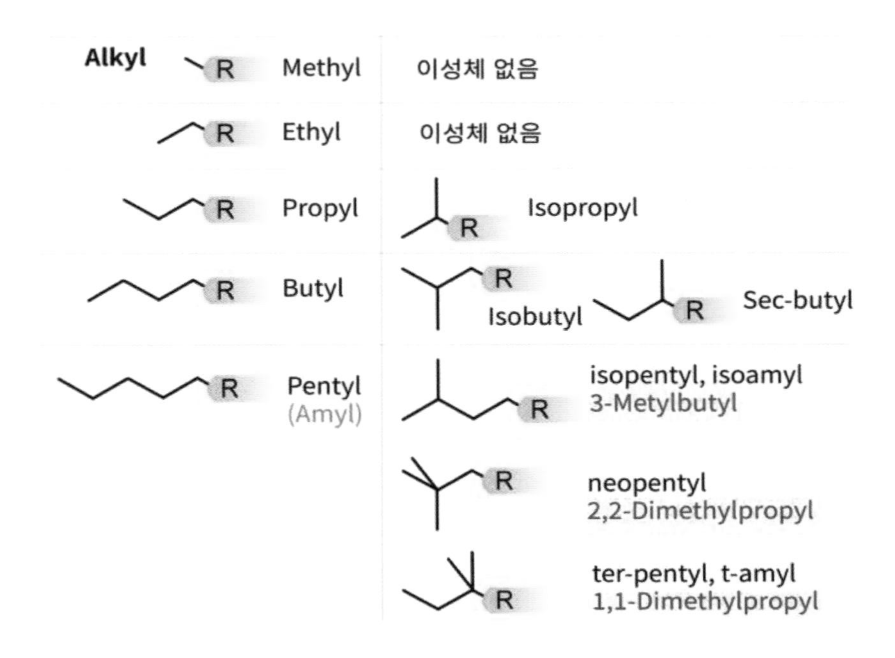

- 명명법 5: 위치 번호

ω-system

Δ-system

Glucose

Furan

Pyrimidine

ortho

meta

para

카페산

Thiazole

- 치환기

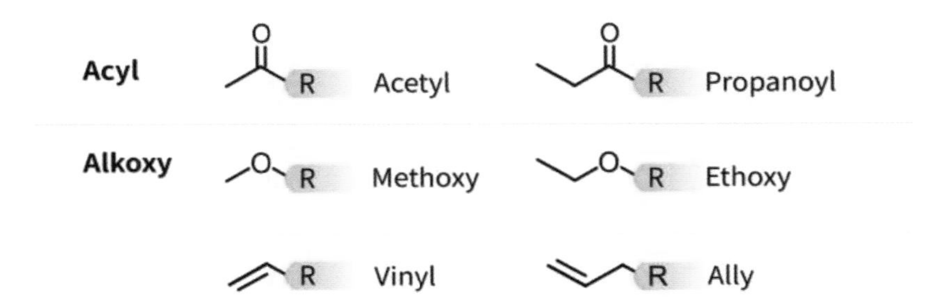

3. 커피의 주요 향기 물질

1) 생두의 향기 물질

우리가 먹는 커피는 커피 열매(체리)의 과육이 아니고, 속 씨다. 꽃도 과육도 아닌 속 씨에는 다른 동물을 유혹할 향기 물질을 만들 필요가 없어서 향기 물질의 양이 적고 특징적이지 않다. 보통 손상되지 않도록 단단하거나 먹으면 불편하게 할 독을 만드는 경우가 많다. 더구나 향기 물질은 열에 약한 편이라 속 씨에 있던 매우 소량 있던 향은 로스팅 중 손실되기 쉽다. 지금까지 커피의 향기 물질 연구도 대부분 원두 또는 추출된 커피에 관한 것이지, 생두에 관한 연구는 적다.

로스팅 전의 생두에는 리나로올, 지질 분해 산물, 알코올, 알데히드, 유기산

표. 단계별 향기 물질의 영향 요소

단계	향에 관련된 주요 변수
생두	효소로 생성된 향기 물질, 전구체
프로세싱	발효 시간과 정도, 건조의 시간과 정도
로스팅	향의 생성량, 반응성, 내열성, 휘발성
저장	향기 물질의 산화안정성, 휘발성
추출	향기 물질의 물에 용해도
관능	향기 물질의 농도, 역치, 상호작용

등을 포함하여 메톡시피라진류와 에스터류 등이 있고, 생두의 향 속성은 풋내, 건초 느낌, 콩 느낌으로 표현되며 로스팅 이후의 향미 속성과는 완전히 다르다. 생두에 있는 일부 성분은 내열성이 있어서 로스팅의 영향을 받지 않고, 원두에서도 남게 된다. 예를 들어 피망 향의 3-이소부틸-2-메톡시피라진, 생강자취를 내는 3-이소프로필-2-메톡시피라진 같은 것이다.

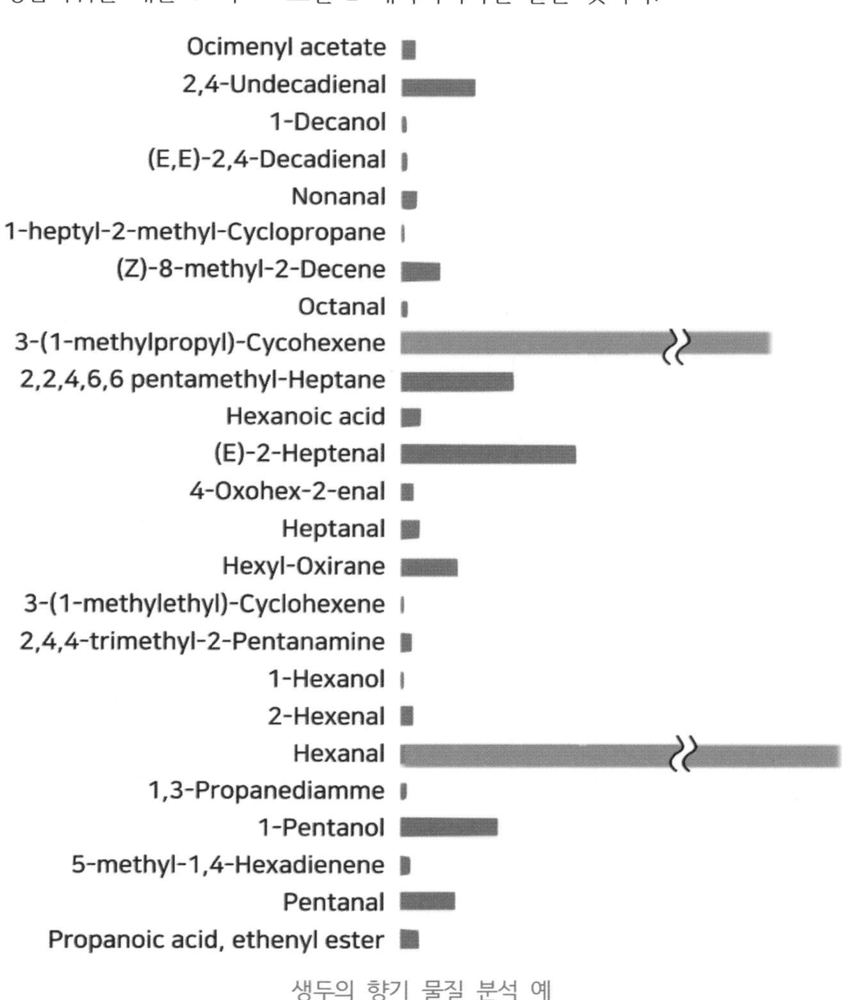

생두의 향기 물질 분석 예

표. 생두의 향기 물질(Holscher & Steihart, 1995)

	향기 성분	FD	GC-O
1	n-Hexanal	16	+
2	Butyric acid	16	
3	2-/3-Methyl butyric acid	32	+++
4	Ethyl 2-methylbutyrate	256	
5	Ethyl 3-methylbutyrate	256	
6	Methional	64	+++
7	Pentanoic acid	16	
8	1-Octene-3-one	16	+
9	2-Methoxy-3,5-dimethylpyrazine	512	
10	2-Methoxy-3-isopropylpyrazine	128	+++
11	Linalool	16	+++
12	Sotolon	64	
13	(Z)-2-Nonenal	64	+++
14	(E)-2-Nonenal	128	+++
15	3-Isobutyl-2-methoxypyrazine	4096	+++
16	unknown	256	
17	unknown	256	
18	4-Ethylguaiacol	64	
19	4-Vinylguaiacol	64	
20	Vanillin	128	
21	unknown	64	
22	Nonanal		++
23	(E,Z)-2,4-Nonadienal		+++
24	Phenylacetaldehyde		+++
25	(E,E)-2,4-Nonadienal		++
26	(E,Z)-2,4-Decadienal		+
27	(E,E)-2,4-Decadienal		+++
28	(E)-beta-Damascenone		+++

2) 원두와 추출액의 향기 물질

커피에 존재하는 향기 물질을 이해하는 것이 이 책을 핵심적인 주제라 대표적인 향기 물질을 좀 더 설명해보고자 한다. 로스팅은 향기 물질을 생성하는 과정이자 동시에 파괴하는 과정이다. 생두에 향기 성분은 내열성이 있으면 버티지만, 열에 약하면 사라진다. 가열로 만들어진 향기 물질도 내열성이 있다면 소량이 만들어지더라도 점점 축적되어 양이 증가할 것이고, 아무리 다량으로 만들어지더라도 내열성이 없고 휘발성이 크다면 손실이 되어 최종 제품에는 많이 남아 있지 못하게 된다.

로스팅한 원두를 보관하는 과정에서도 향미의 손실이 일어난다. 산화안정성이 높으면 오랜 기간 유지가 되지만, 가열로 만들어진 향기 물질 중에는 안정성이 떨어지는 것이 많다. 그나마 커피의 경우 원두의 세포막에 이산화탄소가 남아 있어 산소를 차단하고 있어서 가열로 만들어지는 향치고는 오래 유지되는 편이다.

추출 단계에서도 또 한 번 변한다. 향기 물질은 기본적으로 지용성으로 자

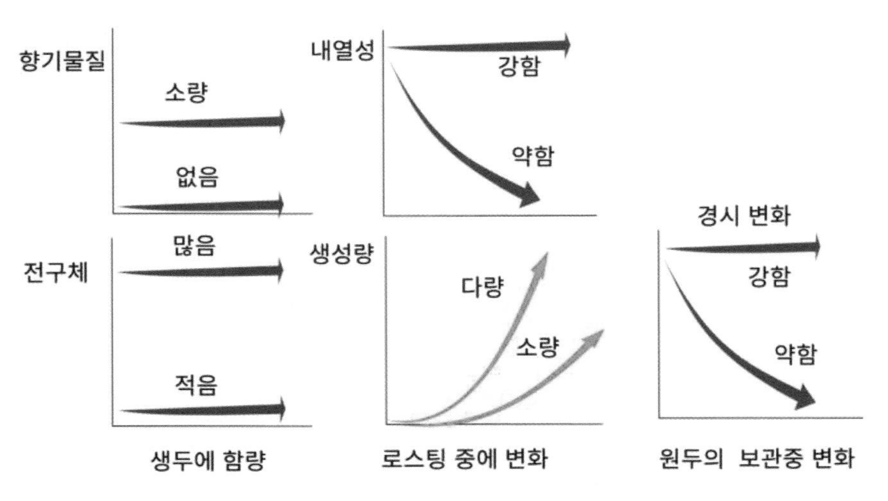

커피 향기 물질의 생성 및 변화 패턴

체로는 물에 잘 녹지 않는다. 그나마 소량이라 다른 물질의 도움으로 녹는다. 향기 물질 별로 극성이 달라 어떤 것은 물에 약간 더 잘 녹고, 어떤 것은 덜 녹는다. 그러니 원두를 분쇄하여 직접 맡는 향과 추출하여 마시는 향이 다를 수밖에 없다.

A. 터펜류, 이소프레노이드 물질은 분해되어 감소한다

커피의 향기 물질은 다양한데, 먼저 식물이 가장 많이 만드는 터펜류부터 알아보고자 한다. 터펜은 식물이 만드는 향기 물질의 절반을 차지할 정도로 많지만 열에 약하기 때문에 속 씨에 일정량 존재한다고 해도 로스팅 중에 손실되기 쉽다. 게이샤 커피 정도가 터펜류가 일정 역할을 한다고 한다. 게이샤

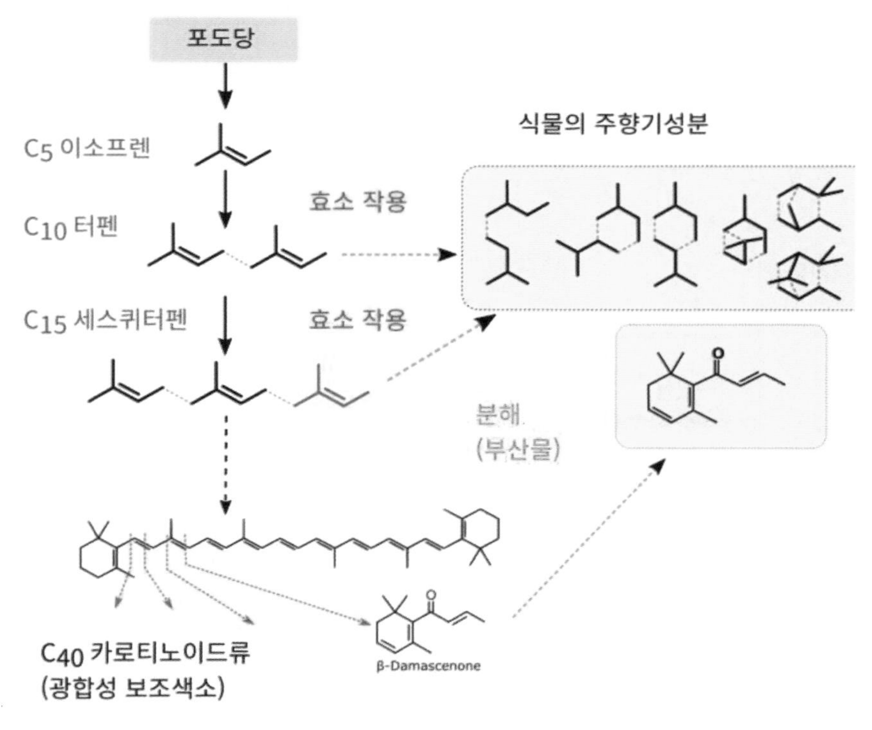

터펜류 향기 물질의 생성 과정

(Geisha) 커피는 1930년 에티오피아 서남부 게샤라는 마을에서 발견된 품종이다. 그래서 게이샤 대신 게샤로 표시하기도 한다. 이후 파나마에서 육종되고 1,600m 이상의 고지대에 키우고 약~중배전을 하면 꽃향기, 상큼한 맛, 깨끗한 뒷맛 그리고 적당한 중후함을 가지게 된다. 이런 게이샤 커피에 함유된 것은 홍차류에도 많은 리나로올이고 그 외에 리모넨, 미르센 같은 터펜류가 있다.

터펜류는 가지구조와 이중 결합이 있는 특이한 형태로 식물이 광합성의 보조색소로 카로티노이드를 합성하는 경로를 활용한다. 구조가 특이하여 식물이 효소를 통해 의도적으로 생산하지, 열에 의해 우연히 만들어질 확률은 낮다. 그러니 생두의 터펜류는 로스팅 중에 점점 감소하게 된다. 그런데 베타-다마세논은 만들어지는 경로가 다르다. 식물에 다량으로 존재하는 카로티노이드계 색소가 열에 의해 분해되면서 생성된다. 식물은 광합성을 보조하기 위해 카로티노이드 물질이 있어서 이 물질의 분해로 소량의 다마세논은 흔히 만들어진다. 이 물질의 향취는 나무, 꽃, 장미, 허브, 과일, 스파이스, 담배 등으로 표현되는데, 실제로 사람들에게 냄새를 맡게 하면 사람마다 다른 것을 연상할 정도로 다양한 향조를 가지고 있다. 만들어진 다마세논의 양은 많지 않아도 역치가 대단히 낮은 편이라 아주 소량으로도 작용하여 다양한 식품에서 중요한 향기 물질로 작용한다. 그래서 커피에서도 가장 중요한 향기 물질의 하나로 작용한다.

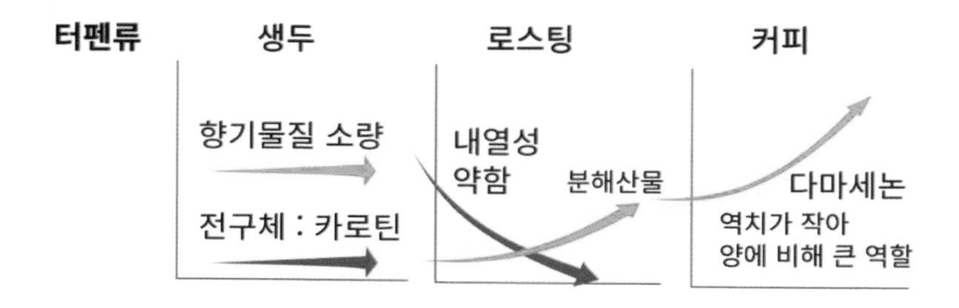

B. 방향족 향기 물질은 열분해로 생성된다

식물에서 터펜류 다음으로 일반적인 향기 물질은 방향족 물질이다. 페닐알라닌(방향족 아미노산)에서 유래한 향기 물질은 벤젠환을 가지고 있어서 독특한 향을 가지는 경우가 많다. 식물은 단백질을 만들기 위한 아미노산을 많이 만들지 않지만, 리그닌의 합성에 필요한 페닐알라닌만큼은 대량으로 만들어야 한다. 세포벽에 필수성분이기 때문이다. 식물이 리그닌을 합성하는 중간 과정이 여러 향료 물질의 생성 기작과 연결되어 있다.

생두에는 두드러지는 방향족 향기 물질은 없지만, 향미 물질의 원료가 될 수 있는 클로로겐산은 모든 식물을 통틀어 가장 많이 함유하고 있다. 클로로겐산도 페닐알라닌에서 만들어지기 때문에 벤젠환을 가지고 있다. 로스팅 과정에서 이런 CGA와 리그닌이 열분해 되면서 다양한 향기 물질이 만들어지고, 커피의 향에 큰 역할을 한다. 리그닌이 분해되어 만들어지는 향은 헌책방에서

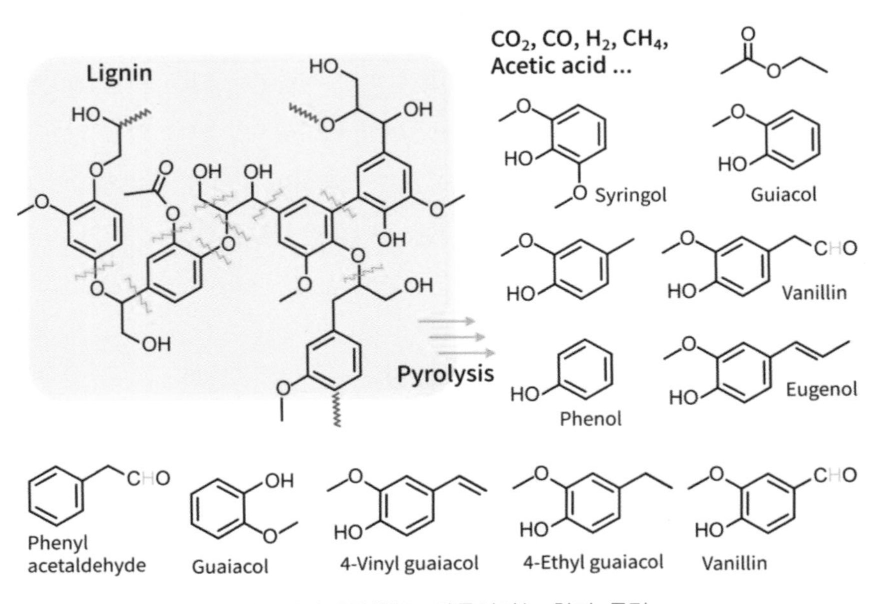

리그닌의 열분해로 만들어지는 향기 물질

나는 냄새나 나무를 태웠을 때 나는 냄새의 주성분이기도 하다. 커피에서 열분해로 만들어지는 중요한 방향족 향기 물질로는 과이어콜, 4-비닐과이어콜, 4-에틸과이어콜, 바닐린 등이 있다. 강하게 로스팅할수록 페놀(페놀, 크레졸, 과이어콜, 시린골(Syringol) 등) 계통의 향이 강해진다.

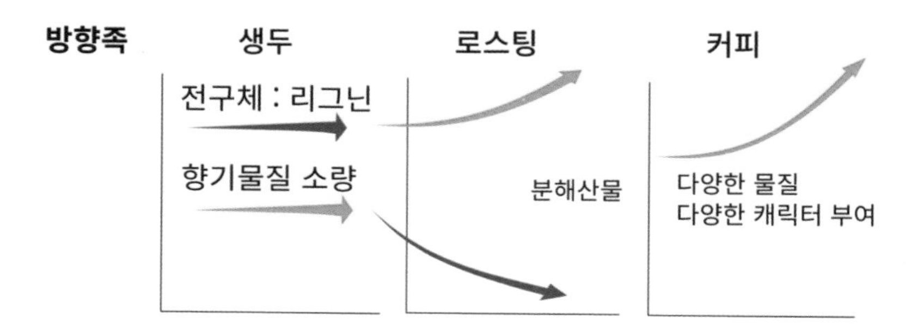

C. 캐러멜 반응과 메일라드 반응의 중간 산물들

생두를 로스터에서 고온으로 가열하면 분자의 운동은 점점 활발해지고, 많은 분자가 분해되고, 휘발되고, 재결합하는 현상이 일어난다. 당류끼리 반응하는 캐러멜 반응과 당류와 아미노산이 같이 반응하는 메일라드 반응, 지방산의 분해 등이 마구 일어나는 것이다. 그 결과 크기가 작은 알데히드, 케톤류의 향기 분자들이 많이 만들어지고, 이들은 쉽게 휘발이 되거나 다른 향기 물질의 원료가 된다.

이런 반응으로 퓨란류가 많이 만들어지는데, 퓨란류는 산소가 포함되어 냄새 역치가 낮은 경우가 많아 중요한 향기 물질이 된다. 2-아세틸퓨란은 코코아, 캐러멜, 커피 등의 냄새이고, 푸라네올도 역치가 낮고 딸기와 달콤한 캐러멜 향을 제공한다. 커피에서 단맛이 난다면 실제 당류가 남아 있어서 그런 맛이 느껴지는 것이 아니라 캐러멜 반응으로 만들어진 향기 성분의 역할이 크다. 미각으로 느껴지는 단맛이라면 코를 막는다고 그 강도가 낮아지지 않는

데, 향에 의한 단맛이면 코를 막으면 그 강도가 약해진다. 퓨란에 황 함유 물질이 결합하면 더 커피 특성이 강한 물질이 되기도 한다.

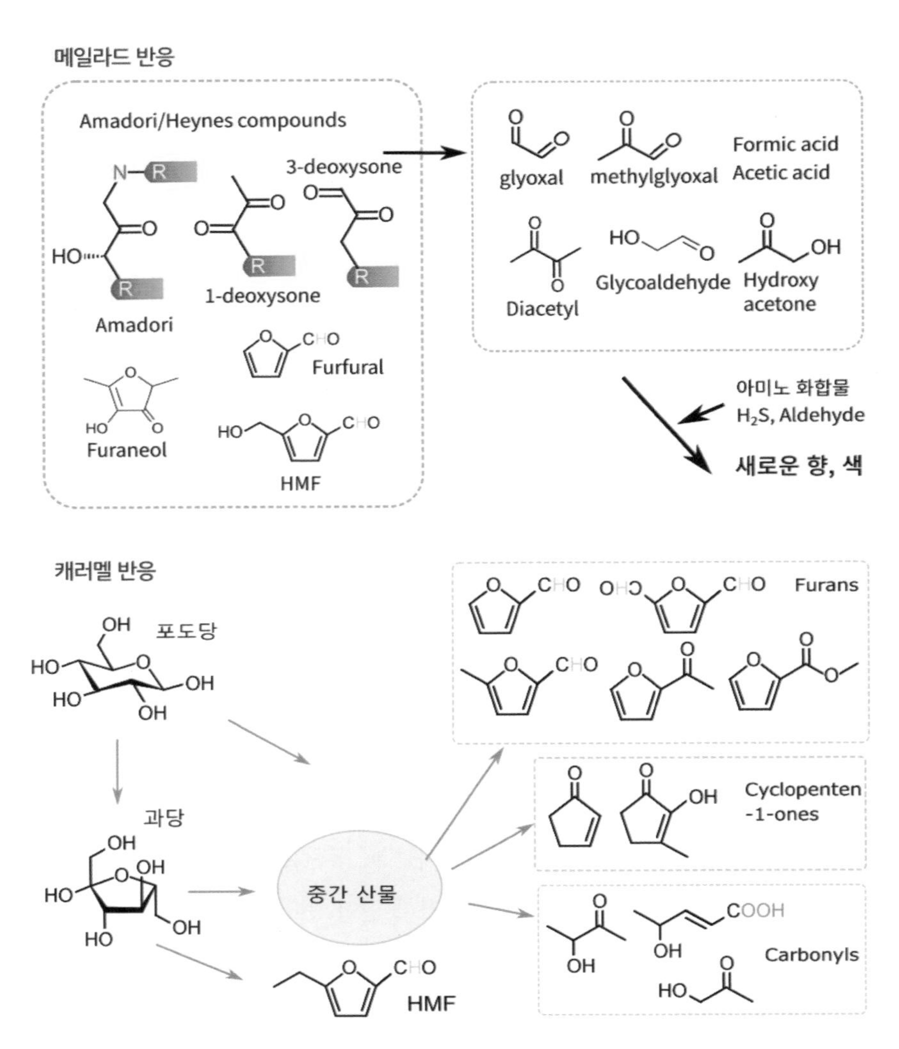

캐러멜 반응과 메일라드 반응의 중간 산물들

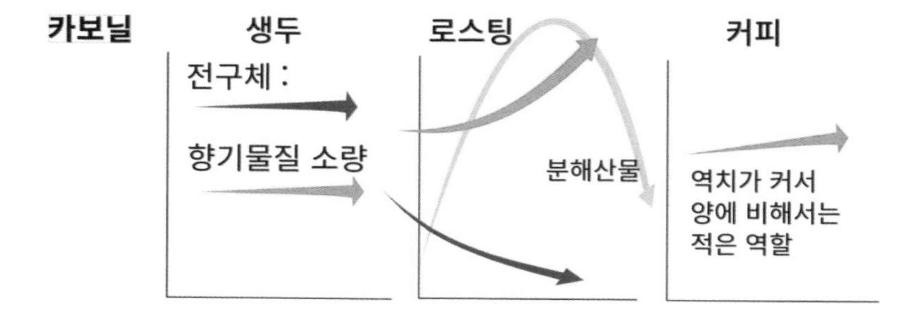

D. 질소 화합물: 내열성의 피라진류 등

메일라드 반응은 단백질(아미노산)이 개입하는데, 아미노산에서 유래한 질소나 황이 포함되어 소량이면서 강력한 향이 된다. 이런 대표적인 물질이 피라진류이다. 지금까지 100 여종 이상의 피라진 물질이 발견되었는데 대부분 100‘C 이상 열처리 과정에서 만들어진다. 물질의 종류에 따라 캐러멜, 너트, 초콜릿, 풋내(Green), 커피, 감자, 고기 등의 향을 가진다.

대부분의 향기 물질은 내열성이 떨어져 열에 의해 생성도 되지만, 손실이 많은 데, 피라진류 중에는 내열성이 있어서 로스팅 과정에서 생성되면 계속 남아 있고, 축적되는 경우가 있다. 그래서 가열 식품의 향에서 피라진의 역할이 상대적으로 중요해지는 것이다. 그 대표적인 예가 감자취로 유명한 2-이소프로필-3-메톡시피라진(IPMP, Bean pyrazine)이다. 이 물질은 벌레의 공격을 받은 체리로 만든 생두를 60°C에서 200°C 사이로 가열하면 형성된다. 만약에 이 물질이 내열성이 약하면 로스팅 중 사라질 텐데, 일단 만들어지면 쉽게 사라지지 않아 과량으로 존재하면 중대한 품질 결점요인이 되기도 한다.

피라진에는 크게 알킬피라진과 메톡시피라진(methoxypyrazine)이 있는데 메톡시피라진은 녹색 또는 피망 향을 가진다고도 한다. 실제로 피망의 향은 거의 2-이소부틸-3-메톡시피라진에 의한 것이다. 감자취로 유명한 2-이소프로필-3-메톡시피라진(IPMP, Bean pyrazine)은 완두콩(르네 드 키트 3번), 생감자 껍질, 흙냄새, 초콜릿, 너트 느낌으로 묘사하는데, 익은 감자(Methional, 르네 드 키트 2번)의 냄새와 다른 것이다. 그런데 IPMP는 한국인이라면 누구나 알고 있는 '인삼 향'이기도 하다. 인삼의 냄새를 왜 커피에서는 감자취라고 하면서 싫어하는지 이해가 쉽지 않지만 IPMP는 풋내(Green)의 특징이 강해 로스팅의 풍미와는 어울리지 않는다. 흔히 풋내로 생각하는 물질은 핵산알 계통의 물질인데, 피라진류도 풋내를 내는 것도 상당히 있다.

풋내를 내는 물질은 흔히 지방산의 분해로 만들어지는데, 탄소 길이가 18개인 리놀렌산과 리놀레산은 쉽게 12개와 6개짜리 조각으로 분해하는데 탄소 6개짜리 지방산이 풀냄새의 주인공이다. 먼저 cis-3-헥센알이 되는데 역치가

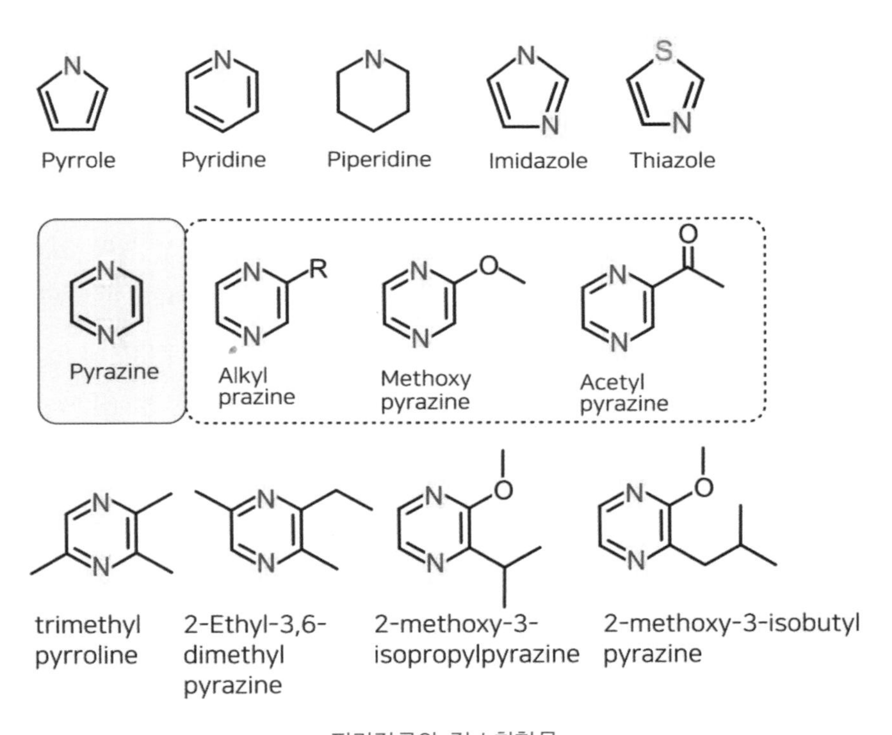

피라진류와 질소화합물

낮아 소량으로도 풀냄새가 난다. 이 화합물은 불안정하여 쉽게 trans-2-헥센알(leaf aldehyde)로 재배열되거나 cis-3-헥센올(leaf alcohol)로 전환된다. 이들은 청사과 같은 과일에서 잘 어울릴 때는 신선한 느낌으로 작용하지만, 어떤 조합에는 풀 비린내처럼 작용한다. 로스팅한 원두에 그린 노트는 잘 어울리지 않아 부정적으로 작용하기 쉽다. 어떤 향기 물질이 이취로 작용할 때는 그 물질이 가지고 있는 고유의 향조 특성보다는 어떤 제품에 존재하느냐와 같은 맥락이 중요한 경우가 대부분이다.

2-에틸-3,6-디메틸피라진은 감자, 나무, 흙 냄새를 가지며, 2-에틸-3,5-디메틸피라진은 달콤하고 초콜릿 향을 가지며 역치가 낮다. 2,3-디에틸-5-메틸피라진은 구운 감자 향이다. 이들은 코코아 향에 중요하지만, 육류에도 중요하다. 아세틸 피라진은 너트 향을 가진 경향이 있지만, 더 복잡한 피라진은 조리한 고기에 로스팅 취를 부여하기도 한다.

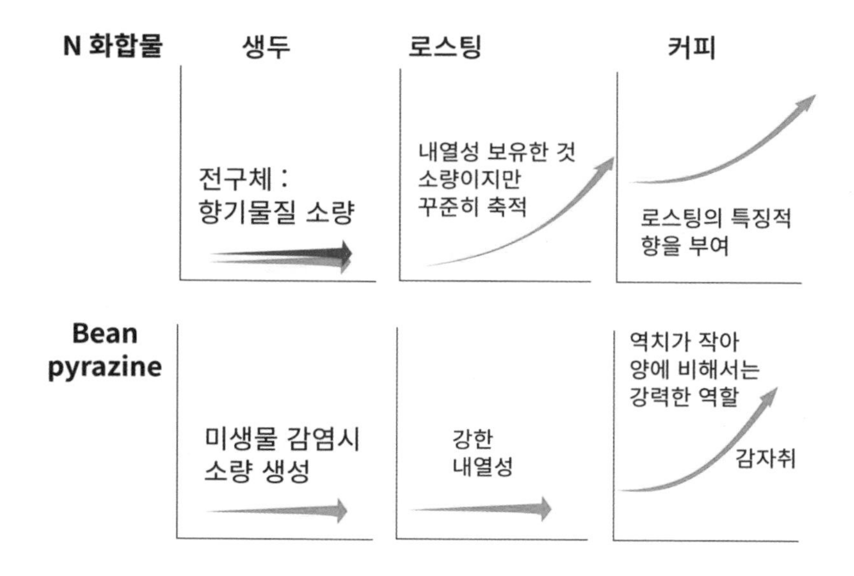

E. 황을 포함한 향기 물질

황은 희소하면서 독특한 향미 물질로 작용하는 경우가 많다. 탄수화물과 지방에는 없고, 단백질을 구성하는 20가지 아미노산 중에 시스테인과 메티오닌만 황(S)을 포함한 분자다. 그러니 향기 물질에서 그 양이 적을 수밖에 없다. 하지만 그 향은 유난히 강력한 것이 많아 마늘, 양파, 양배추 등에 강한 정체성을 부여하고, 구운 고기와 커피에 향기로운 매력을 부여한다. 심지어 악취에도 결정적인 역할을 한다. 모두가 최악의 악취로 꼽는 것이 스컹크 냄새인데, 2-부텐싸이올, 3-메틸부탄싸이올 같은 황(싸이올)을 포함한 분자다. 오죽하면 일부러 악취 물질로 활용하기도 한다. 연료용 가스 자체에는 냄새가 없는데

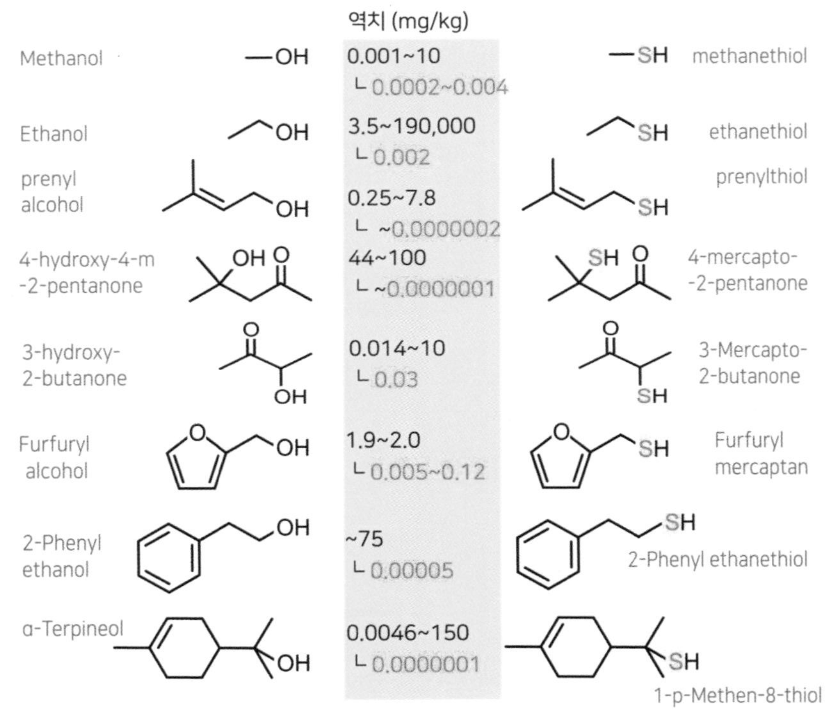

OH기가 SH기로 치환되었을 때 역치의 변화

황함유 물질을 소량 첨가하여 가스 누출이 일어났을 때 사람들이 빨리 알아채도록 일부러 첨가한다.

황화합물은 인간이 가장 좋아하는 향이기도 하다. 요즘은 서양송로버섯인 트러플이 매우 고급 식재료로 인기를 끄는데, 트러플의 특징적인 향도 황화합물(2,4-Dithiapentane)이다. 채소와 고기의 독특한 향기 물질 중에는 황을 포함한 분자가 많다. 결정적으로 우리가 커피를 볶거나 고기를 굽거나 빵을 구울 때 나는 고소한 향에 이 황화합물의 역할이 크다. 그래서 일부 식품 제조 시 풍미를 높이려고 일부러 시스테인을 따로 첨가하기도 한다. 그래서 메일라드 반응이 강해지면서 풍미도 강해진다.

싸이오펜은 고기 향 등에 기여한다. 티아졸도 양은 적지만, 향에 영향을 준다. 황화합물 중에 3-mercapto-3-methylbutyl formate도 흥미로운데, 이것은 맥주에서 고양이 오줌 냄새(Catty note)라고 알려진 물질로 케냐 고지대의 아라비카종에서 가끔 발견되며 프레닐알데히드에서 프레닐싸이올 등과 함께 만들어진다. 케냐산 생두가 다른 것보다 1.5배 정도 황 함유 아미노산이 많은 것과 관련 있어 보인다.

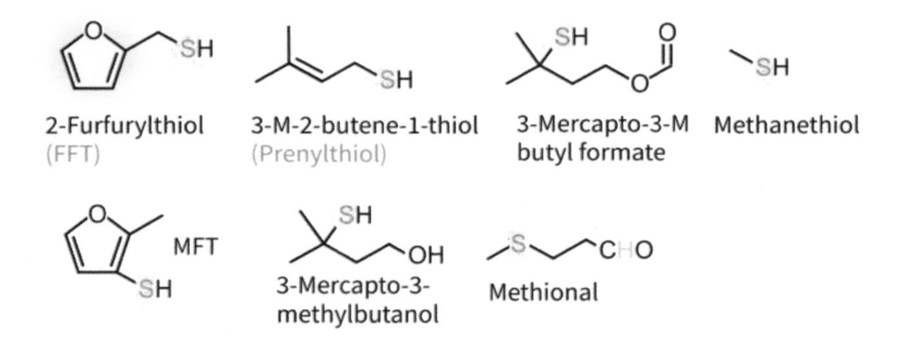

- 커피머캅탄 FFT(2-Furfurylthiol)

커피의 향기 성분 중 가장 특징적인 것이 FFT(2-Furfurylthiol)이다. coffee mercaptan, Furan-2-yl methanethiol, 2-Furfuryl mercaptan, 2-Furyl methanethiol로도 불리는 데, 커피의 여러 향기 성분 중에서 개별적으로 향을 맡을 때 가장 커피 같은 느낌을 준다.

물론 이것은 충분히 희석했을 때의 느낌으로 워낙 강력한 향기 물질이라 아주 소량일 때는 기분 좋은 고소한 향을 주지만, 과량이면 불쾌한 석유 같은 냄새가 된다. 연기의 매캐함이나 유황 같은 냄새도 난다. 그래서 커피의 향기 물질 중에서 유일하게 다른 식품에서 느끼기 힘든 커피의 독특한 향을 준다고 여겨지지만 실제로는 다른 식품에는 없는 향은 아니다. 가열한 식품에 아주 소량씩은 만들어진다.

캐러멜 반응이나 메일라드 반응을 통해 많은 퍼퓨랄이 만들어지는데 그중

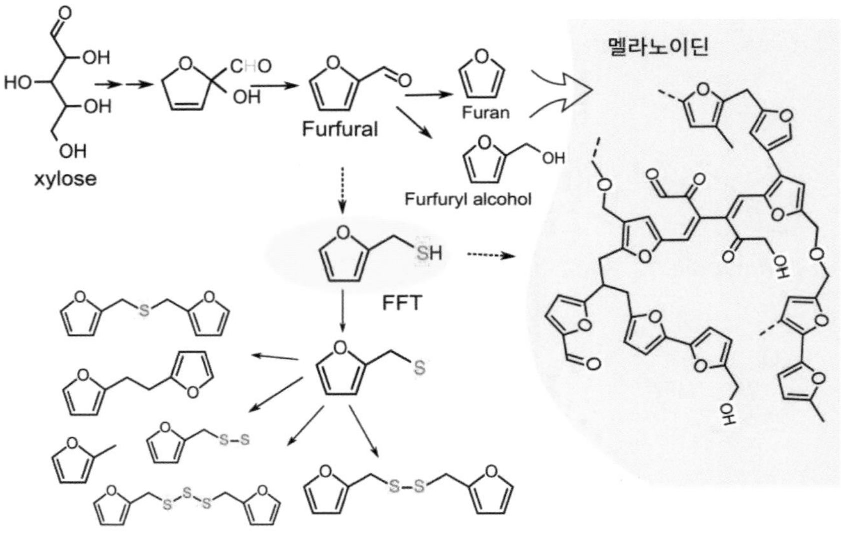

FFT의 생성 기작과 및 변화 기작(향의 언어, 2021)

에 일부가 FFT가 된다. 그러니 고온으로 가열하는 모든 식품에서 FFT가 생긴다고 추정할 수 있다. 그래서 고기 등 다양한 가열 식품에 매력을 부여한다. 다른 식품에서 FFT의 역할이 커피보다 훨씬 적은 것은 쉽게 사라지기 때문이다. 커피는 단단한 세포벽 덕분에 상대적으로 많이 만들어지고, 또한 세포벽에 보호되어 오래 남는 것이라고 해석할 수 있다. 커피에서도 이 향기 물질은 결국에는 사라지는데, CGA가 분해되어 만들어진 카페산과 퀸산은 저분자 싸이올과 결합하는 특성이 있어서 FFT를 줄이는 역할도 하고 멜라노이딘도 FFT와 결합하여 줄이는 역할을 한다.

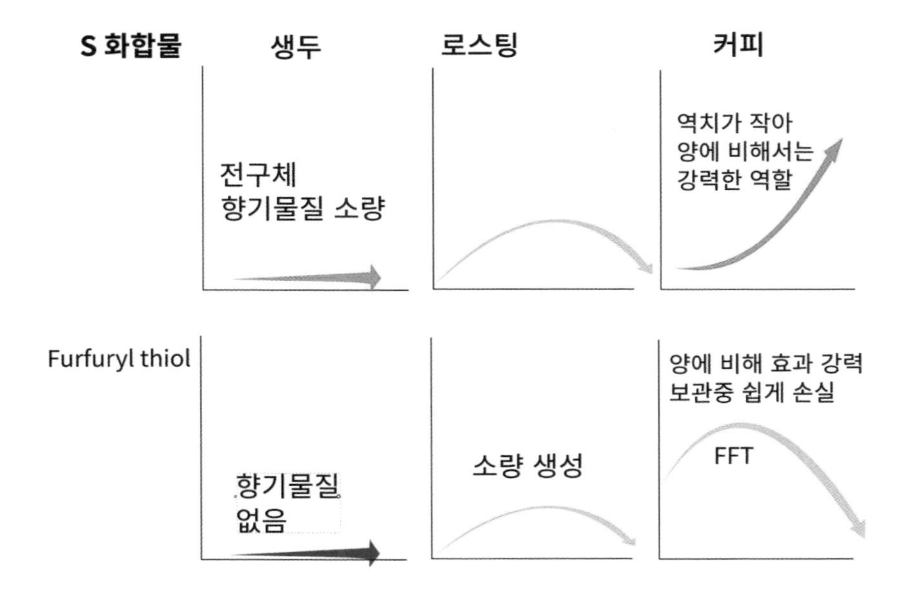

사람의 후각이 개보다 훨씬 약하다고 하지만, 황을 포함한 향기 물질이나 가지구조를 가진 아미노산에서 유래한 향기 물질은 개 코만큼이나 예민할 때도 있다. 아미노산 중에는 류신, 이소류신, 발린 같은 분지형 아미노산에 만들어지는 향미 물질은 독특한 가지(Branch) 구조를 가진 덕분에 향도 독특하고 역치도 낮아서 양에 비해 중요한 역할을 하는 경우가 많다. 특히 에스터 물질로 전환되면 더 중요한 풍미 물질이 된다. 이러한 개별 향기 물질에 대한 자세한 설명은 『향의 언어』와 『사과 향은 없다』에서 자세히 다루었다.

표. 커피의 주요 향기 물질

향조	기여 성분
꽃, 과일	acetaldehyde, propanal, linalool, damascenone, raspberry ketone, octanal
몰트, 코코아	methylbutanal, methylpropanal
달콤함, 빵, 버터	furans, furanones (furaneol, sotolon), maltol, diacetyl
커피, 황	furfurylthiol, methanethiol, methyl furanthiol, mercaptomethylbutyl formate, methylbutenethiol
너트, 로스팅	pyrazines, methoxypyrazine
정향, 스모키	ethyl guaiacol, vinyl guaiacol, guaiacol, phenol, pyridine

표. 커피 추출액의 향기 성분(Mayer et al, 2000)

구분	성분 (농도, 역치 PPM)	농도	역치	기여도
달콤함 캐러멜	3-Methylbutanal	0.57	0.4	1,425
	Methylpropanal	0.76	0.7	1,086
	Furaneol	7.2	10	720
	Homofuraneol	0.8	1.15	696
	2-Methylbutanal	0.87	1.9	458
	Diacetyl	2.1	15	140
	2,3-Pentanedione	1.6	30	53
	Vanillin	0.21	25	8
	Caramel furanone	0.08	20	4
흙냄새 너트	3-Isobutyl-2-methoxypyrazine	0.0015	0.005	300
	2-Ethyl-3,5-dimethylpyrazine	0.017	0.16	106
	2,3-diehtyl-5-methylpyrazine	0.0036	0.09	40
	2-Ethenyl-3,5-dimethylpyrazine	0.001		
	2-Ethenyl-3-ethyl-5-methylpyrazine	0.002		
황 로스팅	3-Methyl-2-butan-1-thiol	0.0006	0.0003	2,000
	FFT(2-Furfurylthiol)	0.017	0.01	1,700
	3-Mercapto-3-methylbutyl formate	0.0057	0.0035	1,629
	methanethiol	0.17	0.2	850
	2-Methy-3-furanthiol	0.0011	0.007	157
	Methional	0.01	0.2	50
스모키	4-Vinylguaiacol	0.74	20	37
	Guaiacol	0.12	25	5
	4-Ethylguaiacol	0.048	50	1
과일	Damascenone	0.0016	0.00075	2,133
	Acetaldehyde	4.7	10	470

표. 커피 향의 추출 수율

향기 물질	농도 ppm	추출 수율 %	역치 ppm	기여도
Sweet /caramel group				
Methylpropanal	0.76	59	0.7	1090
2-Methylbutanal	0.87	62	1.9	460
3-Methylbutanal	0.57	62	0.4	1430
Diacetyl	2.10	79	15	140
2,3-Pentanedione	1.60	85	30	50
4-Hydroxy-2,5-dimethyl-3(2H)-furanone	7.2	95	10	720
2-Ethyl-4-hydroxy-5-methyl-3(2H)-furanone	0.8	93	1.15	700
Vanillin	0.210	95	25	8
Earthy Group				
2-Ethyl-3,5-dimethylpyrazine	0.017	79	0.16	110
2-Ethenyl-3,5-dimethylpyrazine	0.001	35	ND	
2,3-Diethy-5-methylpyrazine	0.0036	67	0.09	40
2-Ethenyl-3-ethyl-5-methylpyrazine	0.002	25	ND	
3-Isobutyl-2-methoxypyrazine	0.0015	23	0.005	300
Sulphurous/roasty group				
FFT(2-Furfurylthiol)	0.017	19	0.01	1700
2-Methyl-3-furanthiol	0.0011	34	0.007	160
Methional	0.010	74	0.2	50
3-Mercapto-3-methylbutyl formate	0.0057	81	0.0035	1630
3-Methyl-2-buten-1-thiol	0.0006	85	0.0003	2000
Methanethiol	0.170	72	0.2	850
Smoky/phenolic group				
Guaiacol	0.120	65	25	50
4-Ethylguaiacol	0.048	49	50	1
4-Vinylguaiacol	0.740	30	20	40
Fruity group				
Acetaldehyde	4.7	73	10	470
β-Damascenone	0.0016	11	0.00075	2130
Spicy group				
3-Hydroxy-4,5-dimethyl-2(5H)-furanone	0.08	78	20	4

표. 아라비카(A)와 로부스타(R)의 핵심 향기 성분(Luigi Poisson, 2017)

주요 향기 성분	향 속성	풍부함
Methanethiol	Sulfur, garlic	R
Dimethyl sulfide DMS	Sulfur, cabbage	A/R
Dimethyl disulfide DMDS	Sulfur, cabbage	A/R
Dimethyl trisulfide DMTS	Sulfur, cabbage	A/R
FFT	Sulfur, roasty	R
3-Mercapto-3-methylbutyl formate	Catty, black currant	A/R
Methional	Potato	A
2-Methylbutanal	Green, solvent, malty	R
3-Methylbutanal (Isovaleraldehyde)	Malty, cocoa	A/R
2,3-Butanedione (Diacetyl)	Buttery	A/R
2,3-Pentanedione	Buttery	A
2-Ethyl-3,5-dimethylpyrazine	Earthy, roasty	R
2-Etheny-3,5-dimethylpyrazine	Earthy, roasty	R
2,3-Diethyl-5-methylpyrazine	Earthy, roasty	R
2-Methoxy-3-isobutylpyrazine	Pea, earthy	A
2-Methoxyphenol (Guaiacol)	Smoky	R
4-Ethyl-2-methoxyphenol	Spicy, clove-like	R
4-Vinyl-2-methoxyphenol	Spicy, clove-like	R
Sotolon	Fenugreek, curry	A/R
Furaneol	Caramel, fruity	A

표. 커피의 향기 성분(Blank et al., 1992; Semmelroch & Grosch, 1995)

Compound	Aroma	분말	Brew
Sotolon	Seasoning-like	6	8
2-Ethyl-3,5-dimethylpyrazine	Earthy, roasty	8	7
Maple furanone	Seasoning-like	6	7
Methional	Boiled potato	4	6
4-Ethylguaiacol	Spicy	5	6
4-Vinylguaiacol	Spicy	6	6
Vanillin	Vanilla-like	2	6
3-Mercapto-3-methylbutylformate	Catty, roasty	8	5
Furaneol	Caramel-like	1	5
Acetaldehyde	Fruity, pungent	2	4
2,3-Diethyl-5-methylpyrazine	Earthy, roasty	6	4
3-Isobutyl-2-methoxypyrazine	Earthy	6	4
2-Hydroxy-3,4-dimethyl-2-cyclopentenone	Caramel-like	3	4
FFT	Roasty(coffee)	5	3
3-Mercapto-3-methyl-1-butanol	Meaty (broth)	2	3
2-/3-Methylbutanoic acid	Sweaty	3	3
β-damascenone	Honey-like, fruity	8	3
Methylpropanal	Fruity, malty	1	2
2-/3-Methylbutanal	Malty	1	2
Phenylacetaldehyde	Honey-like	3	2
2,3-Butanedione (diacetyl)	Buttery	1	2
2,3-Pentanedione	Buttery	2	2
Trimethylpyrazine	Roasty, earthy	3	2
3-Isopropyl-2-methoxypyrazine	Earthy, roasty	4	2
(E)-2-nonenal	Fatty	3	1
Methanethiol	Sulfury, cabbage	1	1
3-Methyl-2-buten-1-thiol	Amine-like	2	1
2-Methyl-3-furanthiol	Meaty, boiled	4	1
DMTS Dimethyltrisulfide	Cabbage-like	1	1
Trimethylthiazole	Roasty, earthy	1	1
5-Ethyl-2,4-dimethylthiazole	Earthy, roasty	2	1
Linalool	Flowery	2	1
Guaiacol	Phenolic, burnt	2	1

앞에 참고용으로 몇 가지 커피 향의 분석 결과를 제시했지만, 향은 단순히 냄새로 지각되는 성분을 찾는다고 해석할 수 있는 문제가 아니다. 좋은 꽃향기에도 개별적으로는 별로 매력적이지 않고, 악취 물질로 알려진 것도 포함되어 있다. 그런 성분 덕분에 오히려 매력이 증가한다.

향이 물감을 섞듯이 논리적으로 혼합되는 것이 아니라 400가지 수용체가 개입하다 보니 엄청나게 복잡한 혼합, 상승, 억제 작용이 일어나 예상과 다른 효과가 나타난다. 그래서 향기 물질에 몇 년씩 매달려 조합의 비밀을 연구하는 조향사도 원하는 향미를 척척 만들어 내기 힘들다. 사실 우리가 후각에서 가장 풀지 못한 비밀은 억제인지도 모른다. 한 가지 향기 물질이 정해진 하나의 수용체만 결합하는 것이 아니라 유사한 수많은 수용체와 결합하기 때문에 자신의 제짝이 아닌 수용체에 결합할 때는 다른 물질의 결합을 방해하는 억제 작용으로 작동한다. 향기를 내는 물질의 작용보다 그런 억제기능이 파악이 훨씬 힘들다.

후각의 사구체 주위의 연결 배선을 보면 얼마나 복잡한 상호 억제의 피드백이 꼬리에 꼬리를 물고 계속 일어나는지 알 수 있다. 수용체가 토리로 전달되면서, 토리의 신호가 수용체를 조절하고, 승모세포의 신호가 과립세포로 전달되면서 과립세포의 신호가 승모세포로 전달된다. 조롱박 겉질에서 상위 겉질로 신호를 보내지만, 동시에 조롱박 겉질은 상위의 겉질의 되먹임에 의해 조절을 받는다. 그런 상호작용과 조절을 통해 우리의 코는 목적에 맞게 능동적으로 향기를 탐색하기 때문에 향기 물질만으로 어떤 느낌이 나는지 예측하기 힘들다. 향기 물질의 분석은 대표적인 지표 물질을 찾는 정도인 셈이다.

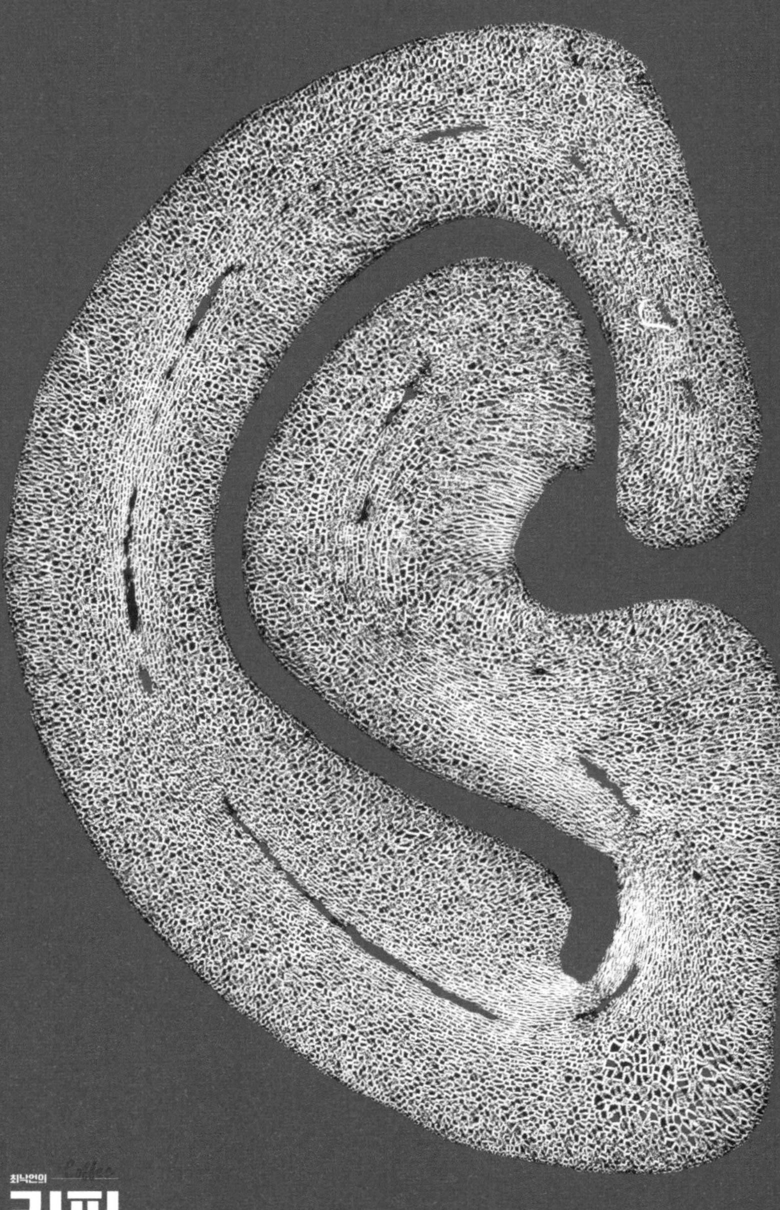
최낙언의
커피
공부
From Bean to Flavor

Part 3

추출의 물리학

커피 한 잔의 완성

7장. 커피의 분쇄와 추출 용매(물)

커피의 완성은 추출이다. 그런데 커피의 추출 방법은 정말 다양하다. 그만큼 다양한 변수가 개입한다는 의미다. 많은 변수 중에서 분쇄와 물이 어떻게 커피 맛에 영향을 미치는지부터 공부할 필요가 있다.

1. 커피의 분쇄

1) 분쇄의 필요성과 원리

커피의 완성은 추출이다. 맛있는 한 잔의 커피를 위해서는 좋은 생두를 구하고 생두의 특성에 맞게 잘 로스팅하는 것이 중요하지만, 최종 단계의 추출도 좋아야 한다. 같은 도구를 사용하여 같은 시간 추출해도 로스팅 정도, 분쇄도, 입도 분포, 커피의 양, 물 온도, 추출 정도 등에 따라 맛이 달라진다. 추출은 변수도 다양하고, 상호작용을 하므로 원하는 맛의 커피를 재현성 있게 뽑으려면 원리의 이해가 필요하다. 각각의 조건의 변화가 커피 맛에 어떤 영향을 미치는지 그 법칙을 이해해야 변화에 유연하게 대처하면서 원하는 맛을 추출할 수 있다. 먼저 추출의 첫 단계인 분쇄부터 알아보고자 한다.

생두는 매우 단단하다. 생두를 구성하는 세포의 크기는 30~40㎛ 정도인데, 5~7㎛ 두께로 세포벽이 감싸고 있다. 다른 식물 세포의 세포벽의 목질화된 부분이 1~4㎛ 정도인 것에 비해 훨씬 두껍다. 생두를 로스팅하면 세포가 약간 부풀어 0.05㎜(50㎛) 정도라서, 원두를 지름 1㎜ 크기로 분쇄하면 조각당 세포가 20x20x20 = 8,000개 정도 들어 있다. 0.1㎜(100㎛)로 분쇄하면 조각당 8개의 세포가 들어 있게 된다. 보통 0.1㎜ 이하를 미분(fine)이라고 하는데 미분은 거의 세포 단위 이하로 쪼갠 셈이다. 지름이 10인 것과 100의 차이는 크기는 1,000배(10x10x10) 차이이다. 개수는 1,000배 차이이고, 표면적은 100배 차이이다. 입도에 따라 모든 것이 달라진다.

커피 분쇄의 크기는 추출을 느리게 할수록 크고, 고온이나 고압을 이용해 빠르게 하려면 가늘게 만드는데, 가장 미세하게 분쇄하는 경우는 R&G 커피용이다. 커피 분말은 70%가 불용성이라 물에 녹지 않기 때문에 분말 그대로 넣어서 음료에서 침전되지 않으며, 사람이 입으로 느낄 수 없을 정도로 미세하게 분쇄하려면 평균 입자 크기는 20㎛ 이하가 되게 미세하게 분쇄해야 한다.

커피에는 다양한 추출법이 있고, 추출 방법에 따라 추출 온도, 압력, 시간, 적절한 분쇄 입도가 달라진다. 커피 입자의 크기는 압력에 따라 물 흐름을 달

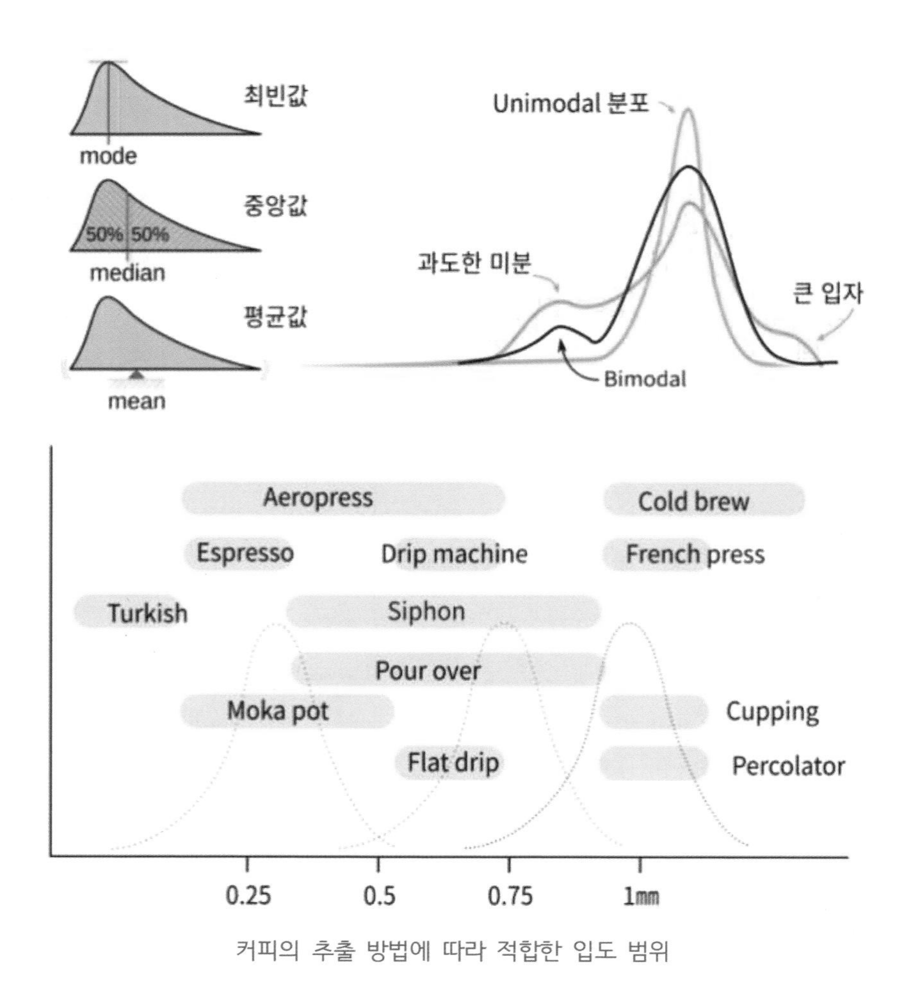

커피의 추출 방법에 따라 적합한 입도 범위

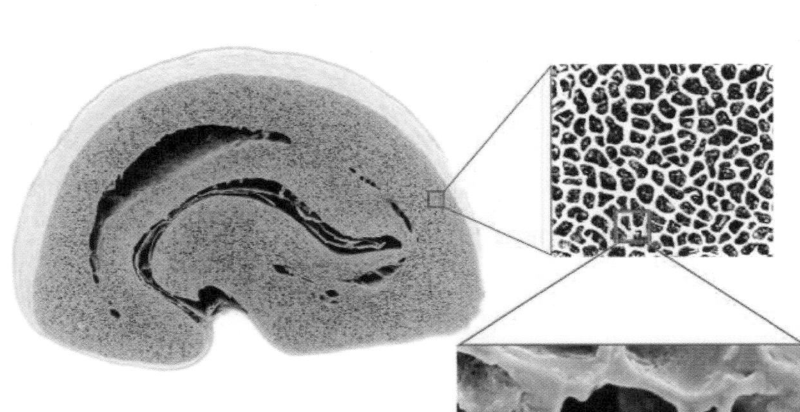

직경mm	빈당 입자수	입자당 세포수
1.5	160	27,000
1.0	540	8,000
0.5	4,320	1,000
0.2	67,500	64
0.1	540,000	8

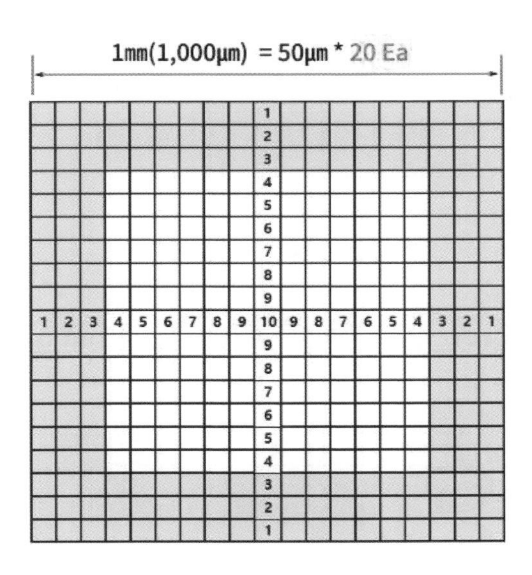

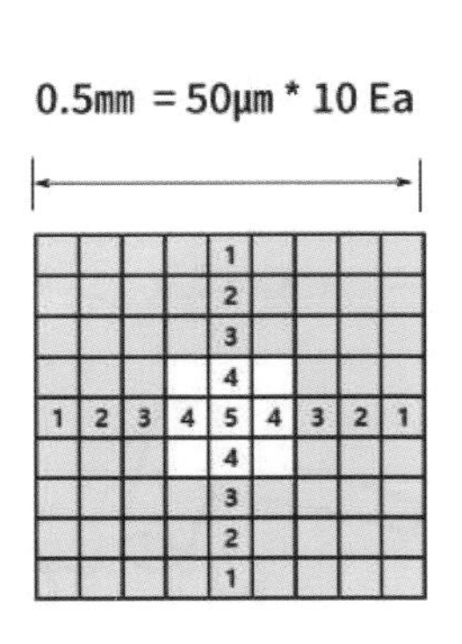

분쇄된 커피 크기와 포함된 세포의 숫자의 관계(향의 언어, 2021)

라지게 하고, 물과의 접촉시간 및 추출 정도가 달라진다. 접촉시간이 길수록 커피는 더 굵게 분쇄하는 편이다. 아주 미세한 입자는 과잉 추출을 일으키기 쉽고, 이는 커피 음료에서 쓴맛 증가로 이어진다. 다만 에스프레소처럼 추출 시간이 매우 짧은 경우라면 미분이 있어도 되는데, 이때는 접촉 시간을 줄여서 과잉 추출을 제어해야 한다.

원두를 분쇄할 때는 크기도 중요하지만, 크기의 분포도 중요하다. 가능한 같은 크기, 균일한 것이 좋다. 입도가 균일해야 그 크기를 기준으로 이상적인 추출이 가능하다. 입도가 작은 것과 큰 것이 같이 있으면 큰 것을 기준으로 추출하면 작은 것에서 과도한 추출이 일어나고, 작은 것을 기준으로 추출하면 큰 것에서는 추출되지 않고 손실되는 부분이 많아진다. 완벽한 추출이란 한마디로 원하는 성분을 최대한 녹여내면서 원하지 않는 부분은 녹여내지 않는 기술이다. 크기가 작을수록 추출이 빨라지기 때문에, 원하지 않는 부분을 녹지 않게 하기 힘들어진다. 추출 방법에 적당한 크기가 있어야 빨리 추출되는 것과 늦게 추출되는 것의 시간 차이를 이용하여 원하는 부분만 추출할 수 있다.

좋은 그라인더라면 다음과 같은 요구사항을 만족해야 한다.

- 어떤 재료를 투입하든, 모든 배치에 일관되게 구동되어, 같은 결과물이 나와야 한다.

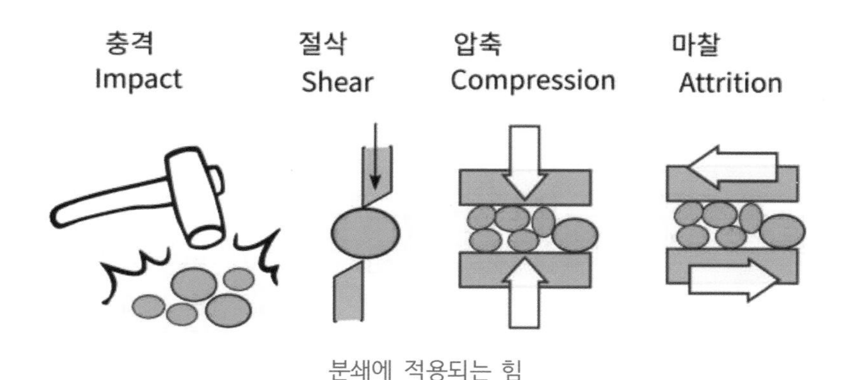

분쇄에 적용되는 힘

• 입자 크기 분포는 좁아야 하고. 미분은 적게 발생해야 한다.
• 정전기 감소 장치 등으로 미분이 뭉치거나 달라붙지 않아야 한다.
• 분쇄 시 열 발생이 적고, 온도가 일정해야 한다.
• 분쇄 칼날 및 교체 부속들은 마모도가 적고 쉽게 교체할 수 있어야 한다.
• 분쇄 칼날의 각도, 위치가 정밀하게 맞아야 하고, 이런 세팅이 재현할 수 있어야 한다.
• 청소와 유지 관리가 쉬워야 한다.

그라인더의 상태를 최상으로 유지하고 마모 정도는 줄이면서 분쇄 품질은 높이려면, 커피의 상태도 중요하다. 돌이나 금속류 이물질은 그라인더에 가장 치명적인 해를 입힌다.

- 분쇄기의 기본 원리

원두를 분쇄할 때 가해지는 힘은 자름, 누름, 밀림 등의 작용이 복합적으로 작용한다. 자름 작용은 입자를 둥글고 일정하게 하여 입도 분포를 좁게 하고, 압축(누름)과 충격은 입자의 형태는 불규칙하게 크기 분포는 더 넓게 하는 경향이 있다. 커피 분쇄는 얼마나 미분이 적고, 크기가 일정한지가 중요한데, 이를 위해서는 분쇄하는 힘의 강도와 전달 방식 못지않게 원하는 크기로 분쇄된 원두에는 다시 충격이 가해져 더 미세한 분말로 분쇄되지 않게 하는 것이 중

요하다. 과일을 갈 때 사용하는 블렌더처럼 통 안에 회전하는 날로 분쇄하면 어떤 입자는 원하는 크기로 분쇄된 후에도 계속 충격을 받아 미분이 되고, 어떤 입자는 블레이드에 닿지 않아 큰 입자를 유지한다. 입도가 균일하기 힘든 것이다. 다단 롤러는 1단에서 최소한의 힘으로 분쇄 후 롤러 틈보다 작은 것은 아래로 빠져서 더 이상 충격을 받지 않고, 큰 것은 롤러 틈보다 작게 분쇄되어야 아래로 빠지게 된다. 이렇게 점점 좁혀진 여러 단의 롤러를 거쳐 분쇄하면 가장 균일한 입자 분포가 된다. 버(Burr) 타입은 중간의 입도를 가진다.

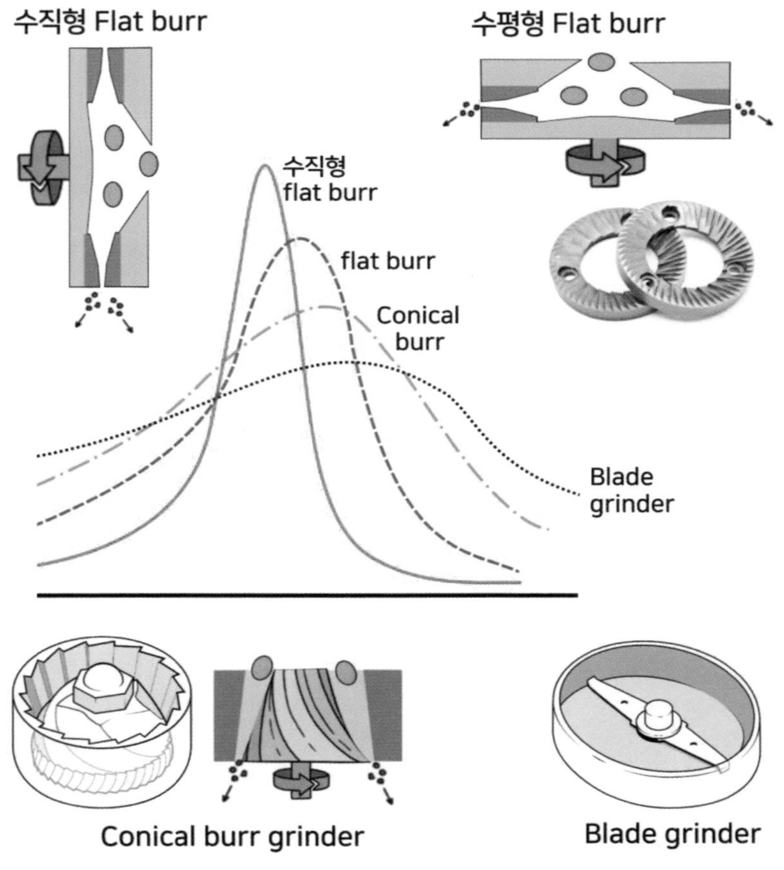

소용량 분쇄기의 형태와 입도 분포

아래 그림은 여러 가지 버(Burr) 그라인더의 입자 크기 분포이다. (a)는 말코닉 사의 98mm 평판(flat) 디스크 그라인더 EK43 모델을 사용했을 때의 값이다. 날이 넓어서 작게 분쇄해도 입자 크기의 분포가 좁게 나타난다. 덕분에 커피 업계에서는 추출 수율을 높이면서도 쓴맛을 피할 수 있어서 높은 인기를 끌었다. 과소 추출 또는 과잉 추출에 의한 나쁜 맛은 없이 추출 수율을 높일 수 있었다. 곡선 (d)는 원뿔형(Conical) 날을 사용한 것으로 입자 크기 분포가 넓게 나타난다. 입자 크기 중앙값이 (a)에 비해 크고 분포가 넓다. 이때는 추출 시간은 같아도 수율이 낮고, 미분으로 과잉 추출의 쓴맛과 굵은 입자로 인한 과소 추출의 신맛이 더해진다. 미분이 많으면 추출 전에 체를 사용해서 나쁜 맛이 될 부분은 제거할 수 있지만 그만큼 원료는 손실되고, 시간도 소비되어 바쁜 카페에서는 비실용적이다.

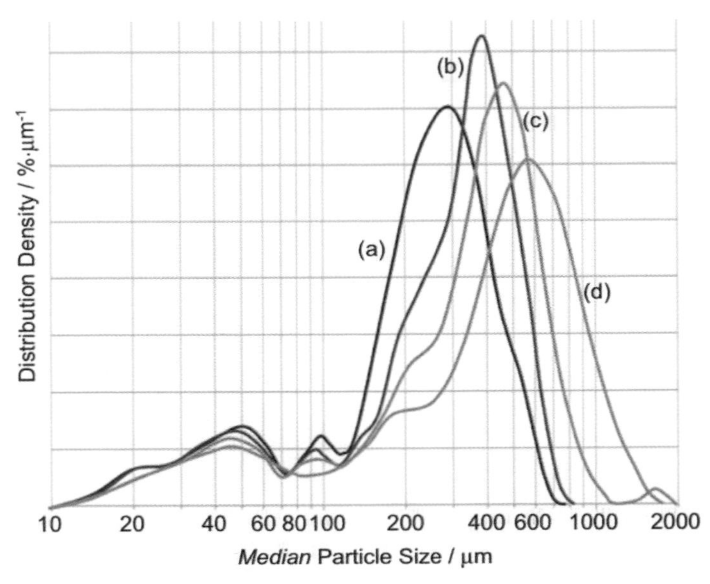

입도 분포 (a) EK43 98mm, (b) 65mm, (c) 75mm, (d) 71mm 코니컬

2) 입자 크기의 분포

커피콩 같은 자연물을 분쇄하여, 분쇄된 입자를 크기별로 분류해 양을 표시해 놓은 것을 입자 분포(Particle Size Distribution)라고 한다. 입자의 분포가 좁을수록 일정한 크기로 분쇄된 것인데 대부분 크기와 모양에서 편차가 크다. 이런 그림을 읽을 때 조심할 것이 크기를 보통 지름으로 표시하는데, 10㎛가 1,000㎛의 1/100이 아니라는 것이다. 크기는 지름의 3승배라 1,000㎛ 입자

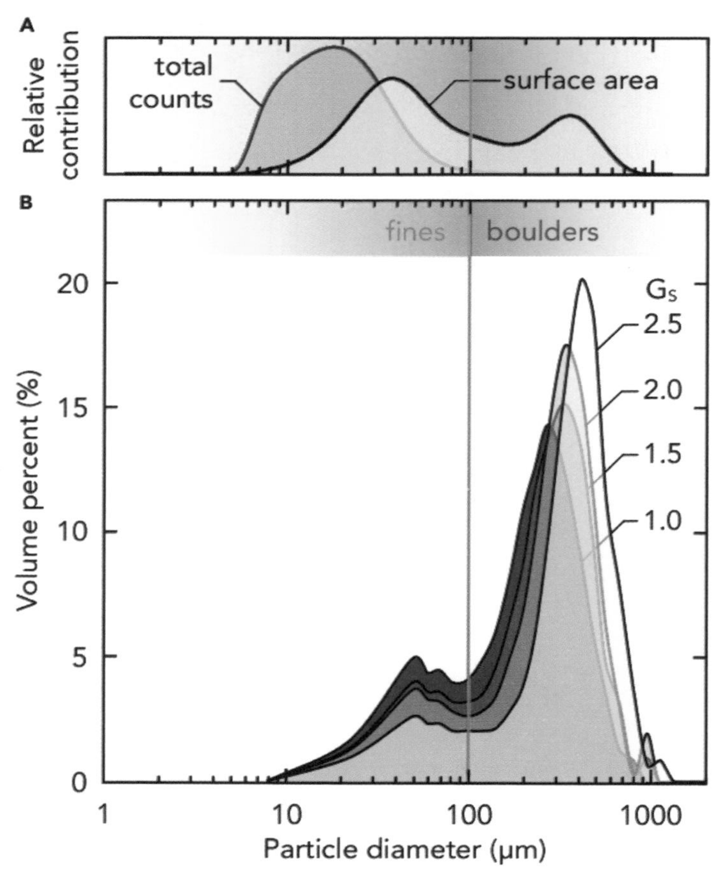

입도에 따른 부피, 표면적, 입자의 개수(Michael I. Cameron,2020)

한 개를 10㎛로 쪼개면 100조각이 아니라 1,000,000조각이 된다. 우측의 입자 분포도를 보고 100~1,000 사이의 입자가 많다고 생각하면 틀린 것이고, 숫자로는 20㎛ 이하가 압도적으로 많다. 분쇄물의 특징을 부피와 숫자의 중간 성격인 표면적의 비율로 이해하는 것이 좋을 것이다.

추출에서 중요한 것이 입자의 분포인데 입자 크기가 작을수록, 표면적 비율이 커지고 추출률 또한 좋아진다. 그렇지만, 미세 입자가 많으면 물 흐름이 막히면서 추출 일관성이 나빠질 수 있다. 이런 미세 입자를 미분(fine)이라 하는데 미분이 필터 구멍을 막아 추출액과 커피의 분리를 방해할 수도 있다. 커피에서 미분은 보통 0.1mm(100㎛) 이하다.

입도는 분석기기, 체, 영상분석 S/W 등으로 가능하고, 어느 정도는 눈과 손의 감각 판단이 가능하다. 또한 커피가 추출되는 형태와 시간 그리고 맛을 통해 간접적으로 추정할 수 있다. 커피 추출물은 커피 분말의 평균 지름, 분쇄 입자 분포, 추출 기법이 결합한 결과물이기 때문이다. 모든 분쇄는 주어진 커피 추출 방식에 알맞은 평균 입자 크기를 얻는 것을 목표로 한다.

- 입자의 크기 및 분포의 측정 방법

분쇄는 평균 입자 크기를 중심으로 최대한 좁게 분포한 것이 바람직하다. 즉, 모든 입자 크기가 가급적 같아야 한다. 예외라면 에스프레소뿐일 것이다. 에스프레소의 경우는 짧은 추출 시간 동안 압력을 형성하고 바디와 섬세한 크레마를 만들기 위해서 어느 정도 미분이 필요하다.

커피 분쇄의 입자 분포는 대개 쌍봉형(Bimodal)이다. 즉, 봉우리가 두 개이다. 작은 쪽이 미분 영역에서 봉우리이다. 미분의 양이 일정하게 적게 나오는 것이 좋은 분쇄기이다. 액체질소를 사용하여 수분을 완전히 없애 탄력을 없애면 미분이 적어져 단봉형이 될 수 있다. 통상은 피하기 힘들다. 그래서 필터링 같은 후처리를 통해 입자 분포를 원하는 쪽으로 좁게 할 수도 있다.

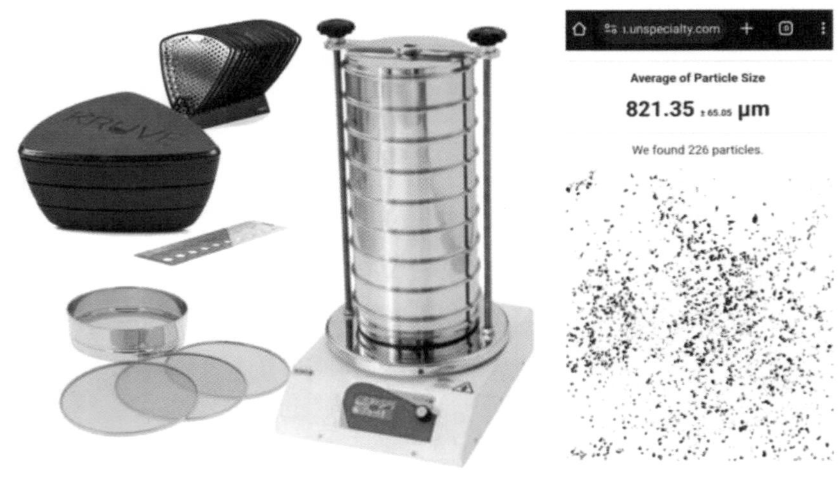

Sieve 분석

Image analysis

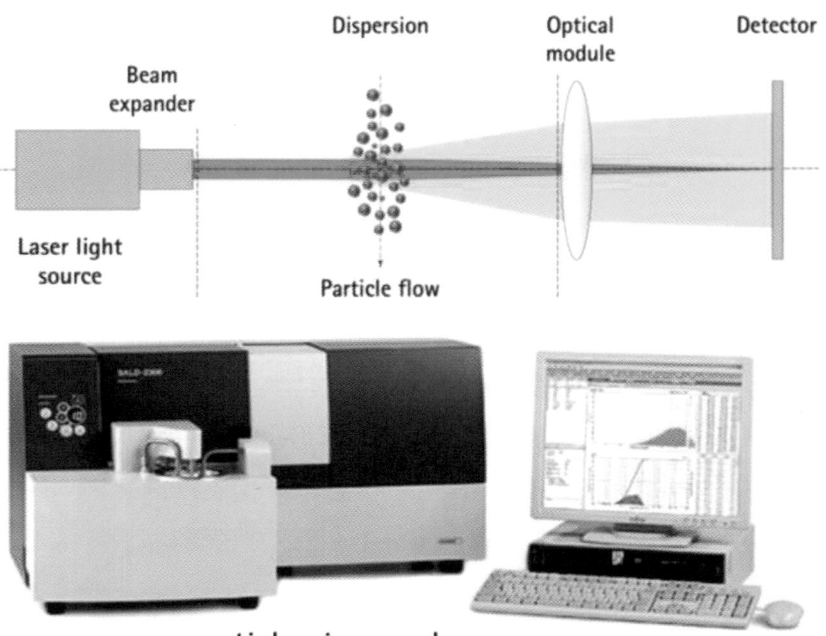

particle size analyzer

입도를 객관적으로 측정하려면 체질, 레이저 회절이나 사진 분석을 통한 광학적 측정법을 사용한다. 체질과 레이저 회절을 통한 분석은 입자가 동근 모양이라는 가정을 바탕으로 한다. 이에 비해 사진 분석은 입자의 실제 모습을 보면서 하는 것으로 구체적 형태를 확인할 수 있다. 사진의 이미지 분석 소프트웨어를 결합하여 입도를 측정하는 것은 매우 효과적인 방법이다.

체질로 측정할 때는 산업용 표준 단위의 체를 크기순으로 여러 장 겹쳐 사용한다. 분쇄된 커피를 맨 위의 체에 부으면 중력과 진동으로 입자가 체를 통과한다. 입자는 크기별로 해당하는 체에 걸린다. 각 체마다 무게를 잰 뒤, 밀도분포를 계산한다. 레이저 회절 측정법에서는 이렇게 흘러가는 커피를 레이저로 조사하고, 그 흩어지는 패턴을 받아 수학적 알고리즘을 적용해 같은 회절 형태를 보이는 구체 지름을 산출한다.

3) 산업용(대규모) 분쇄기

식품의 분쇄는 곡물 분쇄기에서 시작되어 여러 분야로 확대된 것이라, 커피도 곡물 분쇄기에서 유래한 것이 많다. 곡물용 롤러 그라인더는 산업용 커피 분쇄에서도 여전히 최고의 설비다. 롤러 그라인더는 1~6가지의 분쇄 단계를 거치고 각 분쇄 단계마다 두 개의 롤러가 마주 보고 있다. 각 롤러는 지름이 120~200mm에 길이가 200~900mm 또는 그 이상이며 처리량은 시간당 200kg에서 수 톤에 달한다. 롤러는 표면을 경화 처리를 한 것으로 표면에 의도적으로 민무늬로 하거나 원형 또는 축 방향으로 홈을 파기도 한다. 날은 한쪽은 날카롭고, 반대편 쪽은 무디어서 각 롤러끼리는 날카로운 날과 무딘 날이 만나 효율을 높인다. 또한 각 롤러의 속도를 바꿀 수 있다. 이렇게 홈 형태와 방향, 속도가 달라서 커피에 가해지는 동작을 다양하게 구현할 수 있고, 자름-누름-전단 작용을 복합적으로 구현할 수 있다.

입자 크기 분포를 좁게 하려면, 다음과 같은 조치를 하면 좋다.

• 분쇄 단계를 늘린다. • 원형 홈을 파거나 민무늬로 한다.

• 홈의 개수를 줄인다. • 과도하지는 않지만, 뚜렷하게 속도 차를 둔다.

• 분쇄 틈을 제대로 정렬한다. 초기 단계에서는 너무 넓지 않게, 후기 단계에서는 너무 좁지 않게 한다.

• 온도는 일정하게, 과도하게 높아지지 않게 제어한다.

• 커피 투입은 일정하게, 과도하게 많이 투여하지 않도록 한다.

• 그라인더 내 기체 흐름을 제어한다.

사용 시간에 따라 그라인더 롤러의 마모가 일어나고, 입도는 나빠지기 때문에 대략 4,000시간이 지나면, 롤러는 새로 연마하거나 교체할 필요가 있다.

소규모의 산업용 분쇄 기기에는 디스크형 그라인더를 사용할 수 있다. 이

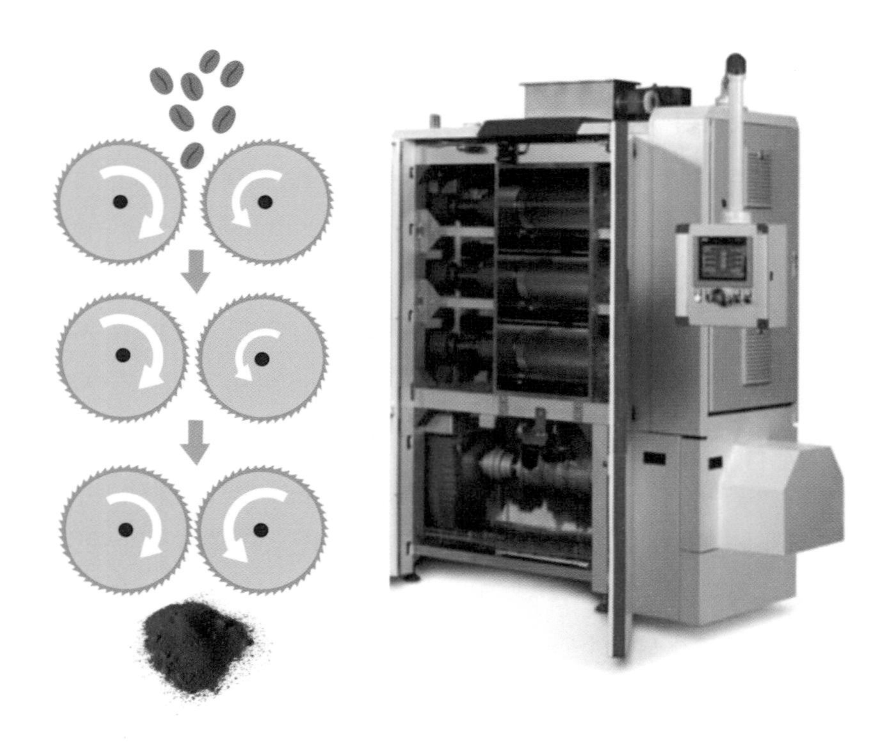

산업용 분쇄기의 롤러 형태

방식은 한 번에 분쇄하기 때문에, 처리량에 제한이 있고, 원하는 입자 분포를 제어하기 힘들다. 디스크 그라인더는 시간당 400kg까지 처리할 수 있으며 250시간마다 연마를 해야 한다.

최근 롤러 그라인더에 적용된 중요한 개선점은 차동장치이다. 이 덕분에 롤러마다 회전 속도를 다르게 할 수 있으면 입자 분포를 맞추는 데 도움이 되고 미분을 줄일 수 있을 뿐만 아니라 롤러 속도를 가감함으로써 롤러의 마모도 줄일 수 있다. 의도적으로 쌍봉형 분쇄 형태로 만들 수도 있다.

롤러 그라인더는 100㎛ 정도의 미세 분쇄 영역에도 점점 더 최적화되고 있다. 롤러 간격을 더 좁힐 수 있게 된 덕분인데, 이런 기기들에는 롤러가 서로 맞닿지 않도록 하는 물리적 스토퍼가 있다. 이런 기술 덕분에 아주 미세한 분쇄가 가능한데, 그래도 평균 입자 크기가 100㎛ 미만으로 분쇄하려면 여전히 다른 분쇄 기법이 선호된다. 초미세 분쇄 영역은 액체질소를 사용하는 그라인더가 더 많이 쓰인다(Pulverization).

액체질소를 투여하면 원두커피는 더 잘 부서진다. 온도가 높을 때 날아가기 쉬운 향 성분의 휘발성 및 산소 민감성 또한 제어할 수 있다. 이 점에서 고품질의 분쇄 커피 생산 업계 및 동결 건조 커피 생산 업계에서는 더 굵은 분쇄 작업에도 액체질소를 투입하려는 시도가 있다. 액체질소는 상온 환경에서는 증발하기 때문에 분쇄 커피의 건조 가공에 적합하다. 분쇄 작업에 물이나 식용 오일을 투여하는 때도 있는데, 이들 또한 분쇄 중 방출되는 향 성분을 가두는 데 도움이 된다. 다만 그로 인해 발생하는 혼합액을 처리하는 공정이 더 필요하다. 액체를 사용하는 분쇄에서는 밀봉 등 특별한 부가 조치가 필요하므로 볼 그라인더 등 특수한 그라인더가 사용된다.

- 후처리: 노멀라이징, 압착, 분류

노멀라이저는 터키식 커피용 그라인더에 사용되는 것으로 미세하게 분쇄된 커피를 걸러 주는 장치이다. 그라인더 배출구 아래에 부착되는 원통형 장치인데, 페달이나 해머를 통해 분쇄 커피를 섞고 주무르고 두드려 준다. 생산된 분쇄 커피는 일정 크기의 사일로, 퍼콜레이터 또는 캡슐 같은 포장에 넣어야 하므로 부피당 무게가 일정해야 한다. 추출용 분쇄 커피 층은 최적 밀도와 기공성을 가져야 하는데, 이 두 가지를 노멀라이저를 통해 해결할 수 있다. 에스프레소를 만들 때 탬퍼를 쓰는 것과 유사한 효과다.

인스턴트커피를 제조할 때는 커피가 계속 후속 공정으로 이동해야 하므로 노멀라이저는 적절하지 않아 다른 기기를 사용한다. 여기서는 미세 입자들과 채프를 제거해야 한다. 현재는 공기를 커피가 움직이는 역방향으로 불어넣어 미세 입자와 채프를 떼어내는 방식이 쓰이고 있는데, 그라인더에 이런 분리 작업 시스템을 결합하려는 연구가 진행 중이며, 별도의 공기 분리기를 사용하는 단순한 방식도 있다. 다만 산소 접촉 및 이로 인한 품질 손상을 막기 위해서는 주의 깊고 엄격한 구동이 필요하다.

4) 카페, 업소용(소규모) 분쇄기

커피는 분쇄하면 품질이 급격히 나빠지므로 추출하려는 시점에 분쇄한다. 필요할 때 소량을 분쇄하는 설비는 공장용 대형 분쇄기에 비해 크기가 작고, 비용이 저렴하지만, 분쇄 품질이 떨어질 수밖에 없다. 롤러형 대형기 틈이 넓은 1단에서 살짝 분쇄하여 이때 작은 것은 아래로 빠지고 틈보다 큰 것만 다시 분쇄의 힘을 받는 식으로 단계적으로 분쇄하여 미분의 발생이 적고, 분쇄 시 열 발생도 적어 향에 손상이 적다. 그래도 가능한 미분의 발생이 적고, 분쇄된 크기가 균일(입도의 분포가 좁음)하고, 반복하여 사용해도 재현성이 좋은 것을 골라야 한다. 추가로 입도 조절이 쉽고, 열 발생이 적고, 사용성이 좋고, 유지 보수가 쉬운 것, 정전기가 없는 것을 선택하는 것이 좋다. 정전기가 발생하면 미분이 뭉치거나 달라붙어 가루의 분포가 불균일해져 물 흐름이 달라져 추출의 일관성이 떨어진다.

커피를 분쇄하면 크기와 물리적 구조만 바뀌는 것이 아니라 마찰열에 의해 약간의 화학적 변화도 일어난다. 분쇄 시 최고 온도가 80℃라고 하지만 100℃를 넘을 때도 있다. 이 온도는 로스팅할 때보다는 훨씬 낮은 온도와 시간이지만, 공기에 직접 노출되어 산화 반응 등 불리한 반응이 일어난다. 분쇄 시 세포벽에 갇혀 있던 가스와 향도 방출된다. 가스의 방출은 추출에 유리하지만, 향의 손실도 같이 일어난다.

• 평판 디스크 버(Burr): 지름 50~180mm의 디스크형 날을 수평 또는 수직으로 설치한 것이다. 식품 가공에 사용할 수 있는 강철, 주철, 텅스텐 카바이드, 세라믹 재질을 사용하며, 강철의 경우 사용 시간을 늘리고 분쇄 특성을 좋게 하도록 강화 처리 및 표면처리를 할 수 있다. 평판 디스크 그라인더는 다목적용으로 하루 몇 잔 정도만 뽑는 가정용부터 카페 등의 업체에서 사용할 수 있다. 최대 처리량은 시간당 400kg이다.

• 원뿔형 버: 날의 지름은 40~71mm이며 식품 가공에 사용이 가능한 강철 또는 세라믹 재질을 쓴다. 평판형보다 소용량이며, 지름 60mm 미만의 소규모 버는 대개 가정용으로 쓰이며 대형 버는 대형 에스프레소 매장용으로 예전부터 사용됐다.

• 블레이드 그라인더: 기본적인 분쇄 기술이 적용된 것으로 보통 블렌더류 제품과 유사하다. 강철 칼날이 회전하면서 커피콩을 잘게 쪼개는 방식으로 가정용으로 사용된다. 시간만 조절할 수 있고, 분쇄된 입자가 빠져서 나가지 못해 입자가 매우 불규칙하다. 알맞은 입자 크기를 골라 사용하려면 별도로 체를 사용해야 한다.

• 맷돌 그라인더: 분말 생성용 및 터키식 커피용 분쇄를 할 때 사용된다. 세라믹 재질 돌을 사용하며 맷돌이 커피콩에 압력을 가하며 비벼 주어 미세한 가루로 만든다.

- 품질 일관성(항상성)과 관련한 발전 내용

커피의 일관성 유지를 위해 점점 그라인더에 관심이 증가하고 있다. 바리스타의 노력도 추출 방법을 조정하는 것보다 그라인더를 조정하는 쪽에 무게가 더 실리고 있다. 점점 그라인더의 세부적 요소를 중시하게 되었다.

• 입자 크기 분포: 그라인더는 종류별로 입자의 분포가 다르다. 기계업체에서는 바람직한 입자 분포를 만들 수 있도록 버(Burr)의 날 형태와 주변 공간 및 배출구를 설계하는 데 연구를 집중하고 있다. 바리스타가 원하는 대로 정확히 버의 간격과 회전 속도를 조절할 수 있게 하고 있다.

• 분쇄 온도: 과거에는 분쇄 작업 중 그라인더에 열팽창이 일어나서 분쇄 입자 크기가 더 커지는 것으로 추정했으나 현재의 그라인더는 간격 변화가 없는 것으로 나타났다. 온도나 습도가 높아지면 커피콩은 더 유연해져 충격에도 잘 깨어지지 않은데, 그래서 더 굵은 입자가 나오는 것으로 추정한다. 이런 변화에 맞춰 분쇄를 조절하는 것도 바리스타의 업무이다.

• 계량: 과거에는 분쇄 시간으로 양을 조절했는데, 입도를 조절하면 같은 양이 분쇄되는 데 시간이 달라진다. 요즘은 무게를 직접 측정하는 방식도 개발되었다. 그리고 인체공학적인 사용성, 소음감소, 정전기 억제 등의 개선이 이루어지고 있다.

4) 분쇄의 영향 요인

- 재질의 특성 및 분쇄에 미치는 영향

분쇄에서 중요한 목표가 입자 크기 분포를 좁히는 것이다. 분쇄는 망치로 강하게 두드릴 때보다 칼로 자르듯이 이루어질 때 가장 미분이 적게 발생한다. 분쇄 품질에는 분쇄기의 성능도 중요하지만, 원두의 상태도 중요하다. 원두를 강하고 빠르게 로스팅할수록, 커피의 부피(공극률)가 커지고 부서지기 쉬워진다. 약배전의 경우는 수분이 더 많이 남아 있고 단단하여 분쇄가 쉽지 않다.

분쇄의 균일성에 가장 큰 영향을 주는 요인은 원두의 수분 함량과 수분 분포이다. 수분은 로스팅 후에도 무게의 1~2% 정도를 차지한다. 물을 사용해 원두를 식히면 냉각수 일부가 커피콩에 흡수될 수도 있고, 커피콩에 바로 균일하게 퍼지지는 못한다. 물이 커피콩 내부로 고루 확산할 수 있도록 뜸을 들일 시간이 필요하다. 강배전 및 고속 로스팅의 경우는 커피 기름이 표면으로 밀려나는데 이 역시 내부로 다시 이동하려면 시간이 필요하다. 연구에 따르면 물을 사용해 식힌 커피콩의 경우 6~12시간 정도 뜸을 들여야 분쇄 형태가 일정하게 나온다. 원두의 수분 함량이 6%를 넘어가면 구조에 탄성이 생겨 분쇄가 어려워진다.

커피 원두: 품종, 건조법, 가공법 등에 따라 가공된 콩들은 경도의 차이를 보인다. 특히 경도는 일교차에 민감한데, 산지마다 다르다.

로스팅 정도: 로스팅 시 커피콩이 팽창하고 크랙이 발생한다. 세포벽은 단단함을 잃고, 점점 부서지기 쉽게 된다. 로스팅 후 냉각도 커피 분쇄에 영향을 준다.

커피콩의 수분 함량: 수분 함량이 높으면 탄성이 생겨서 분쇄가 힘들어진다. 로스팅 후 8시간은 지나야 물성이 안정화되고 분쇄 시 균일성이 높아진다. 로스팅 후 물을 뿌려 식히면 6~12시간이 지나 수분 평형이 이루어진 뒤에 분쇄해야 한다.

- 미분이 다음 공정에 미치는 영향

입자가 크고 둥글수록 분쇄 커피의 흐름은 좋아지고 추출 또한 더 잘 이루어진다. 입자가 작고 불규칙한 모양일수록 수용성 성분이 더 빨리 추출된다. 큰 입자는 모양이 불규칙적이고 미분이 될수록 모양이 둥글다. 미분이 모양이 둥근 것은 장점이지만, 나머지는 단점이다. 크기가 작아 큰 입자 사이나 필터

내 공극을 막을 수 있고, 이 경우 추출 시간이 많이 늘어나거나, 추출기구가 막힐 수도 있다. 작은 미분이 공극을 빠져나와 음료에 들어갈 수도 있다. 또 다른 문제는 미분으로 인한 과잉 추출이다.

- 미분이 많으면 표면적이 늘어 내부 마찰력과 응집력이 높아진다. 개별로 잘 흩어지지 않아 계량하기가 어렵고, 용기나 계량 도구 출구에 뭉쳐 있거나 쌓이기 쉽다.
- 미분이 많으면 밀도는 높아지고 공극은 줄어든다. 추출 공정에서 필터가 막힐 수 있다.
- 미분이 많으면 표면적이 커지고 확산 경로는 짧아진다. 기체 방출 및 추출할 때 확산을 통한 수용성 성분의 이동이 빨라진다.
- 산화가 쉬워진다. 온도와 습도가 높아지면 반응은 더욱 가속화된다.

커피를 대량으로 분쇄하는 곳은 온도와 환기를 잘 관리해야 한다. 온도는 분쇄 단계에서 맞춰 주어야 한다. 이후 공정, 예를 들어 사일로 보관 중에는 분쇄된 커피 온도를 바꾸기가 거의 불가능하다. 열전도 계수가 0.11W/m^2K로 나무보다도 낮기 때문이다. 볶은 원두는 로스팅 반응으로 kg당 20g 정도의 기체를 품고 있으며, 이것들이 방출된다. 기체의 주성분은 이산화탄소이며 10~15%는 일산화탄소(CO)이다. 기체 절반 정도는 분쇄 중 바로 달아난다. 시간당 원두 1톤을 분쇄하는 공장에서는 일산화탄소가 시간당 1.3m^3까지 방출될 수 있다. 그러므로 안전을 위해 반드시 환기해야 한다. 이후에도 기체는 48시간 정도 계속 배출되는데, 배출되는 양은 시간에 반비례해 줄어든다.

2. 수질에 영향 요소

1) 지역마다 수질이 달라지는 이유

커피를 즐기려면 원두 속의 향미 성분을 물에 잘 녹여내야 한다. 물은 커피의 마지막 재료이자, 가장 많은 부분을 차지하는 재료다. 모든 식품과 생명 현상에서 가장 중요한 것도 물이다. 세상에는 정말 다양한 생물이 살지만, 물이 없이 살 수 있는 것은 없다. 인간도 체중의 60% 이상이 물이다. 우리가 즐겨먹는 차, 커피, 술 등의 음료와 요리와 식재료의 주성분도 물이다. 그래서 과거부터 물 좋은 곳을 찾아 식품공장을 차리기도 했다.

물은 커피 음료의 최종 품질뿐 아니라 커피의 재배와 가공과정에도 중요하다. 커피나무를 재배하는데 물이 필수이고, 커피 체리를 따면 빨리 처리해야 하는 이유는 수분이 많으면 상하기 쉽기 때문이다. 물이 풍부한지에 따라 프로세싱 방법이 달라지기도 한다. 그렇게 만들어진 생두는 12% 이하로 건조되어야 미생물의 번식을 막고 품질을 유지할 수 있다. 수분은 로스팅의 속도에도 큰 영향을 준다. 물은 잠열이 높아서 수분이 있는 동안에는 온도 상승을 늦춘다. 원두에 수분은 충격을 흡수하는 탄성을 부여한다. 그래서 냉동고나 액체질소로 물을 얼리면 분쇄하기 쉬워지고 그만큼 미분도 줄어든다.

커피의 품질을 좌우하는 요소는 여러 가지인데, 그중에 물이 20% 정도를 차지한다고 한다. 물에 따라 커피의 추출이 달라지고, 추출되는 성분에 따라 커피 맛이 많이 달라지기 때문이다. 커피 원두의 30% 정도가 물로 녹여낼 수 있는 수용성 성분이다. 이들 모두 맛있는 성분이라면 최대한 많은 양을 녹여내는 것이 목표겠지만, 그러면 쓴맛이 지나치게 강해져 20% 정도만 녹여내는 것이 목표다. 원하는 향미 성분만 최대한 녹여내고, 원하지 않는 맛은 최대한 녹아 나오지 않게 하는 것이 목표인데, 다른 조건은 같아도 물의 경도와 알칼리도가 달라지면 추출되는 성분이 달라진다.

물의 조성이 커피 추출에 큰 영향을 주기 때문에 커피 전문가는 수질과 정수 장치에 많은 신경을 쓴다. 물은 커피의 98% 이상을 차지하는 추출의 용매이자 맛의 바탕인 것이다. 미네랄 함량이 높으면 맛이 무겁고 바람직하지 못한 맛이 나고, 스케일을 형성하여 기계의 수명에도 많은 영향을 준다. 그렇다고 무작정 미네랄 함량을 낮추면 추출이 잘 안 된다. 증류수가 커피 추출에 좋은 물이 아닌 것이다. 수질이 추출량, 추출 시간, 거품에도 영향을 주고, 최종적으로 커피의 향미가 완전히 달라지게도 한다. 원두의 조건에 맞게 어떤 물을 쓰느냐에 따라서 커피의 향미가 강조되거나 평범해질 수 있다. 그러니 물의 조성이 어떻게 커피의 향미에 영향을 주는지를 알아야 한다. 먼저, 왜 물의 조성이 지역과 기후 등에 따라 달라지는지부터 알아보려 한다.

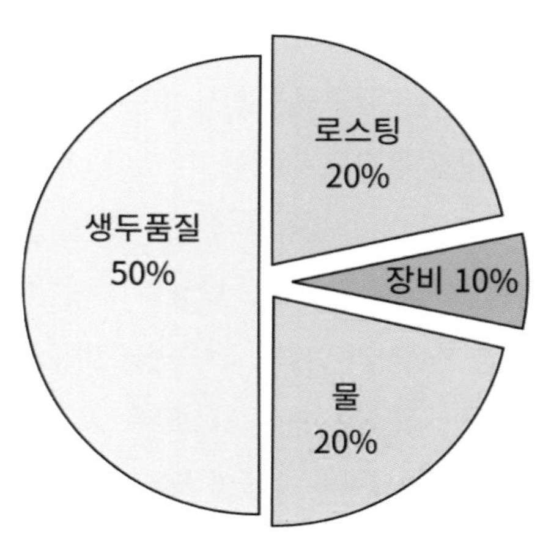

물이 커피 품질에 미치는 영향 정도

- 모든 물은 바다에서 만나 비가 되어 땅으로 간다

물은 바다에서 시작된다. 지구에 존재하는 물의 대부분 바다에 있고, 햇빛에 증발하여 비가 되어 땅과 바다에 내리고, 땅에 내린 물은 강을 따라 흘러 다시 바다로 가거나, 호수나 댐 또는 지하에 스며들어 한참을 머물다가 결국에는 다시 바다로 간다. 바닷물이 증발할 때는 거의 순수한 물(H_2O)만 증발하기 때문에 비의 성분은 증류수와 비슷하지만, 대기 중의 기체가 녹아들고, 지하수는 어떤 지역에 얼마나 오랜 시간을 머물렀는지에 따라 물에 녹아든 성분이 달라진다. 같은 지역도 물도 오랜 가뭄으로 유량이 적을 때는 암석의 미네랄 성분이 많이 녹아들어 경도가 높고, 장마로 많은 비가 오면 물의 성분이 희석되어 빗물의 성분과 비슷해진다. 물은 여러 요소로 성분이 달라지고, 물이 달라지면 식품의 맛과 품질도 달라진다.

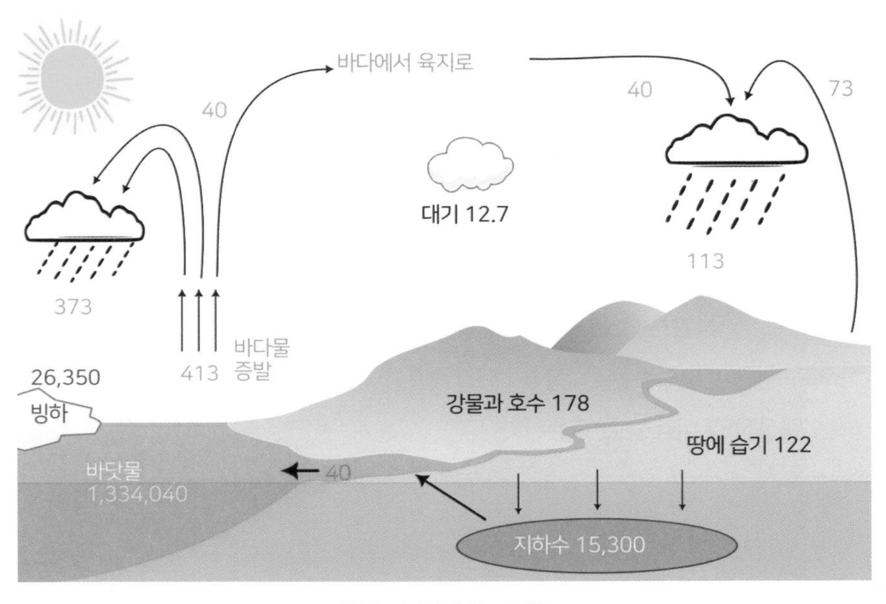

물의 순환(단위: 조톤)

- 빗물과 샘물

빗물은 태양에너지에 의해서 거의 증류수에 가까운 상태로 증발하여 내리므로 자연에 있는 물 중 가장 순수에 가깝다. 그리고 점점 공중에 있는 여러 가지 가스 성분이 녹아드는데, 가장 쉽게 용해되는 것이 탄산가스여서 빗물은 통상 pH 5.6~5.7 정도로 약산성을 띠게 되며, 아황산가스 등이 공기 중에 다량으로 존재하면 빗물의 pH가 떨어지며 산성비가 된다. 빗물은 용해된 미네랄 성분이 거의 없어서 산이나 알칼리를 가해주면 쉽게 pH가 변한다. 그런 빗물도 지상에 도착하면, 그 전에 내려 용해성 성분이 녹아 들어간 빗물과 혼합되어, 탄산만 녹아든 상태가 해소되어 극단적인 pH를 나타내진 않는다.

하늘에서 떨어진 비 일부는 바로 하천으로 유입되어 바다로 향하지만, 많은 양은 지하로 스며들어 지하수가 되거나 우물 등을 경유하는 등의 우여곡절을 겪고 바다로 유입된다. 그러니 물의 수질은 빗물이 어떤 경로를 거쳐 우리에게 도달했는지에 따라 크게 달라진다. 지하를 흐르는 물은 토양 입자 사이를 흐르는 동안 점점 칼슘, 마그네슘, 황산이온 등의 무기성분이 용해되기 시작하여 미네랄 농도가 높아진다. 지하수는 하천수와 달리 매우 느린 속도로 흐르기 때문에 때로는 몇 년이나 땅속에 있게 되어 통과한 지질에 따라 특징적인 수질이 된다. 특히 석회암지대를 흐르는 물은 매우 높은 농도로 칼슘 이온이 용해되어 경수(Hard water)가 된다.

지표에 가장 많은 것은 이산화규소이다. 하지만 용해도가 낮아서 물에 상대적으로 적은 양만 녹는다. 칼슘, 마그네슘, 나트륨, 칼륨이 물의 성격을 좌우하는 핵심적인 미네랄로 작용한다.

- 물을 이해하는 키워드

우리가 수질을 공부하는 목적은 결국 물에 커피의 향미 성분이 어떻게 녹느냐를 이해하는 것이다. 물은 극성을 가지고 있어서, 극성이 있는 다른 분자들이 잘 녹는다. 그래서 극성분자를 친수성, 수용성 물질이라고 한다. 이에 반대되는 성질의 물질이 비극성 물질로 지방처럼 분자 내에 전자적 편중이 없이 잘 균형을 이루어 극성 용매에 잘 녹지 않는다. 그래서 소수성(물을 싫어함) 또는 친유성(지용성) 물질이라고 한다.

향기 물질은 기본적으로 물보다는 지방에 가까운 지용성 분자이지만 분자량이 150 정도로 분자량이 1000 정도인 중성지방보다는 훨씬 적다. 그만큼 물에 녹이기는 쉽다. 향기 물질이 녹는 정도는 물의 성질과 주변의 물질에 따라 달라진다. 용해도는 대상 분자의 운동성, 결합력, 반발력과 용매(물)와 결합력(친수성)에 따라 달라지는데, 이런 성질은 온도, pH, 염의 종류, 염의 농도에 따라 달라진다.

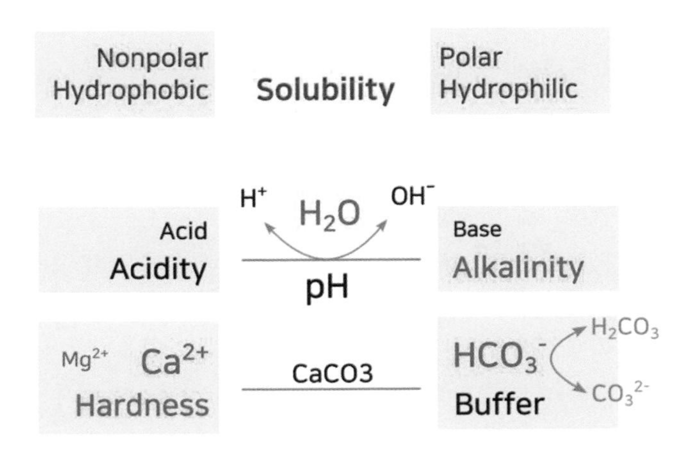

수질을 이해하는 핵심 키워드

2) 경도(Hardness)를 좌우하는 미네랄

- 물에 흔히 존재하는 이온들

어떤 물이 건강에 좋은 물이고, 맛있는 물일까? 세상에는 그렇게 물에 관한 이야기가 많지만, 이 질문에 대한 확실한 답은 없다. 아무것도 없는 순수한 물이 가장 좋고 맛있는 물이라면 증류수가 가장 좋은 물일 텐데, 누구도 증류수가 맛있다거나, 좋은 물이라고 하지 않는다.

물에 유기물은 없어야 하므로, 미네랄에 의해 물의 특성과 맛이 달라지는데, 무작정 미네랄이 많을수록 좋은 물도 아니다. 미네랄이 너무 많으면 경수라고 하고, 마시기에도 식품의 품질에도 좋지 않다. 미네랄이 적당히 들어 있는 연수가 선호되는 물인데, 어떤 미네랄이 얼마나 있을 때 가장 좋은지에 대한 결론이나 이론은 없다. 그러니 먼저 물에 녹아 있는 이온의 종류와 특징을 알아볼 필요가 있다.

- 칼슘(Ca^{2+})과 마그네슘(Mg^{2+}): 물에 가장 흔하며, 물의 경도를 좌우한다. 과량이면 장비에 스케일을 형성하여 성능을 떨어뜨리는 경우가 많다.
- 나트륨(Na^{+})과 칼륨(K^{+}): 많을 때는 맛에는 영향을 줄 수 있지만, 소량만 존재하고, 경도에는 영향을 주지 않는다.
- 철(Fe)과 구리(Cu): 미량으로도 금속 취가 나기 쉽다.

표. 물에 존재하는 주요 이온의 종류

1가 양이온	2가 양이온	2가 음이온	1가 음이온
Na^{+} K^{+}	Mg^{2+} Ca^{2+}		Cl^{-}
NH_4^{+}		CO_3^{2-} SO_4^{2-} PO_4^{3-}	HCO_3^{-}

- 경도(Hardness): 칼슘Ca, 마그네슘Mg

수질을 말할 때 대표적인 것이 경도다. 센물 또는 경수(硬水)는 칼슘이나 마그네슘 이온 같은 2가 양이온을 많이 포함한 물이다. 이들 이온의 양이 적은 반대되는 성질의 물을 단물 또는 연수라고 한다. 센물은 비누를 지방과 결합하여 잘 풀어지지 않게 하고, 탄산칼슘으로 결정화되어 보일러, 냉각탑 등의 설비에 스케일을 형성하여 성능 저하나 고장의 원인이 될 수 있다. 우리나라의 경우 연수가 많지만, 유럽처럼 경수가 많은 지역은 물의 경도의 관리가 문제가 된다.

물의 경도(Hardness)는 보통 '총 경도'를 의미하며 칼슘과 마그네슘을 합한 양이다. 그중에 '탄산염 경도'는 물에서 탄산칼슘(스케일)을 형성할 수 있는 양으로 2가 양이온(Ca^{2+}, Mg^{2+})과 탄산염(CO_3^{2-})이 동량 결합하므로 경도(칼슘+마그네슘)와 알칼리도(탄산) 중에 낮은 값이 된다. 이 양은 스케일의 형성에 따라 값이 변할 수 있으므로 일시경도라고 한다. 보통은 총 경도가 알칼

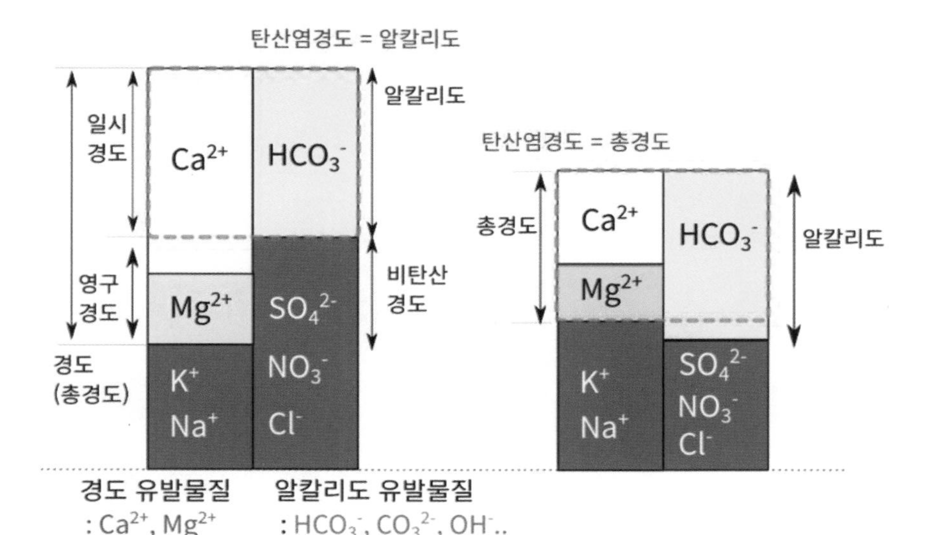

수질을 좌우하는 요소

리도보다 높아서 (알칼리도 값 = 탄산염 경도 = 일시경도)가 된다. 만약 연수기/이온교환 필터를 써서 칼슘이나 마그네슘을 나트륨(Na)이나 칼륨(K)으로 교환하면 총경도는 낮아지는데, 알칼리도는 변함이 없다. 이럴 때는 스케일을 형성할 수 있는 총량인 탄산염 경도는 총경도와 같은 값이 된다.

- 탄산칼슘$CaCO_3$의 형태가 물에 잘 안 녹아서 문제다

칼슘이 물에서 문제가 되는 것은 용해도가 낮은 탄산칼슘의 형태이다. 염화칼슘은 물에 74.5g이 녹는 데 비해 탄산칼슘은 0.0013g으로 6만 분의 1 정도만 녹는다. 보통의 유기물은 pH가 높을수록, 온도가 높을수록 잘 녹는데, 칼슘염은 반대로 pH나 낮을수록, 온도가 낮을수록 더 잘 녹는다. 그래서 보일러의 배관 등에 특히 문제가 된다.

미네랄	용해도 (g/100g water)
염화칼슘 $CaCl_2$	74.5 (20°C)
탄산칼슘 $CaCO_3$	0.0013 (25°C)

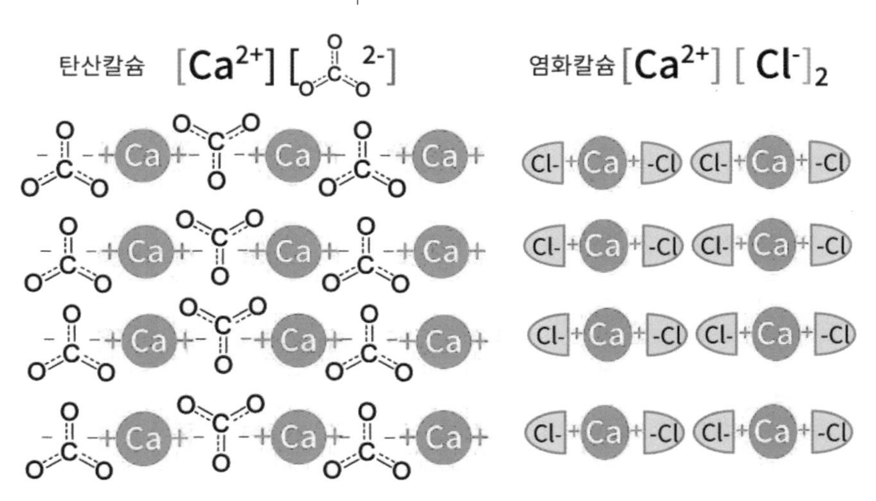

탄산칼슘과 염화칼슘의 결정 모식도

보일러에는 스케일이 낄 때, 주성분은 탄산칼슘($CaCO_3$)이고, 예외적으로 pH가 높은 경우(>10) 수산화마그네슘($Mg(OH)_2$)이 된다. 스케일이 형성되면 가열 효율이 감소하고, 흐름을 막아 버린다. 물의 경도가 높은 많은 국가에서는 적절한 관리가 필요하다. 센물을 주전자에 넣고 끓이면 칼슘염은 고온에서 용해도가 낮아 결정화되어 달라붙어 닦아내기 힘들어지는데, 이때 산성인 식초나 라임 과즙을 넣고 끓이면 쉽게 닦인다. 칼슘염의 용해도는 산성에서 크게 증가하기 때문이다. 기기 업체는 희석한 산 용액(맛이 거의 나지 않는 것)을 사용해 주기적으로 스케일을 제거하는 것을 권장하고, 별도로 상업용 용액을 판매한다.

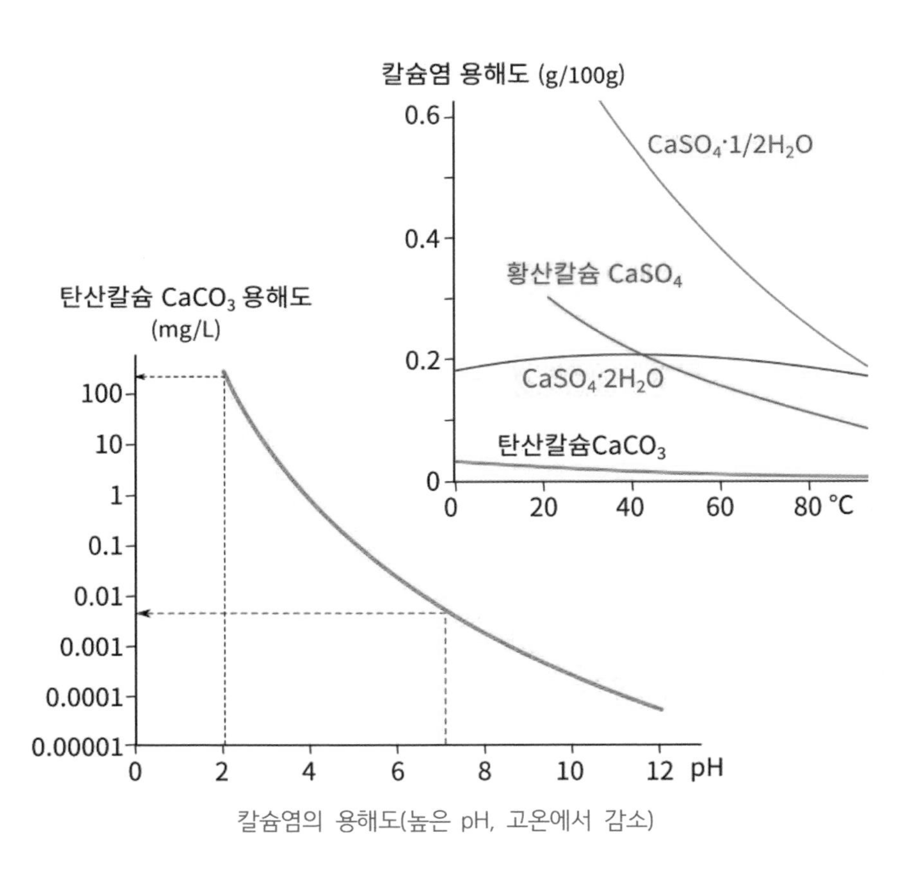

칼슘염의 용해도(높은 pH, 고온에서 감소)

석회(石灰, Lime), 석회암(limestone): 칼슘이 포함된 무기 화합물

- 산화칼슘 CaO: 생석회, 백회, 강회
- 수산화칼슘 $Ca(OH)_2$: 소석회, 가성석회
- 탄산칼슘 $CaCO_3$

석고(石膏, gypsum): 황산칼슘($CaSO_4$)을 주성분으로 하는 황산염 광물

- 마그네슘Mg, 칼슘과 비슷하면서 경쟁적이다

마그네슘(Magnesium, Mg)은 반응성이 큰 2가 양이온이고, 지각에 2.5%를 차지하여 8번째로 흔한 원소이다. 마그네슘은 세포 내에서 인산기를 가지는 DNA, RNA, ATP 등과 결합하고, 수백 가지 효소의 조효소로 작용한다. 탄수화물 대사 과정에서 촉매로 작용하며, 식물의 엽록소에도 마그네슘 이온이 포

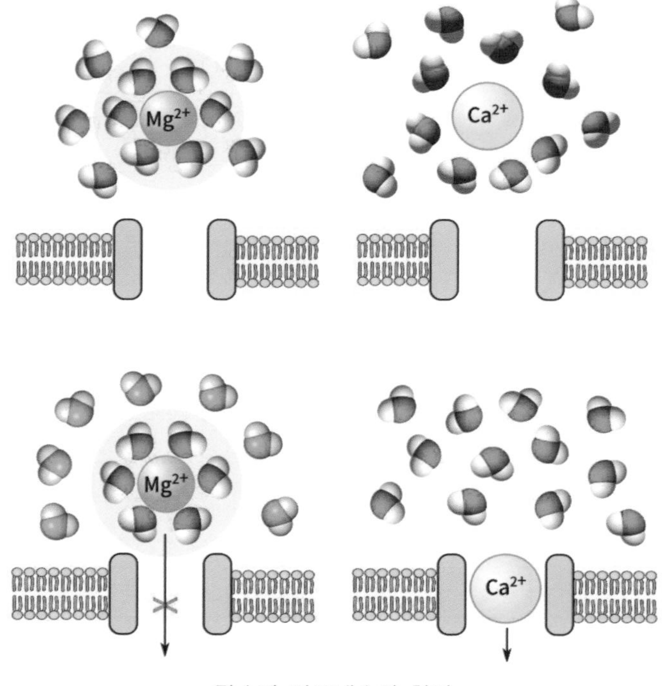

칼슘과 마그네슘의 차이

함되어 있어 광합성에 중요한 역할을 한다. 사람의 몸에서는 칼슘, 인과 함께 뼈의 대사에 중요한 역할을 한다. 식물에서 마그네슘이 부족하면 잎이 누렇게 변하고 죽기도 하여 비료의 주성분의 하나이다. 칼슘은 근수축에 필요하고, 마그네슘은 근육 이완에 필요하다. 칼슘은 세포외액에 많이 있고 마그네슘은 세포내액에 많다.

염화마그네슘Hexahydrate, $MgCl_2 \cdot 6H_2O$

황산마그네슘Heptahydrate, $MgSO_4 \cdot 7H_2O$ ("Epsom salt")

천일염의 간수 성분에 마그네슘의 함량이 높다. 마그네슘은 결합력이 높아 항상 6개의 물 분자를 붙잡고 있는 6수화물 형태라 그만큼 결정화가 힘들고, 그래서 칼슘처럼 스케일을 형성하지 않는다. 커피 추출에서 칼슘의 증가는 추출을 쉽게 하지만 한편 스케일 형성의 위험이 있는데, 마그네슘은 추출을 쉽게 하면서 스케일 형성의 위험이 없는 장점이 있다. 그래서 칼슘을 마그네슘으로 치환한 물에 관한 관심이 높다.

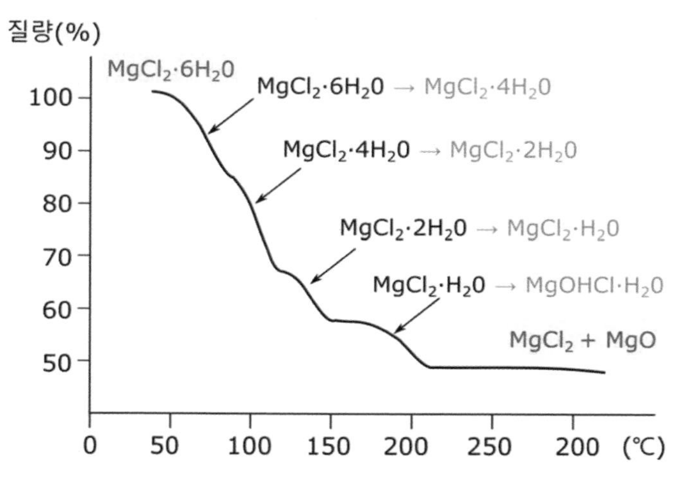

마그네슘(6수화물)의 가열에 따른 질량의 변화

3) 미네랄 농도의 계산: mol, mEq, 탄산 환산 농도

미네랄의 농도를 ppm 또는 몰(mol)로 표시하는데, ppm은 백만 분의 일이라 물에 소금이 34%가 녹았다면 340,000ppm에 해당한다. 일반 물에는 이렇게 많은 양의 미네랄이 녹아 있지 않고, 미각으로 느끼기 힘든 100ppm 이하로 들어 있다. 그리고 화학은 표준적으로 몰농도를 쓴다(1mol은 $6x10^{23}$개). 몰농도는 성분의 숫자를 뜻하는데, 화학 반응은 중량 대 중량의 비율로 반응하지 않고, 개수 대 개수의 비율로 반응한다. 그렇다고 원자 하나는 계량할 수 없는 작은 양이므로 $6x10^{23}$개를 기준으로 하는 몰(mol) 단위가 편리하다.

예를 들어 칼슘 이온 40mg/L, 마그네슘 이온 24.3mg/L, 탄산수소 이온 61mg/L은 무게는 다르지만, 이온의 숫자는 같다. 커피의 물에 관한 자료를 볼 때 SCAA에서 주로 사용하는 단위인 '$CaCO_3$ ppm(또는 $CaCO_3$ mg/L)'는 탄산염으로 환산한 것이라 단순히 ppm 또는 mg/L로 축약하면 안 된다.

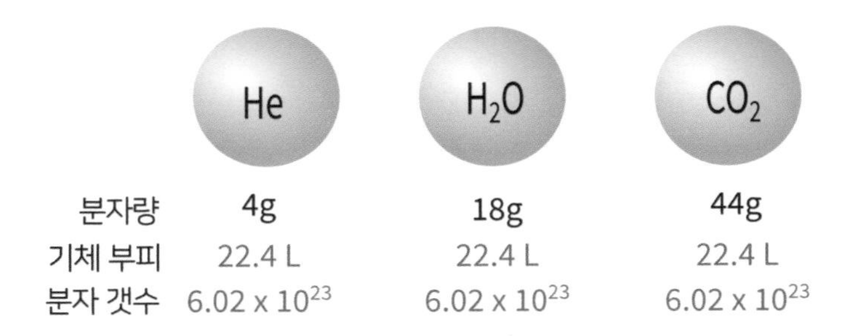

- Eq: 당량(equivalent) 농도

미네랄의 양은 질량 단위 mg/L보다 몰(mol)로 표시하는 것이 좋은데, 여기에 전하량을 보정한 당량(equivalent)으로 표시하면 물의 성격을 더 잘 알 수 있다. 당량은 2가 이온은 2를 곱한 것인데, 체액 등은 전기적인 중성을 이루어야 하므로 검증이 훨씬 쉬워진다.

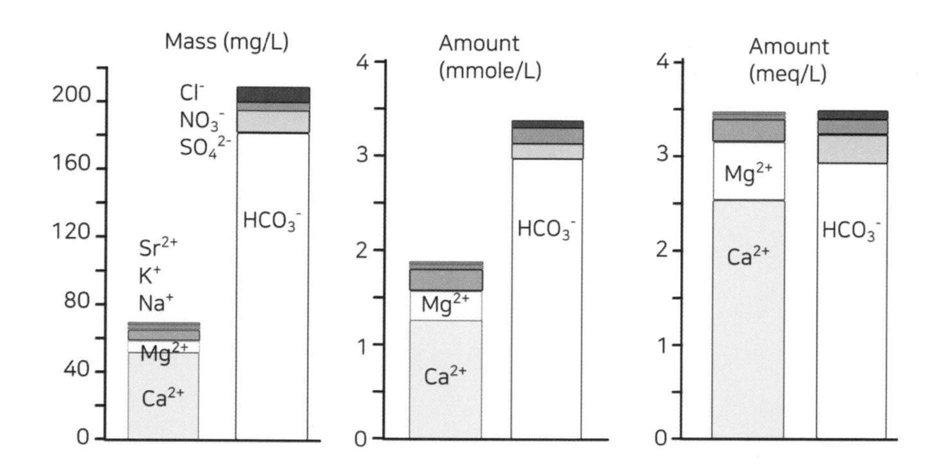

K^+, Na^+, HCO_3^- : 4 mmole/L= 4 mEq/L (1가는 동일)

Ca^{2+}, Mg^{2+} : 4 mmole/L= 8 mEq/L (2가는 2배)

표. 농도, 당량 농도 환산 예

성분	분자량	전하	Eq Wt	농도 mg/L	당량농도	구성비
Ca^{2+}	40	+2	20	5.6	0.28	38.89
Mg^{2+}	24.31	+2	12.16	3.55	0.29	40.28
Na^+	22.98	+1	23.98	1.3	0.06	8.33
K^+	39.1	+1	39.1	3.4	0.009	12.6
양이온					0.72	100
HCO_3^-	61.02	-1	61.02	5.9	3.9	33.33
SO_4^-	48.03	-1	48.03	2.86	2.86	20.0
Cl^-	35.45	-1	35.45	5.12	5.12	56.7
음이온					0.3	100

4) 이산화탄소: 알칼리도, 버퍼 능력

- 이산화탄소(탄산)는 물에 잘 녹는 편이다

탄산은 탄산수나 탄산음료뿐 아니라 우리 주변 어디에나 있다. 모든 발효식품 즉 발효유, 맥주, 샴페인, 김치, 빵에 있고 로스팅한 커피나 빵에도 있다. 생명체가 만든 모든 유기물은 광합성 즉 이산화탄소와 물을 이용해 만든 것이고, 그것을 불로 태우든, 호흡을 통해 효소로 태우든 결국에는 다시 이산화탄소와 물로 돌아간다. 커피를 로스팅하면 열에 의해 상당량의 유기물이 이산화탄소로 분해된다.

이산화탄소가 물에 녹은 것이 탄산이다. 탄산수가 널리 사용되는 것은 이산화탄소가 기체 중에는 비교적 물에 잘 녹기 때문이다. 산소, 질소, 수소보다는 수십~수천 배 더 잘 녹는다. 0℃의 물 1kg에 이산화탄소가 3g 이상 녹는데, 무게로는 작지만, 기체 부피로는 1.5리터 이상이다. 이런 용해된 탄산의 양을 볼륨이라는 단위로 표시도 하는데 1볼륨은 0℃, 대기압 상태에서 음료 부피만

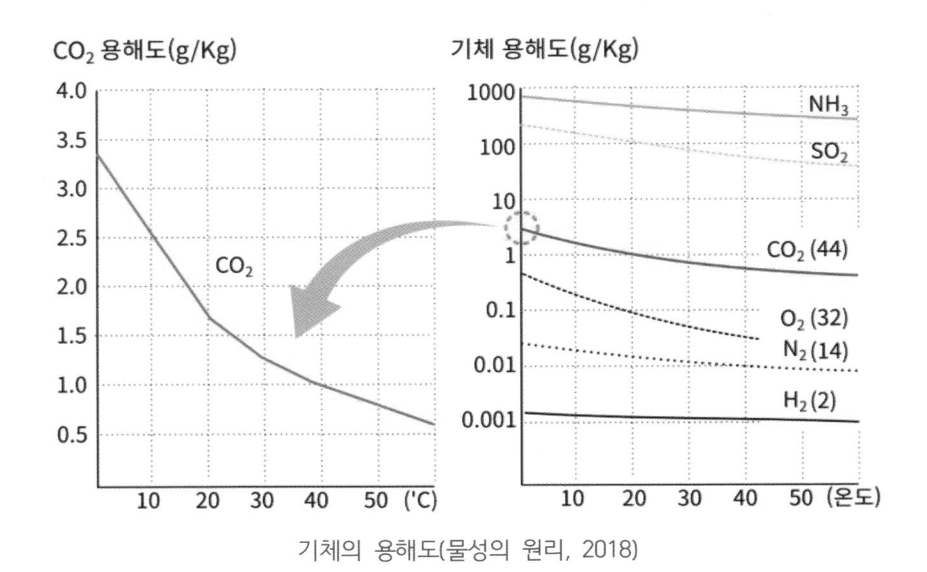

기체의 용해도(물성의 원리, 2018)

큼 탄산가스가 녹아든 것이다. 즉 4볼륨은 음료 부피의 4배가 포함된 것이다.

에일 맥주가 20℃에서 발효되었다면 0.86볼륨 정도가 되고, 병맥주가 10℃에서 발효되면 1.2볼륨 정도 된다. 탄산음료는 약탄산과 강탄산으로 분류하는데 약탄산이 2볼륨 정도이고 탄산수, 사이다, 콜라 등은 3~4볼륨의 강탄산이다. 이보다 훨씬 강한 압력으로 만들어지는 것은 탄산캔디(Popping candy)가 있는데 40기압의 압력으로 캔디 안에 이산화탄소를 포집시킨 것이다. 그러니 침이나 물에 닿으면 녹으면서 이산화탄소가 톡톡 터져 나온다.

탄산은 우리의 생존에도 필수적이다. 우리가 하루에 포도당 640g에 해당하는 유기물을 호흡을 통해 소비하는데, 포도당($C_6H_{12}O_6$, 180) 하나에서 6개 이산화탄소($6CO_2$, 264)가 생성되므로, 938g의 이산화탄소가 생성된다. 부피로는 552리터이다. 우리 몸 세포에서 만들어진 552리터의 이산화탄소가 혈액에 녹아서 폐를 통해 배출되는 것이다. 콜라가 4볼륨 정도이므로 우리는 매일 138리터의 콜라(강탄산 음료)를 마시는 셈이다. 이런 탄산은 우리의 생명 유지에도 결정적이고 수질의 유지에도 결정적이다.

- 탄산은 완충(Buffer) 능력이 뛰어나다

우리가 호흡할 때마다 만들어지는 이산화탄소를 혈액에 잘 녹게 해야 효과적으로 폐를 통해 배출을 할 수 있다. 만약에 혈액에 녹지 않은 기체가 많이 생기면 큰 문제가 생긴다. 탄산탈수소효소가 이산화탄소를 탄산의 형태로 물에 잘 녹게 하거나 탄산을 다시 이산화탄소로 바꾸어 배출하게 하는 데 핵심적인 역할을 한다. 그리고 탄산은 혈액의 pH를 어떤 상황에서도 안정적으로 유지하는 데 결정적인 역할을 한다. 이산화탄소는 혈액에서 H_2CO_3가 되고 pH에 따라 적당량 HCO_3^-와 H^+로 해리되면 혈액의 pH를 완충한다. 혈액의 pH가 7.35 이하로 떨어지거나 7.45 이상으로 높아지면 치명적인 문제가 생기는데, 이런 좁은 범위로 안정적으로 유지하는 데 결정적인 역할을 한다. 그리고 음이온으로 우리 몸에서 삼투압의 유지와 이온 교환에도 핵심적인 역할을 한다. 우리 몸의 혈액과 세포들은 적절한 삼투압과 함께 양이온과 음이온의 균형도 맞추어야 하는데, 우리가 대량으로 섭취하는 미네랄은 Na^+, K^+, Ca^{2+}, Mg^{2+} 같은 양이온이다. 음이온은 Cl^-가 핵심이고, 그다음 중요한 것이 바로 탄산에서 만들어지는 HCO_3^-이다. 양이온만 미네랄로 예찬하고, 나머지 절반인 음이온인 염소와 탄산에는 관심조차 없는 것이 우리의 건강상식이 얼마나 사상누각인지를 말해준다.

이산화탄소(CO_2)는 커피에도 중요하고 물에도 중요하다. 원두에도 로스팅 중에 상당량의 이산화탄소가 만들어진다. 갓 볶은 원두의 경우 무게 대비 2% 정도의 이산화탄소가 갇혀 있는 상태이다. 이 이산화탄소 덕분에 원두를 보관하는 도중에 산소가 커피 안으로 들어오지 못해 산화가 억제된다. 로스팅한 원두를 2주 이상 사용할 수 있는 데는 이런 이산화탄소의 산화 보호 능력이

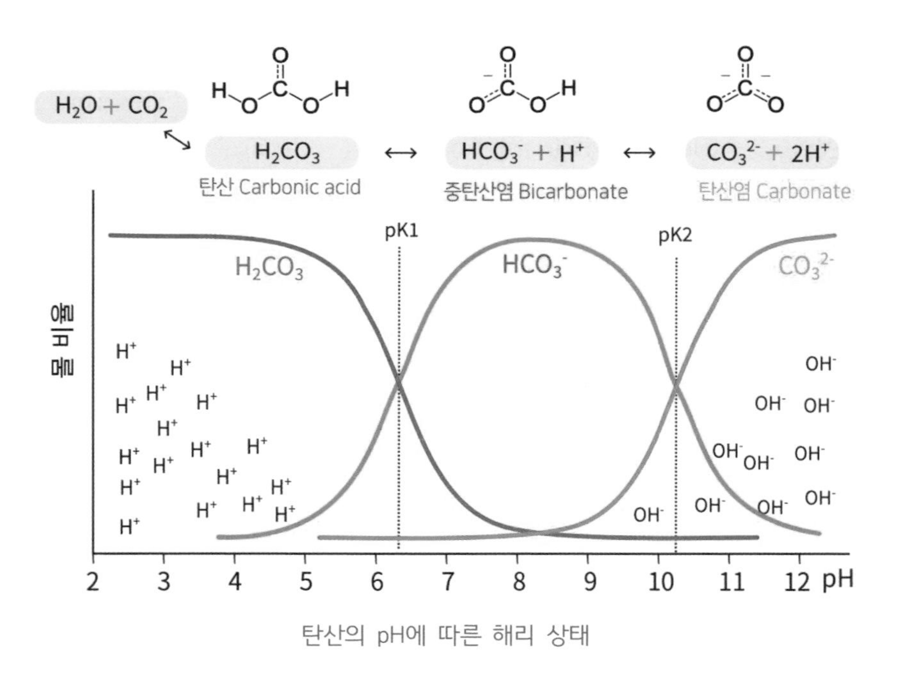

탄산의 pH에 따른 해리 상태

결정적인 역할을 하는 것이다. 하지만 추출할 때는 방해가 된다. 물과 접촉을 하면 이산화탄소의 배출을 막았던 성분이 녹으면서 이산화탄소가 급격히 빠져나오는데, 이때 거품이 발생하며 물의 흐름을 방해한다.

- 미네랄 함량은 일정해도 탄산의 함량은 쉽게 변한다

자연 상태의 물에는 다양한 무기물, 유기물 등이 섞여 있다. 이러한 상태의 물을 증류 방법을 거쳐 분리, 정제한 비교적 순수한 상태의 물을 증류수라고 한다. 증류수는 직접 물을 끓여서 수증기를 응축시켜 모으는 방식과 필터 방식인 역삼투(Revers Osmosis) 방식이 있다. 3차 증류수는 3번 증류해서 얻은 물이란 뜻으로 이온이 제거되어 전기가 거의 통하지 않게 된다. 그런데 공기 중에 노출되는 순간 이산화탄소 등의 기체가 용해되면서 변하기 때문에 생산 즉시 사용해야 한다.

pH 정의에 따라, 25℃의 순수한 물은 pH 7이다. 하지만 2, 3차 증류수를 실제로 측정해 보면 pH 5 이하의 산성인 것을 확인할 수 있다. 이는 공기 중의 이산화탄소 등의 성분이 물에 녹고, 미네랄은 변화가 없으므로 산성을 띠기 때문이다. 이산화탄소가 물에 녹으면 탄산이 되는데, 탄산은 약산성으로서 탄산수소 이온(HCO_3^-)과 수소이온(H^+)으로 해리된다. 물에 방출된 수소이온은 물을 산성으로 만들어서 pH는 낮아진다. 자연 상태에서 공기 중의 이산화탄소는 물의 pH가 5.7 정도를 형성할 정도의 양이 녹아서 평형을 이룬다.

탄산수소이온(HCO_3^-)에는 아직 방출할 수 있는 수소이온이 하나 있지만, 이 수소이온 방출은 pH 값이 8.3을 넘어야 가능하다. 그렇게 수소이온을 방출하면 탄산 이온(CO_3^{2-})이 된다.

3. 수질의 측정 및 관리 방법

1) 커피 추출에 바람직한 물의 조성

물이 커피 추출에 영향을 미치는 첫 번째 요인은 희석 비율이다. 추출법에 따라 물의 비율이 10배 가까이 차이가 난다. 에스프레소는 원두 대 음료의 질량비가 1:2 정도라면 드립 커피는 1:15 정도다. 그러므로 물은 필터 커피에 더 많은 영향을 준다. 물에 존재하는 칼슘과 마그네슘이 커피 추출의 효율성에 영향을 주는 주요 물질이라는 증거가 늘고 있다. 칼슘보다는 마그네슘이 더 효율적이라는 주장도 있다.

커피 산업에서 가장 널리 쓰이는 추출수의 기준은 'SCAA Standard:

SCAA의 물의 권장 규격

항목	목표	범위
냄새	Clean/Fresh, 무취	
색	무색	
염소	0 mg/L	
pH	7.0	6.5 - 7.5
TDS	150	75 - 250
탄산 경도	68	17 - 85
알칼리도	40	40 전후
나트륨 Sodium	10	10 전후

Water for Brewing Specialty Coffee(2009)'이다. 이 기준에 따르면 총 경도는 탄산칼슘 68ppm(권장 범위는 17~85ppm)에 알칼리도는 탄산칼슘 40ppm, 그리고 pH 값은 7(권장 범위는 6.5~7.5)이다. 다음 그림의 붉은 선은 권장 범위, 둥근 점은 최적점을 나타낸다. 나트륨(Na)은 250mg/L 이상에서 느낄 수 있는데, 권장기준은 10mg/L로 잡고 있다. 염소량은 0이 기준인데 이는 살균용으로 사용되며 불쾌한 향미를 낼 수 있는 염소가스와 차아염소산염(OCl^-)에 대한 것으로 염소이온(Cl^-)은 무관하다. 하지만 추출 조건과 로스팅 조건만 잘 맞추면 이보다 훨씬 넓은 범위의 물도 커피를 추출하는데 아무 문제없이 사용할 수 있다.

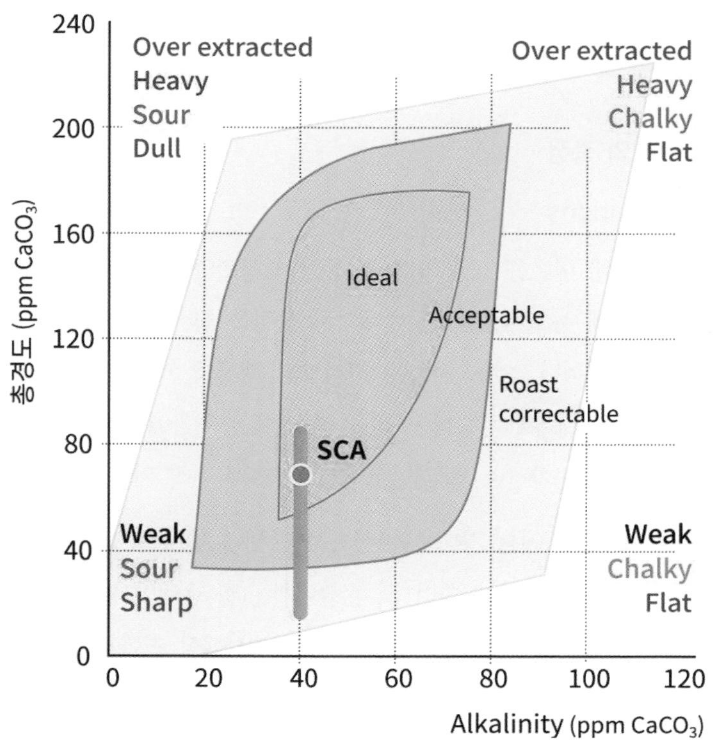

수질이 커피 풍미에 미치는 영향

- 물의 조건 요약

- 물의 특성을 파악하기 위한 주요 척도는 총경도, 알칼리도, pH이다.
- 물에서 가장 흔히 발견되는 이온은 칼슘, 마그네슘, 탄산수소 이온이다.
- 총 경도는 칼슘 및 마그네슘의 합이다.
- 알칼리도가 높을수록, 추출된 커피의 산성도가 낮아진다. 특히 필터 커피가 그렇다.
- 총 경도 및 알칼리도가 낮을수록, 형성될 수 있는 관석의 양이 적다.
- 알칼리도는 40ppm $CaCO_3$ 이상이어야 부식의 위험이 적다.
- 일반적인 물 조성 권고사항에 따른 총 경도 범위는 넓은 데 비해, 알칼리도의 범위는 훨씬 좁다.
- 대부분의 물의 알칼리도는 총 경도보다 약간 낮다.

2) 미네랄 농도의 측정

- 적정 방법Titrations

전통적으로 물에 이온은 적정 방법을 통해 측정되었다. 적정은 농도가 알려지지 않은 물질에 농도가 알려진 반대되는 물질을 첨가하여 미지의 물질의 농도를 측정하는 것이다. 어느 시점에 지시약의 색상이 크게 변하거나, 완충력이 소실되어 pH가 크게 상승하는 점을 측정한다. 최근에는 수질 측정용으로 농도와 부피가 표준화된 키트 개발로 쉽고 빠르게 측정 가능하다.

GH 테스트: 이 방울에는 양이온과 접촉하면 색이 변하는 염료가 미량 포함되어 있다. 투입되는 방울에 따라 색이 짙어지는데, 용액의 이온이 전부 적정액으로 중화되면 여분의 염료는 색이 변하지 않아 색상 변화가 나타난다.

KH 테스트: 염료의 pK가 HCO_3^-의 pKa1과 매우 유사하도록 다양한 분자 혼합물(브로모크레졸 그린 등)을 첨가한다. 예를 들어 염료 자체는 빨간색인데

염료의 양성자가 제거되면 파란색이 된다. 이것을 물에 넣으면 물의 중탄산염과 탄산염이 모두 양성자가 될 때까지 액체는 파란색으로 보이며, 모두 중화된 시점에 염료의 색인 빨간색으로 나타난다.

키트를 이용할 때 첫 단계는 테스트 튜브에 정해진 양의 물, 보통 5mL를 채우는 것이다. 다음으로 해당 검사 용액을 한 방울씩 넣는데, 한 방울을 넣을 때마다 흔들어서 잘 섞이도록 해야 한다. 총 경도 및 알칼리도가 100ppm $CaCO_3$ 미만인 처리된 물을 측정할 때는 적정을 통한 측정법이 정확하지 않을 수 있다. 왜냐면 1방울이 20ppm $CaCO_3$ 차이에 해당하기 때문이다. 이를 해결하기 위해선 테스트 튜브에 들어가는 물의 양을 두 배로 늘리면 된다(예, 5mL 대신 10mL). 이렇게 되면 한 방울이 원래의 절반인 10ppm $CaCO_3$가 된다. 더욱 정확성을 높이기 위해 물의 양을 그만큼 늘리고 계산식을 조정하면 된다.

알칼리도 측정에는 선택성의 문제가 있다. 인산염이 있으면 구분하지 못한다. 적정 실험은 유사한 pK값을 가진 다른 이온의 양이 무시할 수 있을 정도로 적다는 가정에서 작동한다.

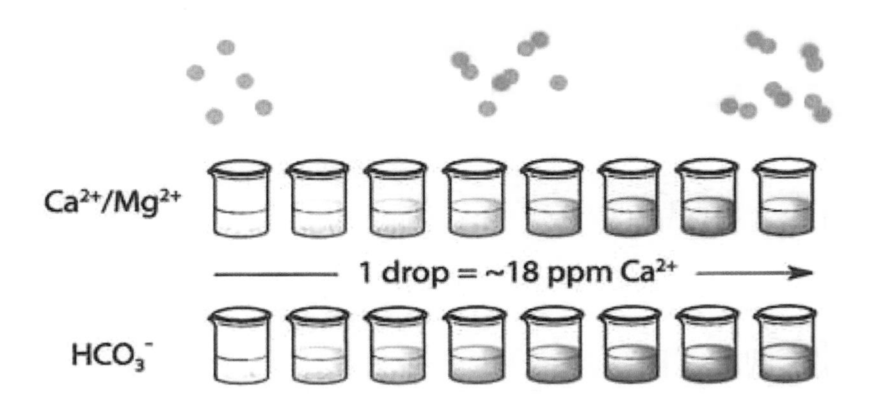

적정에 의한 이온 강도 측정

- 이온 전도도의 측정

수질의 평가 필요성이 많아지면서 휴대용 이온 전도도(IC)의 사용이 늘고 있다. 식수를 즉석에서 분석할 수 있는 저렴하고 사용이 쉬운 기기이다. 하지만 정확성에 문제가 있다. IC-TDS 측정은 소금물처럼 두 개의 용존 이온(Na, Cl)에서 유래하는 경우 유용하다. 하지만 자연의 물은 조성이 단순하지 않다. 총고형분(TDS)이 150mg/L인 물을 전도계를 사용해 측정하면 오차율이 30%에 달한다. 전기전도도(uS/cm)를 TDS(mg/L)로 변환할 때 변환 계수가 이온에 따라 다르고 온도에 따라 다르기 때문이다. 변환 계수는 미네랄 조성에 따라서 0.5에서 1.0까지 달라지고 온도가 10℃ 달라지면 측정값은 20% 변할 수 있다.

TDS 미터의 인기는 사용 편의성에서 비롯된 것이 거의 확실하다. 이 장치는 매우 간단하다. 일정 거리의 두 전극 사이에 전류를 통과시키고, 이온이 반대 전하를 띤 전극을 향해 이동하면서 나타내는 전도도를 측정하면 되기 때문이다. 하지만 이 측정은 실제 어떤 이온이 관여한 것인지 알려 주지 않는다. 납 같은 중금속도 단순히 TDS의 일부로 표시된다. 이온은 이온 전하와 이온 반경에 의해 전도도가 달라진다. 작은 이온(즉, H^+)이 큰 이온(즉, Na^+)

이온의 종류별 전도도 차이

Cation	λ_+^0	Anion	λ_-^0
H^+	350	OH^-	199
Na^+	50	Cl^-	76
K^+	74	NO_3^-	71
Mg^{2+}	106	HCO_3^-	45
Ca^{2+}	119	CO_3^{2-}	139
Fe^{3+}	204	HPO_4^{2-}	66
Al^{3+}	183	SO_4^{2-}	160
UO_2^{2+}	64	PO_4^{3-}	207

보다 전도도가 좋다. 유일한 예외는 Mg^{2+}와 Ca^{2+}의 차이인데, Ca^{2+}가 더 큰 이온인데, 전도도는 높다. Mg^{2+}은 6수화물의 형태로 움직이기 때문이다. 따라서 TDS 전극 제조업체는 대상 시료에 적합한 보정 솔루션을 제공해야 한다.

IC-TDS 측정을 통해 물의 성분에 대해 결론을 내리는 것은 성급하다. 물의 전도도를 미네랄 'ppm'으로 변환하려면 변환 계수를 사용하여야 하는데 1 μS/cm = 0.65 ppm으로 설정할 수 있지만, 이 값이 미네랄의 조성에 따라 달라지는 것이라, 지역에 따라 미네랄 조성에 맞게 보정한 후 사용해야 한다. 같은 지역이라면 그 경향을 측정하는 정도다. IC-TDS 측정은 물이 탈이온화 되었거나, 미네랄 함량이 매우 높은 경우(예: 5000ppm 이상)에만 유용하다.

- 원자 흡수 분광기 Atomic absorption spectroscopy

원자 흡수 분광기(AAS)는 분석 장비 중 가장 오래된 방법의 하나지만 개별 금속 이온의 농도를 매우 정확하게 측정할 수 있다. 고체 금속에 전기가 통과하면 그 물질은 빛을 발산한다(예: 백열전구의 필라멘트). 이때 전구에서 방출되는 빛은 필라멘트의 구성 물질에 따라 달라진다. 같은 원리로 모든 원소는 강한 에너지를 가하면 방출하는 고유한 빛이 있다. 특정 파장의 빛을 흡수하는 것이다. 검출기로 그 빛의 파장과 양을 측정하여 종류와 농도를 측정한다. 그래서 금속 이온의 농도를 높은 정밀도로 측정할 수 있다. 검출 한계는 10억 분의 1(ppb) 수준이다. 단점은 기계가 고가이고, 중탄산염을 측정할 수는 없다는 것이다. 이온 분석을 위한 더 일반적인 방법은 유도 결합 플라즈마 질량 분석법(ICP-MS)이다. 열원이 이온화된 아르곤 가스라는 점을 제외하면 AAS와 유사하다. 일단 이온이 부유 되면 파이프를 통해 이동하며 궤적은 이온 질량에 따라 달라진다. AAS의 탁월한 대안이지만 물이 있으면 검출기가 포화 상태가 되는 문제가 있다.

3) 물의 처리: 미네랄, 탄산의 제거

수질이 적합하지 않으면 필터, 이온교환, 역삼투 등의 처리를 하는데 이때 경도와 알칼리도가 변하게 된다.

· 필터 처리: 나쁜 향미를 내는 입자와 미립자, 유기물을 제거한다.

· 이온 교환: 양이온 교환(마그네슘, 칼슘 이온을 수소이온이나 염소이온으로 치환) 및 양이온+음이온 교환기의 경우 탈 이온화된 거의 순수에 가까운 물을 만든다. 이후 수돗물과 혼합해 미네랄 함량을 조절한다.

· 역삼투압: 물만 통과할 수 있고 다른 성분은 통과하지 못하는 멤브레인을 사용한 필터 처리로 물에 녹아 있는 고형분을 모두 제거한다. 다른 방법으로는 증류와 침전이 있지만, 비용이 많이 들거나 까다로워 커피 추출용 물 처리에는 많이 쓰이지 않는다.

a. **연수기-양이온 교환기:** 칼슘 이온과 마그네슘 이온을 칼륨 이온 및 나트륨 이온으로 교환하는 것으로 경도에만 영향을 미친다. 그래프는 수직 방향으

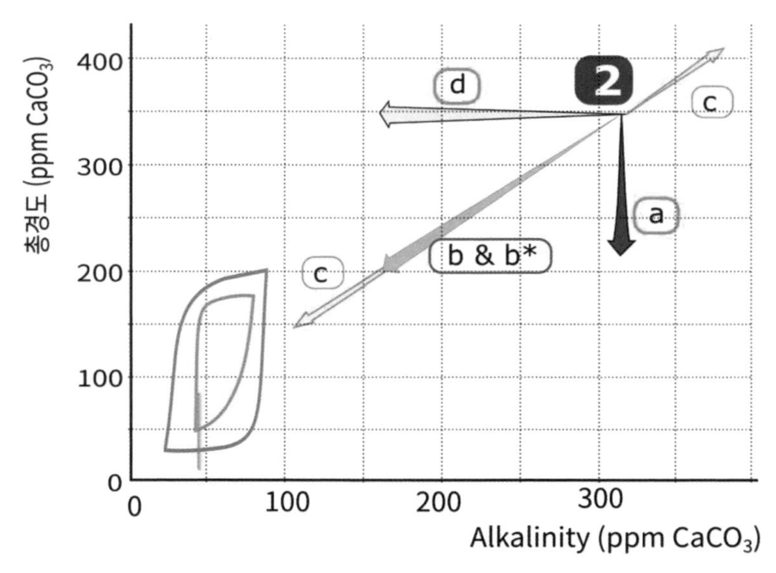

물 처리의 예(Marco Wellinger et al, 2017)

로 이동하여 알칼리도는 그대로이다.

b. **탄산 제거기-양이온 교환기:** 칼슘 이온과 마그네슘 이온을 수소이온으로 교환하는 것으로 경사도 1의 대각선 방향으로 이동한다. 알칼리도와 경도가 같이 변한다. **b*.** 탄산 제거기(b형)에 연수기 처리(a형)를 혼합한 것.

c. **미네랄 제거기:** 역삼투압 또는 이온교환을 통한 미네랄 제거기를 쓴 것으로 원래 조성이 어떠하든 간에 이온을 제거해 버린다. 역삼투압 장치로 미네랄 함량을 높일 수도 있다. 이때는 역삼투압 장치에서 생성된 고농축 물을 처리 전의 물에 혼합하는 방식을 사용한다.

d. **알칼리 제거기, 음이온 교환기:** 탄산수소 이온을 염소이온으로 치환 (커피에서 상업적으로 시판되는 것은 없음) 또는 염산 등의 강산을 더하는 것. 이 방식은 총 경도에는 영향을 주지 않고 알칼리도를 내린다.

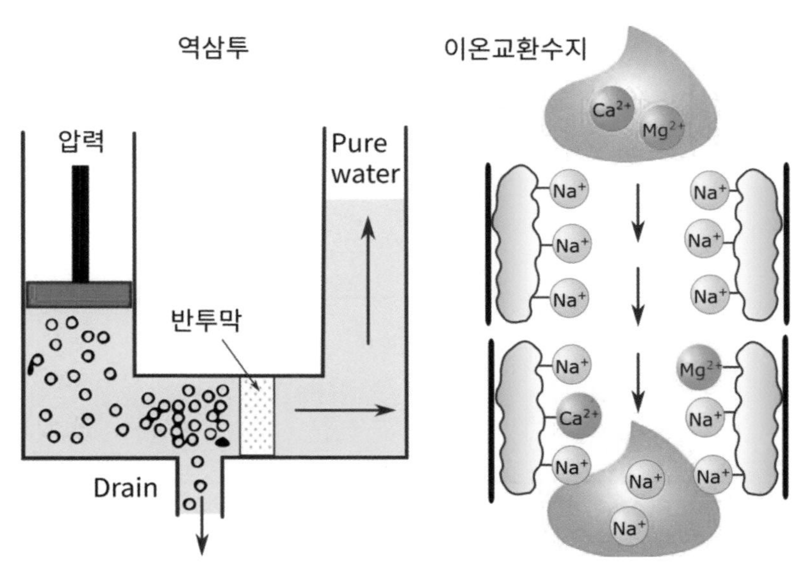

역삼투(RO)와 이온교환수지 원리

4) 미네랄의 추가

우리나라의 물은 대부분 연수라 미네랄의 제거보다는 추가의 필요성이 있다. 아래 그림은 미네랄의 용해가 물에 미치는 영향을 요약한 것이다. 대각선 오른쪽 위로 올라간 화살표는 순수 탄산염암(예, 석회암, 백운석)의 용해이다. 수직으로 올라간 화살표는 염화물이나 황산염, 그리고 마그네슘이나 칼슘이 포함된 미네랄의 용해를 표현하며($CaSO_4$, $MgSO_4$, $CaCl_2$, $MgCl_2$), 이 경우 오직 총 경도만 상승한다. 수평 방향의 화살표는 탄산나트륨과 탄산수소염의 도입을 나타내며, 이러한 현상은 소금물이 들어올 때 가장 흔하게 발생하여 오직 알칼리도만 상승시켜 선을 그래프를 오른쪽으로 이동시킨다. 미네랄을 추가할 때는 필요한 양을 계산할 때는 몰농도로 계산해야 한다.

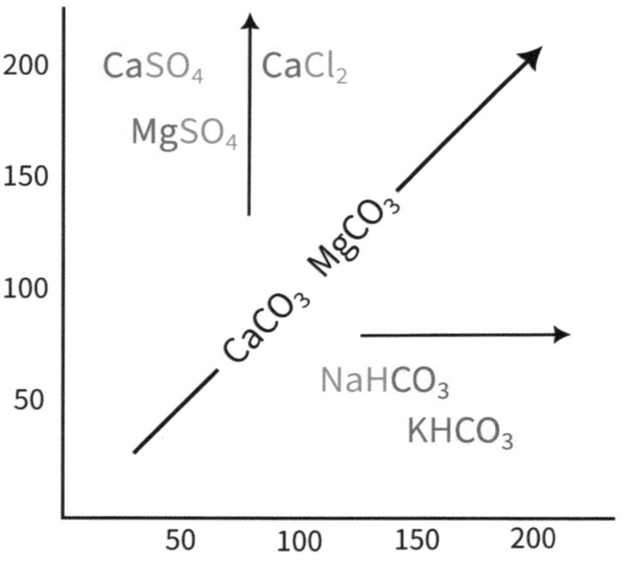

미네랄의 용해가 물의 조성에 미치는 영향

- 물 1리터에 1g을 넣었을 때 ppm의 변화

물 1리터에 염화마그네슘 1g을 넣으면 마그네슘 농도는 얼마나 될까. 보통 육수화물($MgCl_2 \cdot 6H_2O$= 24.3+35.4x2+6x18= 203.1)의 형태인 염화마그네슘은 질량 기준으로 약 11.9%(24/202.8)가 마그네슘 이온이라, 1g/1L(0.1%)는 약 119ppm(0.119g/L)의 마그네슘 이온(Mg^{2+}) 농도가 된다.

커피에서는 탄산칼슘$CaCO_3$ 기준으로 많이 표시하는데, Mg^{2+}의 몰 질량은 24.305g/mol로 $CaCO_3$의 100g/mol보다 4.11배가 적다. Mg^{2+}를 $CaCO_3$로 환산하려면 4.11을 곱하면 되고, $CaCO_3$로는 489ppm이 된다. 아래 환산 계수를 활용하면 빠르게 계산할 수 있다.

성분	몰 중량	탄산칼슘 환산계수
탄산칼슘	100	1
칼슘	40.078	2.495
마그네슘	24.305	4.114
bicarbonate	61.016	1.639 (이온) 0.82 (알칼리도)

각종 미네랄을 1리터의 물에 1g을 녹였을 때 함량

성분	1g/L	as $CaCO_3$
$CaC1_2$	273 ppm Ca^{2+}	681.2
$CaSO_4$	233 ppm Ca^{2+}	581.4
$MgCl_2$	119 ppm Mg^{2+}	489.6
$MgSO_4$	99 ppm Mg^{2+}	407.3
$KHCO_3$	726 ppm	1189.9, 알칼리도 595.32
$NaHCO_3$	609 ppm	998.1, 알칼리도 499.38

5) 수질이 커피에 미치는 영향

- 여러 가지 물을 사용한 커핑

물의 조성의 변화가 커피의 추출 시 관능 속성에 어떤 영향을 미치는지 알아보고자 총 경도와 알칼리도를 변화시켜 실험한 것은 여러 가지가 있는데, 대부분 결과에서 유의한 차이가 나타났다. 수질의 변화가 커피 맛에 큰 영향을 준다는 것은 확실하지만 어떤 물이 커피에 더 적합하고, 경도와 알칼리도의 변화가 풍미에 어떤 식으로 영향을 주는지 그 패턴을 알 수 있는 결론은 없었다. 물의 경도와 알칼리도가 여러 가지 방식으로 영향을 준다는 것을 확인하는 수준이다. 맛이 변하는 구체적 기작은 아직 잘 밝혀지지 않은 것이다. 원인으로 1) 총 경도가 추출 효율성에 영향을 미치고 2) 알칼리도가 추출과 산미 인지에 영향을 미치고, 3) 성분의 변화가 향미의 지각에 영향을 미치는 복합적으로 작용한 결과라고 추측하는 정도다.

수질과 물의 처리는 커피 추출에 다양한 영향을 미치는데 예를 들어 외국은 경수의 물이 많은데 이를 줄일 필요가 있다. 칼슘과 마그네슘 이온을 수소이온으로 치환하는 장비를 사용하는 경우 물속에 이산화탄소의 방출을 늘릴 수 있다. 수소이온의 증가가 물속 탄산수소염을 중화시키면서 탄산을 만들고, 탄산은 압력과 온도에 따라 다시 이산화탄소가 되어 기체화된다. 그 결과 추출에 큰 영향을 미칠 수 있다.

에스프레소 추출 시 탄산 함량이 높은 물이 추출실로 들어가면, 갓 볶아 분쇄한 커피에서 이산화탄소가 나올 때와 같은 방식으로 저항이 더 커진다. 로스팅 후 3일 이내에 원두를 에스프레소 추출할 때와 같은 현상이 나타날 수 있다. 크레마의 양이 많고 더 커다랗고 잘 깨지는 거품들이 나타난다. 수질이 필터 커피에 미치는 영향은 1950년대부터 연구되어왔지만, 에스프레소에 대해서는 최근 20년간의 연구가 전부이다. 이 연구들에서는 다음 세 가지 다른 상황에 대해 말하고 있다.

1. 알칼리도가 높을 경우(100ppm 초과), 탄산수소염에 의해 커피에서 추출된 산 물질이 더 많이 중화되면서 탄산이 생성되고, 탄산은 온도와 압력에 따라 다시 이산화탄소가 되어 기체로 빠져나온다. 추출 중에 이산화탄소가 만들어지면서 저항이 더 커지고 이에 따라 추출 시간이 늘어난다.
2. 알칼리도가 높고 경도가 낮은 경우 물을 가열하면 pH가 높아진다. 이 효과는 나트륨이 있으면 더 증폭된다. pH가 높을 때 물속의 탄산염 용해도가 줄어들면서 추출 중 저항이 늘어나는 원인은 이 때문으로 보인다.
3. 경도가 높고 알칼리도가 그만큼 높은(또는 그보다는 낮은) 경우 추출 시간이 변하지 않는다.

- 물의 이온이 향미에 미치는 영향에 관한 연구는 아직 부족하다

물의 조성에 따라 커피의 맛도 달라졌지만, 그 효과는 원두의 종류에 따라 다르다. 따라서 총 경도와 알칼리도에 관한 최적 수치가 하나라고 보기는 어렵다. 이 최적 수치는 커피(생두 품질, 로스팅 처리), 추출 방식, 그리고 해당 음료가 목표하는 소비자 그룹의 선호에 따라 달라지기 때문이다.

에스프레소는 필터 커피에 비해 물의 효과가 다르다. 물과 커피의 비는 크게 달라서 총 경도와 알칼리도가 훨씬 높더라도(100ppm 이상) 고품질 에스프레소 음료가 나올 수도 있다. 그렇지만 그런 물을 사용한다면 스케일이 낄 수 있으며, 따라서 장기적으로는 권장할 수 없다.

물의 pH 또는 특정 성분이 향이나 휘발성 성분에 미치는 영향에 관한 연구는 아직 커피 분야에서는 제대로 이루어진 것이 없다. 총 경도와 알칼리도 등 여러 가지 변수가 여러 커피에 어떤 영향을 미치는지에 관한 연구와 칼슘과 마그네슘의 차이도 유망한 연구 분야다. 각각 관능 속성에 미치는 영향은 다르다는 주장이 있는데, 잘 연구하면 칼슘과 마그네슘에 대해 새로운 표준값으로 제시할 수 있을 것이다.

8장. 커피의 추출 이론

과거에 커피의 추출은 감각에 의지했는데, 지금은 수율과 농도라는 개념이 많이 활용된다. 커피를 재현성 있게 잘 추출하려면 왜 수율과 적절한 농도가 맛에서 중요한지부터 이해할 필요가 있다.

1. 추출: 농도와 쓴맛의 이해

1) 추출 방법이 다양한 이유

추출(Brewing)은 분쇄 커피의 맛과 향을 물로 뽑아 잔으로 옮겨 마실 수 있게 하는 과정이다. 커피 추출 방법은 산지, 문화, 소비자 취향에 따라 매우 다양하다. 갓 볶은 원두를 분쇄해 향을 맡아 보면, 원두 안에 갇혀 있다가 분쇄를 통해 방출되는 향기 물질이 내뿜는 짙은 향이 느껴질 것이다. 커피 음료에서 느껴지는 향의 프로필은 갓 볶아 분쇄한 커피의 향 프로필과 다르다. 커피의 추출이 단순하지 않은 이유이다. 향은 원래 물에 잘 녹지 않는 성분이라,

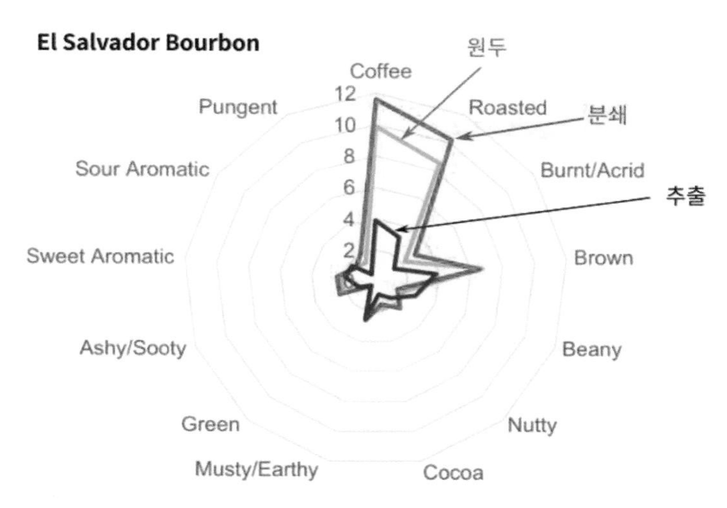

원두, 분쇄, 추출 시 향미의 변화(Bhumiratana et al. 2011)

추출 방법에 따라 커피에 녹아든 향기 물질의 종류와 양이 달라지고, 향이 달라지면 커피 맛의 모든 것이 달라진다. 추출되는 양에 따라 농도만 진하거나 약해지는 것이 아니라 마치 다른 커피를 추출한 것처럼 향조마저 달라질 수 있다. 그래서 커피는 어렵고, 어려움이 사람들을 더 빠져들게 하는 요소인지도 모른다.

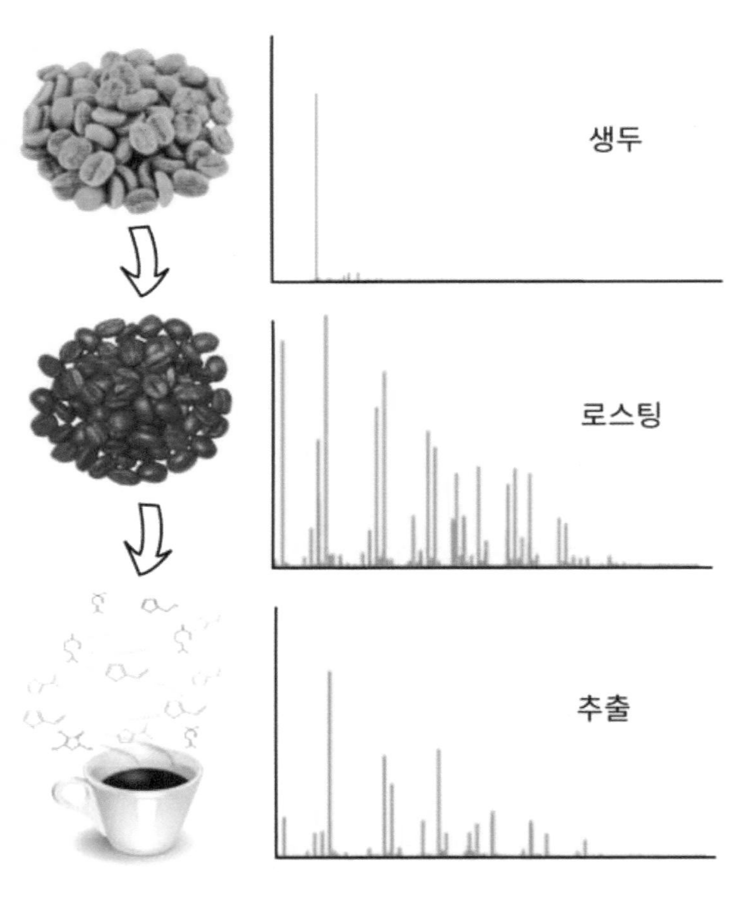

커피의 제조과정에서 향기 물질의 변화

- 커피는 추출 방법에 따라 맛이 달라진다

커피에는 여러 추출 방법이 있다. 다양한 방법이 있다는 것은 그만큼 다양한 방식으로 커피를 즐길 수 있다는 의미도 있지만, 한편 가장 완벽한 방법은 아직 없다는 의미도 된다. 최고의 원두를 골라, 최적의 로스팅을 했으면 추출까지 완벽해야 하는데, 추출 시 일어나는 변동성은 생각보다 크다. 그만큼 여러 변수가 개입한다. 커피의 향은 0.1%도 안 되는 아주 적은 양이지만, 향미에는 결정적인 역할을 하고, 향은 원래 물에 잘 녹지 않는 성분이라 추출 조건이 조금만 달라져도 커피에 녹아든 향기 물질의 종류와 양이 달라지고, 향기 물질이 조금만 달라져도 커피 맛의 모든 것이 달라진다.

원두마다 풍미 특성과 추출되는 성질이 달라서 바리스타는 입수한 원두에서 단맛, 신맛, 향, 바디를 최적화하고 불쾌하게 느껴지는 향미는 최소화하는 추출 방법을 찾아야 한다. 처음에는 몇 가지 잘 알려진 변수를 사용해 음료를 제조한다. 그리고 커피가 과잉 추출 또는 과소 추출로 인한 향미가 나는가? 농도를 더 높이면 마우스필이나 산미 균형이 더 나아질까? 향이 더 잘 드러날까? 같은 질문을 하면서 커피와 물의 양, 물의 온도, 분쇄도, 추출 시간 등의 변수를 조절한다. 아래 표는 음료 품질과 특성에 영향을 미칠 수 있는 변수를 간단히 정리한 것이다.

표. 에스프레소 추출의 주요 변수

물	커피의 상태	농도와 추출 조건
물의 양 수질 온도	무게(양) 입자의 크기와 형태 입도 분포 커피 배드의 형태 압축 정도	물/커피 비율 압력 추출 시간 물의 흐름

2) 물과 커피의 비율

- 수율과 농도의 개념

커피 음료의 농도는 추출 효율성을 나타내는 1차 지표이다. 농도는 일정량의 커피 음료를 건조해 남아 있는 총고형물을 측정하고, 총고형물을 음료 부피로 나누면 음료의 농도를 알 수 있다. 이때 농도를 사용한 커피의 양의 관점에서 살펴볼 필요가 있다. 원두 양을 많이 하고 물을 적게 사용하면 진한 커피가 나오고 반대라면 연한 커피가 나오는 것은 당연하다. 그래서 수율도 같이 고려해야 한다. 수율은 사용한 커피의 질량 대비 추출한 고형분의 질량 비율로 표현한다. 이때 바람직한 수율로 18~22%를 꼽는다. 수율이 18%보다 떨어지면 과소 추출이라고 하고, 물에 잘 녹는 성분만 추출되어 음료가 너무 달고 시큼한 경향이 있다. 22%보다 높은 수율일 경우 과잉 추출이라고 하는데, 물에 잘 녹지 않는 쓰고 떫은맛까지 추출되어 불쾌한 느낌을 주는 경우가 많다.

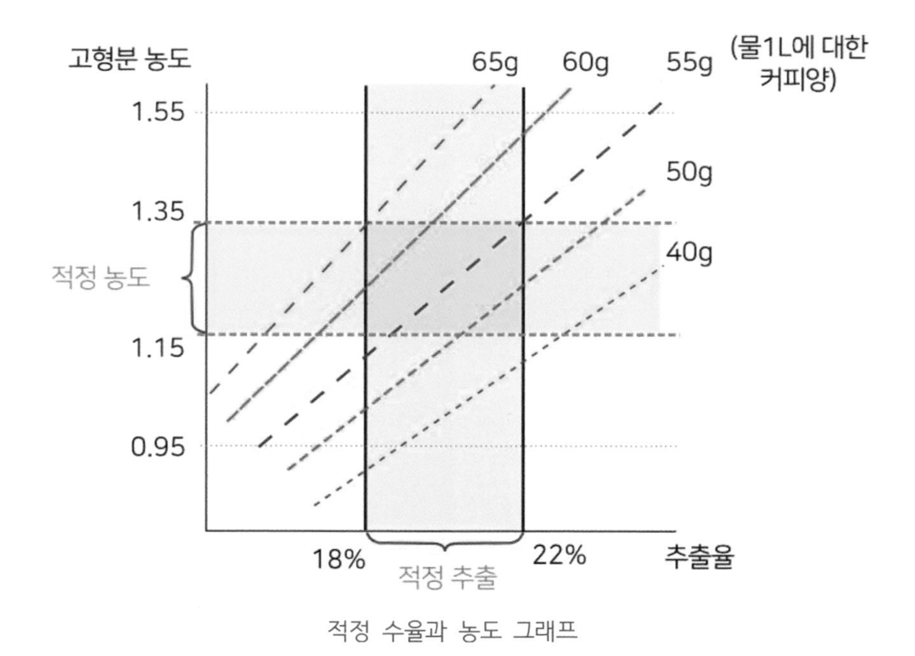

적정 수율과 농도 그래프

그렇지만 성분의 균형이 잘 맞거나, 강한 커피 맛을 좋아하는 사람에게는 이 범위보다 높은 수치 영역이 최적의 추출일 수도 있다. 최적의 수율 범위는 커피의 품질, 추출 기법, 마시는 사람에 따라 달라질 수밖에 없으므로 일종의 가이드라인으로 현재 업계에서 널리 인정받고 있긴 하지만, 그렇다고 진리는 아니다. 이 범위 밖에서도 얼마든지 맛있는 커피가 나올 수 있다.

- 균형

농도와 수율 외에 추출된 성분들의 균형 또한 커피의 품질에 큰 영향을 미친다. 추출 조건을 일부 조정해 주면 이런 균형을 제어할 수 있다. 추출한 커피의 향 조성은 원두의 향 조성과는 매우 다르다.

물은 커피와 접촉하면서 선별적으로 분자를 추출한다. 각 분자는 종류에 따라 물리화학적 속성이 다르기에 같은 형태로 추출되지 않는다. 여기에 추출 변수는 각각 추출 정도에 영향을 미치며, 그 결과 음료의 최종 향미 균형은 달라진다. 풍미 물질의 강도와 균형이 품질에 중요한 이유는 인간의 인지 원리에서 찾을 수 있다. 향미 성분은 향 분자이건 맛 분자이건 모두 코나 혀의 수용체와 상호 작용한다. 이때 수용체가 느낄 수 있는 최저 농도 값인 역치가 중요한 요소이다. 음료 안에 물질이 이 역치를 넘어설 만큼은 있어야 커피 향미를 이루는 주요 성분으로 평가된다. 원두에 들어 있는 휘발성 물질은 1,000여 종에 달하지만, 커피 향미를 이루는 성분은 35개 정도에 불과하다.

맛도 비슷하다. 커피에는 비휘발성 물질들이 복잡하게 섞여 있지만, 이들 중 일부 물질만이 맛의 인자로 역할을 한다. 커피 안에 향미 물질을 분석하고 그렇게 밝혀진 개별 화합물들을 모아 커피의 맛과 향을 조립 재현하려는 실험은 향에서는 비교적 성공적이었지만, 맛에서는 실패였는데, 이는 다양한 맛 인자들 사이의 시너지 효과 및 상호작용에 대해 이해가 더 필요하기 때문으로 보인다. 핵심 향미 분자들이 특정한 균형을 이룰 때 커피 특유의 관능 프로필을 만들 수 있다.

역치를 활용할 때 주의할 점은 농도에 따른 인간의 관능 인지는 직선을 이루지 않는다는 점이다. 농도와 관능의 관계는 대체로 S자로 나타난다. 농도가 역치보다 낮으면, 농도가 달라져도 관능 반응은 없다. 농도가 인지할 수 있는 역치 수준까지 올라오면, 관능 반응이 천천히 증가하다가 기울기 나름 직선형 관계를 이룬다. 농도가 역치보다 훨씬 높은 경우, 향미 수용체가 포화 단계로 들어서면서 농도가 증가하는 정도에 비해 관능 반응의 증가율은 떨어진다(saturation zone). 모든 향미 성분에서 이런 S자 곡선이 나타나는데, 물질에 따라 역치 농도, 경사 정도, 포화도가 다를 뿐이다. 그래서 농도에 따라 향미 균형이 달라진다.

이것을 이해하기 위해 3가지 향기 물질을 가진 커피 음료의 관능 특성을 생각해 볼 수 있다. 적정 농도에서는 성분 1은 농도가 역치를 살짝 넘는 수준이고 성분 2는 직선 영역이며 성분 3은 포화 영역에 있다. 만약 추출 수율을 높이면 세 가지 성분 모두 농도가 높아질 것이다. 그러면 성분 1은 직선 단계로 접어들어 더 큰 맛 반응을 일으킬 것이고, 성분 2도 반응이 증가할 것이지만, 그 경향은 감소할 것이다. 그런데 성분 3은 농도는 훨씬 높아졌지만, 수용체가 이미 포화 상황이기에 관능 자극은 더 이상 높아지지 않을 것이다. 전체 관능 프로필에서 성분 3의 역할은 상대적으로 줄면서 성분 1의 역할이 강해지는 것이다. 만약 성분 1이 쓴맛을 내는 물질이라면, 이는 곧 쓴맛의 급격한 증가로 이어지는데 이는 보통 과잉 추출에서 흔히 나타나는 현상이다.

이런 시나리오는 희석에 의해서도 일어날 수 있는데 적절히 희석하면 긍정적인 성분의 효과는 최대한 끌어내고, 쓴맛 같은 부정적인 농도는 충분히 낮출 수 있다. 만약 쓴맛 같은 부정적 성분은 최대한 낮추고 긍정적 성분만 최대한 추출할 수 있다면 가장 이상적인 추출인 셈이다. 이것은 단순히 설명 편의성을 위해 모형을 임의로 설정한 것이고, 실제 커피의 성분 간 반응과 농도가 변하면서 일어나는 관능적 품질의 변화는 훨씬 복잡하다.

훌륭한 바리스타는 추출 변수를 조절하기 위해 각 제조 단계마다 나타날 수 있는 향미 결과에 대해 상세한 정보를 알아야 하고, 굴절계나 비중계 같은 측정 기구를 사용해 알아낸 수치로는 알 수 없는 것까지 파악할 수 있는 관능 능력이 필요하다. 그러므로 바리스타의 맛보기 능력은 정말 중요하다.

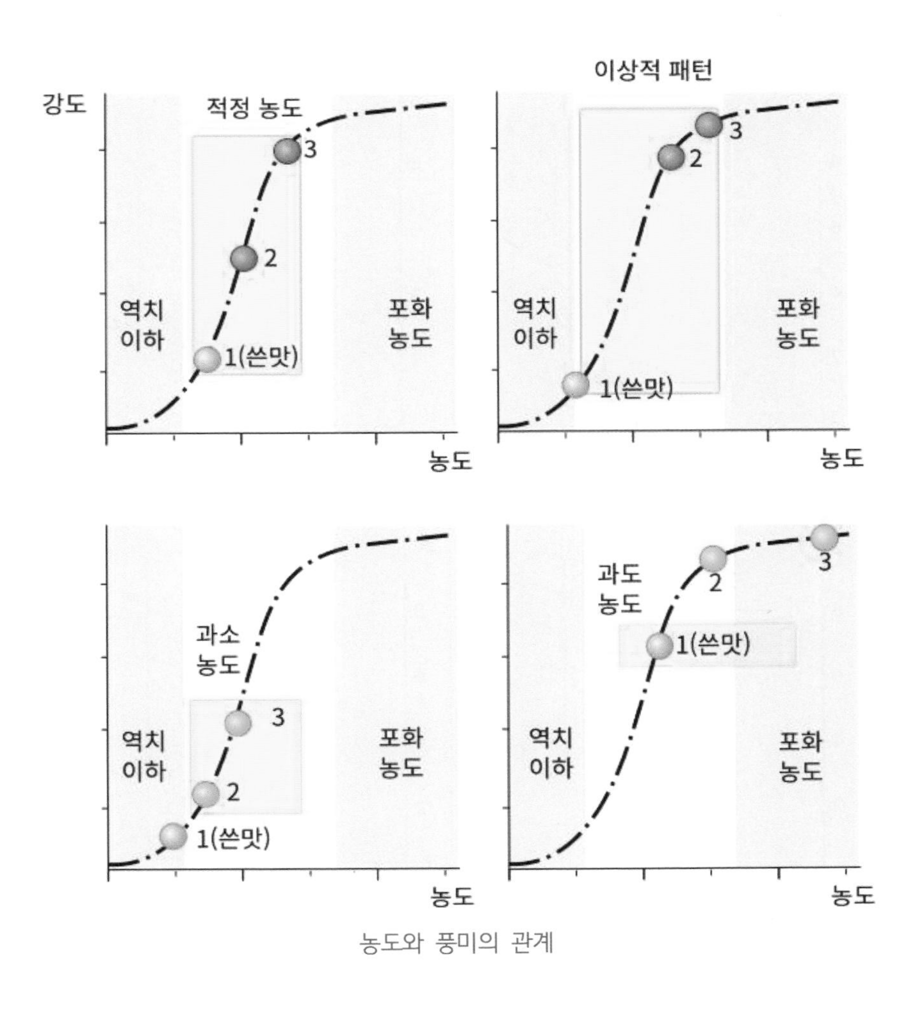

농도와 풍미의 관계

- 커피의 맛이 사소한 향미 성분의 차이로 많이 달라지는 이유

향기 물질별로 역치, 증가 기울기, 포화도가 다르다. 만약에 다음 그림의 (A)처럼 향기 물질의 강도가 변하면 희석해도 강도만 약해질 뿐 향조는 변하지 않을 텐데, 기본적으로 (B)처럼 향기 물질마다 기울기가 다르다. 더구나 실제 향기 물질은 (C)처럼 역치와 포화도마저 다르다. 그러니 농도만 바뀌어도 강도뿐 아니라 향조마저 달라질 수 있다. 만약 (D)처럼 주도적인 성분이 있으면

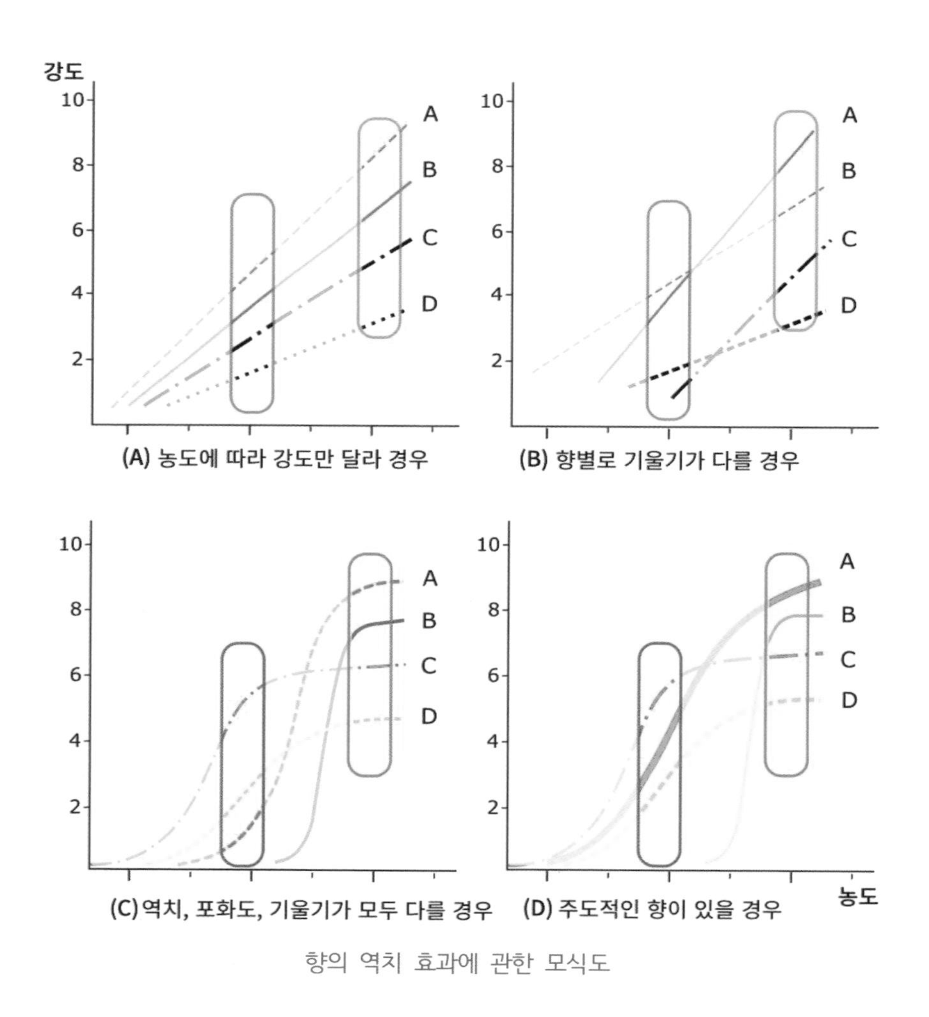

향의 역치 효과에 관한 모식도

희석해도 강도만 달라질 뿐 향조는 일정할 텐데, 커피는 주도적인 성분이 없다. 그러니 커피의 추출 조건이 바뀌면 향 성분의 균형이 달라지고, 총체적인 향미의 느낌이 달라질 수 있다. 그런 까다로움과 변덕스러움이 커피의 어려움이자 매력일 것이다.

3) 쓴맛의 이해: 추출의 기본 목표는 과도한 쓴맛을 줄이는 것

아무리 좋은 생두를 구하고 로스팅을 잘해도 최종 단계인 추출이 잘 이루어지지 않으면 맛있는 커피를 기대할 수 없다. 만약 커피에 존재하는 성분들이 모두 맛이 좋다면, 무조건 가능한 많은 성분이 추출되게 하면 될 것이다. 원두를 작게 분쇄하여 세포 안에 갇혀 있던 맛과 향 성분을 고온의 물에 최대한 많은 성분을 뽑아내면 그만일 것이다. 그런데 커피에는 맛에 부정적인 성분도 많아서 무작정 많은 추출을 하면 원하지 않는 성분이 과다하게 추출될 가능성이 높다. 사람들이 원하는 바람직한 향미 성분을 최대한 추출하고, 원하지 않는 거친 쓴맛 등의 물질은 줄이는 것이 관건이다. 이런 노력은 커피만 그런 것이 아니다. 초콜릿은 향은 잘 녹고, 맛 성분은 녹지 않는 기름을 통해 추출하는데, 원하는 정도의 추출을 위해 오랜 시간 콘칭(conching)을 한다.

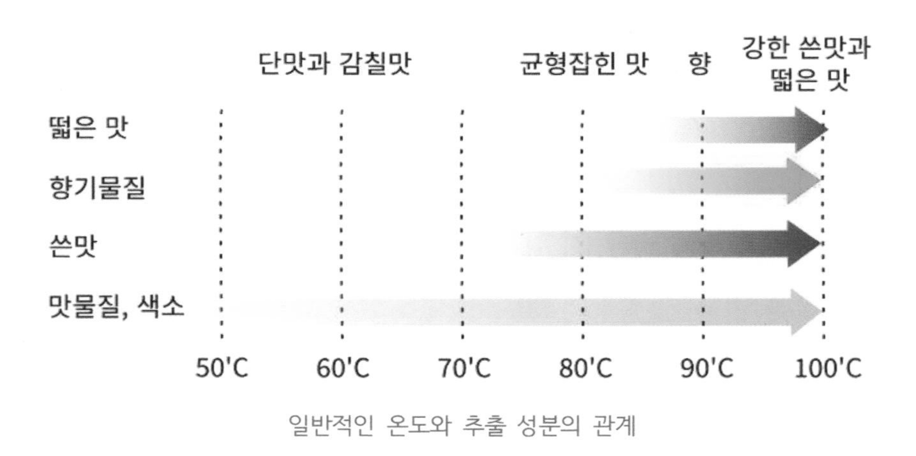

일반적인 온도와 추출 성분의 관계

차도 정교한 우리기를 하는데, 차의 추출 온도는 쓴맛과 관계가 깊다. 발효도(산화도)가 높을수록 높은 온도에서 우려도 쓴맛이 우러나지 않기 때문에 흑차의 경우 끓이다시피 녹여내도 되지만, 녹차와 같이 산화를 적게 시킨 것은 낮은 온도에서 녹여야 한다. 녹차 75℃, 백차와 황차 80℃, 보이차와 우롱차 95℃, 홍차 100℃ 정도에서 녹차, 백차, 황차 5분, 우롱차 3분, 보이차와 흑차 2분 정도 우려낸다.

- 일반적인 쓴맛 물질과 커피의 쓴맛

커피의 추출을 쓴맛과의 전쟁이라고 할 수 있다. 소량의 쓴맛 성분은 커피의 산미와 조화를 이루고 향미를 높이기도 한다. 하지만 지나치게 많으면 견디기 힘들다. 그러니 쓴맛에 대해 좀 더 공부할 필요가 있다. 문제는 쓴맛은 정말로 다양하다는 것이다. 단맛, 짠맛, 신맛, 감칠맛은 대부분 1가지 수용체로 감각하는 데 쓴맛은 무려 25종의 수용체로 감지한다. 그만큼 다양한 물질이 쓴맛 물질이 있고, 역치마저 다른 미각에 비해 낮은 편이어서 민감하고 까다롭

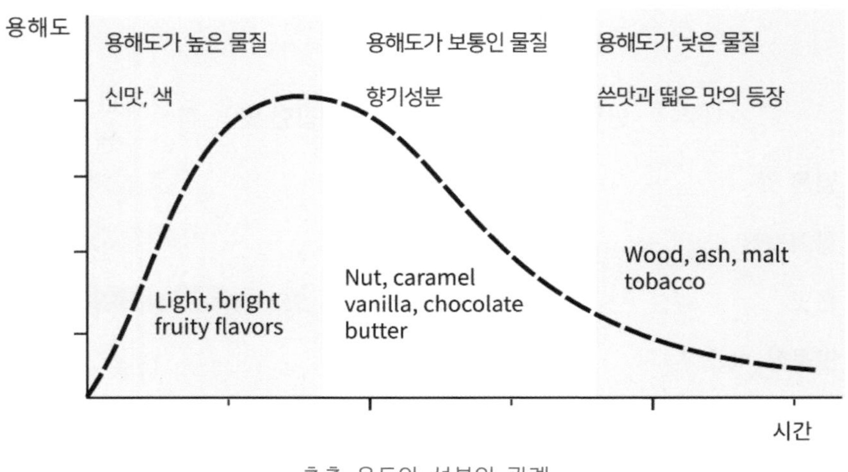

추출 온도와 성분의 관계

다. 더구나 쓴맛에 아린 맛이 추가된 떫은맛은 소량으로도 선호도를 완전히 떨어뜨릴 수 있다.

지금까지 25~30개의 물질이 커피의 쓴맛에 관여한다고 알려졌으나, 2007년 토마스 호프만 독일 뮌헨대 식품화학과 교수의 연구로 카페인은 10~20% 정도만 기여하고, 커피의 결정적 쓴맛은 CGA의 가열로 만들어지는 CGA 락톤과 페닐인데인에 의해 발생함이 밝혀졌다.

- 커피의 핵심 성분인 카페인은 쓴맛이다. 하지만 역치가 낮아서 커피 전체 쓴맛의 10% 정도만 역할을 한다고 한다. 그리고 불쾌한 쓴맛도 아니다. 디카페인 처리는 쓴맛을 약간 줄여 준다.
- 트리고넬린과 CGA과 같은 다른 산 물질도 약한 쓴맛을 가지고 있다. 하지만 양이 상대적으로 많아서 쓴맛에 일정 부분 기여한다.
- CGA에서 분해된 퀸산은 카페인보다 쓴맛이 10배 이상 강하다.

표. 쓴맛 성분 및 함유 식품 (식품화학, 조신호외)

분류	쓴맛 성분	함유 식품
알칼로이드	카페인 테오브로민	차, 커피, 초콜릿 코코아, 초콜릿
배당체	나린진(naringin) 큐커비타신(cucurbitacin)	귤 껍질 오이 꼭지
케톤류	휴물론(humulone), 루풀론(lupulone)	맥주의 홉
무기질류	염화마그네슘($MgCl_2$)	간수
아미노산	트립토판 류신	치즈의 변질 건어물
기타	이포메아메론(ipomeamerone)	흑반병 고구마

- 로스팅 과정에서 CGA로부터 만들어진 CGA 락톤은 쓴맛, 페닐인데인은 거친 쓴맛을 부여한다.
- 쓴맛이 증가하면 신맛은 감소한다.
- 증류수보다는 약간의 경도가 있는 물이 쓴맛이 덜하다.
- 쓴맛은 추출된 고형분 함량과 관계있다. 양이 많으면 쓰다.
- 향(특히 단맛을 내는)이 잘 추출되면 쓴맛을 덜 느끼게 된다. 고온에서 추출한 커피가 쓴맛이 적다면, 향이 충분히 강하여 쓴맛을 상대적으로 덜 느껴지기 때문이다.
- 커피에 설탕, 소금, 구연산, 증점제 등을 넣으면 쓴맛을 덜 느끼게 된다.
- 로부스타 커피는 카페인과 CGA 함량이 높고 이들이 쓴맛에 기여한다.

표. 커피의 쓴맛 물질(출전: ICO Sensory)

물질	농도 ppm	역치 (mg/mL)	비고
페닐인데인			
퀸산	3,200~8,700	10	1290
카페인	10,000~20,000	78~155	155
트리고넬린	3,000~10,000		
CGA	20~100	20~27	
구연산	1,800~8,700	96~590	15
사과산	1,900~3,900	107~350	13
젖산	0~3,200	144~400	6
초산	900~4,000	22~70	53
2-Methylfuran	0.05		
Furfuryl alcohol	300	19~40	10
피라진류	17~40	1	30
Phenyl pyridine			

- 생두의 처리 과정(건식, 습식)은 향조에 많은 영향을 주나 쓴맛에는 영향이 적다.
- 중배전의 커피가 가용성 물질이 적고 산은 높고 향도 강하여 쓴맛이 적다.
- 칼륨(포타슘) 같은 미네랄도 쓴맛에 기여한다.
- 푸르푸랄 같은 향기 성분에도 쓴맛이 있는데 양이 적어 역할도 적다.
- 쓴맛은 로스팅과 추출의 정도(온도, 시간, 입도, 추출 방법)와 물의 경도의 영향을 받는다.

2) 떫은맛이 나오기 전에 추출을 멈추어야 한다

떫은맛은 쓴맛과 유사하지만, 감각 기작은 완전히 다르다. 타닌 같은 물질이 혀의 침 단백질과 반응하고 상피조직에 결합하여 상피의 수축 등으로 느껴지는 감각이다. 일종의 통증으로 일시적으로 혀의 미각세포 주변의 수분을 붙잡거나 단백질을 끌어당겨 생성되는 수렴성(Astringent) 자극으로 과하면 불쾌감을 준다.

식품에서 대표적인 떫은맛 성분은 타닌 같은 거대 분자, 알데히드 같은 반응성 분자, 철분과 같은 금속류가 있다. 떫은맛은 강하면 불쾌하지만, 약할 때는 쓴맛과 비슷하게 느껴지며 다른 맛 성분과 같이 존재하면 독특한 풍미를 형성한다. 단백질이 분해된 펩티드가 쓰고, 떫은 경우가 있어, 열처리에도 불활성화되지 않는 효소가 있으면 이취와 쓴맛이 발생할 수 있다. 쓴맛 펩타이드는 콩 단백, 옥수수 단백, 우유 단백, 치즈 등에서 발견된다. 이들 쓴맛 물질은 펩티드 끝 분자가 류신인 경우가 많다는 정도가 밝혀졌을 뿐 구조적 유사성이 별로 없다.

만약 모든 성분이 물에 똑같은 정도로 잘 녹는다면 우리가 원하는 성분만 뽑아내는 방법이 없거나 아주 특별한 추출 용매나 설비를 이용해야 할 것이다. 다행히 커피는 우리가 아주 싫어하는 성분은 천천히 녹아 나오는 성질이 있다. 그러니 추출 조건을 잘 조절하면 원하는 성분은 최대한 뽑아내고 원하지 않는 성분이 과도하게 추출되는 것을 막을 수 있다. 이런 추출의 원리를 이해하기 위해 먼저 온도에 따른 식품 성분의 용해도의 변화를 이해할 필요가 있다.

커피의 성분은 매우 복잡하고 성분별로 정확히 어떤 패턴으로 녹아 나오는지에 관한 자료는 없지만, 핵심은 쓴맛의 용해 특성이다. 저온에서는 모든 성분의 용해도가 떨어지지만, 쓴맛과 특히 커다란 크기의 떫은맛 성분의 용해도가 떨어진다. 단순히 쓴맛이 없는 커피가 목표라면 저온에서 추출이 유리하겠지만, 그만큼 향미가 떨어지기 쉽다. 온도가 높을수록 맛 성분도 잘 녹고 향기 성분도 잘 녹는데, 다행히 분자가 커서, 입안에 오래 남는 쓴맛과 떫은맛 물질이 느리게 추출된다. 추출은 이런 물질이 과도하게 빠져나오지 않는 범위

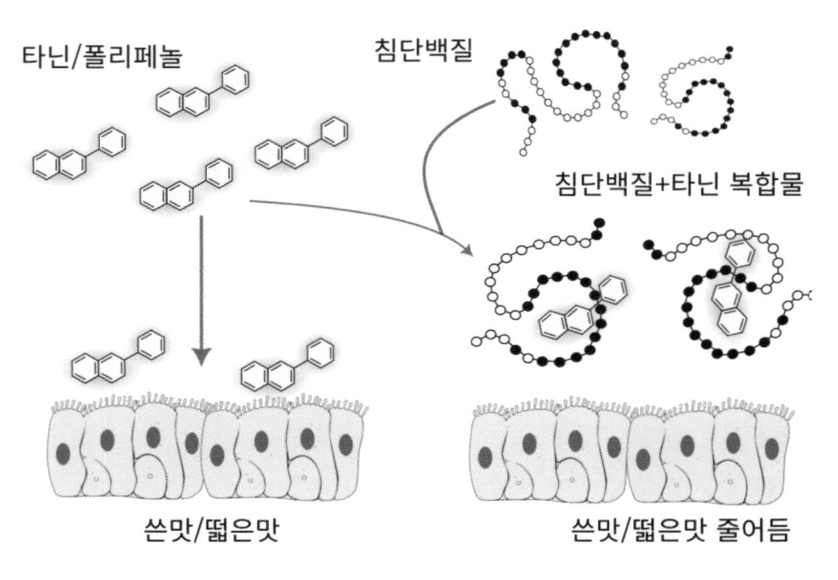

떫은맛의 작용기작

에서 최대한 맛과 향 물질을 많이 뽑아내는 것이 핵심이다. 보통 온도가 92℃가 넘으면 급격히 쓴맛이 녹아 나오는 경향이 있으므로 고온에서는 추출 시간을 짧게 해야 한다. 저온이라면 많은 성분이 녹아 나오도록 시간을 길게 가져야 한다.

달콤함을 부여하는 향도 많다. 추출이 부족하면 먼저 녹아 나온 산미가 전체적인 향미를 지배하여 맛이 더욱 거칠고 쓰게 느껴질 수도 있다. 향은 물보다 기름에 잘 녹는 지용성이고 그나마 고온에서 잘 추출되지만, 고온은 쓴맛, 떫음도 잘 녹아 나오는 영역이라 조심해야 한다.

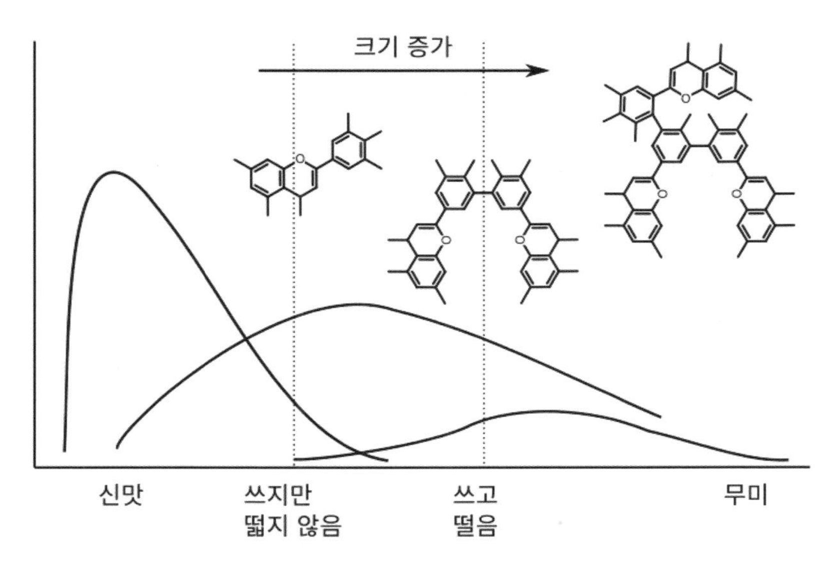

플라보노이드의 중합 정도에 따른 맛의 변화 (신맛→ 쓴맛→ 떫은맛→ 무미)

2. 추출의 원리와 용해도의 이해

1) 온도, 시간, 압력의 효과

- 물 온도의 영향

물의 온도는 커피 추출의 핵심 변수이다. 권장되는 온도는 보통 90~94℃로, 이때 추출 수율도 좋고 관능 프로필의 균형도 잘 맞는 편이다. 온도가 너무 낮을 경우, 일부 주요 성분들이 충분히 추출되지 않아 원하는 향미를 내지 못한다. 온도가 높으면 물에 잘 녹지 않는 성분도 추출될 수 있는데, 쓴맛과 떫은맛을 내는 성분 및 페놀성 성분들은 높은 온도에서 잘 추출되어 과잉 추출 특유의 향미를 만든다.

성분마다 용해도가 다른데 일반적으로는 온도가 높아지면 용해도는 증가한다. 그리고 용해도와 온도의 관계는 직선형이 아니다. 카페인의 용해도는 80~100℃ 사이에서 거의 네 배로 높아진다. 이 범위에서는 온도가 약간만 변해도 카페인의 용해도가 크게 달라진다. 구연산은 온도 상승에 따른 용해도 증가가 직선형에 가깝다. 그러므로 구연산과 카페인 사이의 용해도 비율은 온도에 따라 달라질 수 있다. 성분에 따라 온도에 따른 용해도 증가 패턴이 달라 두 성분 간의 균형도 달라지는 것이다. 낮은 온도에서 추출한 커피(콜드브루 등)에서 강렬함이 어느 정도 떨어지는 것은, 일부 맛 성분이 낮은 온도에서 용해도가 낮아서 총고형분 함량이 줄어들었기 때문이다. 다만 추출 시간이 다른 추출법보다 훨씬 길어서 고형분은 어느 정도 보충될 수 있다.

온도가 높아지면 물 분자의 운동 에너지가 높아지는데, 활동성이 증가하여 커피 층에서 향미 성분을 더 잘 녹여낸다. 물의 점성 또한 온도의 영향을 받는데, 온도가 높아지면 점도는 낮아진다. 점도가 낮아지면 물이 커피 입자 사이를 더 잘 파고 들어가서 커피 성분을 녹이기 쉽다는 뜻이다. 물 온도가 높아질수록 바디와 마우스필에 영향을 주는 지방이 음료에 더 많이 녹아 들어가는 것과 같은 이유이다.

전체적으로 극성이 낮은 성분이 커피 입자에서 녹아 빠져나오려면 온도가 높아야 한다. 떫은맛을 내는 성분은 대부분은 용해도가 낮은 것으로 알려져 있다. 온도가 너무 높아 과잉 추출이 되면 쓰고 떫은맛이 나는 것은 이 때문이다. 물엔 잘 녹는 극성 성분은 대개 단맛이나 신맛이 나는데, 실온의 물에

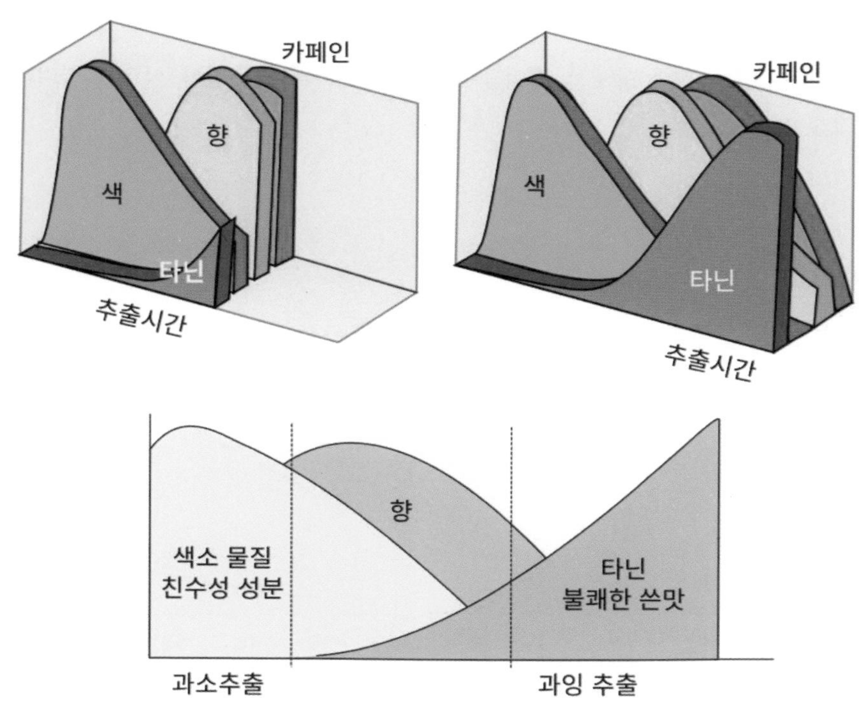

추출 시간에 따라 용해되는 성분의 변화

도 잘 녹으며 온도가 높아진다고 해서 용해도가 크게 상승하는 것도 아니다. 커피를 매우 낮은 온도에서 추출하면 산미와 단맛은 거의 그대로 나타나지만, 일부 향과 쓴맛은 줄어들 것이다. 그 결과 과소 추출된 커피에서는 특유의 단맛-신맛 프로필이 나타난다.

휘발성 성분의 경우에는 다소 복잡하게 전개된다. 일단 향미 성분이 커피 입자에서 빠져나와 액체로 옮아가는 것은 비휘발성 성분과 유사한 방식으로 나타난다. 하지만 일단 액체로 옮아간 뒤에는 기체의 용해도가 문제가 된다. 기체 용해도는 온도에 따라 달라지고, 고체의 용해도와는 반대 방향으로 움직이기 때문이다. 온도가 높아지면 기체 분자가 공기 중으로 나오려는 힘이 강해진다. 그러므로 추출 중에 향 성분이 공기 중으로 방출되고, 물 온도가 높아지면 그 현상이 더 가속된다. 추출 과정이나 추출 직후, 향 방출은 당연히 소비자가 느끼는 전체 향 느낌과 경험에 영향을 주겠지만, 음료 안의 휘발성이 높은 향기 성분 농도는 줄어들 수밖에 없다. 커피가 점점 식으면 향미는 계속 변한다.

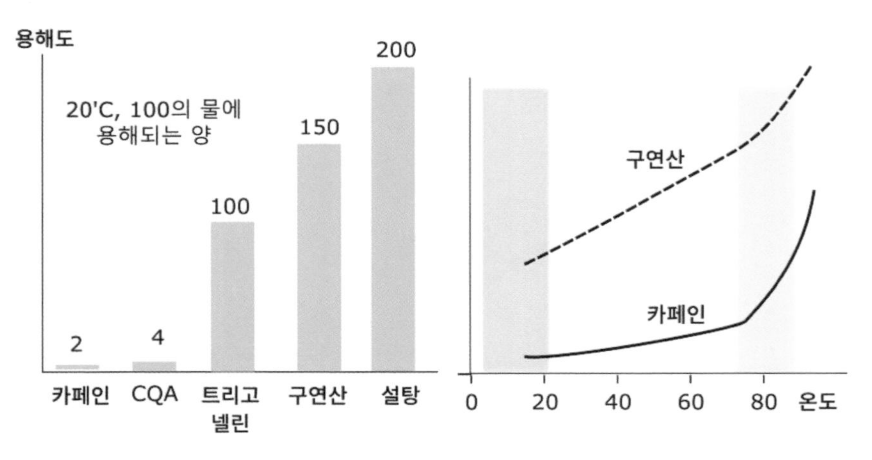

커피 성분의 용해도와 온도에 따른 변화 (Merck Index, 12th ed., 1996)

감각기관 또한 온도에 영향을 받으므로 커피가 식으면서 느껴지는 맛이 달라진다. 흔히 온도가 내려가면 산미는 더 느껴지고 향은 줄어든다고 알려져 있다. 뜨거울 때와 다른 향미가 느껴질 수 있다. 의도적으로 커피가 식어가면서 느껴지는 변화를 느껴보는 것도 좋은 경험이 될 수 있다.

- 추출 시간의 영향

커피와 물의 비율을 잘 맞추면 수율과 향미 균형이 적절하게 이루어진다. 커피와 물의 비율을 달리하여 수율은 같지만, 농도가 더 진해지면, 맛이 더 진하고 쓸 뿐만 아니라 마우스필도 강해진다. 마우스필은 미분의 양에 따라서도 달라진다. 특히 프렌치 프레스나 에스프레소에서 그런 편이다.

추출에 따라 음료 안에서 맛 성분들 사이의 균형은 계속해서 달라진다. 크게 2가지 요인이 작용하는데 하나는 향미 성분의 용해도다. 성분의 극성(polarity) 등에 따라 용해도가 다르다. 카페인, 설탕, 유기산처럼 용해도가 높은 성분들은 쉽게 추출되어 몇 초 만에 추출 수율이 90%를 넘어선다. 과소추출된 커피는 이들처럼 물에 잘 녹는 성분들이 주도하고, 그 결과 음료 맛은 신맛이 주가 된다. 드립 커피의 경우, 추출에 들어간 첫 1분 안에 카페인의 90%가 추출되는 것으로 추정한다.

반대로 용해도가 낮은 성분들은 일정 시간이 지난 뒤에야 추출된다. 이런 유형의 성분으로 CGA, 페닐인데인(phenylindane), 페닐인데인 락톤 등이 있다. 이 성분들은 쓴맛이나 떫은맛을 낸다. 그중에서도 페닐인데인 같은 것은 추출 시간에 비례해서 점점 많이 추출되기 때문에 맛이 점점 쓰게 된다. 과잉추출에서는 이렇게 용해도가 낮은 쓴맛, 떫은맛 성분이 더 많이 추출되어 맛의 균형 또한 달라진다. 음료가 처음의 단맛-신맛에서 점점 쓰고 거칠며 떫은맛으로 바뀌는 것이다. 그러니 적절한 시간이 지나면 추출을 멈추어 과잉 추출을 막아야 한다. 쓴맛은 성분에 따라서 품질 차이가 있다. 가볍고 금방 사라지는 쓴맛도 있고, 페닐인데인에 의한 쓴맛처럼 거칠고 입에 맴도는 쓴맛이 있다. 그러므로 쓴맛의 강도뿐만 아니라 특성도 중요하다.

향도 시간에 따라 추출되는 양상이 달라진다. 에스프레소 추출 시작에는 음료와 에스프레소 머신 주변에서 강렬한 향을 느낄 수 있다. 이때 추출되는 향기 물질은 극성과 멜라노이딘 성분과 상호작용의 영향을 받는다. 극성이 큰 성분은 쉽게 물에 녹으며 추출 첫 단계에 바로 추출된다. 극성이 낮은 성분은 추출되기까지 시간이 걸린다. 그래서 추출이 진행될수록 처음에는 극성이 높은 성분 비율이 높았다가 점차 극성이 낮은 성분 비율이 높아진다.

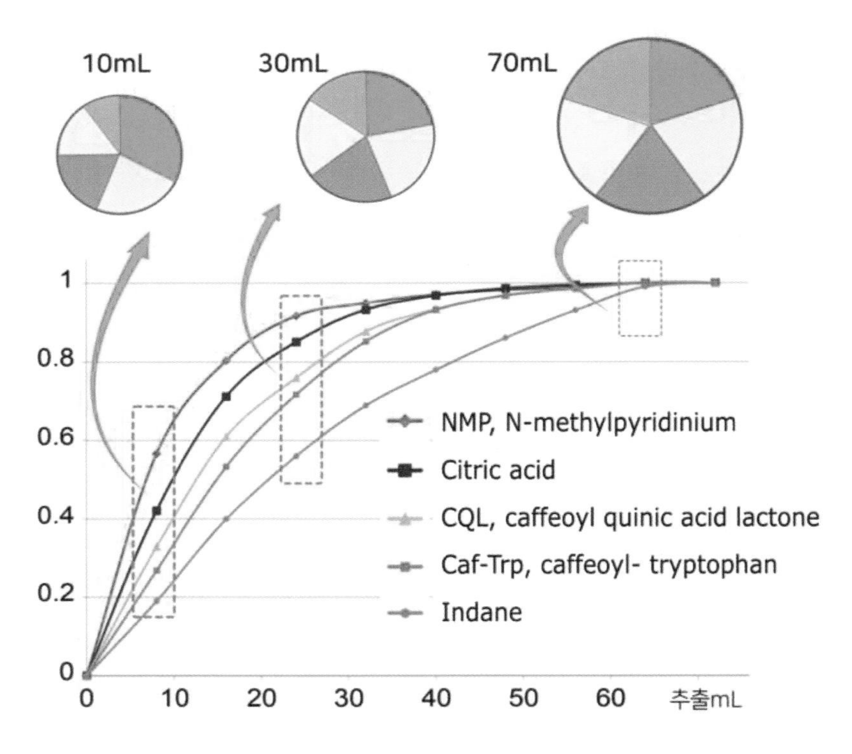

시간에 따른 맛 성분의 추출 변화(Frédéric Mestdagh et al, 2017)

- 에스프레소에서 추출 압력의 영향

압력도 커피 추출에 영향을 미치는데, 추출 압력은 독립변수라기보다는 물이 커피 층을 어떻게 흐르느냐에 달라진다. 추출법에 따라 가해지는 힘이 다르고, 통과해야 하는 커피 층의 형태도 달라서, 저마다 적절한 추출 압력 범위가 다르다. 에스프레소 추출을 위해서는 고압을 만들기 위해 펌프가 작동하고, 모카팟 방식에서도 스팀에 의해 압력은 가해지지만, 에스프레소보다는 낮은 압력이다. 최근에 개발된 원심력을 사용하는 방식(네스프레소 버츄오 라인)도 있다. 필터 추출에서는 물이 중력의 힘으로만 커피 층을 통과하며 다른 압력은 거의 가해지지 않는다.

커피 층의 속성은 물의 투과성을 결정짓고, 커피 층 안에서 물이 흘러가는 형태를 결정한다는 점에서 훨씬 더 중요하다. 커피 층의 투과성이 너무 낮으면 추출 압력이 높아지고, 물 흐름이 나빠지면서, 추출 시간이 너무 길어지기 때문에 과잉 추출이 되기 쉽다. 이런 커피 층의 투과성에 가장 영향을 미치는 것은 분쇄이다. 그라인더의 종류와 등급, 커피의 로스팅 정도에 따라서 입자 크기는 다양하게 나타난다. 입자의 평균 크기는 물론 입자 모양, 입자 크기별 분포 또한 커피 층의 형성과 물의 흐름에 영향을 미친다.

각각의 추출법마다 적합한 분쇄도가 다르다. 너무 굵은 입자를 사용하면 미세한 커피 분말을 사용할 때에 비해 향미 프로필이 약하다. 작은 입자를 쓸수록 물에 노출되는 커피 분말의 표면적 비율이 커지고, 더 효율적으로 추출이 진행된다. 에스프레소는 압력을 높일 경우, 점성이 더 커진다. 그렇지만 입자가 너무 미세하면 물이 제대로 분배되지 못하고 커피 층을 균일하게 통과하지 못하면서 채널링이나 과잉 추출이 되기 쉬운 상태가 된다. 입자 사이의 공간이 작아지면 커피 층 위에 가해지는 더 압력이 커지고 전체적인 물 흐름이 나빠진다.

커피 층의 투과성은 추출 중에도 계속 변한다. 처음 물이 커피 층에 침투하면 커피 층이 젖은 뒤 용해도가 높고 분자량이 작은 물질과 휘발성 높은 향 물질이 먼저 녹는다. 이와 함께 글루코만난이나 아라비노갈락탄 같은 비수용성 다당류가 수화되어 부풀어 오르고, 입자들이 치밀하게 재배열되기 시작한다. 커피 층의 이런 움직임은 소위 '커피 층 경화'라고 하는데, 이에 따라 커피 층의 투과성은 줄어들고, 물 흐름이 전체적으로 느려지고, 커피 층에 걸리는 압력은 크게 올라간다. 일반적으로 입자가 작을수록 커피 층 경화는 더 많이 일어난다. 그러므로 커피 입자는 추출이 쉽게 작게, 하지만 물 흐름이 막히거나 추출 시간이 너무 길어지지 않을 정도로, 너무 작지는 않게 분쇄하는 것이 중요하다. 그 외에 커피를 너무 많이 사용해도 추출이 어려워진다.

에스프레소에서 압력의 영향이 가장 큰 것이 크레마 형성이다. 압력이 들어가지 않는 추출법을 쓰면 크레마를 만들 수 없다. 압력이 크레마 형성에 필수적이다. 또한, 압력이 걸리면 향 물질이 증발하지 않고 커피 층에서 음료로 이동하므로, 다른 추출법으로 만든 음료에 비해 향 물질이 더 많이 들어있다. 수용성 물질은 압력으로 약간 더 잘 추출할 수 있지만 그 영향은 적다. 압력은 오히려 물이 흐르는 시간을 조절해 수용성 물질을 균형 있게 추출하는 데 큰 역할을 한다. 물이 흐르는 시간이 너무 짧거나 너무 길면 과소 추출이나 과잉 추출이 일어날 수 있다. 원하는 프로필에 따라 물 흐름을 최적화하려면 압력은 핵심적인 요소가 된다.

압력이 커피 층에 작용할 때 나타나는 또 다른 효과는 지질의 추출이다. 커피 층은 세포들이 지방을 머금고 있는 일종의 스펀지 같은데, 압력은 지방을 밀어내고 물에 씻겨 내려가 음료로 들어가게 한다. 이렇게 추출된 기름은 바디와 마우스필에 큰 영향을 준다. 에스프레소는 압력을 가하지 않는 추출 방법으로 만든 음료에 비해 확실히 기름 성분이 많고, 물의 비율이 낮다. 이 두 가지 모두 바디와 마우스필에 영향을 준다. 이 점은 프레스 필터 커피와 비교하면 확실하다. 프레스 필터 커피에도 지방 성분이 상당히 녹아들지만,

바디와 마우스필이 무겁게 느껴지지 않는데, 이는 음료에서 물의 양이 훨씬 많아서 지방의 역할이 크게 희석되기 때문이다. 한편 종이 필터는 기름을 잘 흡수하기 때문에 그렇게 추출한 음료에는 지질 함량이 낮다. 그래서 바디, 마우스필이 가볍다.

이런 이유로 바리스타가 커피의 양, 입자 크기, 입자 모양, 입자 분포, 물의 양, 온도, 수질, 압력, 흐름 시간 같은 모든 변수의 상호작용에 대해 통찰하는 것은 중요하다. 이 변수들은 모두 추출에 영향을 미치며 또한 각자 서로에게 영향을 준다. 가능한 객관적으로 측정하고, 조금씩 조정해 가면서 계속 맛을 보는 것이 중요하다. 카페 안의 온도와 습도 등 외부 환경 변화 또한 추출 변수에 영향을 미치므로, 매장에서 근무하는 바리스타는 몇 가지 변수들은 영업 시간 내내 조정해야 한다. 한 가지 추출법이라도 제대로 원리를 알고 기술을 익히면, 변수를 바꾸면서 여러 가지 추출법을 사용할 수 있을 것이다.

2) 물의 특징과 용해의 원리

- 용해는 분자 레벨에서 일어나는 자발적인 현상이다

내가 식품을 공부하다 보니 용해도를 이해하는 것이 식품 공부의 최종판이 아닐까 하는 생각이 들었다. 맛과 향은 향미 물질의 첨가만으로 해결되는 경우가 있지만, 물성은 식품에 존재하는 모든 분자가 관여하고 분자 레벨에서 일어나는 현상이라 조금만 깊이 있게 이해하고 다루려고 하면 끝없는 공부의 수렁으로 빠져들게 된다. 커피의 추출도 마찬가지다. 컵에 적당히 분쇄한 커피를 넣고, 커피 무게의 18배 정도의 뜨거운 물을 붓는 것만으로도 충분히 맛있는 커피가 되지만 거기에서 조금만 욕심을 내서 왜를 파고 들다 보면 '용해도의 이해'라는 넘을 수 없는 절벽과 마주치게 된다.

용매(물)에 용질이 분자 단위로 녹아 있는 것이 용액(Solution)이다. 분자의 크기는 1㎚ 전후라 380~780㎚ 크기인 빛이 그대로 통과한다. 그래서 투명하다. 고체의 경우 100㎛ 정도까지는 분쇄 가능하지만, 1㎛ 까지 분쇄하는 것은 불가능하다. 100만 번 잘라야 1㎛가 되는데 1㎚로 쪼개려면 다시 10억 번 쪼개야 한다. 고체가 물에 녹일 때 가열이나 교반으로 그 과정을 촉진할 수 있지만 용해는 기본적으로는 분자의 자발적인 이합집산인 것이다. 용해는 물에 용질이 자발적으로 분자 단위로 녹아서 균일하게 혼합되므로 오래 두어도 가라앉지 않고, 덩어리가 없어 작은 필터로도 걸러지는 것이 없다. 이런 용해 현상에 대해 나도 충분히 이해하지 못했지만, 논리적인 현상이라 이론적인 이해가 도움이 되므로 최대한 자세히 설명해보려 한다.

- 물은 많은 수소결합을 하고 격렬하게 진동한다

커피 음료 제조에서 원두 다음으로 중요한 것이 물이다. 물의 품질(경도, 산도, 양이온 조성)은 음료의 관능 결과에 직접적으로 영향을 미친다. 그리고 추출에도 결정적 영향을 미친다. 수율과 풍미가 달라지고, 물의 경도가 달라지면 에스프레소의 크레마 또한 달라지는 것으로 알려졌다. 크레마는 양이온과 단백질/다당류 성분 사이의 상호작용으로 거품 형성 메커니즘의 안정성이 달라지는 것이다.

물이 달라지면 왜 커피 맛이 그렇게 달라지는지를 이해하려면 물의 특별함부터 알아볼 필요가 있다. 물은 분자량이 18에 불과해 모든 유기물의 시작이라 할 수 있는 포도당의 분자량 180에 비해 1/10에 불과하다. 물 크기 정도의 분자는 보통 기체인데, 물은 0~100℃의 넓은 범위에서 액체 상태를 유지한다. 만약에 물 분자 사이의 결합력이 평범한 수준이었으면 -90℃~-68℃ 정도에서만 액체였을 텐데 100℃에서 기화되니 원래보다 168℃ 이상 높은 온도에서 기화가 되는 것이다. 물 분자끼리 붙잡는 힘이 강해서 녹는점, 끓는점이 매우 높고, 융해열과 기화열이 매우 크다. 이런 물의 특별함은 물의 특별한 형태에서 나온다. 물은 산소(O) 1개에 수소(H) 2개가 결합한 형태(H-O-H)인데, 2개의 수소가 180도 좌우 대칭으로 배열되었으면 극성이 없이 별 쓸모없는 물질이었을 텐데, 104.5도로 ㄱ자 형태로 꺾여서 특별한 존재가 되었다. 수소가 치우쳐진 쪽은 양(+)전하를 띠고, 산소의 빈 부분이 음(-)전하를 띤다. 이런 전자적 편중(비대칭)이 물 분자에 극성을 띠게 하고, 촘촘한 수소결합(Hydrogen bond)을 형성하여 물을 특별하게 한다.

물의 이런 강한 결합력과 강력한 진동 운동이 결합하여 물의 수많은 물질을 녹여내는 용매의 특성을 나타낸다. 물의 용매 기능을 이해하려면 가장 먼저 물 분자는 한순간도 결코 멈추어 있는 경우가 없다는 것을 알아야 한다. 물은 아무 움직임이 없는 잔잔한 액체 상태에서도 그 안에 물 분자는 격렬히 움직이고, 심지어 꽁꽁 얼린 상태에서도 그 정도만 낮아질 뿐 활발히 움직인다는 것을 알아야 한다. 모든 분자는 원자로 이루어졌고 원자는 광속의 10%에 해당하는 속도로 맹렬히 회전하는 전자를 가지고 있다. 그래서 모든 분자는 격렬하게 움직인다. 그 움직임 정도는 온도가 높을수록 커지고, 분자가 적을수록 커진다. 공기 중에 분자는 초속 500m 이상, 즉 가장 빠른 태풍보다 10배 이상 빠른 초음속으로 움직인다. 그런데도 바람 한 점 없이 잔잔할 수 있는 것은 분자들이 각자 순식간에 방향을 바꿔 좌충우돌할 뿐 동시에 한 방향으로 움직이지 않기 때문이다. 만약에 좌충우돌하지 않고 모두 한 방향으로 움직인다면 가장 튼튼한 건물도 순식간에 박살날 것이다.

액체인 물은 기체보다는 느리지만, 항상 진동하며 10^{-11}초 간격으로 주변의 물과 '붙었다/떨어졌다'를 반복하고 냉동고에서 동결하면 10^{-5}초 간격으로 '붙었다/떨어졌다'를 반복한다. 정말 역동적인 것이다. 그래서 물에 소금이 녹고 설탕이 녹고 커피 원두에서 맛과 향이 추출되는 것이다.

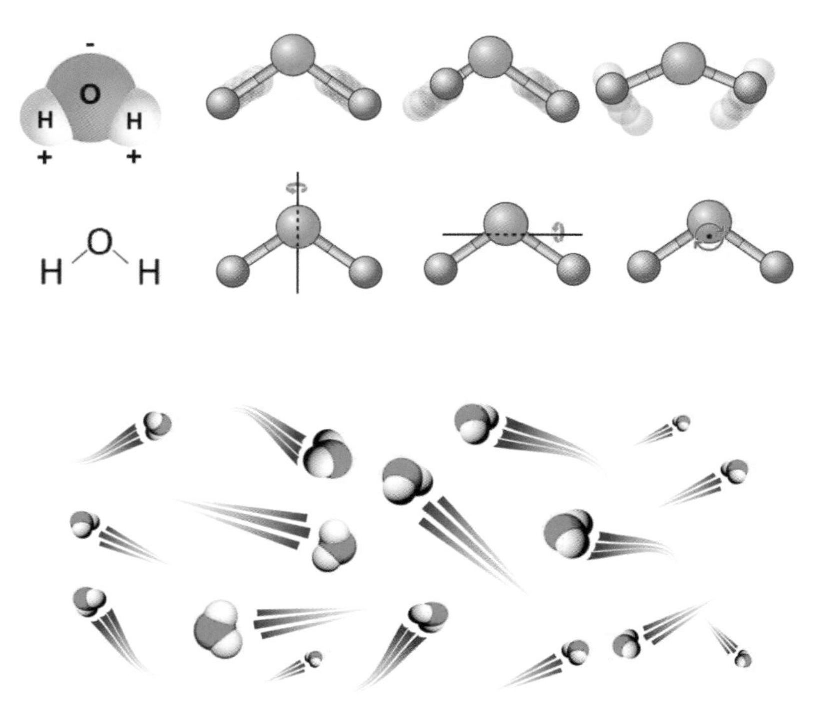

물 분자의 진동과 이동(물성의 원리, 2018)

- 유유상종, 끼리끼리 모인다: 물은 극성의 분자를 잘 녹인다

분자 세상도 끼리끼리 뭉치는 경향이 강하다. 물을 천천히 얼리면 투명하게 어는 이유는 물에 녹아 있는 산소마저 밀어내면서 물 분자끼리 결합하기 때문이다. 바닷물을 급속히 건조하여 만든 천일염에는 마그네슘과 칼륨 같은 간수 성분이 많지만, 창고에 보관하면 천천히 염화나트륨(NaCl)끼리 뭉치면서 간수 성분이 빠져나간다. 물에 설탕만 녹여서 만든 아이스바는 점점 물끼리 결합하면서 당액이 표면에 석출되고, 초콜릿의 기름은 점점 표면으로 이동하여 블루밍이 일어난다. 끼리끼리 다시 뭉치려는 성질 때문에 젤리의 이수도 발생하고, 전분의 노화도 발생한다.

극성이 있으면 친수성(hydrophilic)이자 수용성(water soluble)이고, 비극성(nonpolor)이면 소수성이자 지용성이다. 물은 극성이 있어서 극성이 있는 것을 녹이고, 극성이 없는 비극성(중성)의 분자를 배척하는 경향이 있다. 비극성 분자끼리의 결합력이 강하면 금방 물과 분리되어 끼리끼리 모인다.

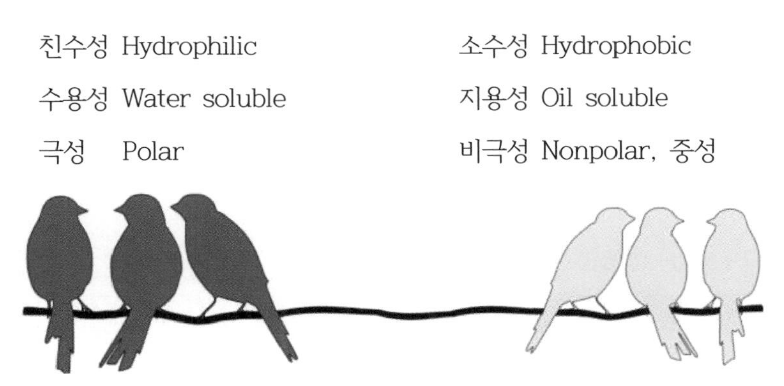

극성은 극성끼리, 비극성은 비극성끼리 모이는 힘

- 향기 물질은 보통 물보다 지방에 잘 녹는 비극성 물질이다

향기 물질은 비극성이라 물보다는 기름에 잘 녹는 지용성 물질이다. 향기 물질은 휘발성이 있어야 하므로 분자량이 120 정도, 최대 300을 넘지 않은 작은 분자다. 맛 물질은 휘발성은 필요 없고 물에 녹기만 해도 되므로 분자량이 2만 이하면 가능하다. 감각은 개별 분자가 수용체에 결합하는 현상이라 분자량이 작을수록 양 대비 숫자가 많아 잘 느낄 수 있어 유리하다. 그래서 대부분 맛 물질은 분자량이 1,000 이하다. 향 물질과 맛 물질의 차이를 결정하는 것은 크기보다는 물에 대한 용해도이다. 물에 잘 녹으면 맛 성분이 되기 쉽고, 기름에 잘 녹는 물질이 향기 물질이 되기 쉽다.

향기 물질이 물에 잘 녹으면 커피의 추출은 간단했을 텐데, 물에 잘 녹지 않는 향기 물질을 쓴맛 물질을 피하면서 녹여야 하니 쉽지 않다. 향기 물질마다 물에 녹는 정도가 다른데, 개별로는 녹지 않은 향기 물질도 다른 향기 물질과 같이 있으면 녹는 경우가 있다. 그래도 물에 좀 더 쉽게 녹는 것이 많이 녹아 나오고 용해도가 떨어지는 분자는 적게 녹아 나온다. 최종 커피에 녹아 절반도 녹아 나오지 않는 물질도 있다. 그래서 커피는 분말 상태로 냄새를 맡을 때의 향조(Dry, aroma)와 물에 추출했을 때의 향조(Wet, flavor)가 다른 경우가 많다.

향기 물질과 맛 물질의 특징 비교

성질	향기 물질	맛 물질
끓는점	낮다(120~350℃) 휘발성이 필수	높다 비휘발성이 많다
수용성	지용성	수용성
극성	작다	크다
분자량	17 ~ 300	1 ~ 20,000

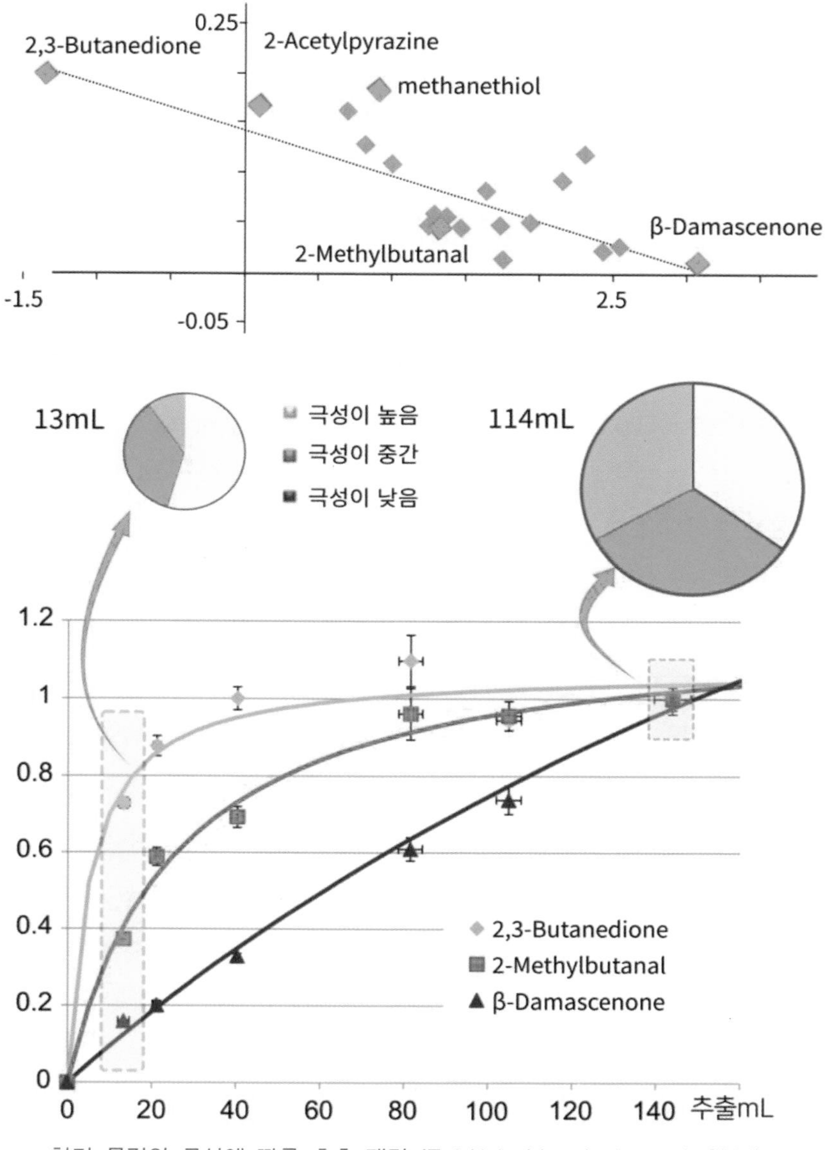

향기 물질의 극성에 따른 추출 패턴 (Frédéric Mestdagh et al, 2014)

3) 물은 단단한 암염도 녹이는데, 부드러운 기름은 녹이지 못하는 이유

왜 돌처럼 단단한 암염은 물에 녹는데, 버터같이 부드러운 지방은 물에 녹지 않는 것일까? 당연한 현상에 대한 어리석은 질문으로 들리겠지만 브라운 운동을 생각해보면 그 작고 가벼운 지방 분자가 물에 녹지 않는 현상이 다르게 느껴질 것이다.

브라운 운동(Brownian motion)은 1827년 로버트 브라운이 발견한 현상으로 액체나 기체 속에서 꽃가루 같은 입자들이 불규칙하게 계속 운동하는 것이다. 꽃가루는 보통 지름 10~70μm(10,000~70,000nm) 물 분자는 0.3nm, 지방산은 2nm 정도다. 꽃가루는 지방산에 비해 길이가 1,000배가 넘으니 크기는 10억(1,000x1,000x1,000) 배이다. 그런 꽃가루가 0.3nm도 안 되는 물 분자의 운동으로 뜨거나 가라앉지 못하고 쉴 새 없이 흔들리는데, 지방 분자들은 전혀 흩어지지 않고 뭉쳐서 물 위로 뜨게 된다. 우리는 주로 온도가 높아지면 설탕이나 소금 같은 것이 더 잘 녹는 현상을 본다. 그런데 일부 메틸셀룰로스 같은 다당류는 찬물에는 녹지만 고온에서는 겔화된다. 두부를 만들 때 응고제를 80도 이상에서 투입하면 응고가 되지만, 저온에서는 응고가 일어나지 않는다. 이런 현상은 어떻게 이해하면 좋을까?

용해도의 현상을 좀 더 포괄적으로 설명하는 이론이 필요한데, 아직 마땅한 이론을 찾지 못했다. 나는 『물성의 기술』에서 식품의 여러 물성 현상을 물을 중심으로 증점, 겔화, 유화, 용해, 응고, 결정화 현상을 통합적으로 설명해보려고 노력한 적이 있는데, 용해 현상을 용질 간의 결합력과 반발력, 용매의 진동과 결합으로 이해하면 좀 더 포괄적으로 이해할 수 있었다.

- 용질끼리의 결합력 vs 용매와의 결합력

온도가 높으면 분자운동이 활발해져서 분자끼리의 결합력은 약해진다. 용질끼리의 결합력이 감소하는 것은 용질 분자끼리 떼어내기 좋아 용해하기 좋은 조건이지만. 용질과 물의 결합력이 감소하는 것은 용해도가 낮아지는 효과로 작용한다.

대부분 다당류는 뜨거울수록 물에 잘 녹지만, 메틸셀룰로스는 찬물에서 녹으며 고온에서는 겔화된다. 물과 결합력이 더 많이 감소하여 메틸셀룰로스의 성격이 다당류에서 점점 지방처럼 변하여 기름 뭉치듯이 뭉치는 것이다. 이것과 유사한 현상은 두부를 만들 때도 일어난다. 두부를 만들 때 응고제를 80℃ 이상에서 투입하면 응고가 되지만, 저온에서는 응고가 일어나지 않는다. 보통 온도가 높을수록 용해도가 떨어지고 단단해지기 때문에 두부가 낮은 온도에서 겔화가 안 되는 것이 유별난 현상 같지만, 원리는 같다.

폴리머는 온도를 높여 녹였다 식히면 점도가 높아지는데, 식으면서 폴리머끼리 엉키면 겔화가 일어나 응고된다. 찬물에 잘 녹지 않는 것들이 녹였다 식혔을 때 겔화되지, 찬물에도 잘 녹는 것은 겔화되지 않는다. 두부 단백질도 물에 잘 녹는 편이라 가열했다 식히면 죽처럼 점도가 높아지지, 응고가 일어나지는 않는다. 칼슘과 같은 응고제 성분의 도움이 필요하다. 하지만 온도가 낮은 상태에서는 물 분자가 잘 코팅을 하고 있어서 칼슘이 작용하지 못한다.

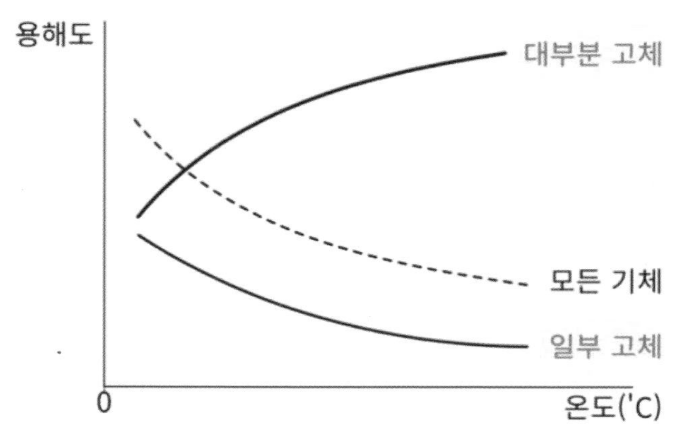

온도에 따른 기체와 고체의 용해도 변화

온도가 높을 때 투입해야 단백질과 물의 결합력이 낮아 물 대신 칼슘이 작용하여 주변의 다른 단백질과 결합할 수 있다. 그렇게 응고되어 두부가 된다.

이처럼 분자 간의 결합력의 복합적인 작용으로 이해하면 용해, 증점, 겔화 현상이 통합적으로 이해가 된다. 기체는 온도가 높을수록 용해도가 감소하는 현상도 같은 원리로 설명할 수 있다. 분자의 운동은 활발해지고 물이 붙잡는 효과는 더욱 적어져서 기화하는 것이다. 콜라가 차가울수록 이산화탄소가 많이 녹아 있고, 온도가 높아지면 탄산이 쉽게 빠지는 이유이다. 기체의 경우에는 고체나 액체와 달리 압력이 높을수록 용해도가 증가한다. 콜라의 뚜껑을 열면 탄산이 빠져나오는 이유이다.

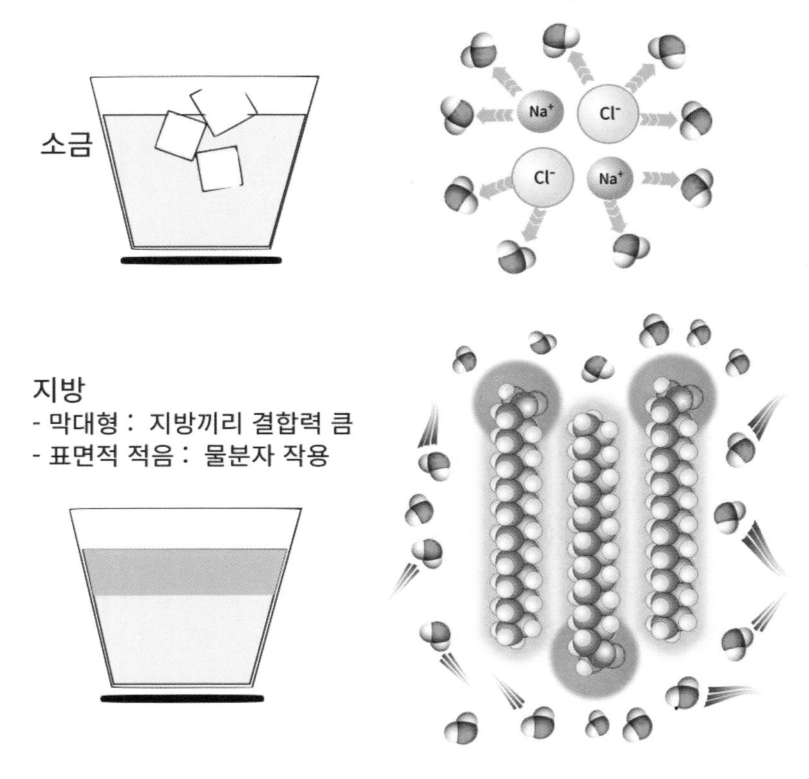

소금과 지방에서 물의 작용

돌처럼 단단한 암염도 물에 녹는데 액체나 지방이 물에 녹지 않는 현상도 물의 격렬한 진동, 물 분자와 지방의 결합력, 지방 분자끼리 결합력의 관점에서 보면 이해가 좀 더 쉬워진다. 물 분자의 결렬한 진동 현상은 물과 서로 친한 분자를 녹게 하지만, 기름과 같이 물과 친하지 않은 분자는 오히려 그들끼리 모이게 하는 힘이 된다. 지방은 극성이 없어 극성인 물과 결합하는 힘은 없고, 비극성인 기름 분자끼리 결합하는 힘은 제법 있다. 물 분자의 진동이 기름 분자를 서로 떼어낼 정도로 강하지 않고, 물의 진동이 지방끼리 접촉할 기회를 높이기 때문에 점점 지방끼리 뭉치게 된다. 이런 경향은 지방산의 길이가 길수록 강하다. 길이가 아주 짧은 지방산은 물에 약간 녹지만, 일정 크기 이상의 지방산은 물에 녹지 않게 된다.

물에 꽃가루처럼 거대한 입자가 분산시키려면 입자 사이의 결합력이 작아

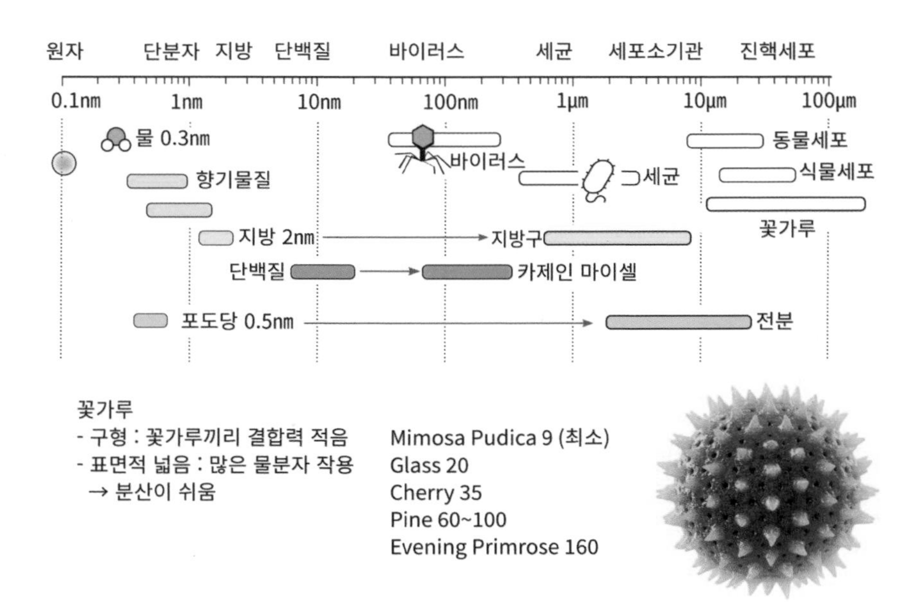

분자의 크기와 꽃가루의 크기

야 한다. 만약 입자 간에 반발력이 있다면, 물은 서로 떨어져 존재할 공간을 제공하는 역할만으로도 충분하다. 이런 반발력의 대표적인 현상이 비누다. 비누는 물에 녹지 않은 지방이 주성분인데, 거기에 수산화나트륨이나 수산화칼륨을 처리하면 용해도가 극적으로 증가한다. 지방산에 나트륨이나 칼륨이 결합한 형태라 물에 들어가면 나트륨과 칼륨이 해리되고 지방산은 (-)극성을 띠어 지방산끼리 반발력이 생긴다. 그렇게 물에 녹는 성질이 생겨서 다른 지용성 물질을 결합한 상태로 물에 녹아들어 세척력을 가지는 것이다. 이처럼 용해도는 용질끼리의 결합력과 용질과 물과의 결합력 등에 따라 달라지고 이들은 온도, 압력, pH, 미네랄 등의 영향을 받기 때문에 커피의 추출이 그렇게 조건에 따라 달라지는 것이다.

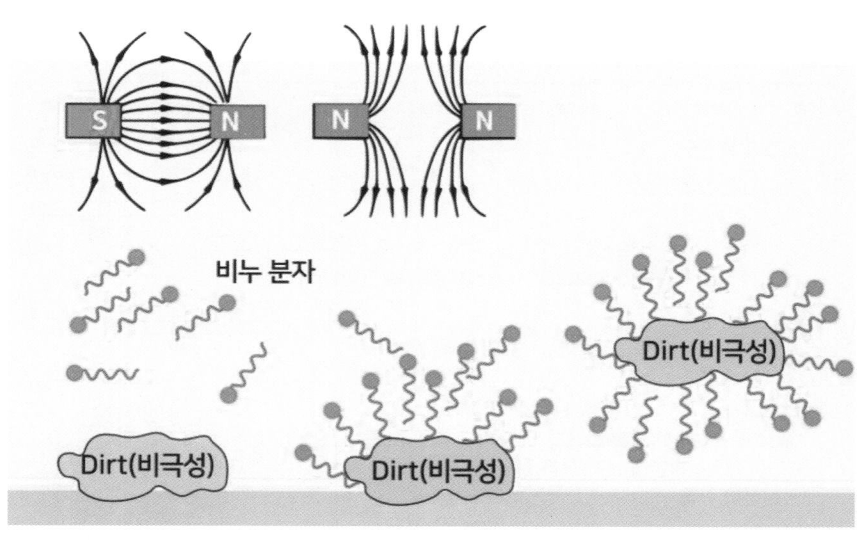

반발력과 비누의 원리

4) pH의 효과: 분자간의 반발력을 바꾸는 힘

물(용매)에 어떤 용질이 녹는 것은 물과 얼마나 친한지 즉 끼리끼리 모이는 힘보다 훨씬 강력한 것이 용질 간의 전기적 반발력이다. 자석에서 (N)극과 (S)극의 결합은 강한 힘으로 떼어낼 수 있지만 (N)극과 (N)극은 아무리 강한 힘으로도 붙일 수 없는 것처럼, 분자가 (-)를 띠게 되면 다른 (-)를 띤 분자를 밀어내게 된다. 그렇게 서로 밀어내어 골고루 분산되고, 물과 친하면 쉽게 용해된다. 분자의 극성을 바꾸고 용해도를 바꾸는 핵심적인 요소가 pH이다.

산, 알칼리 정도를 표시할 때 흔히 사용하는 pH는 수소이온(H+) 농도를 음의 로그 값으로 취한 것이다. 그래서 양성자가 많으면 pH가 낮아진다. pH 6은 양성자 농도가 10^{-6}mol/L이란 뜻이며 pH 값이 1 단위 낮아질 때마다 양성자 농도는 10배 높아진다. 그래서 pH 3은 pH 7에 비해 10*10*10*10배로 수소이온이 많은 상태다.

pH는 분자의 해리도를 바꾸고, 해리도가 달라지면 용해도가 크게 달라진다. 식품의 구성 원자는 탄소, 수소, 산소가 대부분이다. 이들로 만들어진 분

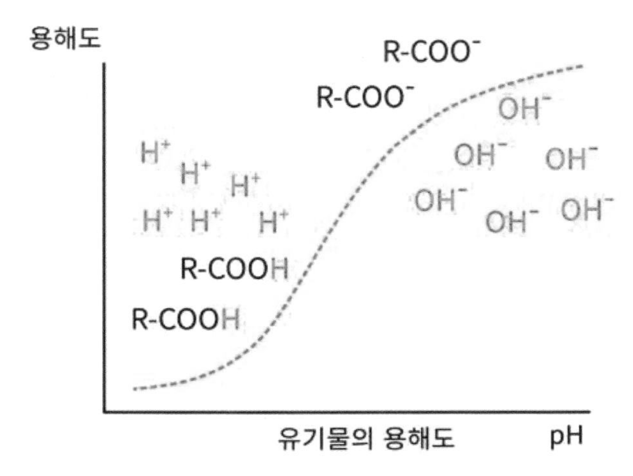

pH와 유기물의 해리상태

자는 중성~산성(-)이 되기 쉽다. pH가 낮아지면 이들의 극성 부분이 수소이온(H^+)으로 마스킹되어 분자 간의 반발력이 감소하여 용해도가 떨어진다. pH가 높아지면(알칼리, OH^- 증가), 유기물은 수소이온(H^+)은 내놓고 음(-)전하를 띠기 쉽다. 그만큼 제타전위가 커지고, 분자 간의 반발력도 증가한다. 반발력이 증가하여 분자가 서로 떨어지게 되면 용해되게 된다. 아민이나 피라진 같이 질소를 함유하는 염기성의 물질은 양(+)전하를 띠기 쉬운데, pH가 높아지면 OH^-가 증가하고 그만큼 마스킹되어, 반발력이 감소하여 용해도가 감소하고, pH가 낮아지면 용해도가 증가한다.

pH에 따라 해리도가 달라지는 대표적인 예는 산성 물질 그 자체이다. 강산은 pH가 낮아도 무조건 해리가 되어 수소이온을 내놓은 물질이고, 약산은 pH가 낮아질수록 수소이온을 내놓지 못한 물질이다. 벤조산 같은 보존료도 유기산이라 pH에 따라 해리도가 다른 데, 산성의 경우 해리가 되지 않아 극성이 없어서 물에 잘 녹지 않는다. 대신에 지방인 세포막은 잘 통과한다. 그래서 미생물의 세포 안으로 침투하여 작용한다.

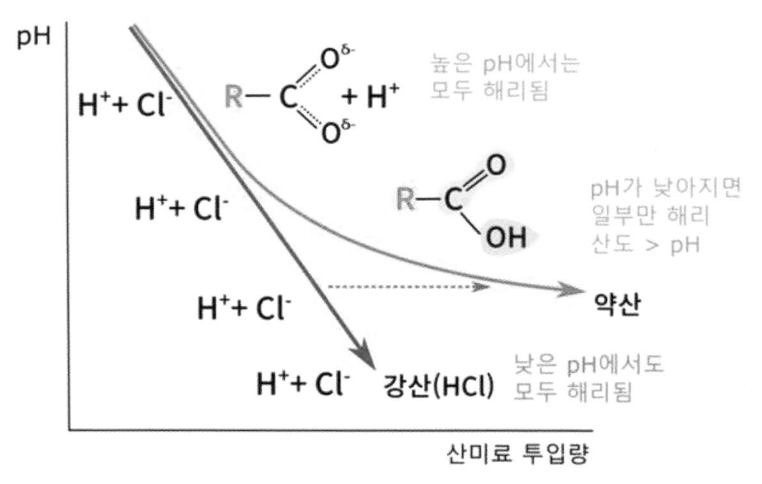

약산과 강산의 해리도의 변화와 pH의 변화

- 유기물은 보통 알칼리에 용해도가 높은 이유

pH의 용해도 효과를 보여주는 대표적인 것이 코코아 분말인데, 더치 코코아의 경우, 내추럴 타입에 비해 색이 진하고 물에 잘 녹는다. 터치 타입이 알칼리 처리를 통해 분자 간의 반발력을 높였기 때문이다. 식품공장은 위생을 위해 CIP(Clean-in-Place) 시스템을 활용하는데, 이때 사용되는 세척액이 알칼리성 용액, 산성 용액 그리고 물이다. 알칼리는 여러 가지 유기물의 용해에 효과적이라 알칼리액에 의한 세척이 먼저 한다.

pH에 따른 용해도의 변화를 종합적으로 보여주는 것이 단백질이다. 우리 몸 안에 단백질의 종류는 10만 종에 이를 정도로 다양하다. 제각각 형태가 다르고 등전점(等電點, isoelectric point)이 다르지만, 등전점에서 가장 용해도가 낮다는 공통점이 있다. 우유 같은 단백질에 산을 첨가하면 커드가 형성되어 침전하는 것은, 등전점에서 단백질 간에 전기적 반발력이 없어서 서로 결합하기 때문이다.

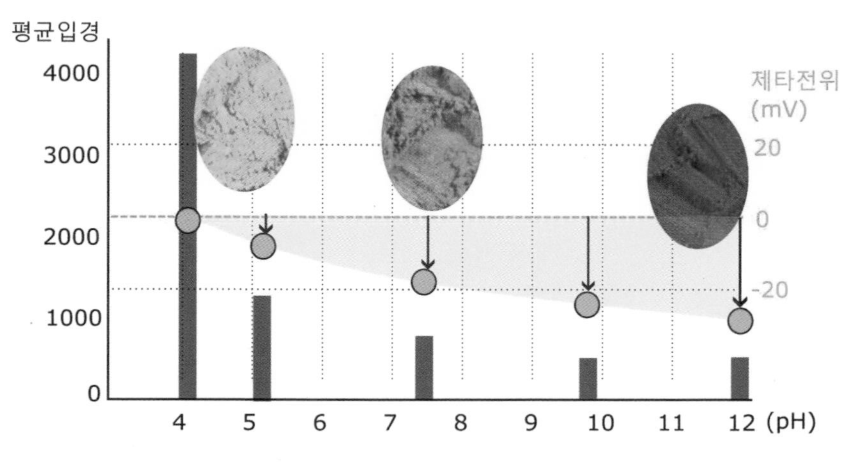

pH에 따른 제타 전위의 변화와 코코아의 용해도의 변화

알칼리로 단백질의 용해도를 높이는 대표적인 사례가 면류 개량제이다. 밀가루의 글루텐은 크게 글리아딘(단량체)과 글루테닌(폴리머)으로 구성된다. 아주 길고 용수철 형태를 가진 글루테닌 분자가 글루테닌의 아미노산과 약하고 한시적인 결합(수소결합이나 소수성결합)을 형성하여 탄력이 강화된다. 이런 구조체를 형성하려면 단백질이 잘 풀려야 하는데, 알칼리 조건에서 쉬워진다. 중국의 수타면이 시작된 곳이 화북지역 산시성(陜西省)인데, 그 배경으로 지하수가 약알칼리성인 점을 꼽는다. 알칼리성 지하수는 글루텐을 잘 풀어지게 하여 반죽의 점성과 신축성을 높이고, 밀가루의 플라보노이드 색소를 황색으로 변하게 한다. 그리고 지금도 탄산수소나트륨이나 탄산나트륨 같은 알칼리제가 면류 개량제로 쓰인다.

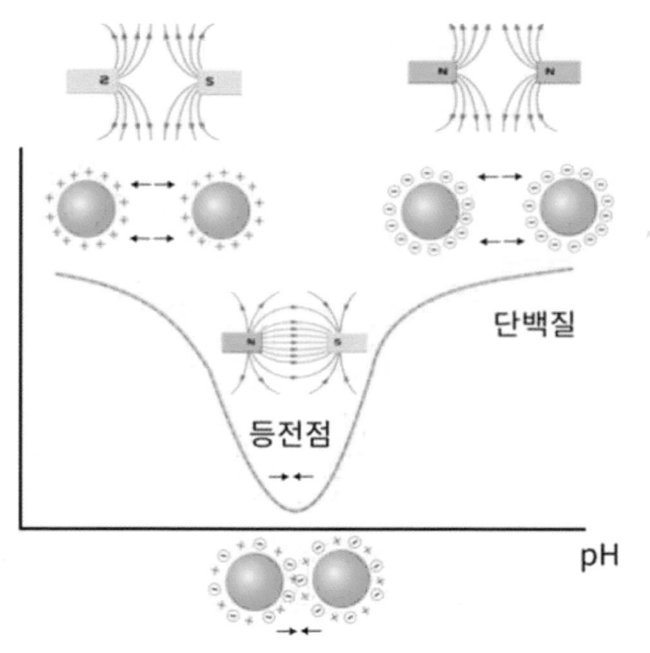

단백질의 등전점과 용해도

- 물의 알칼리도 = 버퍼 능력

물에 핵심적인 성분이 이온(칼슘, 마그네슘 같은 2가 이온)과 탄산이다. 이온보다 이해가 힘든 것이 탄산의 개념이다. 탄산 농도를 알칼리도(Alkalinity) 탄산염 경도 등으로 표시하는데 왜 탄산을 산도가 아닌 알칼리도라고 하는지, 탄산염은 또 뭔지 이해하기 힘들다. 산도(Acidity)란 알칼리를 중화시킬 수 있는 능력을 말하며, 알칼리도는 반대다. 특정 pH 값이 될 때까지 투여해야 하는 산의 양이 더 많을수록 알칼리도는 높다.

이런 알칼리도(산도)는 pH와 다르다. 알칼리성 용액은 25℃에서 pH가 7이 넘는 것을 말하고, 알칼리도는 산을 첨가할 때 pH를 유지하는 힘이다. 물에 강산성 물질을 넣으면 농도가 높아짐에 따라 pH가 낮아지지만, 약산성 물질은 일정 pH까지는 해리가 되면서 pH가 낮아지지만, 점점 해리되지 않게 된다. 그러다 일정 pH 이하에서는 더 이상의 해리가 되지 않아 수소이온(H^+)을 내놓지 못하고, pH가 낮아지지 않는다. 산의 양에 비해 pH가 덜 낮아지는 것이다. 알칼리도도 같은 원리다. 생수의 알칼리도는 다음 식으로 계산한다.

$$\textbf{알칼리도} = HCO_3^- + 2CO_3^{2-} + OH^- - H^+$$

pH 8.3 이하의 물은 탄산수소 이온(HCO_3^-)의 양만 알아도 충분하다. 다른 성분(CO_3^{2-}, OH^-, H^+)은 탄산수소 이온에 비해 훨씬 적기 때문이다. pH 값이 8.3을 넘어서는 것은 드문 일이다. 지반에 탄산염이 많은 지역은 경도가 매우 높고, 탄산칼슘 370ppm 이상으로 이때 pH가 8.3을 넘어선다. 이때는 탄산이온(CO_3^{2-})이 상당량 있어서 이것도 반영해야 한다.

산(Acid) 성분은 커피 품질에서 핵심 요소다. 적절한 산미는 향미를 신선하고 화려하게 한다. 알칼리도가 너무 높으면 산의 특징이 사라진다. 결국 미네랄과 탄산은 물에 용해도를 바꾸고, 추출된 커피의 품질을 완전히 바꾸어 놓는다.

4) 미네랄이 용해도에 미치는 영향

단백질은 나트륨, 칼슘, 염소 등의 이온농도에 따라 용해도가 달라진다. 통상 일정 농도까지는 용해도가 증가(salt in)하고, 과량이 되면 미네랄이 물을 과도하게 붙잡아 탈수 현상에 의해 용해도가 감소(salt out)한다.

소금 같은 미네랄은 양이온(Na^+)과 음이온(Cl^-)을 동시에 제공하고, 이들은 1가 이온이라 칼슘과 마그네슘보다 훨씬 부드럽게 작용한다. 특정 단백질에서는 더 잘 풀리게 하는 역할을 하고, 특정 단백질에서 단백질 사슬 간에 반발력을 상쇄시켜 겔을 형성하기도 한다. 염의 역할은 생각보다 복잡하다.

미네랄로 용해도를 높이는 대표적 사례가 어묵 같은 연제품이다. 연제품은 생선살에 적당량의 소금(2~3%)과 부재료를 넣고 갈아 만든 연육(고기풀)을 찌고, 건조 또는 그 밖의 방법으로 가열하여 겔화시킨 제품이다. 어육단백질은 미오겐(20%)과 미오신(60~70%)이 중요한데 미오신은 보통 액틴과 결합한 상태로 존재한다. 가늘고 긴 모양으로 탄력 형성에 직접 관여하고 염류 용액에 용해된다. 그리고 불용성인 콜라겐과 엘라스틴 등으로 이루어져 있다. 이

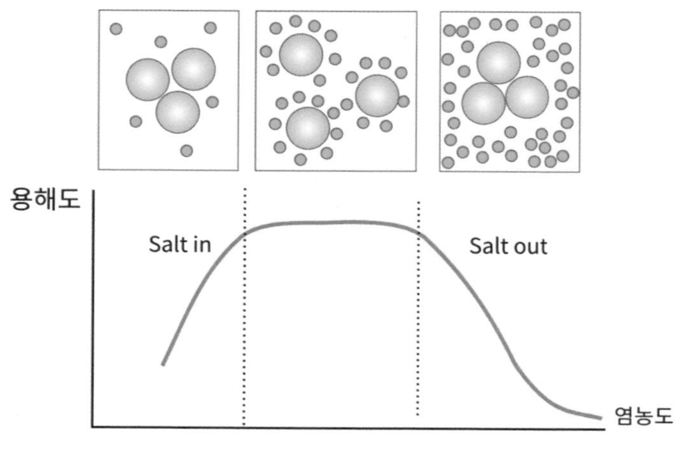

그림. 단백질 용해도에 염 농도 효과

런 어육을 그대로 고기갈이 하여 가열하면 다량의 드립이 발생하고, 응고될 뿐 탄력 있는 겔로는 되지 않는다. 어육에 2~3%의 식염을 가하여 고기갈이를 한 후 가열하게 되면 드립의 발생이 없이 탄력이 있는 겔로 변한다. 염이 생선의 용해도를 완전히 바꾼 것이다.

- 2가 양이온(Mg^{2+}, Ca^{2+})은 고분자 유기물을 붙잡는 성질이 크다

나는 개인적으로 칼슘이나 마그네슘 같은 2가 이온을 젤리를 만들거나 펙틴을 단단하게 하는 등 응고제 용도로 사용했다. 아주 작은 양만 있어도 다당류의 용해도를 크게 낮춘다. 2가 이온이 폴리머 사이를 붙잡아서 물에 녹지 않게 하는 것이다. 예를 들어 Low acyl 젤란검은 칼슘 이온이 없으면 75도에서 녹는다. 그런데 칼슘 이온이 200ppm만 되어도 100℃까지 가열해도 녹지 않는다. 젤리, 잼 등을 만드는 회사에서 지하수를 쓸 때 봄에 갈수기가 될수록 칼슘 농도가 높아지고, 이런 물을 바로 쓰면 젤란검 등이 미묘하게 점점 덜 녹아서, 다른 조건을 아무리 같이 해도 수질 때문에 제품 성상이 달라지는 것이다. 구연산나트륨 같은 봉쇄제를 넣어서 칼슘의 영향을 차단해야 안정적으로 녹일 수 있다. 구연산나트륨이나 인산나트륨도 알칼리성이고 금속염 등에 킬레이팅 역할을 한다. 그래서 용해도를 높이는 작용을 한다.

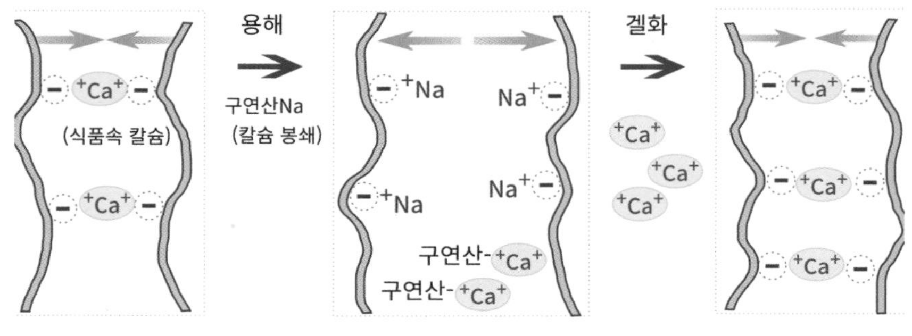

칼슘이 용해도에 미치는 영향

그래서 나는 처음 커피에서 칼슘이나 마그네슘이 추출 즉 용해도를 높인다는 것이 잘 이해되지 않았다. 나중에 소량일 때나 향기 물질처럼 작은 분자에는 다른 역할을 한다는 것을 알았다. 칼슘염은 주로 알칼리성이다. 이런 알칼리성의 부여가 자체로도 잘 녹이는 작용을 하고, 낮은 농도에서는 칼슘 이온 자체가 용해도를 높이는 역할도 한다. 칼슘이나 마그네슘이 향기 물질의 친수성 부위를 붙잡으면 친수성의 면적이 훨씬 넓어지는 역할을 하여 용해도를 높이는 것이다. 2가 이온의 한쪽은 맛 물질이나 향기 물질을 붙잡고 다른 한쪽은 물을 붙잡을 확률이 높아지는 것이다. 향기 물질의 용해도를 높여 맛을 풍부하게 한다. 고분자 물질과 2가 이온이 많을 때는 고분자 사슬끼리 결합하여 용해도를 낮추는데, 이때와는 반대 역할을 하는 것이다.

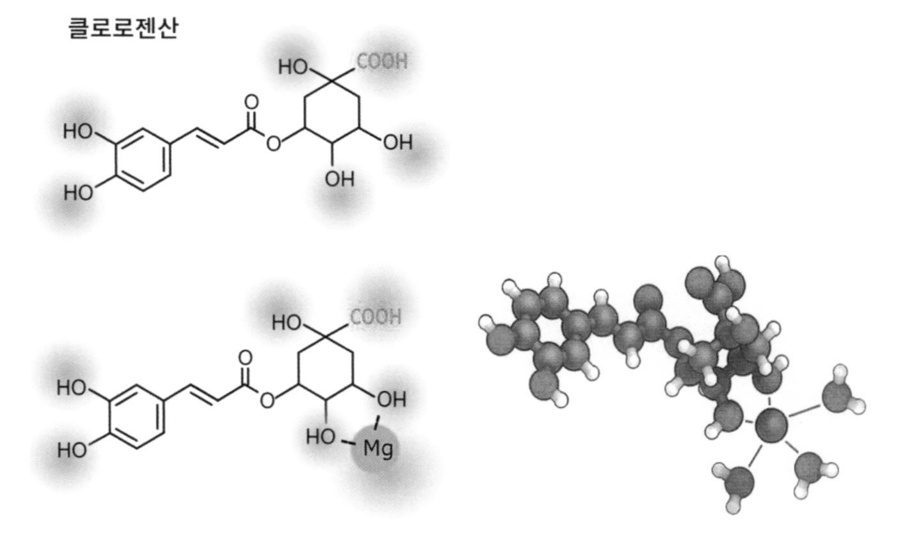

클로로겐산에 마그네슘 결합 효과 모식도

5) 향기 물질의 용해

커피 추출의 핵심은 물에 잘 녹는 성분의 추출이 아니라, 물에 잘 안 녹는 성분 중에서 향처럼 필요한 것은 최대한 추출하고 쓰거나 떫은 물질처럼 맛에 불리한 성분은 적게 추출하는 것이다. 향기 물질의 용해도를 이해하는 것이 커피 추출을 이해하는 마지막 관건일 것이다. 용해도는 커피의 추출뿐 아니라 다른 여러 식품 현상과 생명 현상을 이해하는 핵심인데, 용해도를 속 시원히 설명해주는 자료는 없다. 나름 최선을 다해 설명해보려 하지만 쉽지 않다.

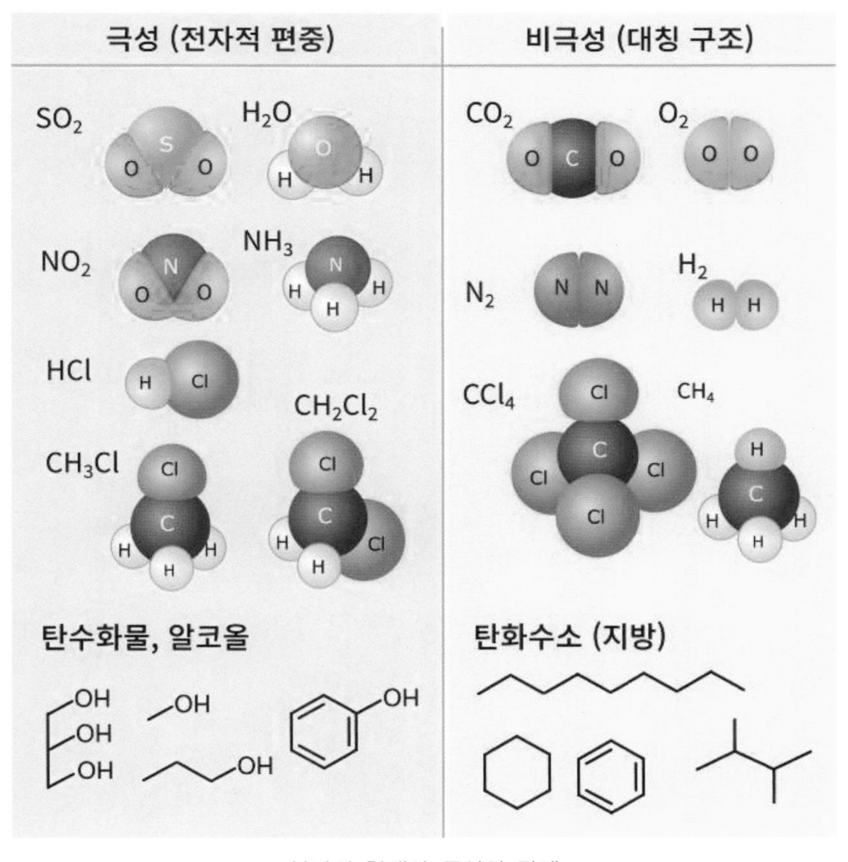

분자의 형태와 극성의 관계

향기 물질은 기본적으로 탄소, 수소로 이루어진 탄화수소(지방)의 일종이다. 향기 물질은 분자량이 120 정도로 지방의 분자량 1,000 정도에 비해 훨씬 적고, 형태도 직선보다는 가지 구조와 환구조가 많아서, 그나마 용해가 쉽다. 아래 그림은 향기 성분 중에서 물에 더 안 녹는 성분과 그나마 좀 더 잘 녹는 성분을 그려본 것이다. 물을 포함한 모든 분자는 격렬하게 진동하기 때문에 단독으로는 녹지 않을 성분도 같이 녹아드는 현상이 벌어진다.

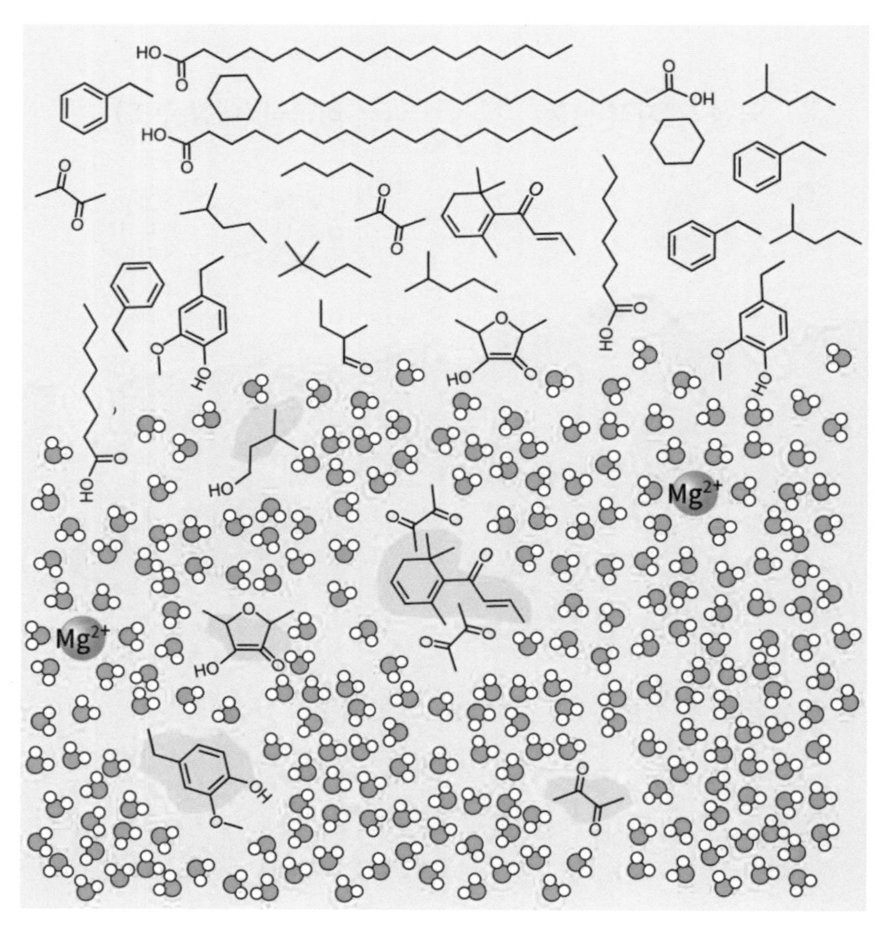

향기 물질의 용해 현상 모식도

3. 추출의 기본 목표는 균일한 추출

1) 커피 추출의 기본 목표는 균일한 추출

추출은 커피의 완성이자, 맛을 마지막으로 미세 조정할 기회이다. 개인적으로 즐기는 커피야 한 번은 아주 맛있다가 한 번은 맛없어도 상관이 없지만, 판매용 제품은 품질이 일정해야 한다. 문제는 같은 커피를 같은 조건으로 내려도 맛이 조금씩은 다르다는 것이다. 초보자는 그 차이를 줄이려다 오히려 차이가 키우기 쉽다.

커피를 추출하는 방법은 다양하고 방법마다 기준이 달라 보이지만, 모든 추

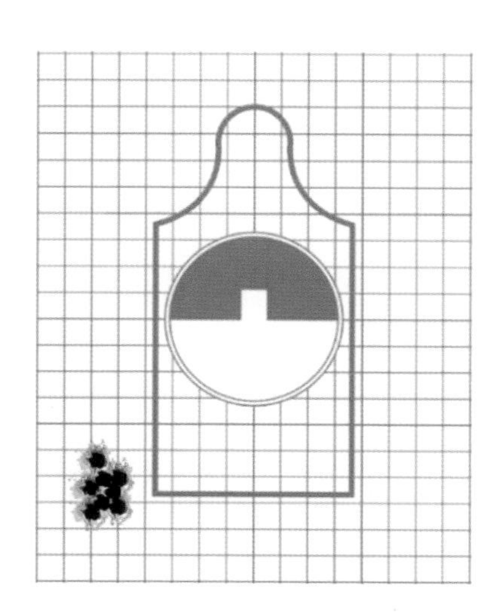

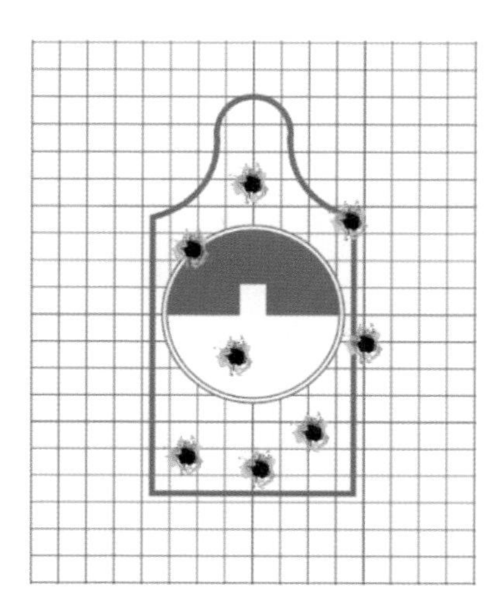

추출의 1차 목표는 재현성 높은 균일한 추출

출의 기본 목표는 균일한 추출이다. 커피의 향미 성분은 세포 속에 따로따로 보관되어 있고, 각 세포에 존재하는 30%의 수용성 성분에서 20% 정도만 추출하는 것이 목표다.

영점 조정을 위한 사격에서 (A)의 결과를 낸 사람보다 (B)의 결과를 낸 사람이 훨씬 실력이 있는 것과 같다. 커피의 추출이 같은 수율 20%여도 각각 15%, 20% 25% 추출된 결과가 합해져서 20%가 된 것보다 18%, 19%, 21%가 추출되어서 20%가 된 것이 과소 추출과 과잉 추출이 적어서 품질이 좋다. 차라리 17%, 17%, 17%로 균일하게 과소 추출한 것이 실력이 좋은 것이다. 수정이 훨씬 쉽기 때문이다. 커피의 추출 실력은 먼저 균일성을 높이는 것부터 시작하는 것이 좋다. 커피의 맛을 좌우하는 요소로 원두 다음으로 중요한 것으로 그라인더를 꼽는 이유가 바로 균일성에 있다. 분쇄된 입자가 일정하고 균일해야 균일한 추출이 가능하기 때문이다.

2) 균일성을 방해하는 요인

- 분쇄된 입자마다 다른 크기와 투과성

원두는 세포가 약간 부풀어 0.05㎜(50㎛)라고 하면 원두를 지름 1㎜ 크기로 분쇄하면 20x20x20 즉 조각당 세포가 8,000개 정도 들어 있다. 지름을 1/10인 0.1㎜(100㎛)로 분쇄하면 조각당 8개의 세포가 들어 있게 된다. 0.1㎜ 이하를 보통 미분(fine)이라고 하는데 미분은 거의 세포 단위로 쪼갠 셈이다. 지름이 10인 것과 100의 차이는 크기는 1,000배(10x10x10) 차이이다. 표면적 100배 개수는 1,000배 차이이다. 그러니 입도에 따라 모든 것이 달라진다.

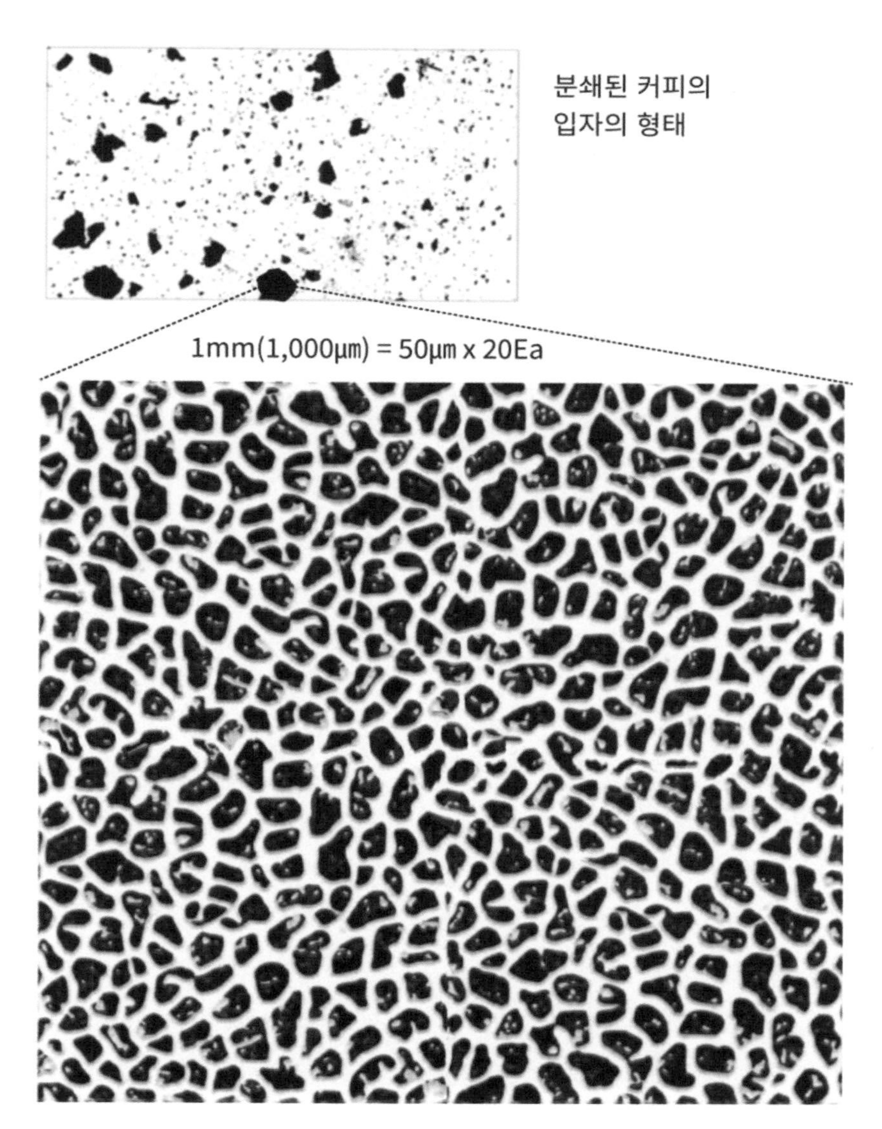

커피 1mm 조각에 포함된 커피 세포 수

- 입도에 따라 달라지는 추출의 패턴

분쇄된 커피의 입자는 균일한 것이 좋다. 그래야 추출을 관리하기 쉽다. 동일 온도에서 같은 시간을 추출해도 입도가 다르면 크기가 작은 입자 (a)는 모든 성분이 빠져나와 맛이 떫고, 잡미가 많고, 중간의 (b)는 원하는 향미 성분은 빠져나왔지만, 아직 원하지 않는 떫고, 잡미 성분은 빠져나오지 않아서 가장 바람직하다. (c)는 입도에 비해 추출이 부족하여 용해도가 높은 신맛과 다양한 쓴맛 성분 중에서 용해도가 높은 것이 빠져나오고 그것을 덮어줄 단맛(향)이나 향미 성분이 빠져나오지 않아 추출 수율이 낮고 신맛과 쓴맛만 느끼게 된다.

입도가 균일해야 그 입도를 기준으로 이상적인 추출이 가능하다. 입도가 작은 것과 큰 것이 같이 있을 때, 큰 것을 기준으로 추출하면 작은 것에서 과도한 추출이 일어나고, 작은 것을 기준으로 추출하면 큰 것에서는 추출되지 않고 손실되는 부분이 많아진다. 입도의 분포가 넓을수록 이상적인 추출은 힘들어진다.

- 이산화탄소와 디게싱

커피의 생두는 매우 단단하다. 보통 세포는 세포벽 두께가 0.1~1㎛ 정도이고, 목질화된 부분이 1~4㎛ 정도인데 생두는 30~40㎛ 정도의 세포를 5~7㎛ 두께로 헤미셀룰로스를 주성분(60~80%)으로 한 세포벽이 감싸고 있다. 분쇄된 커피는 모두 균일한 상태일까? 만약 균일하면 원두의 비중이 0.6이니 물에 넣으면 모두 위쪽으로 떠야 한다. 그런데 일부는 가라앉는다. 물이 곧바로 채워지기 때문이다. 정상적인 커피 분말이라면 세포벽을 코팅한 성분이 물에 녹아 통로가 열리고 물이 세포의 빈 공간에 침투하여 채워야 가라앉을 수 있다.

원두 1개에는 100만 개 정도의 세포가 있는데, 모든 세포를 감싸고 있는

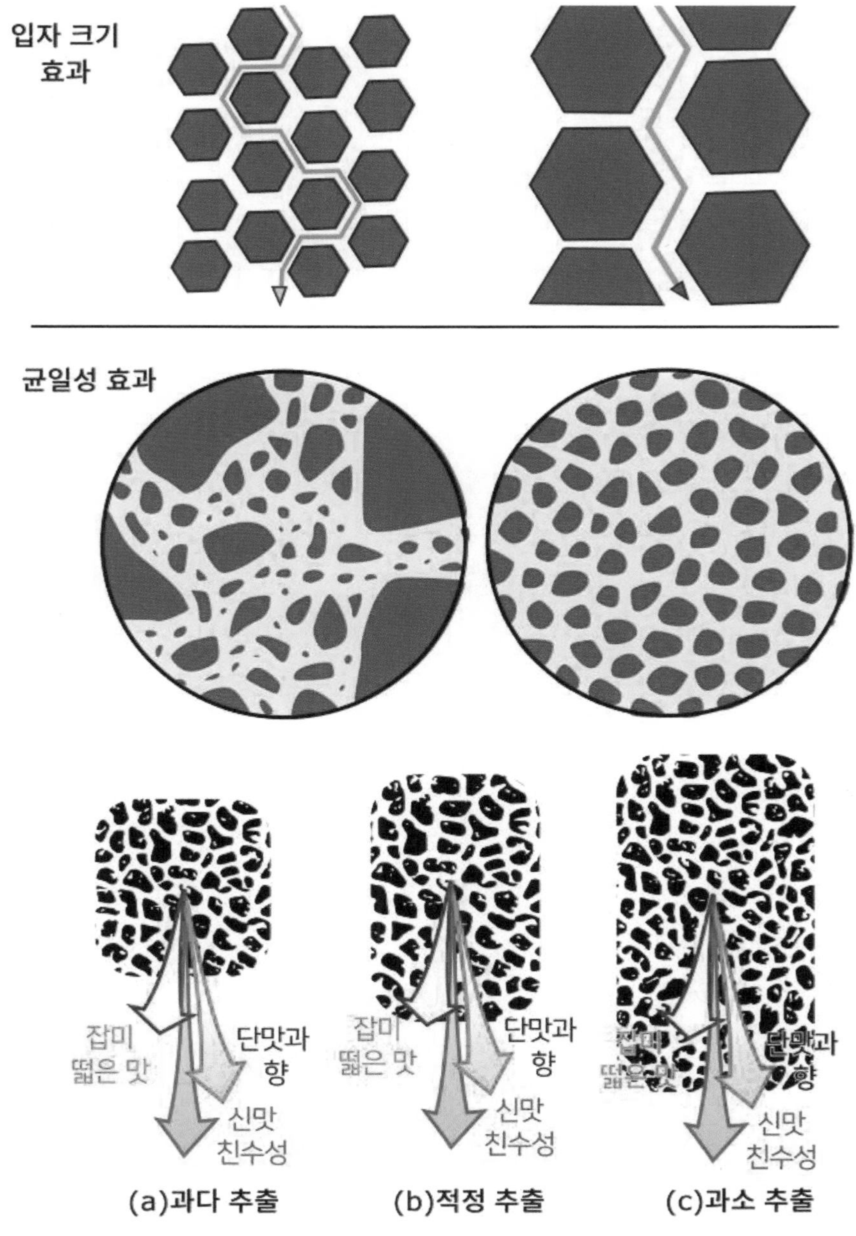

입자 크기 효과

균일성 효과

잡미
떫은 맛
단맛과
향
신맛
친수성
(a)과다 추출

잡미
떫은 맛
단맛과
향
신맛
친수성
(b)적정 추출

잡미
떫은 맛
단맛과
향
신맛
친수성
(c)과소 추출

입도와 균일성이 추출에 미치는 영향

세포벽은 상당한 크기의 구멍이 있다. 이 구멍을 통해 세포에 필요한 영양분이 공급된다. 그리고 이 통로를 통해 생두의 카페인을 녹여낼 수도 있다. 이산화탄소는 카페인보다 분자의 크기가 훨씬 작고 투과력도 크다. 로스팅에서 만들어진 이산화탄소는 보관된 원두에서는 이미 모두 빠져나왔어야 하는데, 추출하려고 물을 부으면 비로소 거품을 내면서 빠져나온다. 세포벽의 구멍들이 고온의 로스팅으로 만들어진 유리질에 의해 막혔기 때문이다.

유리병이나 캔에 들어간 탄산음료의 탄산가스는 시간이 지나도 그 양을 그대로 유지되지만, 페트병에 들어 있는 탄산가스는 조금씩 병을 빠져나와 감소한다. 그래서 3개월이 지난 것은 맛에 현저한 차이가 있기도 하다. 페트병을 빠져나오는 탄산가스가 로스팅한 원두에 상당량 붙잡혀 있다는 것은 그만큼 충분히 통로가 막혀 있다는 것이고, 그래서 원두의 향이 상당 시간 유지될 수 있는 것이다. 원두는 보관 중 꾸준히 이산화탄소 등의 기체가 빠져나가 중량이 감소하고 향기 성분도 감소한다.

신선한 원두를 그라인더로 분쇄하면 이산화탄소와 갇혀 있던 향들이 분출되며 매우 매혹적인 향이 난다. 분쇄된 원두는 아무리 보관을 잘해도 향이 순식간에 날아간다. 밀봉을 잘하면 원두의 보관 기간을 3주 이상 가지만, 분쇄를 하면 1시간 정도면 향이 다 날아간다.

원두의 포장지에 있는 아로마밸브는 판매자 입장에서 설계된 제품이다. 로스팅한 원두를 포장지에 담으면 서서히 가스가 스며 나오면서 포장지가 부풀게 된다. 포장지의 부풀림을 막는 장치인 것이다. 가스의 배출은 향기 물질의 배출이자, 산소에 의한 산화를 억제하는 이산화탄소가 배출되는 현상이라 보관에는 불리하다. 밀폐력이 있는 다른 용기에 옮겨 담거나 밸브를 막아주는 것이 좋다.

추출 전에는 원두 안에 많이 들어 있는 이산화탄소는 산화를 방지하는 긍정적인 역할을 하지만, 추출 시에는 추출을 방해하는 요인으로 작용한다. 본 추출에 앞서 원두 양의 2~3배 정도의 물에 30초 정도 뜸들이기를 하는 목적이 여기에 있다. 커피를 적실 양의 뜨거운 물을 투입하여, 세포벽에 통로를 막고 있는 물질을 녹여내서 이산화탄소는 빠져나오고, 물은 원활히 통과하도록 한다. 물의 흐름이 균일해야 추출이 균일해진다.

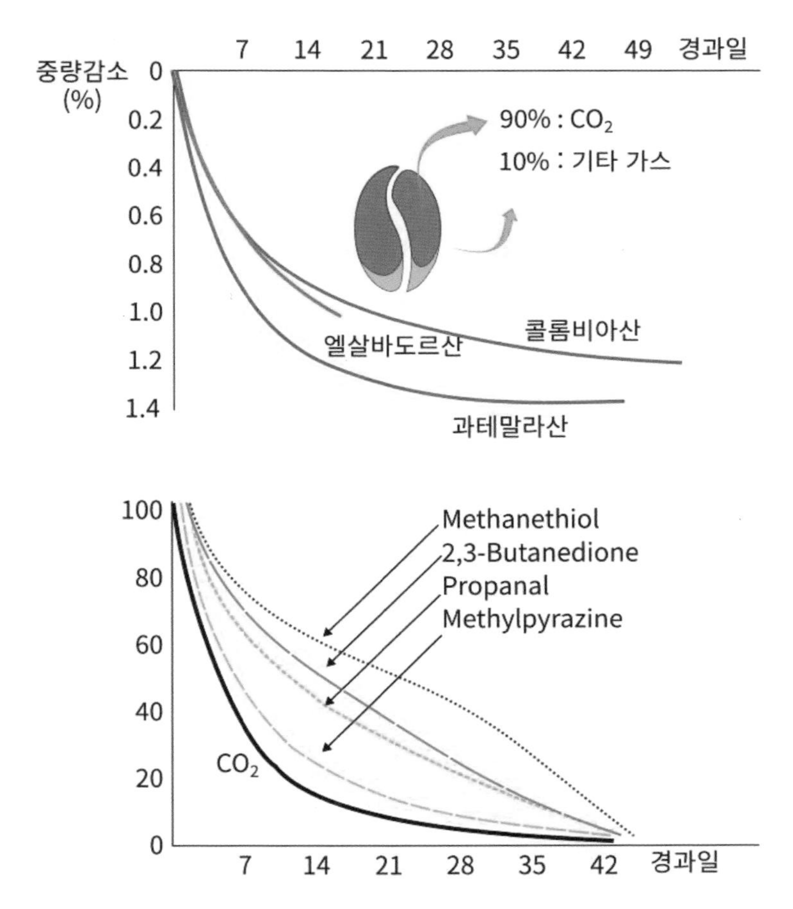

시간에 따른 중량/CO_2와 향기 물질의 감소(Robert McKeon Aloe, 2020)

- 물의 균일한 흐름: 채널링

최근 에스프레소 추출에 칠침봉이 많이 등장한다. 커피 분말이 뭉치지 않게 풀어주는 것은 그만큼 물의 균일한 흐름이 중요하기 때문이다. 미분끼리 뭉치면 그쪽으로 물이 흐르기 힘들고, 다른 부분으로 더 많이 흐르게 된다. 물이 많이 흐르는 부위에서는 과잉 추출이 일어나고, 물이 적게 흐르는 곳에서는 과소 추출이 일어난다. 이것은 자연 상태로 흐르는 강물에서 쉽게 볼 수 있는 현상이다. 강물이 빠르게 흐르는 쪽에서 침식이 일어나고, 침식이 일어난 쪽은 물의 흐름이 좋아져 더 빠르게 흐른다. 그러다 결국 강의 형태가 완전히 달라지기도 한다.

커피의 추출법이 다양한 것은 결국 물과의 접촉 방법과 시간에 따라 추출이 달라지기 때문이다. 뜨거운 물을 고압으로 빠른 속도로 흘려보내면 가장 빠르게 추출되고, 차가운 물로도 방울방울 천천히 흘려보내면 계속 신선한 물에 성분이 녹아들어 고농도로 추출할 수 있다. 그만큼 편차가 발생하기 쉽다. 흐르지 않는 물에 일정한 시간 담가서 자연스럽게 녹아 나오게 하는 것은 입

분말의 뭉치는 부분을 줄이면
물의 흐름이 일정해진다

자별로 녹아 나오는 성분의 편차가 줄어드는 효과가 있다. 하지만 원하는 성분만 섬세하게 추출하기는 힘들어진다. 커피의 추출에는 여러 변수가 있지만, 물과의 접촉 시간과 방법만 이해해도 큰 틀에서 이해할 수 있다.

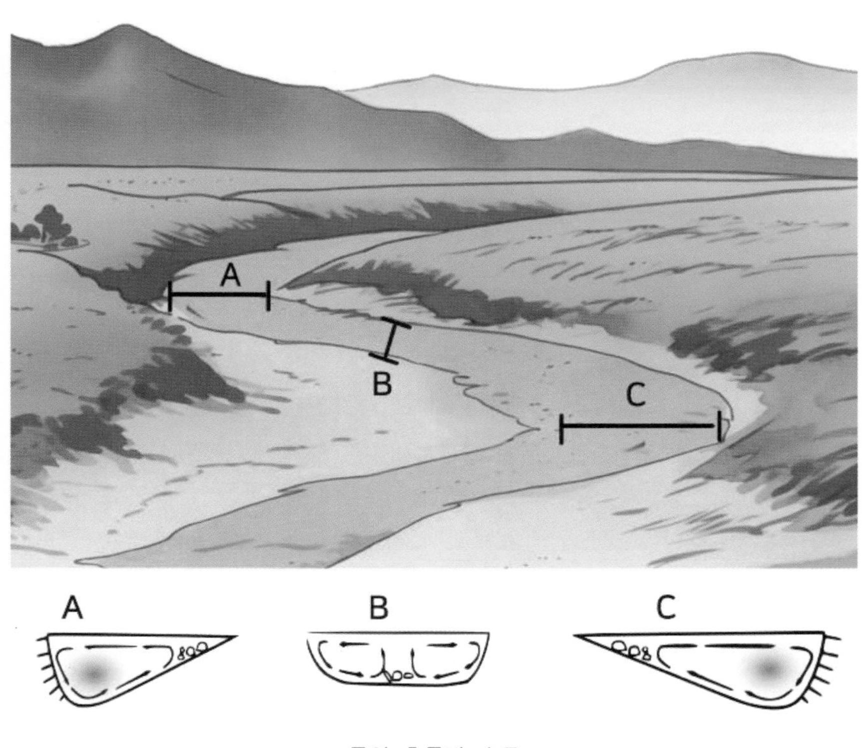

물의 흐름과 속도

9장. 다양한 추출법과 에스프레소

추출 방법에 따라 분쇄된 커피와 물이 접촉하는 시간과 힘이 다르다. 여기에 배전도, 분쇄도, 추출 온도, 물과 커피의 비율 등이 개입하면서 수많은 변수가 만들어진다. 추출에 따라 향미 성분이 조금만 달라져도 느낌이 훨씬 크게 달라지기 때문에 날마다 새로운 레시피가 등장한다.

1. 커핑의 목적과 방법

커피 추출의 시작은 커핑(Cupping)일 것이다. 커핑은 원두의 품질 감별을 위한 커핑, 대중들에게 커피를 소개하고, 의견을 서로 나누는 퍼블릭 커핑 등이 있다. 커피는 공산품이 아닌 농산물이므로 같은 품종이라고 해도 지역, 기후, 처리 등 여러 조건에 따라 맛이 달라진다. 따라서 자신이 원하는 커피를 찾기 위해서는 끊임없이 커피를 맛보고 평가해야 한다. 겉보기에 색상이나 외형 등에 아무런 문제가 없어 보여도 처리 과정이나 보관, 운송 중에 오염이 되면 형편없는 맛을 내는 커피가 될 수 있다. 이런 위험을 알아낼 수 있는 유일한 방법은 직접 커피를 맛보는 것이다. 그런데 커피는 추출 방법과 기술에 따라 그 맛이 달라진다. 그러니 최대한 같은 조건에서 맛을 평가해야 하는데, 그것에 적합한 방법이 커핑 절차로 제시되어 있다. 상거래를 위해 생두의 품질을 엄격히 평가해야 한다면 엄격한 기준과 절차가 지켜져야 점수의 객관성이 높아질 수 있다.

퍼블릭 커핑은 커피를 좋아하는 애호가들에게 다양한 커피를 소개하고, 그들의 의견을 들어보고 서로 대화를 나누며, 소비자의 커피 선호도를 파악하는 방법이다. 표준화된 방법을 따라야 객관성이 높아지며, 가장 재현성 높게 커피의 풍미를 확인할 수 있다. 커피의 품질 평가와 본인의 추출 기술 평가를 위해서도 커핑을 할 수 있으니 기본 방법과 단계별 의미를 잘 알아둘 필요가 있다.

커핑 컵은 강화유리(Tempered glass)나, 세라믹 재질을 사용한다. 용량은 7~9oz(207~266ml) 정도에 구경은 3~3.5인치(76~89mm)이어야 하며, 커핑에 사용되는 컵은 반드시 같은 형태의 컵을 이용해야 한다. 커피의 분쇄 정도는 20메쉬(0.841mm=0.0331인치) 정도로 한다.

1. 커핑 컵에 신선한 상태의 분쇄된 커피를 각각의 컵에 모두 담는다.
   (커피를 분쇄한 지 15분 이내에 뜨거운 물에 담기도록 한다.)
2. 커핑 컵에 담긴 분쇄된 커피의 향기를 맡는다.
   (커핑 컵을 두드려주면, 향미가 더 올라온다.)
3. 뜨거운 물(93℃)을 각각의 컵에 부어준다.
4. 3분에서 5분간 유지한 후, 커피 위의 부유물을 흩어준다.
   (3번 정도 숟가락으로 저어준다.)
5. 커피 위의 부유물을 제거하는 작업을 한다.
6. 8~10분이 지나 온도가 71℃ 정도가 되었을 때 커피의 맛을 보고 기록한다. (맛을 볼 때 커핑 숟가락을 이용해 입안에 빠르게 흩뿌리듯 커피를 마시게 되면 커피의 풍미를 더욱 잘 느낄 수 있다.)
7. 항목들의 기준에 따라 커핑 노트를 써넣는다.

커핑을 통해 첫 번째로 검사하는 것이 Fragrance다. 이것은 갓 볶아 분쇄한 커피에서 나는 향을 말한다. 두 번째는 Aroma인데 커피 분말에 뜨거운 물을 부었을 때 추출이 진행되면서 나오는 향을 말한다. 단순히 공기에 휘발하는 향의 조성은 마시는 커피 액에서 올라오는 향의 분자 조성과는 상당히 다르다. 각각 향기 물질의 용해성과 휘발성이 다르기 때문이다. 더구나 온도에 따라 성분별로 확산계수가 다르게 작용한다. 어떤 성분은 온도가 오르면 분자의 운동성이 많이 증가하여 더 많은 분자가 공기 중에 확산하고, 어떤 분자는 온도가 올라도 분자의 운동성이 조금만 커져 상대적으로 덜 휘발한다.

그래서 휘발된 향기 물질의 조성이 달라진다. 세 번째는 커피 액의 향(Flavor)이다. 이는 커피를 마실 때 혀에서 느껴지는 맛과 커피의 향기 물질이 코를 자극함으로써 느껴지는 감각 등을 합한 것이다. 네 번째는 커피 액의 후미(After taste)이다. 이것은 용해도가 비교적 낮아 맛보았을 때 혀 뒤쪽에 남아 있는 성분과 아직 액체 속에 들어 있는 비교적 무거운 기체 분자로부터

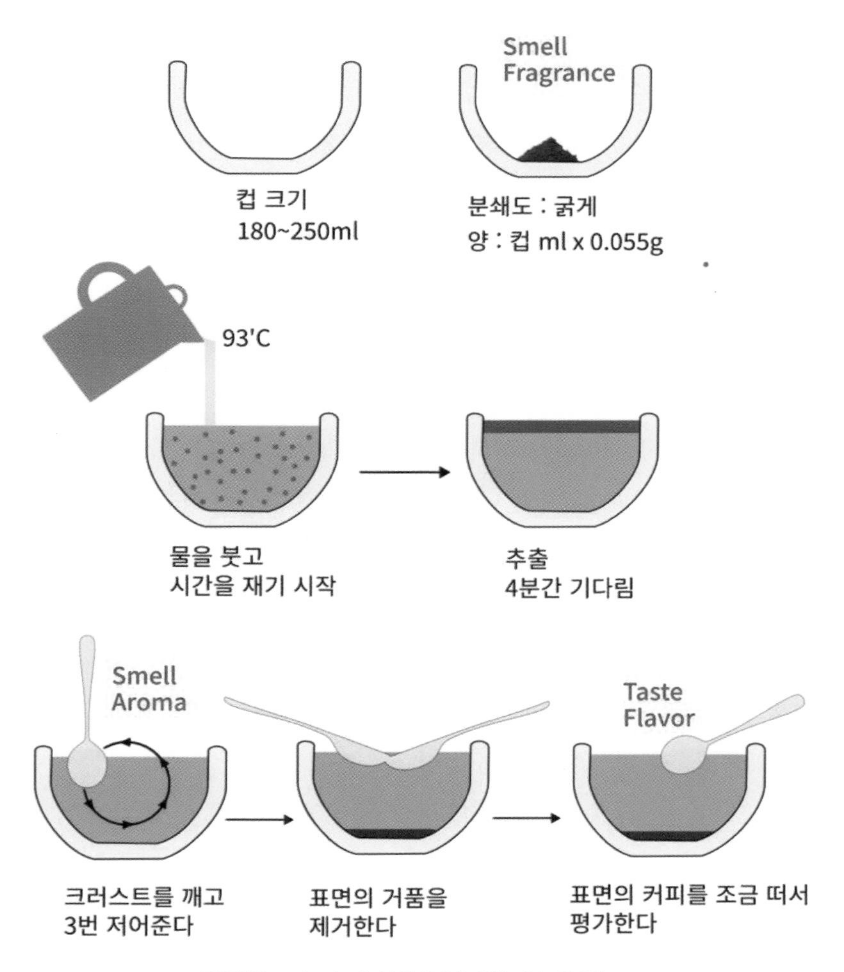

커핑(Cupping) 순서도(SCA 매뉴얼 기준)

느껴지는 감각이다. 다섯 번째는 커피 액의 산도(Acidity)이다. 이것은 혀에서 느끼는 유기산의 종류와 양을 말한다. 이러한 산미는 적정(Titration) 방식으로 확인할 수 있다. 여섯 번째로는 커피 액의 바디(Body)이다. 이것은 커피 액이 제공하는 입안 자극, 질감을 말한다. 바디와 커피 성분 사이의 관련성은 정확히 알려지지는 않았다. 다만 수용성 및 비수용성 섬유소, 멜라노이딘, 지질, 미세 입자 같은 요소들이 바디에 영향을 준다고 본다.

커핑은 여러 상황에서 사용한다. 새로운 농장, 지역 및 맛을 탐색하고 드러내는 데 사용할 수 있으며, 한 농장과 다른 농장의 품질 차이, 단일한 밭에서 품종이 다른 것의 커피 향미 프로필의 차이를 발견하는 데 사용할 수 있다. 또한 품질 검사에 활용할 수 있고, 특정 로트를 설정하기 위해서도 쓸 수 있다. 스페셜티 커피의 경우 단일 농장, 단일 품종도 미세 기후, 가공법에 따라 풍미의 차이가 날 수 있는데, 과연 그런 구분이 의미가 있는지의 검증을 위해서도 사용할 수 있다. 커핑은 등급에 적합한지를 확인하기 위해서도 사용된다. SCA 프로토콜을 사용한 커핑은 Q등급 시스템의 핵심이기도 하다. 잠재 구매자 또는 실제 구매자가 선적 직전에 커피 품질을 평가하는 데 사용할 수 있다. 일반적으로 배송업체와 구매자는 배송 과정에서 발생하는 품질 변화 등을 평가하기 위해 샘플을 보관하고, 해외에서 선적해 온 생두가 도착했을 때도 샘플을 채취하여 품질을 평가한다. 제품의 구매를 위해서도 품질과 구매 적합성을 평가할 수 있고, 로스터의 품질관리, 제품 개발이나 판매를 위해서도 할 수 있다. 커핑은 가장 편차 요인이 적은 추출법이고, 제품의 잠재력을 확인하는 데 충분하기 때문이다.

2. 다양한 추출법과 핸드 드립

1) 다양한 추출 방법

15~17세기에는 용기에 분쇄된 커피를 물과 함께 넣고 끓이는 방법이 유일한 커피 추출법이었다. 오래 끓일수록 향미는 나빠졌고, 19세기에 들어서야 유럽인을 중심으로 어떻게 해야 커피를 더 맛있게 마실 수 있을까를 본격적으로 연구하기 시작했다. 그러다 1830년대에 들어서면서 요즘 사용되는 여러 추출 방식이 등장하기 시작했다. 1884년에는 최초의 에스프레소 기계가 발표되어 혁신을 일으키기도 했다. 추출 방식은 보통 추출 도구에 따라 구분되지만, 어떤 커피에 어떤 추출법을 쓰면 이런 맛이 날 것이라고 예측하기는 쉽지 않다.

커피에 높은 압력을 가하면 특유의 크레마가 형성되는데, 이것은 에스프레소만의 특징이다. 에스프레소는 진하고 바디감이 높다. 이런 특성은 압력이 높기 때문일까, 금속 필터 때문일까, 물 대 커피의 비가 낮기 때문일까? 아니면 이들의 복합적인 결과로 나타나는 것일까?

푸어 오버 방식 커피는 농도가 묽은 편이지만, 향미 프로필은 균형 잡혀 있고 섬세하며 과잉 추출이 없는 편이다. 이 또한 낮은 추출압, 좀 더 긴 추출 시간, 비교적 많은 물 같은 요인들이 상호 작용하기 때문일 것이다.

터키식 커피, 모카팟으로 제조한 커피는 거친 느낌이 나는데, 이는 추출 온도가 높기 때문이다. 그렇지만 숙련된 바리스타는 온도와 입자 크기를 조절해서 이 커피들에서도 균형 잡힌 맛을 낸다. 바리스타는 모든 음료 제조 방식에 자신이 쓸 수 있는 어느 정도의 변수 범위를 가지고 있다. 변수들은 그 자체로 음료의 프로필을 변화시킬 뿐만 아니라 다른 추출 변수에 영향을 미치고 상호 작용한다. 최근 비교 실험에서는 모카팟이 에스프레소나 푸어 오버, 프

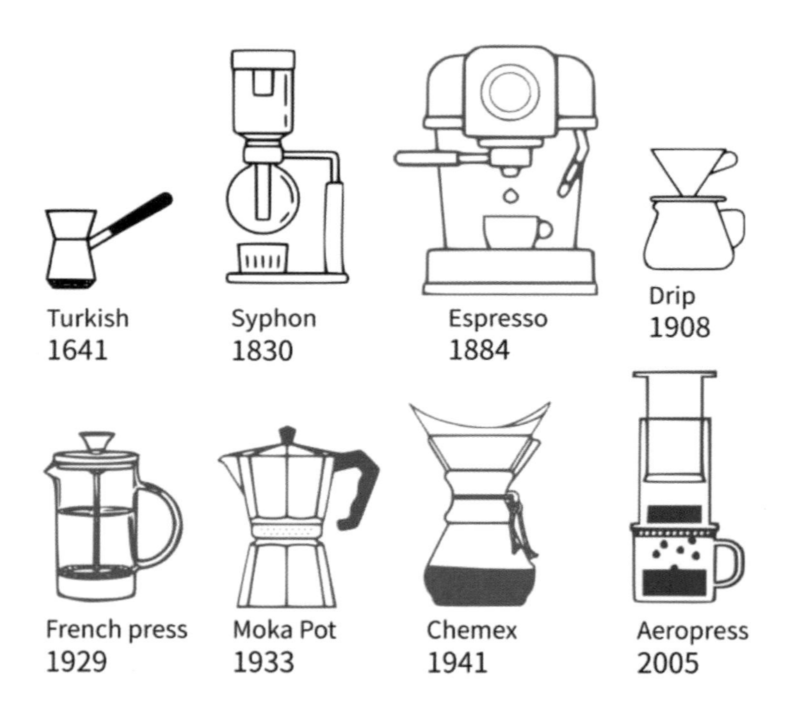

표. 대표적인 추출법의 특성 비교(Frédéric Mestdagh et al, 2017)

추출법	물 배율	입도	압축	압력	시간(분)
Turkish	~ 20	작다	-	0	
Pour over	13 ~ 20	중간	-	0.1	3~10
French Press	15 ~ 20	크다	-	0	2~5
에스프레소	3.4 ~ 6	중간	O	8~19	0.5
모카포트	9 ~ 15	중간	-	1~2	3~5
콜드 브루	4 ~ 15	크다	-	0~ -0.1	2~24 hr

렌치 프레스에 비해 추출 효율이 가장 좋은 것으로 나타났다. 그렇지만 이렇게 추출 효율이 높다고 해도, 물과 커피 비율 등에 따라 음료의 프로필은 크게 달라진다. 압력을 주어 커피를 추출하면 대개는 커피 층에서 성분이 빨리 추출된다. 압력이 낮으면 추출이 더 천천히 이루어지지만, 추출 시간을 길게, 물 대 커피 비율을 높게 하면 때로는 에스프레소보다 더 높은 추출 효율(수율)이 나올 수 있다. 따라서 바리스타가 제어해야 할 변수 범위가 매우 넓다고 볼 수 있으며, 이것이 바리스타의 기술 수준을 가늠하는 척도가 된다.

- 달임(Boiling): 터키식 커피

터키식 커피는 물에 커피를 넣고 끓여서 만든다. 커피를 미세하게 분쇄한 뒤 단지(체즈베 cezve)에 넣고 물을 넣고 가열해 끓인다. 높은 온도에서는 비교적 용해도가 낮은 물질까지 추출되기 때문에 특히 강하고 쓴 다크 초콜릿 느낌의 향미가 나온다. 끓는 온도가 되면 보통 가열을 멈추지만, 여전히 커피 가루는 뜨거운 물과 접촉한 상태이므로 추출은 계속된다. 추출 상황에 따라 끓이기 작업은 여러 번 할 수도 있다. 커피 가루가 가라앉은 뒤에 음료를 제공한다. 음료는 매우 강한 맛을 내며 일부 물질이 침전되어 있다.

- 침지(Immersion): 프렌치 프레스

프렌치 프레스 커피는 좀 더 큰 입자를 사용하고, 뜨거운 물을 넣어 바리스타가 선호하는 추출 정도에 따라 일정 시간(2~5분) 우려낸다. 추출 시간이 길면 쓴맛과 강도가 높아지고 추출 시간이 짧으면 신맛과 단맛이 강조된다.

프렌치프레스 추출법

- Gravity filter: 드립/ 푸어 오버

드립 커피는 물이 중력의 힘으로 내려오게 하면서 추출을 한다. 드리퍼의 종류와 필터의 방법도 다양하다. 물은 거의 중력의 힘으로 커피 층을 지나가므로 여기서 압력은 커피 층 위쪽에 쌓이는 물의 양 정도로 극히 낮다. 필터의 모양이나 커피 층의 두께같이 추출 품질을 결정짓는 요소에 대해서 많은 논의가 이루어지고 있다. 깊이는 매우 깊고 폭이 좁은 드리퍼를 쓸 경우와 폭은 넓고 깊이가 얕은 드리퍼를 쓰면 추출되는 커피가 다를 것이다. 물과 커피의 접촉시간이 다르기 때문이다. 드립커피와 에스프레소 추출법은 뒤에서 다시 좀 더 자세히 다룰 예정이다.

콜드 브루는 실온이나 그 이하의 찬물을 사용해 추출한 커피다. 커피를 찬물로 추출하면 극성이 낮은 성분(지용성)을 뽑아낼 수 있는 열에너지가 없어서 일부만 추출된다. 그래서 충분한 시간을 들여 제대로 콜드브루를 만들면 뜨거운 물을 사용해 추출한 음료와는 놀라울 만큼 다른 향미를 즐길 수 있다. 콜드브루 커피는 대개 바디와 단맛, 초콜릿 향기가 강하고 걸쭉한 특성이 있다.

- 여과(Percolation): 모카팟/스토브 탑

모카팟은 1933년 아폰소 비알레띠가 발명한 것으로, 이탈리아에서 가장 흔한 가정용 추출 도구다. 이 또한 압력을 이용하는데, 내부는 세 개의 구획으로 나뉘어 있다. 맨 아래 공간에서 압력을 만들어 물과 스팀이 가운데에 담아 둔 커피 층을 통과하게 한다. 추출된 커피 액은 맨 위 공간에 모인다. 작용하는 압력이 에스프레소에 비해 훨씬 낮아서 크레마는 잘 만들어지지 않는다.

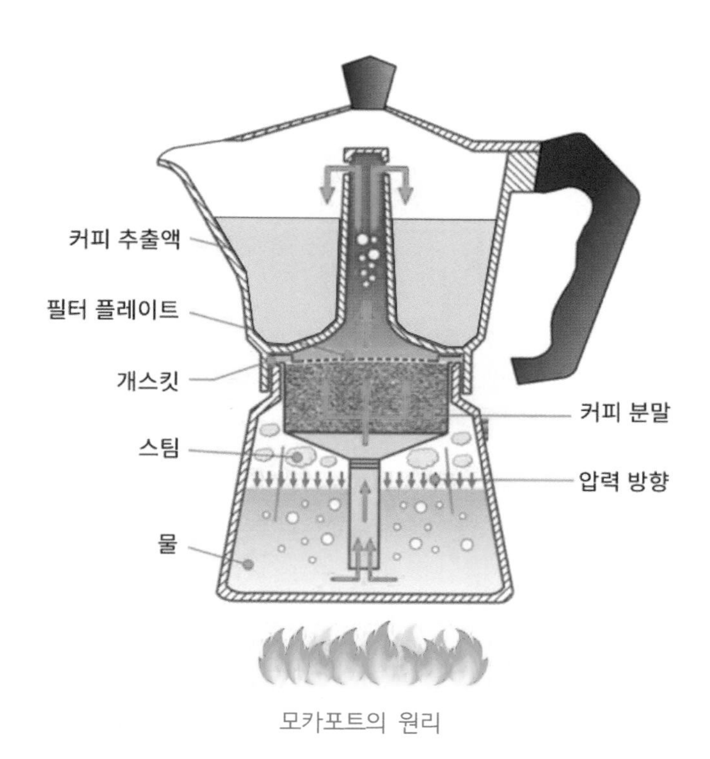

모카포트의 원리

- 고압(Pressure): 에스프레소

커피는 여러 추출법이 있지만, 그래도 지금의 커피 열풍을 만든 것은 역시 에스프레소 방식의 도입일 것이다. 곱게 분쇄한 원두를 고압의 뜨거운 물로 순간적으로 추출하면 원두 안의 지방과 단백질이 녹아 나오면서 물과 뒤섞여 유화 상태가 되기 때문에, 에스프레소는 약간 걸쭉하고 짙은 갈색의 액체로 보인다. 빠르게 서빙이 가능하고 고농도로 제조되기 때문에 희석하는 형태로 다양한 메뉴의 개발이 가능하다.

- 캡슐커피

캡슐커피는 보존 기간과 음료 품질 및 소비자 편의성 등의 장점으로 최근 시장 점유율이 높아지고 있다. 초보자라 할지라도 맛 좋은 커피를 만들 수 있다. 압력과 커피/물의 비율은 바리스타가 제조하는 에스프레소 제법과 비슷해서 커피의 강도도 높고 크레마도 잘 나타난다.

새로운 커피 추출 방식은 매일 같이 개발되고 있다. 대부분은 기존의 추출법의 변용이지만, 기법을 조금씩만 달리 해도 큰 차이를 낼 수 있다.

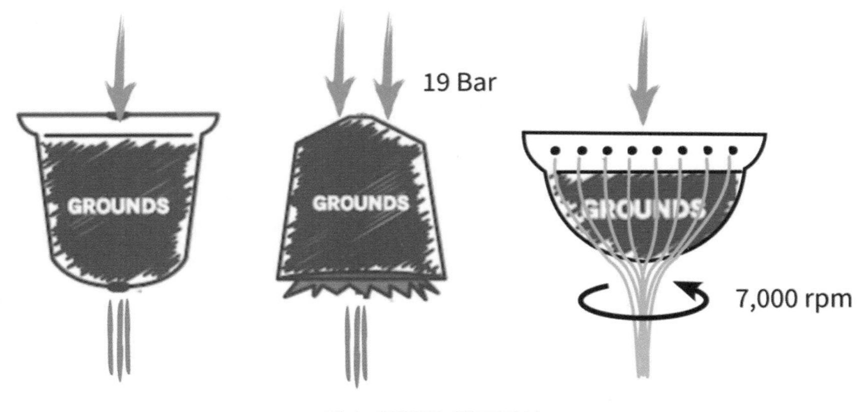

캡슐 커피의 작동방식

2) 드립 커피의 특징: Hand drip/ Pour-over/ Filtered coffee

드립커피는 원두를 분쇄하고 거름망을 장치한 깔때기(Dripper)에 담아 온수를 통과시켜 추출한 커피다. 업소에서는 에스프레소 머신이 많이 쓰이지만, 가정에서는 드립 방식이 장비의 가격이 저렴하고 청소법이 간단하고 종이필터를 보충하는 것 외에 별다른 유지 보수가 필요 없어서 일반 가정이나 사무실에서도 즐기는 사람이 늘고 있다. 이런 추출 방식은 독일의 멜리타가 기원이지만 도구와 기법의 발달은 일본에서 많이 이루어졌다. 종이 필터를 사용하기 때문에 미분과 유분이 걸러지고, 같은 농도의 에스프레소로 추출한 아메리카노와 맛의 차이가 있다.

드립커피의 특징은 사람의 손으로 직접 물을 조절해 가면서 추출하며, 그에 따라 드리퍼의 형태, 필터의 종류, 물을 어떤 속도로 어떻게 부어 커피를 우리는가에 커피 맛이 좌우된다. 드립커피는 프렌치프레스, 모카포트, 콜드 브루 등에 비해서 우려내는 과정이 멋있고 낭만적이지만 기술적인 요구사항이 많아서 바리스타의 실력이 드러나는 추출법이다. 그래도 에스프레소보다는 품질 편차도 적다. 에스프레소는 고압 고온에 급속도로 추출하는 방식이라 사소한 물의 흐름만 변해도 맛이 크게 변한다. 그래서 가격은 비싸고 개성이 강한 싱글 오리진 원두마다 일일이 세팅을 맞추려면 바리스타의 시간과 노력, 비용이 들어 상업성도 떨어진다. 에스프레소 방식으로는 대중적인 원두로 다양한 메뉴를 만들 때 유리하고 강렬한 개성을 가진 싱글 오리진을 추출 판매할 때는 드립 커피를 사용하는 것도 전략이다.

- 필터의 특징과 린싱

필터 재질은 크게 금속/천(융)/종이가 쓰이는데, 종이는 유분 흡수력이 강하고 미분도 적게 통과한다. 융 드립의 경우 커피의 유분을 걸러내지 않기 때문의 커피 특유의 맛과 향이 크게 드러난다. 융드립은 유분의 성격이 너무 두드러져 섬세한 개성이 사라진다며 종이 필터가 좋다는 사람도 있다. 기름기 없이 깔끔한 맛을 지향한다면 종이 필터의 핸드드립을, 유분을 즐기고 싶다면 프렌치 프레스가 홈 카페에선 좋은 선택일 것이다.

드리퍼에 종이 필터를 세팅하고 뜨거운 물을 부우는 것을 린싱이라고 한다. 종이 필터의 잡내를 빼내는 과정이자 드리퍼와 서버를 예열하는 효과도 있다. 린싱 작업은 브라운필터인 표백하지 않은 필터에 필요하며, 이것을 린싱한 물을 마셔보면 나무껍질의 불쾌한 맛을 경험할 수 있다. 이것이 최종 커피에 얼마만큼 영향을 줄지는 각각 다르다.

표백한 필터는 린싱할 필요가 적다. 더구나 종이의 직물 구조가 헝클어져 추출이 달라질 수 있다. 종이가 드리퍼의 리브에 달라붙어 추출 속도에 변화가 생기거나 두께가 얇으면 구조가 무너져 내릴 수가 있다.

종이 필터 대신 스테인리스로 된 필터를 쓸 수 있다. 장점은 반영구적으로 사용 가능하다는 것이다. 종이와는 다르게 기름이 완전히 걸러지지 못하고 미세하게 커피가루와 커피 오일이 같이 추출된다. 이쪽이 취향인 사람도 있다. 또한 그냥 버리면 되는 종이필터와는 다르게 청소를 해줘야 한다. 이것이 불편하지만, 융 드리퍼의 세척과 관리보다는 훨씬 간편하다.

- 추출의 과정

· 분쇄도의 선택: 너무 미세하게 갈면 쓴맛이 더 강해지고, 너무 굵게 갈아놓으면 신맛이 강해지는 경향이 있어서 원두에 따라 적절히 조절한다.

· 추출 온도: 94℃를 기준으로 조절한다. 노르딕 로스팅 커피처럼 약하게 로스팅할수록 단단하고 추출이 어렵기 때문에 더 높은 온도가 요구된다. 반대로 강배전의 경우 추출이 쉬워 고온에서 부정적인 맛 성분도 함께 용출될 가능성이 있다.

· 뜸들이기: 커피 용량의 2~3배 정도의 뜨거운 물을 커피 전체에 부드럽게 부어서 뜸을 들인다. 30초 정도 기다리거나 거품에 금이 갈 때쯤까지 또는 서버 밑으로 커피가 한두 방울씩 떨어질 때쯤까지만 기다린다.

· 본 추출: 2~3분 정도에 걸쳐 나머지 물을 부으면서 커피를 추출한다. 투입하는 물은 원두 10g당 150ml 정도를 기준으로 취향에 따라 가감한다.

· 물줄기: 푸어오버라도 막 붓는 것이 아니다. 나선형(스파이럴) 푸어로 붓거나 가운데에만 붓는 센터푸어 방식이 사용된다. 드리퍼를 흔들거나 스푼으로 젓는 등의 방식이 사용되기도 한다. 물줄기는 유량이 일정하게, 드리퍼 벽에 닿지 않게, 너무 빠르지 않고 커피와 잘 섞이게 하는 것이 중요하다.

· 추출 시간: 대략 3분 이내로 한다. 이 시간이 지나면 원두에서 원하지 않은 향미 성분까지 추출되어 나오기 쉽다.

추출은 초반에 많은 성분이 녹아 나오고, 쓴맛이 적으므로, 취향에 따라 이들 앞부분만 강조해 추출하는 사람도 있다. 비슷한 논리로 드리퍼에 물이 아직 남아 있는 상태에서 드립을 중지하는 경우도 있다. 커피의 추출 후반부에는 탄닌 성분을 비롯한 쓴맛과 바디감을 결정하는 성분이 많이 나온다. 차(tea)처럼 즐기는 데는 앞부분에 나오는 성분으로도 충분하다. 하지만 커피만의 독특한 향미를 위해서는 여러 변수를 잘 통제하여 충분히 추출할 필요가 있다. 추출을 처음 할 때는 기본적인 용량을 사용하고, 그 후에는 취향에 따라 바꾸면 된다.

- 클레버(Clever)

대만에서 개발된 플라스틱제 도구이며, 커피 외에도 차를 우리는 데도 많이 쓴다. 전체적으로 칼리타 드리퍼와 비슷한 형상이지만, 아래쪽에 밸브가 있어서 필터를 깔고 커피와 뜨거운 물을 넣고 3~4분 뒤에 컵 위에 올리면 커피가 우러난 물이 내려오는 방식이다. 필터는 중간에 빠져나가는 물이 없으므로 다른 드리퍼보다 큰 것을 사용해야 한다. 클레버는 드립과 프렌치 프레스의 중간 정도로 추출 방식이다. 드립의 유분 및 미분 없는 깔끔한 맛 + 프레스가 보장하는 일정한 맛을 얻을 수 있다. 다만 침출이라는 특성상 여과식보다 수율이 떨어지고, 재미와 감성이라는 측면에 있어선 상당히 아쉽다. 드립 포트로 물을 부어주는 과정 자체에 재미를 느끼는 사람들이 많지만 클레버는 이런 재미를 느끼기 어렵다.

입문자뿐 아니라 업장에서 쓰기도 좋은 편이다. 간단한 조작으로 균일한 맛을 내기 때문에 많은 주문을 처리하기에도 쉽다. 하리오 V60을 잘 쓴다면 90~100점짜리 커피가 나오지만 잘못 쓰면 맛이 크게 떨어지는 데, 클레버는 매우 쉽게 80점은 보장하는 장점이 있다. 변용한 사용법으로, 원두를 넣고 물을 붓는 것이 아닌 물 먼저(Water-first) 넣고 원두를 넣는 방법이 있다. 바디감이 가벼워지고, 추출 속도가 매우 빨라지며 이것은 곧 원두 분쇄도의 제약이 적어짐을 뜻한다. 일반 사용법이 칼리타/멜리타 같이 묵직한 느낌이 난다면 물을 먼저 넣으면 하리오와 비슷해진다.

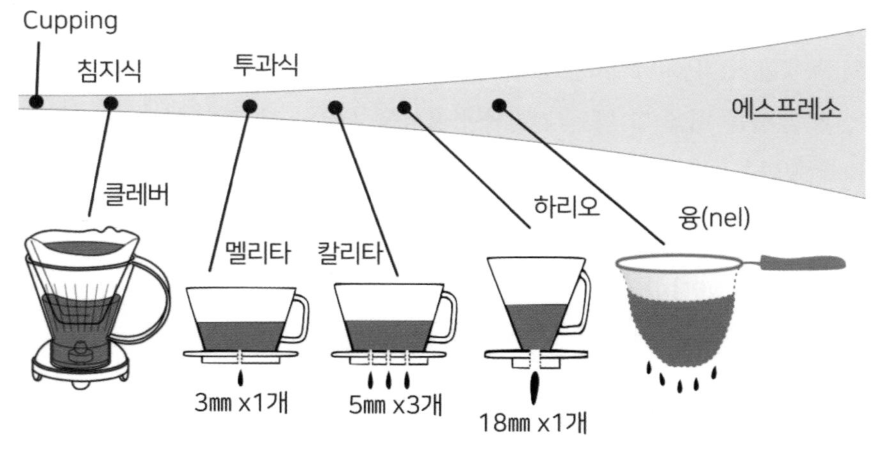

드리퍼의 형태와 물의 흐름

- 하리오(HARIO V60)

일본 하리오사에서 개발한 원추 모양의 드리퍼이다. 추출구가 크며, 나선형 가이드가 드리퍼의 끝부분까지 있어 물 빠짐이 매우 빠른 것이 특징이다. 물의 흐름이 빨라서 커피의 잡맛을 유발하는 타닌 등의 성분들이 최소한으로 추출되고, 맛이 부드러운 편이다. 좀 오래된 원두를 사용할 때도 앞부분만 빠르게 추출하여 나쁜 맛까지 추출되지 않게 할 수도 있다. 부드러운 커피를 원하

투과식 멜리타
칼리타
하리오
융 ...

에스프레소

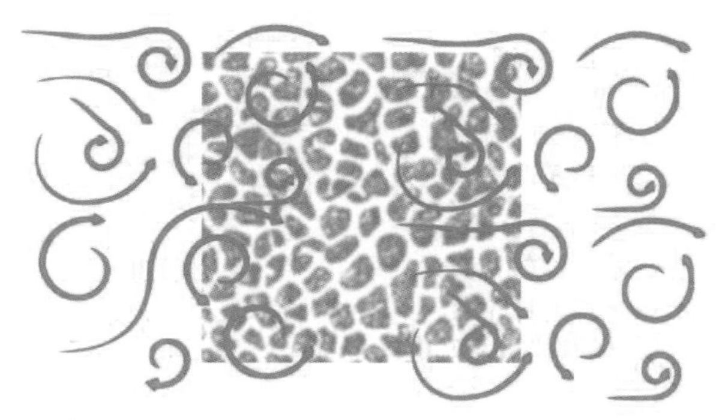

추출 효율이 높고 바디가 풍부하다
밸런스가 무너지면 맛의 불균형이 심해진다

침지식 클레버
프렌치프레스

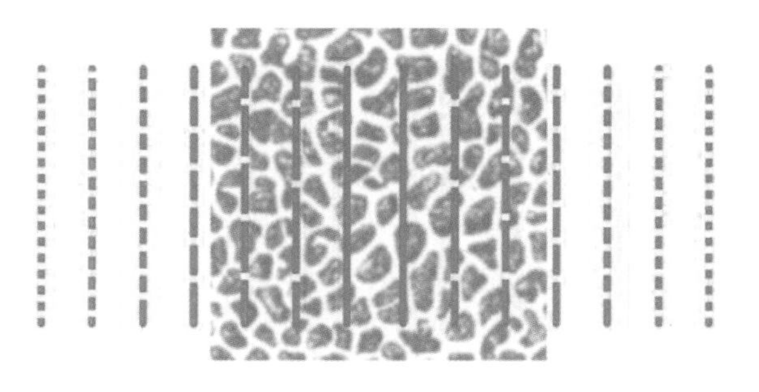

추출 효율이 비교적 낮다. 녹기 쉬운 성분 위주로 추출된다
신맛과 깔끔한 쓴맛이 강조되고 맛이 비교적 일정

투과식과 침지식의 물의 흐름

는 사람들에게 추천할 만한 드리퍼이며, 클린 컵에 강점을 보인다. 특히 가볍고 산미가 강한 약배전 원두에서는 이러한 성향이 좋은 효과를 발휘한다. 그래서 스페셜티 업계에서 많은 주목을 받았다. 하리오 타입은 쓴맛이 추출되기 전에 빠르게 추출할 수 있어서 쓴맛이 적은 아이스커피를 만들기 유리하다.

커피의 추출의 핵심은 기능일까 감성일까? 사실 거의 기교를 쓰지 않은 커핑(Cupping)이나 클레버 같은 추출만으로 충분한 맛은 나온다. 그런데도 거기에서 만족하지 않고 온갖 추출 방법을 고민하는 것은 미묘한 맛의 차이까지 다루어보고 싶은 욕망 때문일 것이다. 커피에서 그런 감성을 포기하고 기능만 추구하는 것은 커피의 매력의 절반은 포기하는 것이 아닐까 생각한다.

3. 에스프레소 추출과 크레마

1) 에스프레소 추출

커피에는 여러 추출법이 있지만, 그래도 지금의 커피 열풍을 만든 것은 역시 에스프레소 방식의 등장일 것이다. 곱게 분쇄한 원두를 고압의 뜨거운 물을 가해 빠르게 추출하면 원두 안의 향미 성분과 지방과 단백질까지 빠져나오면서 물과 뒤섞여 유화 상태가 되기 때문에 에스프레소는 약간 걸쭉하고 아주 짙은 갈색의 액체가 된다. 액체를 확대해보면 작은 기름방울이 무수히 떠 있는 상태다.

'에스프레소(Espresso)'는 라틴어로 '짜낸 성분' 또는 '주문 즉시 완성되는 물건'이라는 의미를 포함하고 있다. 맨 처음 에스프레소 머신을 만든 목적은 주문이 들어오면 빨리 음료를 만들어 내는 것이었다. 20세기 초에 들어 커피를 빨리 추출하는 방법에 관한 수요가 커졌다. 온도를 높여 끓는 물을 사용하여 쓴맛이 지나치게 강했다. 그래서 온도를 더 높이지 않고 고압으로 추출하는 방법이 등장했다. 처음에는 수동식으로 바리스타가 레버를 사용하여 팔 힘으로 압력을 10바(bar)까지 올리는 기술이 사용되었고, 지금은 전기 펌프를 사용하여 더 쉽고 일정하게 에스프레소를 만든다. 압력은 에스프레소의 특징이며 에스프레소만의 향미와 특징을 만든다.

압력이 가해진 물이 커피 분말을 지나가면서 순식간에 농도 짙은 커피가 추출된다. 자연압을 이용하는 방식과 달리 일정량의 지용성 성분까지 추출된다. 향도 지용성이라 지방 성분과 같이 유화물(emulsion) 형태로 추출된다.

크레마는 0.5~10㎛ 크기의 전형적인 유화물이다. 커피의 단백질 등의 성분이 표면을 잘 감싸고 있어서 안정적이고, 상당 시간 동안 유지된다. 그리고 이것이 입에 닿으면 부드러운 크림 같은 질감을 느끼게 해준다. 또한 이 유화물의 거품은 공기를 차단하는 효과가 있어 에스프레소 고유의 맛과 향을 좀 더 오래 지속시켜주는 효과도 있다.

에스프레소가 시작된 이탈리아에는 표준이 있는데, 분쇄 커피(7±0.5g)에 뜨거운 물(88±2도)에 압력을 주어(9±1기압) 짧은 시간 동안(25초±5초) 통과시켜 작은 컵(25~40mL)에 담아 만들어 내는 크레마가 풍부한 커피이다.

국립 이탈리아 에스프레소 협회의 '에스프레소' 정의

분쇄 원두의 양	7 ± 0.5g
머신 추출 온도	88 ± 2℃
컵의 온도	67 ± 3℃
추출 압력	9 ± 1 bar
추출 시간	25 ± 5초
점성(45℃ 기준)	1.5mPa·s 초과
총 지방 함유량	2mg/ml 초과
카페인 함유량	100mg/컵 미만
한 컵 분량(거품 포함)	25 ± 2.5ml

지금은 커피/물의 비가 높아져서 물 40mL에 커피 20g을 쓰는 추세이고 압력도 다양해지고 있다. 그래도 에스프레소의 특성은 높은 압력으로 고농도의 커피를 추출하여 다양한 메뉴로 활용할 수 있다는 것이다.

추출의 시간이 짧다고 변수가 적은 것은 아니다. 오히려 커피 추출법 중에서 사소한 차이에 의해 가장 많은 품질의 변화가 생기는 것이 에스프레소 추출법이다. 추출 압력은 에스프레소의 향미 프로필에 큰 영향을 미친다. 커피 층 윗면에 작용하는 실제 압력 그리고 커피 층을 통과하면서 일어나는 압력이 줄어드는 현상은 커피 층이 다져진 정도, 균일성, 형태, 커피 층 위에 가해지는 물의 힘에 따라 달라진다. 에스프레소 커피 제조에서 펌프 유형과 특성은 매우 중요하다. 물 흐름이 가장 낮을 때 펌프가 가하는 압력은 가장 높다. 물 흐름이 높아지면 펌프가 가하는 압력은 줄어든다. 커피 층의 성질(투과성)은 실제 적용되는 압력과 그에 따른 커피 층의 물 흐름 및 추출 시간과 물이 통과하는 시간, 그리고 궁극적으로 음료의 맛 속성과 품질에 영향을 준다. 커피 층의 투과성이 너무 낮으면 추출 압력이 너무 높아지고 물 흐름은 너무 낮아지며 추출 시간은 너무 길어지므로 과잉 추출이 된다.

최근에는 추출이 진행되는 동안 물 흐름이나 압력을 조절할 수 있는 등 다양한 추출 변수를 제어할 수 있는 기술이 집약적인 에스프레소 머신이 개발되었다. 덕분에 바리스타들은 특수하면서도 재현이 가능한 추출 프로파일에 초점을 두어, 특정 향미 속성을 더욱 정교하게 음료에 담을 수 있다.

분쇄 크기도 음료의 품질을 결정짓는 매우 중요한 요인이다. 예를 들어 굵게 분쇄한 커피로 에스프레소를 뽑으면 미세하게 분쇄한 커피로 뽑은 커피에 비해 향 속성이 낮은 것으로 나타났다. 향이 충분히 추출되지 못한 것이다. 그러나 입자가 너무 가늘면 물이 고르게 퍼지기가 어렵고, 커피 층에서 추출이 제대로 이루어지지 않는다. 그 결과 추출하는 내내 추출 형태가 달라지고 음료는 물론이거니와 음료 위 공기층 향미 속성도 계속 변한다. 그래도 에스프레소를 통해 추출한 향미가 커핑을 통해 느낄 수 있는 것과 일관성이 있어야 향을 제대로 추출한 것이라고 판단 할 수 있을 것이다.

- 온도와 시간

원료의 로스팅, 커피의 양, 분쇄의 입도, 물의 온도, 추출 시간에 따라 추출된 성분이 달라지고 향미가 완전히 달라진다. 커피의 입도가 크고 둥글수록 물 흐름이 좋아진다. 입도가 가늘수록 빠르게 추출되지만, 미분이 많으면 입자 사이를 막거나 뭉쳐져, 물 흐름을 막을 수 있고 필터 구멍을 막을 수 있다. 그러면 추출의 일관성이 떨어지고 과잉 또는 과소 추출이 일어날 수 있다.

에스프레소는 고압을 가하는데 압력에 의해 틈은 작을수록 더 적어진다. 그만큼 물이 흐르는 속도가 느려져 맛과 향은 많이 추출된다. 한편 압력이 높아지면 그만큼 편차가 발생할 가능성도 커진다. 물이 흐르기 쉬운 쪽이 생기면 그쪽으로 급격히 흘러내리는 채널이 생기거나 채널의 효과가 발생하기 쉬워지는 것이다. 통로가 생기면 물은 그쪽으로 많이 흐르고, 과도한 추출이 일어나 쓴맛이 나타난다. 향은 부족하고 쓴맛은 지나치게 많으니 더욱 맛이 나빠지는

다양한 추출의 변수

것이다. 쓴맛이나 떫은맛 성분은 양이 작아도 역치가 낮아, 적은 양으로도 강력하게 작용하니 조심해야 한다.

- 에스프레소 추출의 변수

필터홀더: 에스프레소 추출은 워낙 순식간에 일어나고 고압이 걸리기 때문에 필터의 디자인도 제품의 향미에 충분히 영향을 줄 수 있다. 모양, 크기, 가로세로의 비율에 필터 구멍의 크기와 형태, 구멍의 정교함까지 모든 것이 품질에 연결되는 것이다. 구멍이 크면 커피가 빠져나가고 적으면 시간이 오래 걸린다. 사용하는 커피의 양과 지향하는 향미에 따라 다양한 포터필터가 쓰일 수 있다.

커피의 양과 탬핑: 에스프레소를 하려면 먼저 원두의 양과 분쇄도를 결정한다. 포터필터별로 적당한 양이 다른데 양을 줄이면 커피를 아낄 수 있으나 향미가 부족하고 양이 너무 많으면 너무 조밀해져서 여과가 제대로 되지 않고 원료가 낭비된다. 원두의 종류와 로스팅 정도에 따라 양을 조절하는데 진하게 볶은 원두일수록 추출량이 많고, 로부스타 품종이 추출량이 많은 편이다. 분쇄기의 도저를 이용하여 부피 단위로 사용하면 종류와 입도에 따라 부피가 달라지므로 무게와 완전히 같지는 않다. 같은 조건이 반복될 때는 실용적인 측면에서 오차는 무시하지만, 저울을 사용하는 것이 정확하다.

투과성: 에스프레소의 핵심은 물이 얼마나 균일하고 일정하게 분쇄된 커피를 통과하느냐이다. 적절하고 균일한 투과성이 있어야 제대로 추출이 되고, 최고의 맛을 추출할 수 있다. 포터필터에 담은 커피 분말은 입도가 균일하게 섞여 있어야 하고 고르게 담아 상단을 평편하게 한 후 적당한 압력으로 눌러주어야 한다. 균일하지 못하여 채널이 생기면 그쪽으로 물이 점점 더 많이 빠져나가고, 그 부분은 과도한 추출이 일어나고 다른 부분은 과소한 추출이 일

어난다. 너무 작은 입자만 과밀하게 눌려 있어도 투과가 힘들다. 적당한 공간과 적당한 압력 그리고 균일성이 에스프레소 품질에 중요한 관건이다.

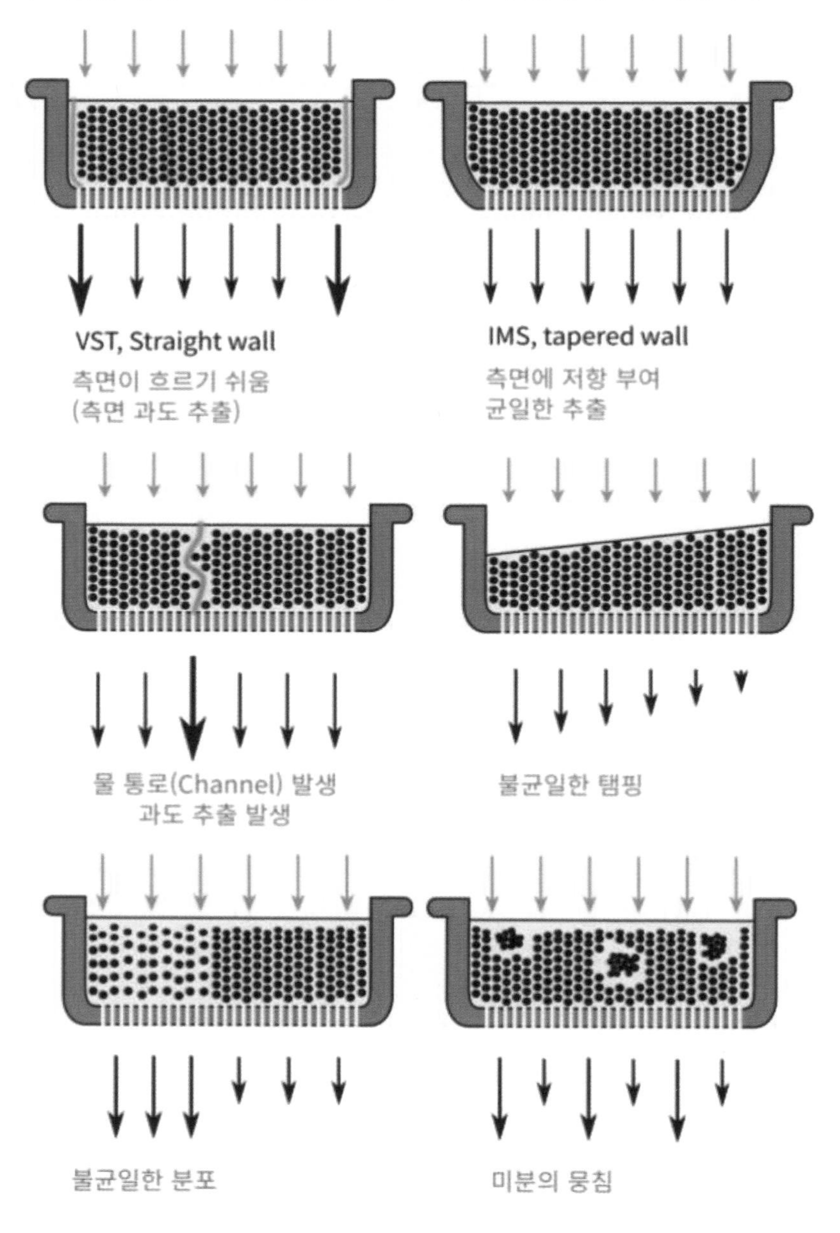

적절한 입도 및 분포: 에스프레소는 고온 고압으로 짧은 시간에 이루어지기 때문에 그만큼 사소한 변화에도 결과물이 민감하게 변한다. 입도가 크면 편차가 적겠지만, 그만큼 품질과 수율이 떨어지고 입도가 적어야 짧은 시간에 충분히 원하는 추출이 일어나지만, 과도한 밀착이나 부분적인 흐름의 방해로 부위에 따라 과소 추출과 동시에 과도 추출이 일어날 가능성이 있다.

정교한 온도 및 시간 제어: 온도가 높을수록 효율이 높지만, 동시에 부정적인 쓴맛도 많이 추출되므로 적절히 온도를 조절한다. 추출 시간은 30초를 기준으로 하여 15초 미만일 정도로 짧으면 제대로 추출되지 않아 에스프레소 고유의 맛이 나지 않고 신맛이나 쓴맛만 느껴지고, 30초를 훨씬 초과하여 과다하게 일어나면 떫고 텁텁한 맛 성분까지 추출되어 향미가 크게 떨어진다. 색과 신맛 그리고 물에 잘 녹는 쓴맛 성분은 초기에 빨리 추출되는데 이들만 추출되면 단맛이 부족하여 맛이 없다. 커피에 풍부함을 부여하는 향이 추출되

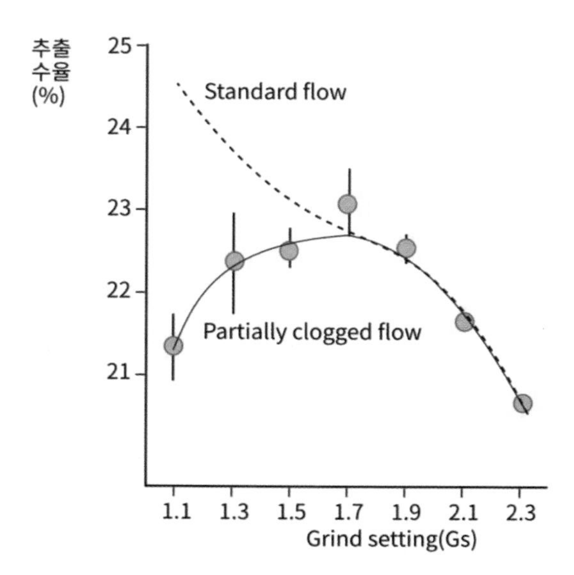

커피의 입도와 수율의 관계(Michael I. Cameron, 2020)
(입도가 너무 작으면 물의 흐름이 차단되어 수율이 오히려 떨어질 수 있다)

어야 적당한 단맛을 느끼게 되고, 바디감이 있는 맛있는 커피가 된다. 물에 잘 녹지 않는 오래 남는 쓴맛이나 떫은맛이 추출되지 않는 범위에서 향을 풍부하게 추출하는 것이 관건이다.

- 에스프레소는 조건에 민감하다

에스프레소는 매우 효율적인 커피 추출 기계이지만, 고온 고압의 상태로 짧은 시간에 추출하는 만큼 사소한 조건의 변화에도 품질이 민감하게 변한다. 원두의 종류에 따라, 로스팅 정도에 따라, 커피 층의 준비, 수질의 변화 등에 따라 맛이 심하게 흔들린다. 그만큼 변수를 잘 통제해야 하는데 아직은 확실한 에스프레소의 모든 변수가 체계적으로 정리되어 있지는 않다.

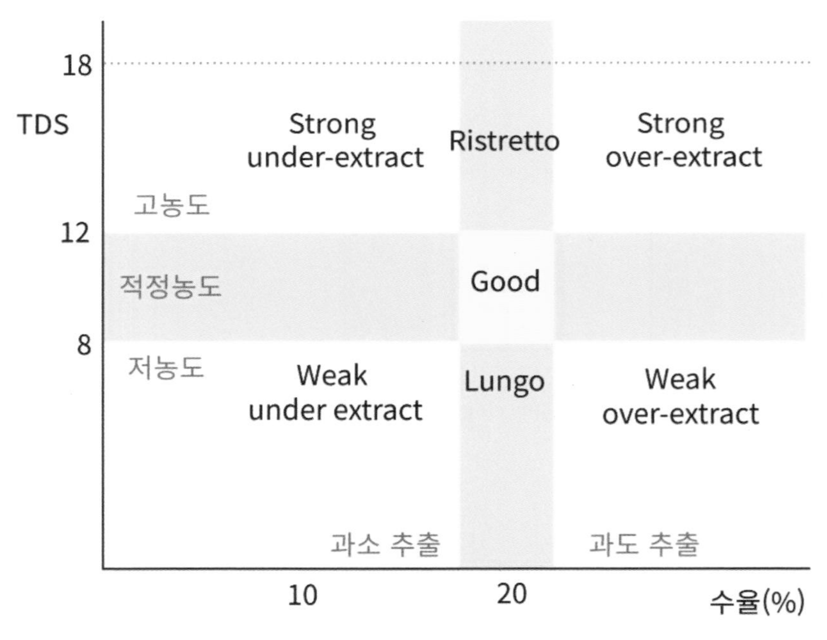

에스프레소 추출의 적정 농도와 수율

2) 크레마의 원리와 역할

에스프레소의 특징은 크레마(Crema)라고 불리는 거품 층이 있는 것인데, 커피 전문가들은 크레마를 보고 추출이 잘 되었는지 판단하기도 한다. 소비자도 자신이 마시는 커피에 크레마가 멋지게 떠 있는 것을 선호한다. 심지어 크레마가 커피를 마시는 의식의 한 요소로 생각하는 사람도 있다. 어떤 사람은 숟가락으로 떠 마시고, 어떤 사람은 크레마를 저어 안으로 밀어 넣으며, 어떤 사람은 잔을 돌려 마지막 한 모금을 마실 때 크레마가 섞여 들어가게끔 한다. 크레마의 아름다운 모습은 부드러우며 향미가 풍부한 에스프레소에 관한 기분 좋은 기대를 하게 되는 역할도 한다.

에스프레소의 강한 압력으로 물이 분쇄한 커피와 접촉하면서 용출된 이산화탄소가 크레마를 만드는 주요 요인이다. 크레마의 암갈색 내지는 '타이거 스킨'이라 불리는 색상과 미세한 거품은 추출이 잘 되었고, 맛이 좋다는 것을 알려 주는 중요한 표지이다. 크레마를 이해하고 좋은 크레마를 만들기 위해서는 크레마의 형성 기작과 크레마의 안정화 기작을 분리해 생각해야 한다. 크레마의 형성을 위해서는 공기가 액체 속에 분산되어야 하므로 에너지가 필요하다. 에스프레소에서는 고압의 물이 커피 층으로 주입되면서 거품이 만들어진다. 이렇게 만들어진 공기 거품은 안정화가 필요한데, 계면(기체와 액체가 만나는 부분)에 어떤 성분이 있는가에 따라 거품의 안정성이 달라진다. 하지만 이런 크레마에 관한 체계적인 물리화학적 연구는 아직은 부족하다.

- 크레마 형성과 안정성

거품의 형성 과정은 보통 네 단계로 진행된다. ① 거품 형성 ② 거품 상승 ③ 탈수 ④ 합체와 불안정의 단계다. 본질적으로 거품은 기체 방울들이 액체 연속상 속에서 분산된(coarse dispersion) 것을 말한다. 크레마에서 기체의 주

성분은 이산화탄소로 커피 로스팅 중 원두 안에 생성된 것의 일부가 세포 구조 속에 갇혀 있던 것이다. 연속상을 이루는 액체(물)에는 몇 가지 커피 성분(당, 산, 단백질)이 녹아 있고, 커피 세포벽을 이루었던 작은 입자(2~51㎛)들도 들어 있고, 미세한 기름방울(10㎛ 미만)이 에멀젼 상태를 이루고 있다.

에스프레소의 크레마는 한시적으로만 안정한 거품이다. 보통 40분이 지나면 크레마는 완전히 사라진다. 시간이 지나면서 크레마는 점점 수분 많은 미세한 거품 형태에서 물이 빠져나간 다면체의 거품으로 변해간다. 이상적으로는 크레마는 전체 부피의 10%를 차지하며 거품 밀도는 0.30~0.50g/mL 정도다. 이런 크레마 형성 과정을 설명하려는 시도는 몇 차례 있었다. 물이 고압으로 커피 층을 통과하면서 커피 기름은 에멀젼이 되어 추출액으로 빠져나온다. 에스프레소 커피의 거품이 만들어질 때 기체의 성분이 이산화탄소임을 밝히는 연구는 많은 편이지만, 거품이 만들어지는 기제를 상세히 연구한 자료는 없다. 다만 이산화탄소의 화학적 성질과 거품 형성 관계에 관한 연구가 있다. 중탄산염(bicarbonate) - 탄산(carbonic acid)의 평형 상태가 에스프레소 추출 역학에 영향을 주는 것으로 나타났다.

에스프레소 추출은 먼저 뜨거운 물이 커피 입자를 파고들면서 세포벽의 다공질 구조의 틈을 녹여 입자 사이를 채우고 있던 기체(이산화탄소)들이 커피 밖으로 빠져나오게 된다. 그러면서 커피의 성분이 녹아 나오는데 추출액(물) 속의 중탄산 이온과 추출 중의 pH 변화(7.0~7.5에서 5.5~5.0으로)에 따른 변화로 물의 성질이 변하고 녹는 성분이 변한다. 수압으로 커피 층이 다져지고, 커피 입자는 부풀어 오르며, 배출되는 이산화탄소로 인해 거품과 에멀젼이 만들어지면서 크레마가 형성된다.

다른 연구에서는 커피 안에 과포화 상태로 존재하는 이산화탄소가 에스프레소 거품을 만드는 요인이라고 한다. 커피 층에 존재하던 이산화탄소가 고온 고압의 환경에서 물에 녹아 있다가 추출되면서 미세한 거품을 만든다는 것이다. 이산화탄소는 압력이 높을수록 온도가 낮을수록 물에 많이 녹게 되는데, 추출 단계에서는 고압에 의해 이산화탄소가 억지로 물에 녹아 있다가 커피 층을 빠져나와 잔에 담길 때는 압력이 풀리므로 거품 형성을 형성하기 좋은 상태이다. 이런 현상은 탄산음료나 샴페인에서도 볼 수 있다.

생성된 크레마의 거품은 보통 세 가지 단계를 거쳐 사라진다. 먼저 거품이 서로 융합한다. 거품의 막들이 무너지면서 거품 끼리 합체되는 것이다. 그다음 오스트발트 숙성(ostwald ripening)이 일어난다. 크기별로 다양한 거품들이 분산되어 있을 때 나타나는 현상으로 거품 크기가 다르면 내부 압력이 서로 달라서 이런 압력 차에 의해 확산 효과가 일어나고 작은 거품이 커지는 현상이다. 세 번째로는 중력의 영향이 있다. 거품막을 이루는 액체에 중력이 가해지면서 거품막이 얇아진다. 그래서 다시 거품 융합이 일어나고 오스트발트 숙성이 일어난다. 모든 거품에는 항상 이런 현상이 일어난다.

다른 연구에서는 지질 함량 또한 거품의 안정성에 영향을 미칠 수 있다고 한다. 일반적인 에스프레소(25ml)에서 지질 함량은 아라비카는 45~146mg, 로부스타는 14~119mg이다. 평균적으로 아라비카로 만든 에스프레소의 지질 함량이 로부스타보다 높다. 일반적으로 지질은 소포제의 역할을 하므로 지질 함량이 높은 아라비카가 거품이 불안정해질 가능성이 높다. 커피의 계면 활성 성분이 거품(공기) 대신 지방과 결합하여 거품이 불안정해진다. 이 점은 아라비카로 만든 에스프레소보다 로부스타로 만든 것이 표면 장력이 낮다는 점과도 일맥상통한다.

고체 입자 또한 거품 안정성에 영향을 미친다. 에스프레소 커피 속 고체 입자의 습윤성에 대해서는 아직 연구가 진행되지 않았지만, 아라비카 에스프레소에서 나타나는 '호랑이 무늬' 효과를 참조해보자면, 이 고체 입자들로 인해 어느 정도 거품 안정 효과가 있다고 볼 수 있다. 이 효과가 없다면 거품이 사라지는 속도가 훨씬 빨랐을 것이다. 로부스타 거품은 고체와 성질이 유사한데 이는 물이 빠지는 속도가 빠르기 때문이고, 이런 성질은 거품이 달라붙는 데 필요한 요소이다. 그에 비해 아라비카 거품은 더 오랫동안 액체처럼 유동성을 유지한다.

- 크레마 안정의 기작

에스프레소 크레마의 형성과 안정성에 관여하는 성분에 대해 자세히 살펴본 연구는 아직 나오지 않았다. Nunes 팀(1997)은 로스팅 정도가 강해질수록 거품 형성력 또한 강해진다는 것과 추출된 단백질의 양이 거품에 영향을 준다는 것을 알아냈다. 거품 안정성은 갈락토만난과 아라비노갈락탄이라는 다당류의 양과 관련이 있는 것으로 나타났다. 그 외에 총고형분, pH, 지질, 단백질, 탄수화물 함량이 영향을 준다. 고분자 물질들이 거품 안정성의 관련성이 크다는 것을 확인했는데, 이는 로스팅 중 생성되는 다당류, 단백질, 페놀 화합물 사이에 복잡한 상호작용이 있음을 의미한다.

생두에서 크레마의 형성에 기여하는 물질로 설탕지방산에스터와 저분자 및 고분자 4-비닐카테콜(4-vinylcatechol) 올리고머류가 연구되었다. 생두에 자연적으로 존재하는 설탕지방산에스터는 로스팅 중 점점 분해되고, 반대로 4-비닐카테콜 올리고머류는 로스팅 중에 계속 증가한다. CGA와 카페산이 열분해되면서 생성되는 것이다. 카페산의 반응 물질이 많아질수록 거품의 양도 유의미하게 늘어나고, 카페산을 첨가한 에스프레소는 거품 크기가 더 작고 거품 사이 액체의 양이 많은 등 형태가 유사하고 안정적인 것으로 밝혀졌다.

- 크레마와 소비자의 만족도

소비자가 제품을 소비하기 전 얻는 사전 정보는 기대감에 영향을 미치고, 궁극적으로는 소비자의 만족도에 영향을 준다. 음료의 내용물 말고도 잔 재질,

포장 형태, 색상, 기존의 경험 등이 영향을 미친다는 연구 결과도 많다. 그러니 크레마가 에스프레소를 마실 때의 만족도에 많은 영향을 미칠 것은 당연하다.

Labbe 팀(2016)이 진행한 연구에서는 크레마의 양이 소비자의 만족도에 미치는 영향을 조사했다. 세 가지 조건에서 음료를 평가했는데, ① 시각적 부분에서는 외관을 통해 나타나는 기대감을 평가했고, ② 블라인드 조건에서는 입에 머금었을 때의 느낌을 평가했다. ③ 미각과 시각을 모두 사용하는 조건에서는 일반적인 음용 형태에 따라 커피를 평가하게 했다. 그 결과 크레마가 있으면 품질에 관한 기대가 높게 나타났지만, 크레마의 양이 많고 적음은 품질에 영향을 주지 않았다. 크레마를 보고 맛보았을 때 느끼는 품질 평가가 시각을 차단한 상태보다 평가가 좋았다. 크레마가 있는 커피는 없는 커피에 비해 외관상 더 부드러워 보이고, 실제 크레마의 양이 많아질수록 입에 머금었을 때 느껴지는 부드러움 또한 커진다. 이것이 평가에 영향을 준다. 전체적으로 크레마가 에스프레소 커피 경험에 중요한 요소임을 알 수 있다. 크레마가 없으면 품질, 전체 맛, 쓴맛, 부드러움에 관한 기대가 낮았고, 이는 다시 품질 및 관능 속성 점수를 낮추었다.

- 크레마가 향 방출에 미치는 영향

네스프레소 추출 방식을 사용해 크레마의 두께와 안정성이 음료에서 향미 방출에 미치는 영향에 관한 조사한 연구가 있다. 크레마의 양과 안정성을 달리한 커피를 크레마가 없는 커피와 비교한 결과, 기존 연구에서는 크레마가 향이 빠져나오지 못하도록 하는 일종의 뚜껑 역할을 한다는 주장이 있었지만, 이 연구를 통해 좀 더 복잡한 기제가 있는 것으로 나타났다.

먼저, 질량 분광법을 사용해 향기 분자의 양을 시간에 따라 추적했다. 추출이 시작된 후 첫 2.5분 동안 크레마가 있는 음료의 위쪽 공기에서 채취된 휘발성 성분의 농도는 크레마가 없는 음료의 위쪽 공기에서 채취된 휘발성 성분의 농도에 비해 유의하게 높았다. 거품 표면의 얇은 막이 깨지면 거품이 터지면서 기체가 방출되는데, 이 기체에는 휘발성이 높은 방향 물질이 많이 들어 있다. 나아가 액체 증발과 함께 휘발성이 낮은 향기 물질 또한 공기 중으로 증발한다. 이에 비해 크레마가 없으면 향 방출은 순수하게 액체에서 기체로 증발에만 의존한다.

초기 향 방출이 이루어진 뒤, 그다음 향 방출에 주로 영향을 미치는 것은 크레마의 안정성이다. 크레마의 안정성이 낮은 경우, 커피는 상부 공기층으로 많은 양의 향 물질을 방출한다. 또한 크레마의 양은 휘발성이 낮은 성분의 방출과 반비례 관계인데, 아마도 크레마가 뚜껑 역할을 해서 향이 방출되는 것을 막아주기 때문으로 보인다. 크레마 층이 안정적이지 않으면 향이 날아간다는 가설이 있었는데, 이는 Parenti 팀(2014)의 실험으로 확인했다.

결과적으로 크레마가 향의 방출에 미치는 영향은 기제별로 달랐다. ① 크레마의 안정성이 낮을 때(예를 들어 거품이 잘 터질 때)는 거품의 기체상에 풍부히 들어 있는 휘발성이 높은 향기 성분의 방출이 늘어난다. ② 크레마의

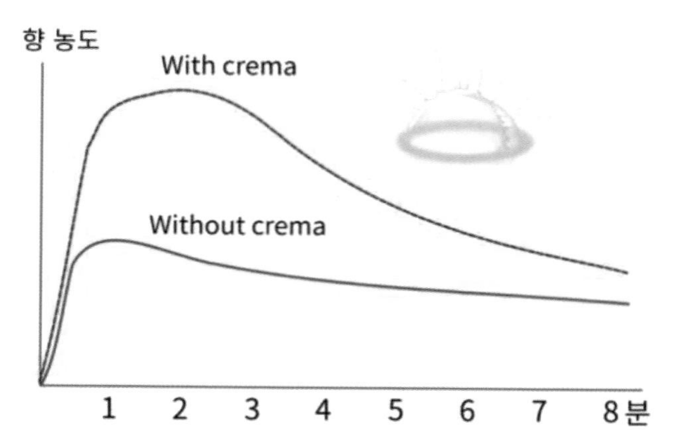

크레마가 향의 발산에 미치는 영향(Britta Folmer 등 2017)

안정성이 높을 때는 향 성분이 보존되는데 이는 크레마가 향을 가두는 장벽 역할을 하기 때문이다. ③ 크레마가 무너질 때는 확산 작용이 일어나고 이후 저휘발성 향이 방출된다.

최근의 다른 기술로는 네스프레소가 버츄오(Vertuo) 라인에서 사용하고 있는 센트리퓨전(Centrifuson)이 있다. 이 기술은 물을 커피 층에 통과시키기 위해 힘을 가할 때 압력을 사용하지 않고 원심력을 사용하는 것이다. 이 방식에서는 기체 팽창에 기계적 작용이 합쳐져 크레마가 나온다.

크레마에는 외관 이상의 특별함이 있다. 에스프레소 커피에 관한 선호를 높이는 가장 주된 요인은 그 향미이지만, 질감과 마우스필 또한 소비자의 전체 선호 중 큰 비중을 차지한다. 점도(두터움), 성분(풍부함), 혀에 걸리는 느낌(부드러움), 뒷 느낌(머무름), 입을 코팅하는 느낌, 부드러운 조직의 느낌에 영향을 준다. 크레마는 향미 속성을 강화하고 에스프레소 커피를 마실 때 기대를 창출하는 중요한 요소다.

거품 형성에 대해서는 맥주, 우유 거품, 탄산음료 분야에서도 많은 지식이 갖추어져 있으나, 커피의 크레마 형성과 안정성에 대해서는 알려진 것이 아직 별로 없다. 에스프레소는 ① 에멀젼화된 기름방울 ② 부유 상태인 고체 입자 ③ 거품 형태로 존재하며 거품층으로 뭉쳐지는 기체 방울로 이루어진 복합 다면상 액체이다. 이를 잘 이해하기 위해서는 커피 거품과 거품 형성 및 안정성에 영향을 미치는 변수에 대해 더 체계적인 연구와 이해가 필요하다.

3) 밀크 스티밍과 라떼

라떼아트는 커피 위에 아트를 담는 것이다. 에스프레소에 우유 거품을 이용해 그림을 만드는 작업이다. 이를 위해서는 가장 먼저 스티밍이 필요하다. 냉장고에 냉각된 우유에 스팀을 주입하면 우유 단백질이 변성(풀림)되면서 공기를 붙잡은 능력이 커진다. 우유 단백질 중에 카제인은 산에는 약하지만, 열에는 강하다. 반대로 유청단백질은 산에는 강하지만, 열에는 약하다. 스티밍 과정에서 40℃ 부근에서는 유청단백질의 변성(풀림)이 시작된다. 그러면서 스티밍의 소리에도 변화가 생긴다.

혼합 과정이 계속 진행되는 동안 큰 변화가 없다가 60℃를 지나면서 한번 팽창을 준비하면서 소리의 변화가 생긴다. 스티밍 과정 중 위에 떠 있는 거품들은 열을 받지 않은 액체 상태다. 유청단백이 40℃를 넘기면서 열변성을 하면서 거품이 안정화되어 쉽게 터지지 않는 거품이 된다. 정리하면 우유 거품은 20℃에 도달 전에 빨리 거품을 만들고, 고온에서 단백질을 변성시켜 안정화하는 것이다, 우유는 미리 냉장 보관되어 있어야 유리한다. 그래야 충분한 스티밍 시간을 확보하기 유리하고, 지방구가 고체 상태로 존재하여 안정된 거품을 만드는 데 도움이 된다. 유지방은 고체이므로 냉장고에 보관하면 바로

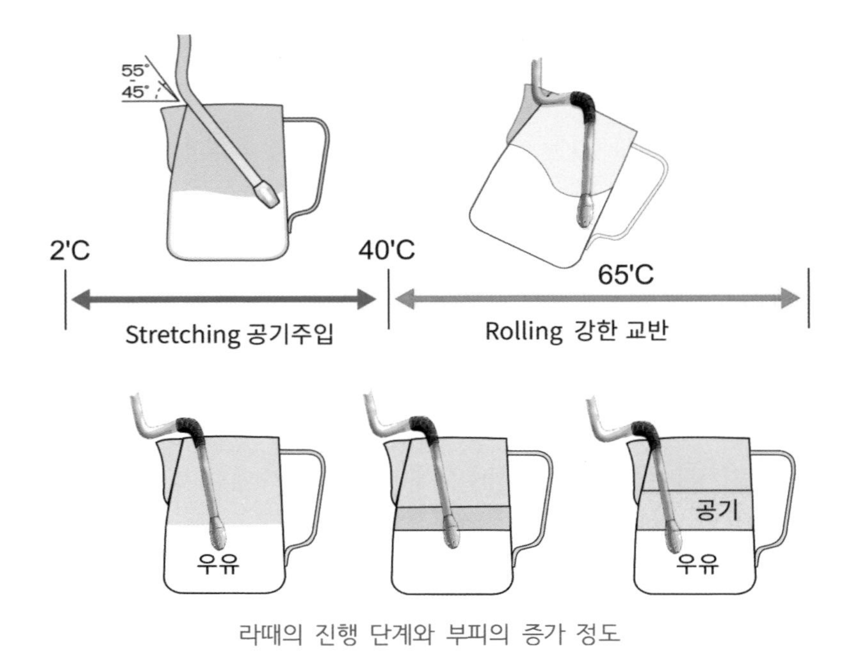

라떼의 진행 단계와 부피의 증가 정도

굳을 것으로 생각하지만 판형 열교환기 같은 장치로 우유 온도를 4℃까지 바로 떨어뜨려도 지방이 40%가 굳는 데는 20분이 필요하고 완전히 굳는 데는 2시간이 필요하다.

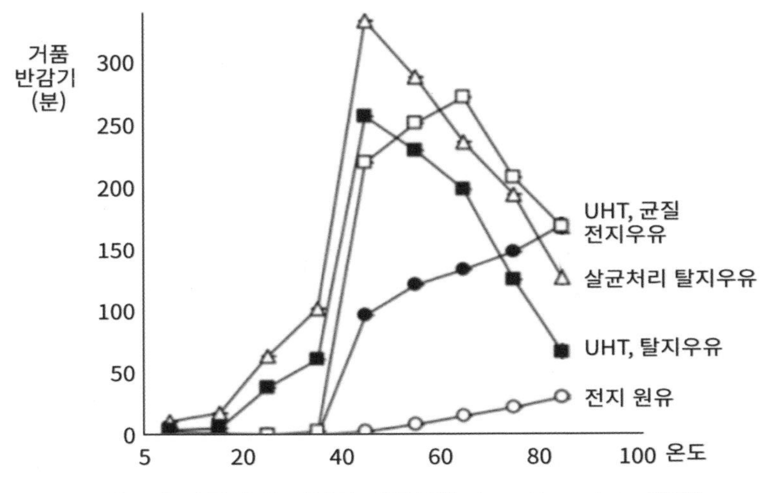

온도에 따른 우유 거품의 안정성(Chahan Yeretzian, 2017)

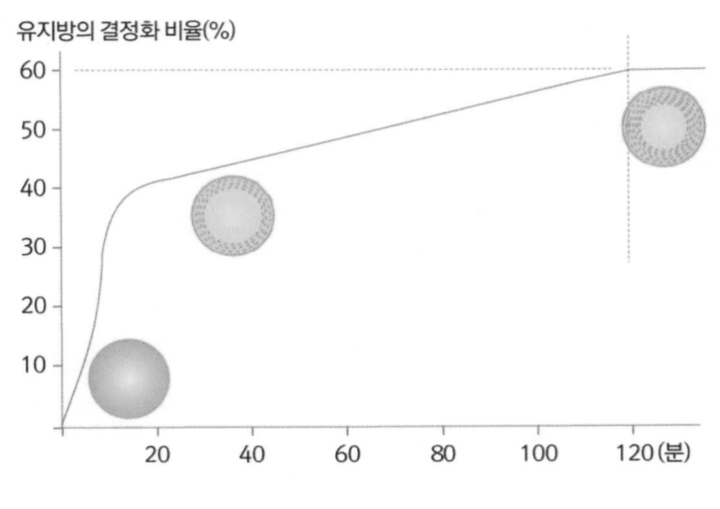

온도에 따른 지방구(유화)의 결정화 비율

Lemon
Lime
Grapefruits
Pineapple
Orange
White currant
Black currant
Cranberry
Strawberry
Raspberry
Black berry
Red cherry
White cherry
Apple
Pear
Appricot
Peach
Plum
Molasses
Hazelnut
Walnut
Chestnut
Pecan
Almond
Mazipan
White wine
Rose wine
Red wine
White sugar
Brown sugar
Milk chocolate
Dark chocolate
Cooa
Honey
Caramel
Fudge
Toffee
Butterscotch
Maple syrup
Nutmeg
Blackpepper
Rosemary
Clove
Cinnamon
Vanilla
Licorice

최낙언의
커피
공부
From Bean to Flavor

Part 4

무엇이 커피를 특별하게 하는가?

10장. 카페인이 만든 커피의 특별함

커피가 특별한 존재로 인정받기 시작한 것에는 카페인의 역할이 컸다. 카페인은 강한 열로 가열하는 과정에서도 파괴되지 않고 끝까지 남아서 사람들을 각성하게 하는 작용을 했다.

1. 카페인의 유혹

최근 들어 식품 분야에서 커피만큼 폭발적으로 성장한 시장은 없다. 이처럼 커피가 인기를 끌고 음료의 대세가 된 이유는 무엇일까? 여기에는 로스팅으로 만들어진 커피 특유의 향도 큰 역할을 했을 것이다. 코로나로 후각이 일시적으로 마비된 사람 중에는 갑자기 평소에 마시던 커피가 갑자기 너무 쓰게만 느껴져서 놀랐다고 한다. 커피 한 잔에 추출된 성분 중에 당류는 0.5%도 되지 않는데, 그것으로 단맛을 주기는 역부족이고 향 때문일 가능성이 높다. 그러니 후각이 마비되어 달콤한 향이 느껴지지 않는다면 쓰게만 느껴질 수밖에 없다. 고온에서 만들어진 커피의 향이 커피의 기본적이면서 절대적인 매력이다. 그리고 로스팅으로 만들어지는 향은 다른 식품의 매력도 좌우한다. 원시인 시절 불의 발견과 불을 이용한 요리는 원시인에게 너무나 강력한 생존 수단이었다. 그 시절에는 솥 같은 요리 도구는 없었고, 고기는 바비큐 방식으로 굽는 것이 유일한 요리법이었다. 그렇게 요리하면 병원성 균은 죽고, 소화율은 거의 절반 이상 높여주었기 때문에, 맛있다고 느낄 수밖에 없었다. 그리고 그때 느꼈던 향이 너무나 매력적이어서 우리의 유전자(DNA)에 각인되었다고 볼 수 있다. 그 시절에는 멀리서 나는 고소한 냄새, 고기 굽는 냄새를 얼마나 잘 맡을 수 있느냐가 생존 확률을 좌우했을 것이다.

그래서인지 지금도 사람들은 향기 중에서 로스팅 중에 많이 만들어지는 황 함유 향기 물질에 민감하다. 심지어 개 코만큼이나 민감하다고 한다. 그래서 예전에는 호떡, 붕어빵, 군밤, 군고구마, 구운 오징어 등 구운 것이라면 무조건 좋아했다. 구수한 누룽지와 참기름도 같은 맥락이었다. 요즘은 삼겹살과 커피의 소비가 늘면서 이들의 인기가 상대적으로 시들해진 면도 있지만, 대부분 요리는 로스팅 향에 의해 매력이 높아진 것이다.

그런데 커피는 향보다 강력한 하나의 비밀 병기를 가지고 있다. 바로 카페인이다. 사람들에게 커피를 마시는 이유를 묻자 60%는 맛과 향 때문이고, 20%는 피로를 풀어주고 활력을 주는 기능, 20%는 만남과 대화를 위해서라는 조사 결과가 있다. 이 중에서 특히 활력은 카페인의 역할이 크다. 카페인은 물에도 녹지만 기름에도 잘 녹아서 쉽게 뇌의 세포막을 통과한다. 뇌로 가면 카페인의 분자 구조가 아데노신과 비슷하여 아데노신 수용체에 결합한다. 핵심은 아데노신이 결합하면 수용체가 활성화(ON 상태)되는데, 카페인이 결합하면 스위치를 켜지는 못한다는 것(OFF 상태)이다. 만약 아데노신 대신 해당 수용체에 결합하여 스위치를 켠다면, 아데노신의 역할을 강화하는 것인데, 아데노신 대신 자리만 차지하고 스위치를 켜지는 못하여 아데노신의 작동을 방해하는(경쟁하는) 역할만 한다. 만약 아데노신이 피로감을 유발하는 수용체라 카페인이 그 스위치를 켜면 커피를 마실 때면 왠지 모를 피로감을 느낄 텐데, 반대로 작용하여 각성 기능을 하는 것이다.

아데노신은 우리 몸에 흔한 분자의 형태이다. ATP 분자의 일부이고, DNA와 RNA의 일부이다. ATP의 사용량이 많으면 아데노신의 양이 증가한다. 일을 많이 해서 피로한 상태라는 신호가 된다. 전뇌(Forebrain)와 해마에 이들 물질이 축적되면 피곤하다고 느끼고 졸리게 된다. 이때는 자면서 ATP가 재생하여 아데노신의 농도가 감소해야 다시 활동하기 좋은 상태가 된다. 이처럼 아데노신의 농도는 피로 정도를 감시하는 신호 물질이 된다. 카페인은 그 활동을 방해하여 각성 상태를 유지하고 활력이 증가한 것처럼 착각하게 만든다. 또한 도파민 시스템에 연결된 수용체에도 작용하여 쾌감을 일으킨다. 카페인은 쓴맛이고 우리 몸은 보통 쓴맛은 싫어하지만, 뇌가 카페인을 좋아하니 어쩔 수 없다. 술도 입에 쓰고 담배도 입에 쓰지만, 알코올과 니코틴은 뇌가 좋아하는 물질이다. 뇌는 자신의 마음에 들면 미각 정도는 가볍게 무시한다.

- 카페인이란?

카페인은 독특한 각성 기능 덕분에 많은 연구가 되었는데, 커피콩에서 카페인을 처음 분리한 사람은 화학자 룽에(F. Runge)였다. 1820년경 그는 독일의 문호 괴테의 부탁을 받고 이 실험을 했다고 한다. 순수 카페인은 상온에서 흰색을 띠며 냄새가 나지 않는 결정질 가루로 쓴맛이 난다. 카페인 결정은 커피 가공 공장, 특히 로스팅 머신 주변에서 흔히 발견된다. 높은 온도에서 카페인이 액화하지 않고, 고체상에서 기체상으로 바로 변하는 승화 현상 때문이다. 카페인은 메틸잔틴류에 속하며 1,3,7-trimethylpurine-2,6-dione으로 불린다. 화학 구조를 보면 분자 내에 질소 원자가 많이 들어 있음을 알 수 있다.

커피에 카페인의 비율은 생두와 원두가 거의 비슷하다. 아라비카는 1.1%,

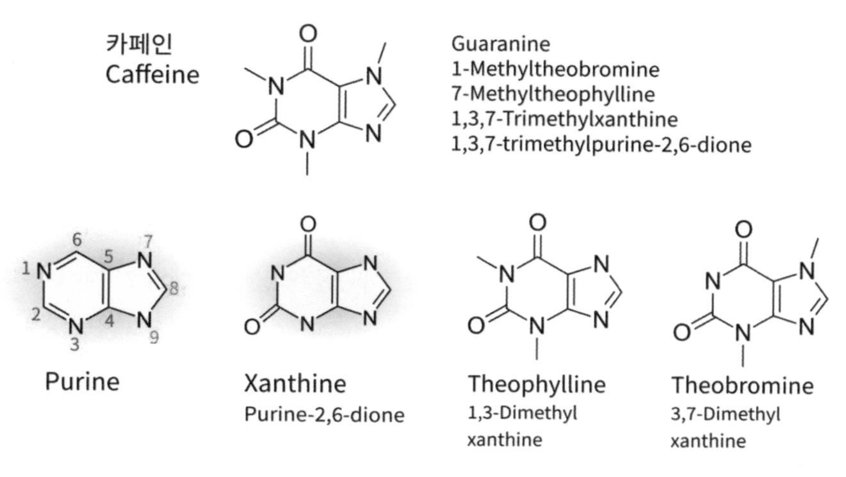

카페인의 분자 구조

로부스타는 2.2% 정도다. 승화 현상이 있으니 로스팅 중에 함량비가 줄어들 것으로 생각되지만, 전체 커피콩 무게가 줄어들기 때문에 비율은 비슷하다. 커피 음료에서 카페인 함량은 블렌드 구성(로부스타의 함량) 및 커피와 물의 비율, 그리고 추출 수율에 따라 달라진다. 아라비카 커피를 사용하면 드립커피(150ml)당 80~120mg이고 에스프레소는 50~100mg 정도의 카페인이 추출된다. 카페인의 커피에서 가치는 맥주에서 알코올, 빵에서 밀이 가지는 위상과 같다. 그렇기에 카페인을 제거한다는 것은 그 핵심 성분을 제거한다는 말과 같다.

19세기 말까지만 해도 커피와 건강에 관한 논쟁은 수그러들 줄 몰랐다. 20세기 중엽까지 커피의 건강 영향에 대해서는 긍정 주장과 부정 주장 모두 근거 없이 던져졌다. 예를 들어 1930년대에 맥스 거슨(Max Gerson) 박사는 암 치료법으로 커피 관장법을 도입했다. 그는 커피가 간에서 독성 물질을 제거할 수 있다고 주장했다. 과학적 입증 자료가 부족했음에도 불구하고 통합의학을 신봉하는 의사들, 특히 아시아 일부 지역에서는 여전히 이 치료법을 쓰고 있다. 커피가 건강에 미치는 효과에 관한 연구는 정말 다양하지만, 서로 반대되는 연구 결과도 많다. 그래도 건강에 부정적인 것보다 긍정적인 연구 결과가 더 많은 편이다.

- 커피와 카페

커피가 건강에 미치는 영향에 대해서는 수백 년간 결론 없이 다투었던 반면, 사회적 역할은 다수의 사람이 공감한다. 아득한 옛날부터 에티오피아의 커피 의식은 대화와 연계의 역할이 핵심이었다. 한 여성이 먼저 향을 피운 다음 숯불로 커피를 볶기 시작하면 사람들이 모여 이야기를 나누고, 커피를 볶은 여성은 커피를 빻아서 음료로 만들어 제공했다. 유럽, 특히 런던에 커피가 소개되었던 17세기에도 대화와 화합이 중심에 있었다. 애초에 카페는 엘리트만 출입할 수 있는 곳이었으나, 18세기가 되면서는 사교 모임과 교역을 위한 장소가 되었다. 시간이 지나면서 카페 공간은 점점 더 개방되었고 공동체 모두에게 열린 곳이 되었다. 지금도 카페는 가족, 친구들이 이야기를 나누고 사회적으로 모일 수 있는 곳이며, 그 사회적 중요성은 해당 사회와 함께 점점 커지고 변화하고 있다. 물론 개인적으로 자신만의 휴식 또는 사색을 위해서도 많이 소비된다.

세계 커피 소비량은 지난 50년 사이 2배로 높아졌다. 커피 소비의 증가는 주로 생산국과 신흥 커피 시장에서 주도했다. 이미 시장이 확립된 곳에서는 증가가 뚜렷하지 않았지만, 품질에 관심이 커지고 있다. 소규모 로스팅 업체

가 증가하고, 스페셜티 커피를 취급하는 카페가 증가하고 있다. 그만큼 소비자들이 점점 고품질 커피를 원한다는 것을 의미한다.

오늘날 카페인의 효과에 관한 논의는 '좋은가/나쁜가'라는 내용을 떠나, 좋은 영향을 주기 위해 필요한 양, 안전하게 마실 수 있는 양에 관한 문제로 넘어갔다. 일부 사람들은 잠들기 직전에라도 많은 커피를 마실 수 있지만, 어떤 사람은 작은 컵 정도만 마셔도 수면에 문제가 생긴다. 나이가 많은 사람에게는 카페인 효과가 더 강하게 나타나는 편이라, 커피 섭취를 줄여야 하는 사람이 늘어난다. 그만큼 디카페인에 관한 관심이 높아진다. 디카페인 커피 음용 비율은 독일의 경우 5%, 미국의 경우 20% 정도다. 커피는 주요 카페인 공급원이지만, 차(홍차, 녹차, 백차, 마테차), 콜라, 코코아 제품, 일부 에너지음료 또한 카페인 공급원이다.

관계 당국에서 제시한 가이드라인에 따르면, 하루 400mg(하루 2~4잔)까지는 임신 중이 아닌 성인에게 안전 문제를 일으키지 않는다는 것이 일반적인 견해다. 문제는 한 잔당 들어 있는 카페인의 양이 추출법, 로부스타의 함량, 한 잔에 용량, 물과 커피의 비율 등에 따라 많이 달라진다는 것이다.

- 카페인 이외의 성분

카페인 이외의 성분에 관한 다양한 효과도 밝혀지고 있다. 예를 들어 실험관 및 동물실험에서는 CGA의 항산화, 항염증, 항균, 항돌연변이 효과 등 여러 이점이 나타났다. 또한 이 물질들이 포도당 대사와 지질 대사를 제어하는 것으로 밝혀졌다. 커피는 CGA의 함량이 높아서 항산화 물질 공급원이 된다.

트리고넬린은 과거 커피의 질병 치료 효과와 관련해서 가능성 있는 것으로 주목받아 온 물질이다. 현대 과학에서는 트리고넬린이 포도당 대사 및 2종 당뇨에 효과를 보이는 것으로 나타난다. 시험관 및 동물실험에서는 여러 가지 기제를 통한 신경보호 효과와 항종양 효과 및 식물 에스트로겐 효과 또한 보고된 바 있다.

최근 연구에서는 커피의 다당류와 멜라노이딘이 수용성 섬유소의 기능을 할 수 있어서 하루 0.5~2g 정도의 성분(2~5잔)을 섭취할 경우, 섬유소 일일 권장 섭취량 10g의 최대 20%를 채울 수 있다고 나타났다. 중요한 것은 대부분의 보호 효과는 커피에 포함된 여러 다양한 성분들이 한데 모여 시너지 또는 억제 효과를 일으키는 것으로 보이기 때문에 구체적인 증거를 찾기는 쉽지 않다.

- 카페인과 정신 건강

많은 사람이 일상에서 주의력을 높일 필요가 있을 때 커피가 어떤 효과가 있는지 체험을 통해 잘 알고 있다. 그래서 커피나 카페인과 관련해 가장 많이 연구된 주제가 집중력 향상 능력에 관한 것이다. 카페인이 주의, 집중, 기민함을 높여주는데, 이런 효과를 내는데 카페인 75mg 정도가 필요하다고 한다. 기억력과 기분 또한 카페인에 의해 증진된다. 하지만 카페인의 효과는 사람별로 나타나는 차이가 매우 크다. 일반적으로는 피로도가 높을 때 효과가 가장 크다. 예를 들어 야간 교대 근무자 같은 경우다.

섭취한 커피의 카페인은 먼저 위장관을 통해 흡수되어 세포막을 통과하며 쉽게 뇌 장벽을 통과해 뇌에 도달할 수 있다. 커피를 마시고 1시간 정도면 혈액 내 카페인 함량은 최고치에 달한다. 이후 간에서 카페인이 대사되면서 감소한다. 간 대사를 거친 뒤에도 남겨진 약 3%의 카페인과 대사물질들은 콩팥을 거쳐 배출된다. 카페인의 50~75%가 대사되는 데 보통 3~6시간이 걸린다.

카페인은 아데노신 수용체에 길항(억제)작용을 한다. 특히 아데노신 수용체 A1, A2는 카페인과 결합력이 높다. 아데노신 수용체는 뇌의 모든 부분에 있으며 특히 기억 기능에 필수적인 해마 같은 영역에 많다. 카페인은 이들에서 아데노신의 작용을 막는 것 외에도 도파민과 아드레날린 수치도 높인다. 그 결과 각성, 기분 상승, 집중력 향상 등이 일어난다.

카페인 외의 성분들 또한 소량만으로도 노년층의 인지 작용 활성화에 영향을 미치는 것으로 나타났다. CGA를 추가한 디카페인 커피는 CGA를 추가하지 않은 디카페인 커피에 비해 어느 정도 주의력을 높이고 두통을 줄이며 정신적 피로를 감소시키는 것으로 나타났다. CGA외 다른 성분도 역할을 할 가능성이 있다. 카페인은 척추동물뿐만 아니라 무척추동물에도 다양한 효과를 발휘한다. 가장 흔한 것은 수면 조절, 각성 및 운동 활동, 학습 및 기억을 포함한 활동과 관련이 있다.

카페인의 효과는 농도에 따라 다르다. 인간에서 카페인의 주요 작용은 아데노신 수용체에 관한 길항(억제) 작용에 기인한다. 아데노신 수용체를 억제하는 데는 1~10μM의 낮은 카페인 농도면 된다. 포스포디에스테라제 및 리아노딘 수용체에 관한 효과와 비교하면 1,000배 적은 양이다. 카페인 분해의 대사산물 중에 테오필린은 카페인과 마찬가지로 아데노신 수용체를 길항한다.

0.5~10mM의 고농도에서 카페인은 포스포디에스테라제를 차단하여 cAMP

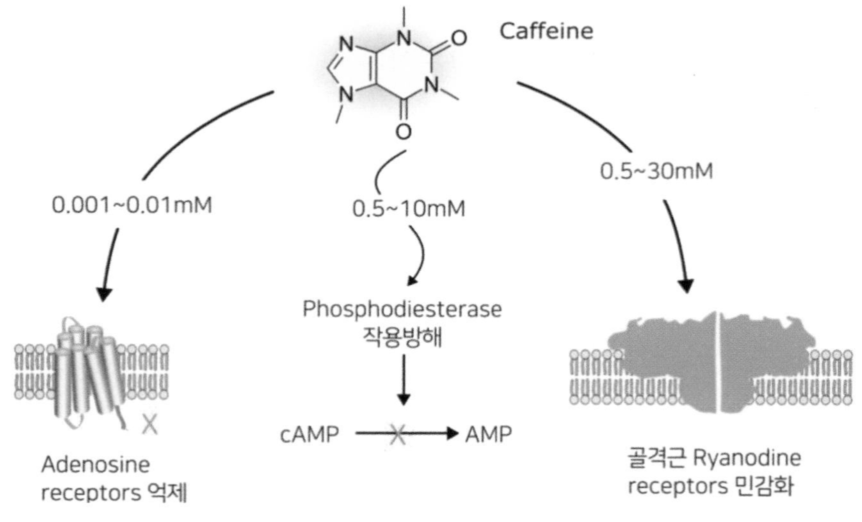

카페인의 농도에 따른 작용기작

의 분해를 차단한다. 포스포디에스테라제의 억제는 카페인이 연체동물, 다양한 곤충, 거미 등에 미치는 커다란 영향의 원인이 된다.

0.5~30mM에서 카페인은 골격근의 리아노딘(Ryanodine) 수용체에도 결합한다. 근육의 수축은 근육 세포의 세포질 내에 있는 칼슘 이온의 농도에 의해서 조절되는데, 리아노딘 수용체가 여기에 관여한다. 0.5~30mM 농도의 카페인은 채널 개방에 관한 Ca^{2+} 농도 임계값을 낮추어 리아노딘 수용체를 더 민감하게 만든다. 여러 무척추동물 종에서 유래한 리아노딘 수용체와의 카페인 상호작용도 보고되었다.

아데노신 수용체 A1 수용체는 뇌피질, 시상하부, 해마 및 기저핵에서 발현된다. A2A 수용체는 선조체, 측좌핵 및 뇌의 후각구에서 발현된다. 그들은 운동 조절을 담당하는 뇌 영역의 도파민 수용체와 함께 위치한다. 생쥐에서 A2A 수용체는 카페인의 주요 표적으로 제안되었다. 신경계 외부에서는 비장, 흉선, 혈소판 및 백혈구에서 높게 발현된다. 세동맥 평활근 세포에 국한된 A2A 수용체는 혈관 확장을 매개한다. 최근 몇 년 동안 A2A 수용체는 약물

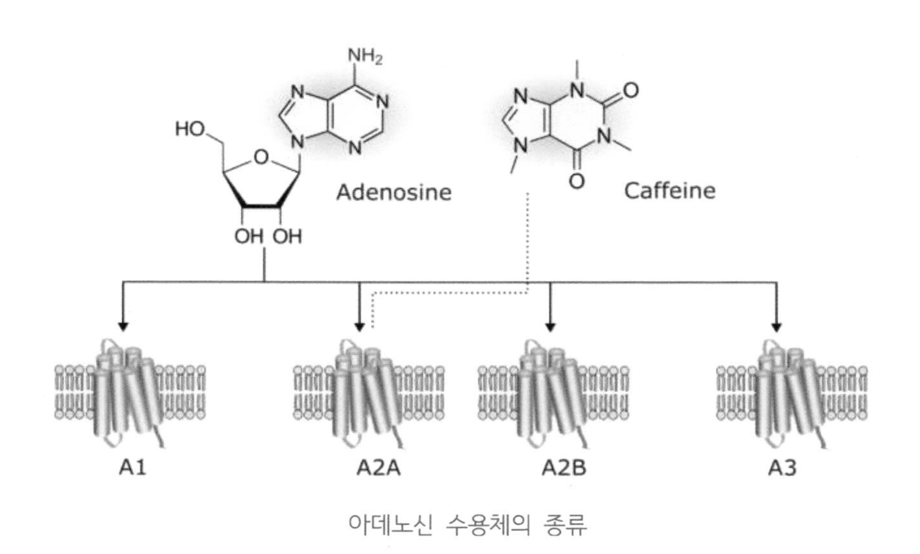

아데노신 수용체의 종류

개발에서 관심의 중심에 있었다. 아데노신 자체는 관상 동맥혈관 확장을 유도하기 위해 진료소에서 사용된다.

레가데노손(Regadenoson)은 FDA 승인을 받은 최초의 합성 A2A 수용체 작용제다. 스위스에서 승인되었으며 혈관 확장제로 사용된다. 추가 치료 용도는 염증성 질환, 신경병증성 통증 및 상처 치유와 관련이 있다(de Lera Ruiz et al. 2014). 반대로 A2A 수용체 길항제는 파킨슨병 치료를 위해 테스트 되고 있다.

A2B 수용체는 광범위하게 발현되지만, 존재비가 낮으면 가장 아데노신에 둔감한 수용체다(mM 농도에 의해서만 활성화됨). 그들은 저산소증과 염증의 조절에 관여한다. A3 수용체는 Gio 및 Gq11에 결합하여 낮은 수준으로 발현된다. 그들은 또한 암 조직뿐만 아니라 류머티즘 질환 및 기타 염증 상태에서 상향 조절되기 때문에 잠재적인 치료 표적으로 여겨진다. 따라서 A3 수용체 선택성 약물을 설계하는 데 노력이 집중되고 있다(Borea et al. 2015).

- 인지능력, 뇌의 질환

인지 기능은 20세가 넘어서면 조금씩 저하되기 시작한다. 그런데 대규모의 역학 조사에서 정기적으로 커피를 마시는 것은 장년층의 인지능력 퇴행 감소와 관련 있는 것으로 나타났다. 사람을 대상으로 한 여러 연구에 관한 메타 분석 연구에서도 명확한 보호 효과가 있다고 주장하는데, 여기서는 커피보다는 카페인이 이러한 효과가 있다고 말한다. 동물실험을 통해서는 CGA가 신경 퇴행성 질환과 노화를 예방하는 효과가 있다는 증거가 나오고 있다.

점진적인 인지 퇴행인 치매를 일으키는 가장 큰 원인인 알츠하이머는 현재까지 치료법이 없지만, 일부 연구에서 커피 음용과 알츠하이머의 진행 사이에 역관계가 나타나는 것으로 알려졌다. 커피를 마시면 위험성이 27% 감소한다는 것이다. 그 기제는 카페인이 A1, A2 수용체에 항염증 효과를 일으키는 동시에 알츠하이머 환자의 병리적 특성인 베타 아밀로이드 펩타이드가 뇌 안에 축적되는 것을 줄여 주는 것과 관련이 있는 것으로 여겨진다.

폴리페놀 또한 알츠하이머를 예방하는 역할을 하는 것으로 보인다. 폴리페놀의 항염증 효과가 알츠하이머의 진행을 막는 역할을 한다고 학자들은 추측한다. 그 외 학자들은 ① 뇌에서 아세틸콜린에스터화 효소와 부티릴콜린에스터화효소를 억제함으로써 아세틸콜린과 부티릴콜린 분해를 막고, ② 높은 항산화 활동을 통해 산화 스트레스로 인한 신경 퇴행을 예방하는 것이 보호 기제가 아닌가 생각하고 있다.

대규모 역학 조사를 통해 카페인 음용과 파킨슨병 진행 위험 사이의 관계 또한 밝혀졌다. 파킨슨병은 신경 병리학적 이상으로 인해 운동 기능이 느려지면서 힘을 뺀 생태에서의 떨림, 근육 경화, 보행 장애 등이 나타나는 것인데, 커피 음용은 파킨슨병 진행 위험을 줄이거나 진행을 늦추는 것으로 보인다. 26건의 연구를 메타 분석한 결과, 커피를 마시는 사람이 안 마시는 사람보다 파킨슨병 위험이 25% 낮아지는 것으로 나타났다. 작용 기제는 A2 아데노신 수용체를 막는 능력과 관련이 있는 것으로 보인다. 최근 연구에서는 다른 기제 또한 있을 것으로 추정한다. 설치류 실험에서는 트리고넬린이 신경보호를 통해 상당한 운동 능력 회복 효과를 내는 것으로 나타났다.

- 커피와 육체적 능력

카페인의 지구력 및 운동 능력 향상 효과에 관한 관심도 높다. 카페인이 지구력과 1분~1시간 정도의 강도 높은 움직임이 필요한 스포츠(수영, 조정, 달리기 등)에 효과가 있다는 것은 이미 잘 밝혀진 사실이다. 자전거 운동 기구를 사용한 15분 시험에서는 체중 kg당 3mg 비율로 카페인을 섭취했을 때 대조군 대비 4%의 향상 효과가 나타났다. 다른 여러 연구를 바탕으로 운동의 효과를 낼 수 있는 카페인 섭취량은 운동 1시간 전 체중 kg당 3mg으로 나타났다. 체중 70kg인 사람은 210mg에 해당하는 양이다. 카페인은 주의력과 집중력을 높여주고, 협력 관계에도 도움이 되며, 고통과 피로를 덜 느끼게 한다. 고지대로 올라가기 몇 시간 전에 섭취하면 급성 고산병도 줄여 줄 수도 있다.

카페인이 신체 기능에 미치는 기작은 먼저 카페인이 아데노신 수용체와 결합함으로써 아데노신에 대해 길항작용을 하는 것이다. 카페인은 아드레날린과 도파민 수치도 높여 심박율과 혈압을 높임으로써 강력한 활동할 수 있도록 한다. 고통 인지를 줄여 주는 것은 대개 카페인의 엔돌핀 분비 증가 능력과 관련 있는 것으로 보인다. 그러므로 스포츠 능력과 관련된 카페인의 영향은 신경 작용에 더 의존하는 것으로 보인다.

EFSA의 카페인 안전 보고서에 따르면, 운동인은 카페인을 하루 400mg까지 섭취해도 안전하다. 이 양은 일반 성인에 관한 권장치와 유사하다. 보통 강도 높은 운동을 하기 2시간 전에 카페인 200mg를 한 번에 섭취하는 것은 안전하다. 경기력 향상 능력이 있다는 점 때문에 1984년 국제 올림픽 위원회에서는 반도핑 프로그램에 카페인을 포함했다가, 2004년에는 카페인을 금지 목록에서 빼는 대신 감시 프로그램에 넣었다.

운동인은 카페인 외에 폴리페놀 성분(CGA)과 미네랄의 도움도 받는다. 강도 높은 운동을 하면 산소 소비량이 많아지고 활성산소가 생성된다. CGA 등의 폴리페놀을 함유한 음료들을 강도 높은 운동하기 전에 섭취할 경우, 혈장 내 산화 및 염증 발생 마커 수치가 낮아지고, 이로써 운동으로 인한 산화 스트레스를 줄이고 염증 발생을 예방할 수 있는 것으로 나타났다.

- 커피와 잠의 질

커피는 잠드는 데 필요한 시간을 늘리고, 전체 수면 시간을 줄임으로써 잠의 질을 떨어뜨릴 수 있다. 카페인은 빈번하게 잠을 깨게 하여 잠을 파편화시킨다. 카페인 분해 속도는 개인마다 다른데 습관적인 카페인 섭취는 내성이 생긴다. 이 경우에도 카페인이 잠을 자지 못하게 할 수는 있지만, 비습관인 보다는 그 정도가 약하다. 수면주기를 방해하는 또 다른 예로는 여행객들이 겪는 제트 랙(jet rag)이 있다. 이 증상은 수면주기를 관장하는 천연 호르몬인 멜라토닌을 사용해 제어된다. 그런데 최근 연구에서는 잠들기 3시간 전 습관적으로 카페인을 섭취하면 생물학적 멜라토닌 리듬이 40분씩 지연된다고 나타났다. 이 정도의 지연은 야간에 잠들기 전 밝은 빛에 3시간가량 노출되었을 때 나타나는 주기 지연 값의 절반에 해당한다.

- 여성과 어린이의 카페인 섭취

임신 중 호르몬 변화로 인해 카페인을 대사하는 능력이 달라질 수 있다는 증거가 있다. 같은 카페인양이어도 오래 영향을 줄 수 있다(임신 후기의 경우 최대 15시간). 하루 카페인 섭취량을 200mg 이하로 줄일 것을 권고하고는 있지만, 임산부와 수유 중인 여성에게도 카페인 섭취는 안전하다. 권고량 미만의 카페인을 섭취하면 신생아의 체중에 악영향을 미칠 만한 위험성도 없다. 그러나 과다 복용 시(하루 600mg 이상)에는 태아 성장이 느려지고 체중이 덜 나갈 수 있다.

수유 중인 사람이 커피를 마시면 모유에 카페인이 있으며, 최대치는 카페인이 들어 있는 음료를 마시고 1시간 뒤에 나타난다고 한다. 이 점 때문에 의사들은 모유 수유를 하는 여성의 경우 카페인 섭취량을 하루 200mg 이하로 줄일 것을 권고한다. 이 정도의 수치에서는 수유 받는 영아의 수면 시간에 영향이 없다.

어린이의 커피 음용에 대해서는 문화별로 태도가 다르다. 브라질의 경우 우유 한 잔에 커피를 20% 첨가하면 학업 능률이 더 나아진다는 발견을 바탕으로 학교의 커피 음용 프로그램을 활발히 진행하고 있다. 카페인이 주의력 결핍 증후군을 줄여 줄 수 있다는 연구도 있다. 유럽의 청소년들은 그다지 커피를 마시지 않으며 여러 가지 다른 식음료로 카페인을 섭취한다. 미국 청소년들의 주된 카페인 공급원은 에너지 드링크 같은 음료다. 하지만 카페인이 어린이와 청소년의 건강에 미치는 영향에 관한 정보는 드물며, 이 때문에 안전한 섭취량에 관한 결론 또한 내리기 힘들다. EFSA에서는 보수적인 수치인 일일 체중 kg당 카페인 최대 3mg을 권고하고 있다. 10세 어린이의 경우 90mg에 해당한다. 캐나다 당국에서는 더 보수적으로 최대 2.5mg을 권고한다.

- 카페인 내성과 의존성

카페인은 항 정신성 물질로는 세계에서 가장 널리 사용되고 있다, 전문가들은 카페인의 중독성을 오랫동안 연구했다. 약리 효과를 내는 물질들은 사람마다 다른 방식으로 작용하는데 카페인도 마찬가지다. 그래서 카페인 의존성, 내성, 금단 현상과 관련해서 확실한 결론을 내기 어렵다. 그래도 카페인의 중독성은 없다고 판단한다. 카페인은 강화 효과 및 보상 효과와 관련된 두뇌 부위에 영향을 미치지 않고, 약물 남용과 의존 잠재성에 관한 어떤 표준 측정법들에서도 해당 사항이 없었다. 그래서 카페인은 중독성으로 간주하지 않는다. 카페인 섭취 후 뇌 영역의 활성화를 분석한 연구에 따르면 카페인은 불안과 각성 및 심혈관 조절과 관련된 뇌 영역을 활성화한다. 하지만 강화 및 보상과 관련된 뇌 영역은 활성화되지 않는다(Nehlig et al. 2010). 그럼에도 카페인을 끊으면 일시적으로 의존의 증상이 나타날 수 있다. 여기에는 두통, 피로, 에너지 감소 및 기분 저하가 포함된다.

일상적으로 커피를 마시면 카페인에 부분적으로 내성을 갖게 되며, 이런 점은 다른 약물과 유사하다. 그러나 이런 내성은 신경과민, 불안, 심박수 증가 같은 부정적인 효과에만 내성을 나타내고, 카페인 섭취를 통한 긍정적 효과에는 내성이 나타나지 않았다. 이것은 일상적인 카페인 섭취만으로 별 부작용

없이 긍정적인 정신적 효과를 누릴 수 있음을 의미한다.

카페인 금단 증상으로 가장 많이 보고되는 유형은 두통, 권태, 무력감, 졸림, 집중력 흐트러짐, 피로, 작업 곤란, 불안, 우울, 과민, 근육 긴장 및 산발적으로 떨림, 메스꺼움, 구토가 있다. 금단 증상은 카페인 섭취를 중지한 지 20~48시간 사이에 가장 강하게 나타나며, 카페인을 점진적으로 줄여 나가면 대부분 금단 증상이 나타나지 않는다.

커피를 과하게 마신다고 해서 신체 기관에 심각한 독성을 일으키지는 않지만, 체중 kg당 15mg 이상의 카페인(체중 70kg인 사람은 1g에 해당)을 섭취하면 순환기, 신경계 및 위장관 기관에 해로울 수 있다. 커피를 마셔서는 이 정도의 카페인 수치에 도달하기는 어렵지만, 카페인 제제를 먹는 경우라면 쉽게 도달할 수 있다. 카페인을 과용하면 고혈압 또는 저혈압, 심계항진, 구토, 발열, 망상, 환각, 부정맥, 심장 마비, 혼수, 사망에 이를 수 있다. 혈장 내 카페인 농도가 100~180μg/mL일 경우, 대개 발작과 심장 부정맥으로 사망한다.

2. 맛있는 디카페인이 쉽지 않은 이유

1) 디카페인, 카페인을 제거하는 방법

커피의 인기 비결에는 카페인이 결정적인 역할을 하는데, 한편 카페인 때문에 커피를 즐기지 못하는 사람도 있다. 이런 사람을 위해 디카페인 제품이 개발되었다. '디카페인' 표시기준은 세계적으로 통일되어 있지는 않은데 유럽에서는 대개 생두에서 무수카페인 함량이 0.1% 이하일 때, 커피 추출물의 경우 고체, 농축, 액상을 막론하고 0.3% 이하일 때 디카페인이라고 한다. 97% 제거는 평균 카페인 함량 대비 97%를 제거했다는 의미다.

지난 세기 동안 디카페인을 위해 다양한 방법과 용매가 연구되었지만, 현재 사용되고 있는 추출 용매는 디클로로메탄(DCM), 에틸아세테이트(Ethyl Acetate), 물, 이산화탄소(초임계) 네 가지이다. 그동안 많은 디카페인 처리 설비들은 수십 년간 운영되었지만, 생산 용량이 과다해서 일부 디카페인 공장이 최근 문을 닫기도 했다.

이상적인 디카페인 공정은 커피콩에 어떠한 영향도 주지 않으면서 커피콩 속의 카페인만 제거하는 것이다. 하지만 카페인 분자의 성질상, 그리고 커피콩 세포 내 존재하는 위치 특성상 이상적인 제거는 어렵다. 디카페인 처리의 부작용으로 향이나 향미 전구체가 사라지고 커피콩의 구조와 크기가 달라지며, 무게가 줄어들고, 용매가 남고, 커피콩의 외관이 달라져 버린다.

초창기에는 갖가지 유기 용제를 직접 커피에 부어 카페인을 뽑는 등 온갖 시행착오가 있었다. 최초의 성공적인 결과는 독일의 Kaffee HAG 창립자 루드비히 로셀리우스가 생두를 물과 증기에 적셔 부풀리는 추가 공정을 더하면서부터다. 1908년에 최초의 효율적인 디카페인 공정 특허가 등장했는데 이 공정을 통해 커피콩은 부피가 최대 100%까지 커져서 용매가 더 잘 침투해 커피콩 구조 내에서 질량 이동이 일어나기 쉬워졌다. 이후 연구를 통해 수분 함량이 높아지면 카페인이 CGA 구조에서 떨어져 나간다는 사실이 밝혀졌다. 이런 과정이 없이 바로 카페인을 녹여내기는 힘든 것이다. 카페인 추출이 끝나면, 다시 수분 건조 공정을 거쳐야 한다. 디카페인은 크게 물로 커피콩을 적시는 단계, 카페인을 추출하는 단계, 다시 말리는 단계를 거친다.

이런 증기 처리는 커피콩의 조성과 향을 바꿀 수 있다. 디카페인의 목적이 아니어도 로부스타 커피의 풍미를 높이고 일반적인 향미를 바꾸고 맛을 부드럽게 하는 처리법은 오늘날 널리 쓰이고 있다. 다른 처리법으로는 건강에 해로울 수 있다고 알려진 커피 왁스나 오크라톡신 등을 없애는 것이 있다.

A. 유기용매를 사용한 추출

추출 용매로 무엇을 사용하느냐는 용해도, 비용, 관리 가능성, 법적 규격, 사용 가능성에 따라 좌우된다. 커피 성분의 용해도는 용제와 온도에 따라 달라진다. 물로 부풀린 커피콩에서 카페인을 추출하려면 물과 섞이지 않는 용제를 사용해야 한다. 그렇지 않으면 커피콩 내 다른 수용성 성분까지 빠져나온다. 그러면 향미 전구체 성분들이 손실된다. 이런 공정에 사용 가능한 유기 용제는 제법 있지만, 널리 사용되는 것은 DCM과 에틸아세테이트뿐이다. 이 둘은 각각 장단점이 다르다. DCM은 비연소성이라 폭발 방지 설비가 필요하지 않은 대신 방출기준 및 건강 보호 기준(잔류량)이 엄격하다. 에틸아세테이트는 천연에 존재하는 물질로 잔류량보다는 인화성 위험이 있다. 둘 다 추출 공정은 유사하며 업계에서는 두 용제를 동시에 쓰기도 한다.

표. 용매와 온도에 따른 카페인의 용해도(Arne Pietsch, 2017)

용매	온도	용해도(wt%)
물 Water	20	1.65
	80	27.2
	100	66.7
CO_2, 초임계, dry	80	0.3
CO_2, 초임계, wet	80	1.38
CO_2, 액체	21	0.04
에탄올	20	1.5
	77	4
에틸아세테이트 EA	20	2
디클로로메탄 DCM	20	8
아세톤	20	2
벤젠	25	1
Dichloroethane	25	1.8
Trichloromethane TCM	20	15
Trichloroethane	25	1.5

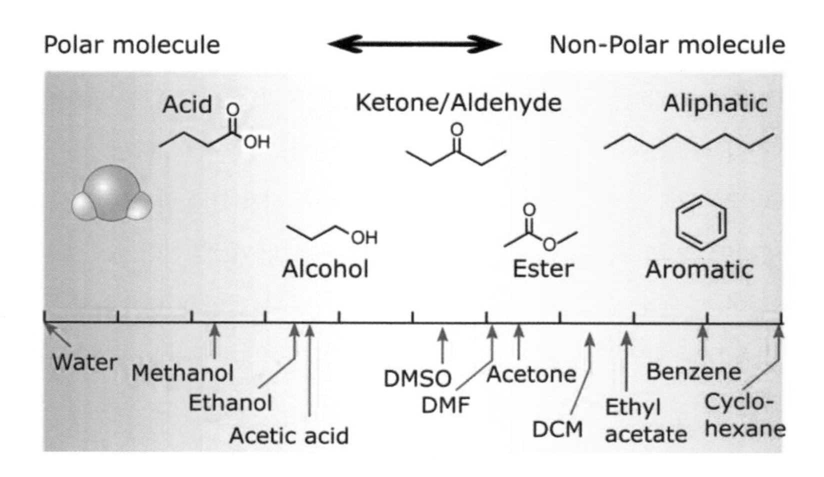

유기 용제를 사용해 디카페인 처리를 할 경우, 먼저 증기와 물로 커피콩의 수분 함량을 초기 10%에서 25%, 많게는 40%까지 높인다. 이후 고정 추출판(추출칼럼 또는 컨베이어) 또는 진동판(회전 드럼)에서 유기 용제를 사용해 카페인을 추출한다. 커피콩 밖으로 카페인이 확산하는 과정은 느리게 진행된다. 용매별로 카페인을 녹이는 양은 한계가 있어서, 다단계로 추출하거나 순환 추출을 해야 한다. 저온처리, 산소 제거, 냉각 처리 같은 가공법이 향미 물질 분해를 줄이는 데 도움이 되는 것으로 알려져 있다.

사용한 유기 용제는 증류 처리해 재사용한다. 이 처리에서 고체 잔류물(카페인 최대 60%, 지질 등의 기타 물질 최대 40%)이 나온다. 여기서 카페인을 분리해서 정제한다. 나머지 물질은 커피 왁스로 불리는데, 주성분은 트리글리세라이드이다. 정제된 카페인은 가치 있는 부산물로서 약용 및 음료용으로 판매할 수 있다.

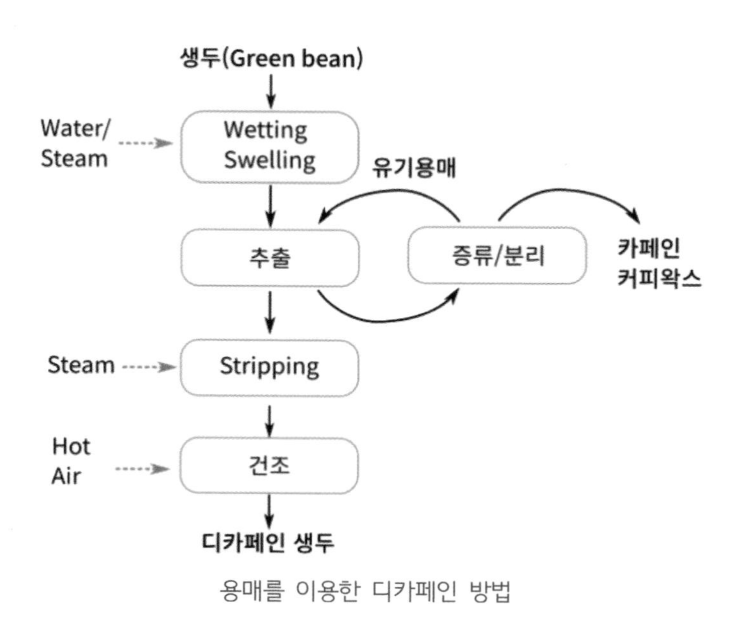

용매를 이용한 디카페인 방법

B. 물을 사용한 추출

물에 카페인 용해도는 온도에 따라 크게 달라진다. 그러므로 추출은 뜨거운 물을 사용해 진행한다. 이 공정에서도 커피콩을 부풀려야 하는데, 물/증기 처리를 사전에 할 수도 있고 추출조 속에서 바로 부풀릴 수도 있다. 어떤 추출 방식을 쓰느냐는 용제를 사용한 추출 때와 유사하다. 지난 수십 년 동안 성공적으로 사용되어 온 것은 퍼콜레이션 컬럼 방식으로, 일반적인 추출 시간은 8시간이다.

이 방식의 문제점은 낮은 선택성으로서 다른 커피 성분들과 분리하기가 어

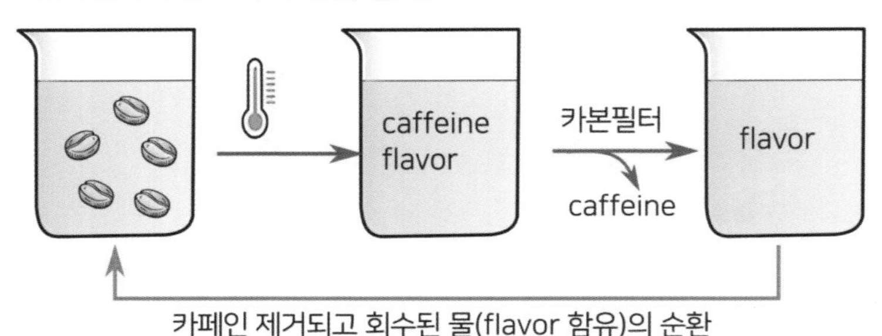

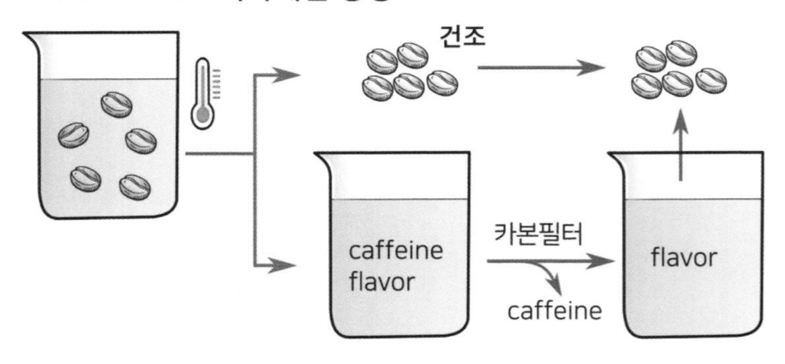

물을 이용한 카페인 추출법

렵다는 점이다. 물을 사용하면 당 성분 같은 향 전구체 성분이 얼마간 함께 추출되어 버린다. 이런 문제를 극복하기 위한 원리는 두 가지로, 하나는 카페인이 아닌 수용성 성분을 추출하지 못하도록 물에 처리하는 것이고, 다른 하나는 추출된 수용성 성분을 다시 생두에 집어넣는 것이다.

후자의 경우를 먼저 설명하면, 신선한 물을 사용해 생두에서 수용성 성분을 추출한다. 추출물에는 카페인과 여러 수용성 커피 성분이 들어 있는데, 추출물을 증기로 바꾸어 활성탄(AC) 흡수층에 통과시킨다. 특수한 활성탄을 사용해 카페인 분리 능력을 높였기 때문에 다수 성분은 물에 남는다. 남은 용액에는 카페인이 거의 없으며, 이 용액을 농축해(최대 30%) 생두에 적용한다. 디카페인 처리된 생두가 농축액 성분을 흡수할 수 있도록 특별한 건조 단계를 거친다. 1~1.5시간 전에 농축액을 준비해 두었다가 생두에 흡수시키고 최종적으로 커피콩을 건조한다.

다른 디카페인 공정 원리에서는 이미 커피 성분이 녹아 있는 물을 사용해 수용성 고형분 손실을 막는다. 카페인만 제거하고 다른 수용성 커피 성분들은 커피와 평형을 이루도록 녹아 있는 물을 사용하는 것이다. 이를 위해 카페인을 분리하는 공정이 필요하다. DCM(액체-액체 역류 추출 방식) 같은 유기 용제를 사용하거나 흡수층을 통과하는 형태로 진행한다.

C. 초임계 이산화탄소를 사용한 추출

이산화탄소는 보통 기체 형태로 존재하지만, 압력을 높이면 액체 또는 소위 초임계유체 형태가 된다. 액체, 나아가 초임계유체 상태(31℃ 초과, 7.39 압력 초과)에서 이산화탄소는 카페인을 어느 정도 녹일 수 있지만, 다른 용매에 비해 용해도는 낮다. 이산화탄소를 사용할 때의 이점은 선택성이 월등하다는 것이다. 초임계 이산화탄소를 사용한 디카페인 처리는 25기압 100℃ 환경에서 진행한다. 이산화탄소는 즉시 사용 가능하고, 생물학적으로 무해하며, 비연소성이라 어떤 부작용 없이 디카페인 처리가 가능하다. 다만 설비비용 및 유지비용이 높고 특수한 고압 처리 기술이 필요하다. Zosel은 초임계 이산화탄소 추출법을 생두의 디카페인 처리에 적용하는 방법으로 1971년 특허를 얻었다. 1982년에 독일의 HAG는 이산화탄소를 사용한 디카페인 커피 판매를 시작했다. 일반적인 처리 순서는 다른 공정과 비슷한데, 물을 사용해 커피콩을 부풀린 뒤 퍼콜레이션 컬럼에서 추출하되 30기압 정도의 높은 압력을 가한다. 카

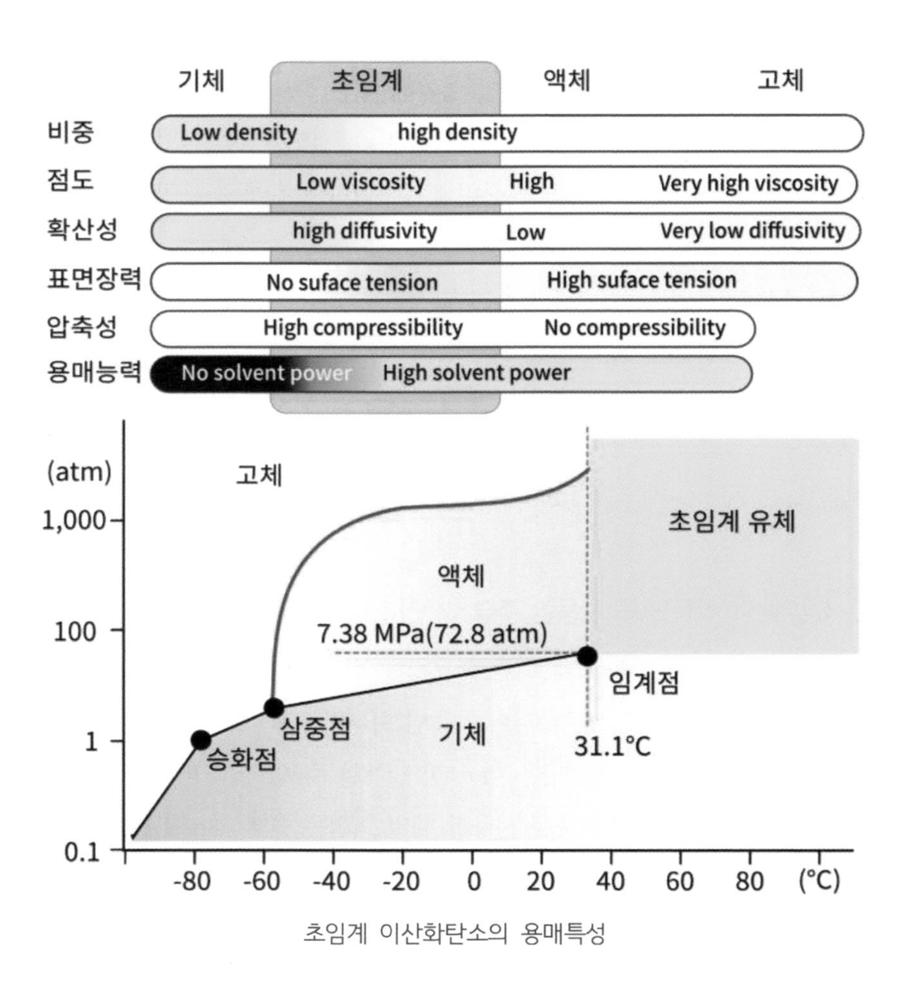

초임계 이산화탄소의 용매특성

페인이 녹아 들어간 이산화탄소를 회수하는 방법으로 오늘날 주로 사용하는 방식은 활성탄에 흡수시키는 것과 고압 컬럼에서 물로 씻어내는 것이다.

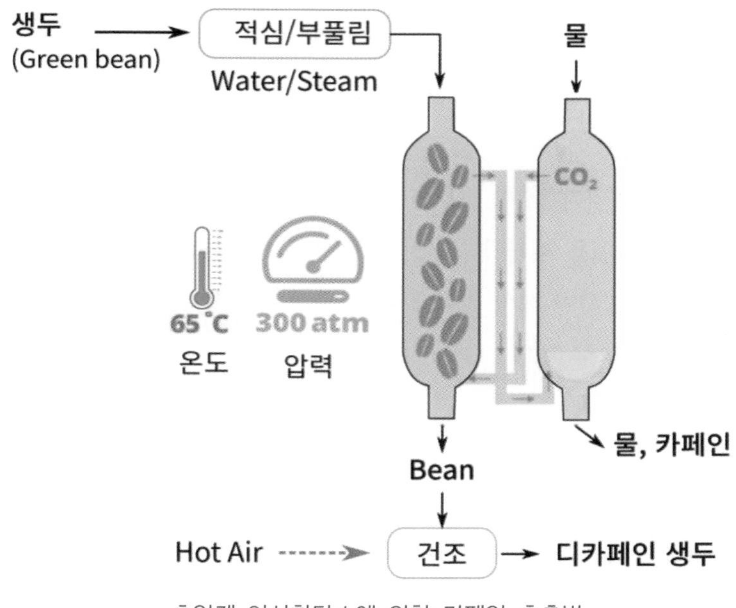

초임계 이산화탄소에 의한 카페인 추출법

D. 기타 디카페인 처리법

교배, 육종, 유전공학(카페인 합성 경로를 막음)을 사용해 커피나무에서 카페인 생성을 하지 않게 하는 방법도 연구가 진행 중이지만, 상업화는 이루어지지 않았다. 카페인은 커피가 자신을 보호하기 위한 살충 성분이라는 것을 고려할 필요가 있다. 디카페인 분야의 특허 출원은 1980~90년대 초에 집중되었고 지금은 시효가 거의 모두 소멸되었다.

2) 맛있는 디카페인이 어려운 이유

- 향(Flavor)

찻잎 또한 어느 정도는 카페인 제거가 가능하다. 다만 커피는 디카페인 공정을 먼저 하고, 다음 로스팅 공정에서 향 대부분이 형성되기 때문에 커피의 디카페인 공정이 차의 디카페인 공정보다 쉬운 편이다. 하지만 앞에서 언급했듯 카페인 추출 과정은 여러 경로를 통해 향 성분에 영향을 미친다. 카페인은 쓴맛을 내는 물질로 알려졌지만, 그 역할은 10% 이내이고, 향미에서 주도적인 것도 아니며, 카페인을 제거했다고 해서 향미가 크게 달라지는 것은 아니다. 하지만 디카페인 공정이 최적 조건에서 이루어지지 않으면 아래 같은 전형적인 문제점이 발생할 수 있다.

- DCM, 에틸아세테이트를 사용하면 구운 듯한 느낌이 날 수 있음.
- 초임계 CO_2를 사용하면 두드러진 향미 없이 평이한 맛이 될 수 있음.
- 물을 사용하면 커피는 수용성 고형분이 빠지면서 맛이 연해질 수 있음.

오늘날 제대로 처리한 디카페인 커피는 향미 변화가 적다. 로부스타나 일부 저품질 커피는 디카페인 처리를 통해 오히려 질이 좋아지기도 한다. 어떤 공정이 가장 좋은가에 대해서는 확실한 답이 없다. 디카페인 공정으로 인해 커피콩의 구조가 변하고 조성도 달라지기 때문에 디카페인 커피만을 위한 맞춤형 로스팅이 필요하다.

디카페인 공정이 향미에 비치는 영향을 관능 평가하면 대개의 공정에서 산미가 커지고 일부 흙냄새가 줄어든다. 에틸아세테이트로 처리하면 과일 향이 강화된다. 두드러진 거친 느낌(Rio 향미)은 거의 사라지지 않는다.

다음 그림은 디클로로메탄 및 액체이산화탄소로 디카페인 처리한 두 종류의 브라질산 아라비카 커피 음료 상부에서 SPME- GC/MS 분석한 양적 결과다. 해당 샘플은 산업 규모로 디카페인 처리한 다음 실험실에서 245~250°C로

로스팅하여 원두 색상은 같다. 향 성분은 기존의 연구 결과와 비슷한데, 디카페인으로 인한 변화를 초기 함량(회색 원)에 대비해 나타냈다. 측정 성분 중 양이 두 배로 늘어나거나 사라진 것은 없었다. 또한 디카페인 처리를 한 것과 하지 않은 것 모두 음료 향미는 유사했다. DCM으로 디카페인 처리한 브라질 커피는 흙내 내는 성분(피라진)이 줄어들었는데, 이는 음료에서 흙내 및 거친 맛이 줄어든 것과 같은 결과이다. DCM으로 디카페인 처리한 로부스타에서도 유사한 현상(피라진 감소)이 나타났다. 로부스타는 커피콩의 크기가 작고 처리 시간이 길어서 열에 의한 영향을 더 많이 받고 향 전구체 또한 영향을 많이 받는다. 여기에 산미 변화가 더해지면서 메일라드 반응 중 사이클로텐

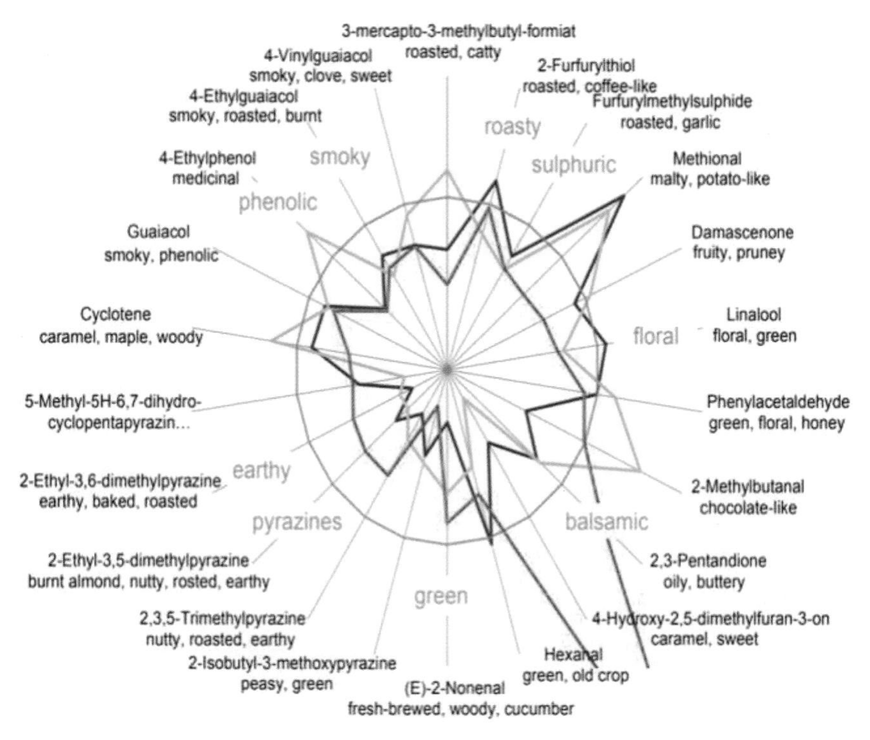

디카페인 공정에 의한 향미의 변화, 빨간색이 초임계 추출(Arne Pietsch, 2017)

(Cyclotene) 같은 일부 성분들이 더 많아진다. 초임계 이산화탄소로 디카페인 처리한 아라비카 샘플의 경우 DCM 처리한 샘플에 비해 IBMP 감소(관능 평가와 일치)와 증가라는 두 가지를 제외하면 어느 정도 성분이 균등하게 보존되는 것을 볼 수 있다.

- 생두와 원두의 용제 잔여물

가끔 디카페인 과정의 용제 잔류물이 논쟁거리가 되곤 한다. 유기 용제인 에틸아세테이트(EA)를 사용하면서 천연 공정으로 홍보되곤 하는데, 이는 에틸아세테이트가 다 익은 열매에 조금씩 들어 있는 천연 성분이기 때문이다. 디카페인 커피에 잔류하는 에틸아세테이트의 함량 한도에 대해서는 법적 규제가 없다. 디클로로메탄(DCM)의 경우는 원두의 경우 2ppm, 최종 식품은 0.02ppm으로 규제된다, 미국에서는 디카페인 원두와 커피 추출물에서는 10ppm 이하로 규제된다. 유럽에서 판매되는 생두의 경우 실제로는 0.1~1ppm 정도로 극미량이 남는 것이 일반적이며, 이때 커피 음료에서의 함량은 0.1ppb로써 통상 일일 허용 최고 기준치에 비하면 미미한 수준이다.

- 기타 영향

디카페인 커피의 제품 보존 기간은 대체로 일반 커피에 비해 짧다. 커피콩의 표면 성분이 제거되고 공정 중 열을 받으면서 커피콩이 영향을 받기 때문이다. 커피콩의 외관 또한 변할 수 있다. 특히 색 변화는 잘 알려져 있는데, 디카페인 커피는 대개 신선한 녹색 빛이 사라지고 무딘 빛에 다소 노란 기운 또는 갈색 기운을 띤다. 진공 건조하면 색상 영향은 줄어들며 추가로 외관 다듬기 공정을 거치면 무딘 빛도 줄어든다. 디카페인 커피에서 검은 반점이 나타난다는 보고도 있다. 산업용 로스팅에서는 외관은 그다지 신경 쓸 거리가 되지 않는다. 디카페인 커피콩 중 가장 신선해 보이고 녹색기가 강한 것은 액체 이산화탄소로 처리한 것이다.

디카페인 커피는 물리적 안정성이 약할 수 있어서 유동층 로스터를 쓸 경우 특히 세심하게 주의를 기울여야 한다. 증기 처리 및 디카페인 공정으로 원두의 쪼개짐 특성이 달라질 수 있는데 이는 분쇄 공정에 영향을 미친다. 디카페인 커피는 대개 잘 부스러지기 쉽다. 산업용 롤러분쇄기의 경우 원하는 입자 크기 분포를 얻기 위해서는 롤러 간격을 별도로 맞추어야 한다.

현대식 디카페인 공정은 모두 전문적이고 상당히 만족스러운 수준에 도달했다. 증기 처리한 커피는 고도화된 미세 조절 덕에 향미가 장기간 유지되므로 더 고품질 제품이 생산될 것이다. 효소처리법도 개발되었지만, 아직 거의 사용되지 않는다. 문제는 아직 시장이 제한적이라는 것이다. 어느 정도 규모를 갖춘 커피 기업이라면 대부분 디카페인 커피 제품을 판매하지만, 판매량이 매우 낮아서 한 가지 품질의 제품군만 취급한다. 품질은 중간-표준 등급에 정도로 스페셜티 등급은 거의 없다. 그래도 미래에는 달라질 수 있다. 최근 디카페인 커피를 포함한 모든 영역에서 더 폭넓은 커피를 제공하려는 흐름이 있다.

11장. 단단한 세포벽이 만든 커피의 특별함

커피는 향미는 다른 어떤 식품보다 고온의 로스팅으로 만들어지는데, 이것이 가능한 것은 단단한 세포벽이 잘 버텨주기 때문이다. 그리고 로스팅 향을 오래 유지하는데도 결정적이다. 세포벽의 현상을 중심으로 많은 커피의 특별함을 설명할 수 있다.

1. 커피 향이 시간에 따라 달라지는 이유

1) 커피의 특별함은 향에서 온다

커피에서 신선함이란 무엇일까? 식품에서 신선함은 오랫동안 핵심적인 가치 중의 하나였는데, 신선한 식재료일수록 부패나 산화와 같은 품질 손실이 적고, 비타민 같은 영양소가 그대로 잘 유지되어 있을 것이라고 기대하기 때문이다. 지금은 워낙 냉장 냉동시설이 잘 갖추어져 있어서 대부분 충분히 신선한 상태라 신선함을 강조하는 경향이 줄었지만, 과거에는 신선함은 그 자체만으로 귀한 대접을 받기에 충분했다.

그런데 커피에서 신선함은 무슨 의미일까? 과일 주스를 만들 때 살균의 목적으로 가열하면 향미가 변하고 가열 취가 생겨 신선한 느낌이 감소하는데, 이를 막기 위해 고가의 설비로 열을 전혀 가하지 않고 초고압만으로 살균하기도 한다. 여러 식품에서 가열하는 것은 신선함과 정반대의 개념인데, 커피는 식품 중에서 가장 고온에서 로스팅하는 제품이다. 신선함과는 도무지 어울릴 것 같지 않은 제품이다. 이런 커피에 신선함이 강조되기 시작한 것은 스페셜티 커피가 등장한 이후다.

스페셜티 커피의 차별점은 향미이다. 생두는 저장 기간이 길어지면 품질이 떨어지고, 원두는 로스팅 후 시간이 지나면 점점 처음의 향미를 잃어가서, 음료의 맛은 점점 밋밋해지고 특색도 사라진다. 그래서 스페셜티 커피는 생두의 보관 상태가 좋고, 로스팅 후 가장 바람직한 향미 특성이 있을 때, 신선한 커피로 평가하는 것이다.

커피의 향기 물질은 휘발성 물질이라 로스팅 이후 끊임없이 손실되는데, 이것은 향기 물질의 휘발성뿐만 아니라 커피의 세포 속에 갇혀있는 방식과도 관련이 있다. 향기 물질이 증발하기 위해서는 먼저 커피콩 세포 구조 속에서 빠져나와야 한다. 원두에서 중심에 있던 향이 외부로 나오려면 여러 번 세포의 세포벽을 거쳐 빠져나와야 한다. 세포벽, 다당류, 지방, 멜라노이딘은 향기 물질의 방출을 억제한다. 지방은 먼저 알킬피라진과 같은 친유성 물질을 붙잡는다. 분쇄하지 않는 원두는 그래도 향이 오래가는 편이지만, 분쇄한 커피는 그만큼 향이 빠져나와 손실이 되기 쉽고, 산소가 침투하여 산화가 일어나기도 쉬워진다. 지름 1㎜ 크기로 분쇄한 커피는 세포의 지름이 50㎛ 정도라 중심에서는 10번의 세포벽을 통과해야 한다. 그래도 분쇄하지 않은 것보다는 훨씬 투과성이 높다. 입자의 크기와 반비례하여 향의 손실과 산화가 빨리 일어나는 것이다. 그래서 아주 잘게 분쇄한 커피는 노출된 지 몇 시간 만에 향기를 잃어버리고, 산화작용 때문에 상한 냄새가 나기 시작한다. 포장된 상태에서도 어느 정도 산소가 침투할 수 있어 커피 향이 손상된다.

2) 신선한 느낌을 주는 향기 물질의 변화

가열로 만들어진 향은 쉽게 사라지는 경향이 있다. 원두를 분쇄할 때의 향은 정말 강력하고, 제과점에서 빵 굽는 냄새도 대단하다. 그런데 이런 것들은 만들어진 직후에만 유효하고 시간이 지나면 점점 사라진다. 로스팅으로 만들어지는 향기 물질 중에 결정적인 것은 질소나 황을 함유한 물질이 많고, 이것은 역치가 낮아 정말 적은 양으로 그렇게 강력한 느낌을 주는 것이다. 그러니 정말 적은 양의 변화에도 우리가 느끼는 향에는 커다란 차이가 생긴다. 그만큼 신선도에 차이가 생기기 쉬운 것이다. 생두를 로스팅하여 보관하면 향미의 변화가 계속 일어난다. 향미의 변화는 다음과 같은 현상 때문에 일어나는 것으로 보인다.

- 휘발: 커피와 커피의 공기층에서 전체 커피 향미가 줄어든다. 밀봉 포장으로 어느 정도 제어할 수 있다.

- 자체 반응성: 많은 향미 분자는 커피에 존재하는 다른 성분과 쉽게 반응한다. 이 경우는 낮은 온도로 보관하면 반응속도를 느리게 할 수 있다.

- 산화: 향미 성분이 산화되면서 커피 향이 줄고 불쾌한 향이 나는 새로운 휘발 성분들이 만들어진다. 산소가 유입되지 않게 하면 산화 반응을 억제할 수 있다.

- 향 프로필의 분석

커피의 향은 로스팅이 끝나자마자 변화하기 시작하는데, 휘발 같은 단순한 변화에서 여러 가지 물질과 상호작용 같은 복잡한 변화가 일어난다. 로스팅으로 만들어지는 성분 중에는 싸이올(-SH), 알데히드 같은 작용기를 포함하고 있는 반응성 물질도 상당량이 있다. 이들은 조건에 따라 다른 물질로 변하면서 커피의 향에 변화를 주고 신선함에 영향을 준다.

커피 보관 중에 향 성분이 변화하는 정도를 정량적으로 측정하면 신선함이 사라지는 정도를 확인할 수 있을 것으로 기대했다. 과거에 포장된 원두의 보관 수명을 나타내는 지표성분을 규명하고자 이런 변화 과정을 자세히 연구했었다. 먼저 생두에 지질이 10% 이상 함유되어 있음을 고려하여, 커피의 품질 저하 지표로서 휘발성 지질 성분의 산화에 초점을 맞추었다. 보관 중 약 7주 후부터 발생하는 n-헥산알을 커피의 신선함과 연관시켜 연구했지만, 그것만으로는 신선함의 상실을 설명하지는 못했다.

커피 샘플의 헤드스페이스의 휘발성 유기화합물의 농도 비율을 측정하는 것이 신뢰도가 높고 성분 변화를 반영하기에 좋은 것으로 나타났다. 향기 물질 중에 일부는 안정적이어서 저장 중에 휘발로 손실되는 것 이외의 별다른 변화를 일으키지 않는 것이 있다. 이런 화합물은 향의 품질에 크게 기여하지 않는다. 문제는 향기에 영향이 큰 미량 성분이다. 불안정하고 특히 산화되기 쉬운 물질이다. 특히 싸이올처럼 역치가 낮은 향기 물질이 그렇다. 이런 물질은 로스팅 이후 휘발하여 상실될 수도 있지만, 멜라노이딘 같은 물질과 결합에 의해서도 사라지기 쉽다. 예를 들어 커피 향의 핵심 물질의 하나인 FFT는 멜라노이딘이 존재하면 보관한 지 20분만 지나도 50%가 손실된다.

1990년대의 연구 결과로 원두의 핵심 향기 성분인 28개의 화합물을 찾아내었다. 메테인싸이올(methanethiol), 프로파날(propanal), 2-메틸퓨란(2-methylfuran), 2-부타논(2-butanone), 2,3-부테인디온(2,3-butanedione, 디아세틸), FFT, 디메틸디설파이드(dimethyl disulfide)등이다. 이 중의 하나인 메테인싸이올이 커피의 신선도 지표로 자주 이용된다. 이들 물질이 주로 산화나 결합으로 소실되어 발생한 문제다. 또 끓는점이 낮은 물질이 중요한 역할을 한다는 것이 밝혀졌다. 이들 물질은 저장 3주에 걸쳐 많이 소실된다.

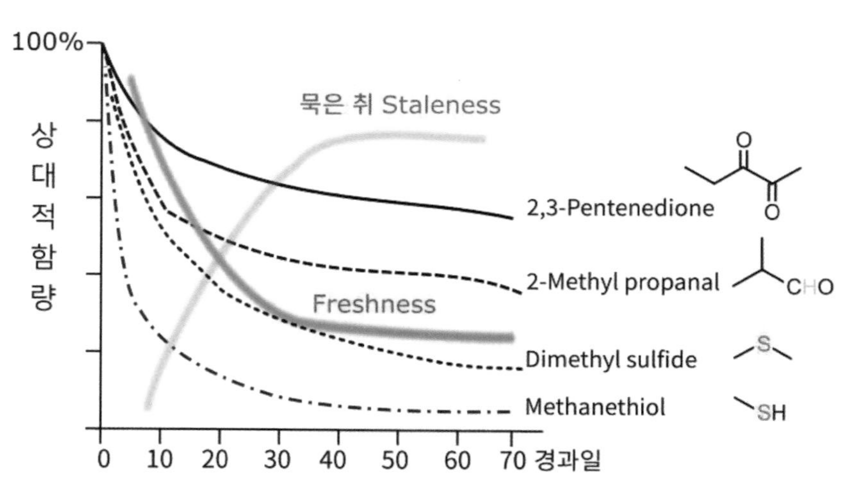

원두 보관 중 향기 성분의 손실과 신선도의 관계(Espresso coffee, illy, 2005)

- 향기 물질의 변화

향기 물질은 계속 감소한다. 그러면 커피의 향미는 로스팅 직후가 가장 우수할 것이고 시간이 지나면 점점 나빠지는 것이 당연한 현상일 텐데, 커피의 향미는 로스팅 직후보다 약간 시간이 지나면 더 나아지는 경우가 많다. 물론 시간이 많이 지나면 향은 너무 약해지고 묵은 취가 나서 기호성이 떨어지지만, 일정 기간 품질이 유지된다. 혹자는 로스팅 직후는 탈기(디게싱, Degassing)가 안 되어 추출이 흔들리기 때문이라고 해석하지만, 커핑을 하면 그 효과는 없어지는데도 여전히 약간 시간이 지난 커피가 더 맛있는 때도 있다. 이 현상을 이해하려면 향기 물질의 포화도 등을 이해해야 한다.

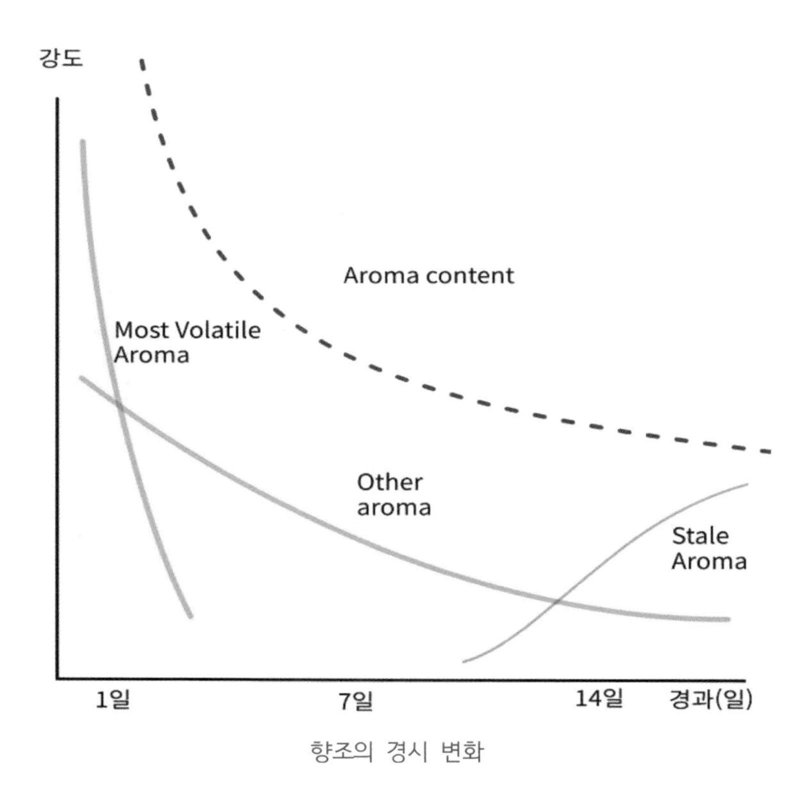

향조의 경시 변화

- 습도와 빛의 영향

볶은 커피는 수분이 거의 제거되었지만, 이후 주변에서 흡습하여 수분이 증가할 수 있다. 분쇄 시 흡습 가능성이 더 커진다. 수분이 적으면 분쇄하기 쉽다. 수분이 증가하면 물의 가소화 효과 때문에 고무처럼 탄력적으로 되어 분쇄가 어려워진다. 수분 함량이 8%가 넘으면서 수분활성도가 급격히 증가하여 수분이 15% 정도만 되어도 수분활성도가 0.8 이상이 된다. 그만큼 변질이 쉬워진다. 빛은 많은 화학작용에서 촉매 역할을 한다. 특히 아라비카종처럼 불포화 지방산이 많은 경우 빛에 의한 자동산화로 인한 산패의 발생을 조심해야 한다. 빛은 색을 탈색시킬 뿐 아니라 분자를 분해하여 이취를 만들기도 한다. 아미노산 중에서 메티오닌 같은 황 함유 아미노산은 역치가 워낙 낮아서 미량만 분해되어도 이취가 발생할 수 있다.

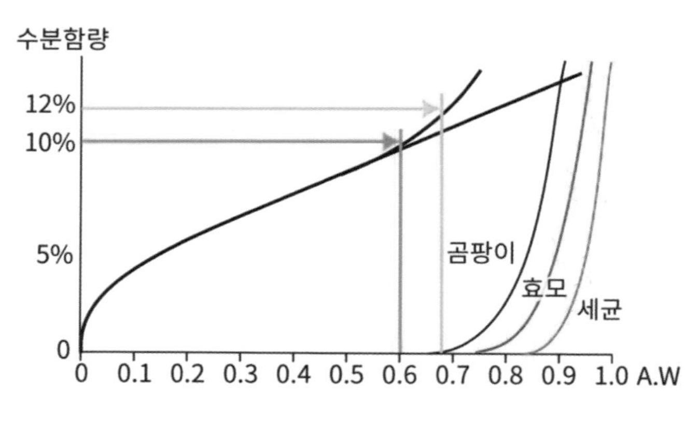

커피의 수분 흡습곡선(Wilbaux 1966)

- 포장의 영향

생두는 최대 3년 정도 보관이 가능하다. 로스팅된 원두는 고온에서 로스팅하면서 살균이 되고 수분도 적어서 효소와 미생물에 의한 부패(손상)는 없지만,

향의 변화는 상당하다. 보관 기간 중에 향기 성분이 휘발하여 사라지고, 향기 물질이 커피의 다른 성분과 반응하여 향미가 줄어들고, 산화에 의한 품질의 열화가 일어난다. 하지만 보관 초기에는 로스팅에서 만들어진 일부 거친 향의 안정화도 일어나 일정 기간은 긍정적인 면도 있다. 시간이 더 지나면 긍정적인 변화는 없이 산패만 일어나므로 품질이 점점 나빠진다. 이런 변화는 산소, 습도, 제품 상태, 포장 상태 등에 따라 좌우된다.

표. 포장 조건과 커피의 신선도 유지기간(Espresso coffee, illy, 2005)

포장 방법	잔존산소(%)	유효기간(월)	포장 재질
공기 포장(밀봉)	16~19%	1개월까지	금속
공기 포장(밸브)	10~12%	3개월까지	복합필름
진공 포장	4~6%	4~6개월까지	복합필름
질소 포장	1~2%	6~18개월까지	복합필름
가압 포장	<1%	18개월 이상	금속

3) 세포벽과 이산화탄소의 역할

로스팅이 진행되면서 커피콩은 많은 화학 변화를 통해 상당량의 기체(주로 이산화탄소)를 만든다. 이산화탄소는 원두의 공극 구조에 갇혀 있게 되는데, 무게 비로는 갓 볶은 커피콩의 경우 1~2%이다(수분 제외). 이 기체는 보관 중 점점 방출되기 때문에, 방출 정도로 신선도를 예측할 수도 있다.

로스팅으로 생성된 이산화탄소는 많이 손실되었지만, 그래도 상당량은 세포의 격자 구조 안에 갇혀 있으며 커피 향을 유지하는 데 도움이 된다. 산소의 침투를 막아 산화를 억제하는 역할을 하는 것이다. 이산화탄소는 커피 속에 녹아 있을 때는 부피가 작지만, 기화하면 부피가 500배 이상 늘어난다. 이런 이산화탄소 가스는 로스팅 이후 몇 주간에 걸쳐 빠져나가게 되는데, 이 결과

1.5~1.7%의 무게가 줄어든다. 부피로 환산하면 커피콩의 kg당 6~10리터나 되는 양이다. 가스 방출량은 처음에는 많지만, 차츰 감소한다. 이산화탄소는 커피콩 조직에 묶여 있어서 이 과정은 느리게 진행된다. 그래서 커피콩에서 이산화탄소가 완전히 사라지는 데는 몇 달이 걸릴 수도 있다. 원두를 분쇄하면 이산화탄소의 손실도 빨라지고 향기 성분의 손실도 빨라진다. 온도가 높아지면 더 빨라진다. 실험 결과 10℃ 온도 증가에 따라 휘발성 물질의 방출이 1.5배 증가하고, 분쇄한 커피는 이보다 2배 높게 방출되었다.

가스의 방출은 로스팅 정도와 관계가 있다. 강배전을 하면 세포의 투과성이 증가하여 가스가 빨리 빠져나온다. 그래서 가장 풍미가 좋은 시점이 로스팅 후 4일이 지난 후일 정도로 짧아진다. 반대로 약배전을 하면 원두가 단단하고 밀도가 높아 가스가 느리게 빠져나가고 그만큼 풍미가 최대인 날이 늦어진다.

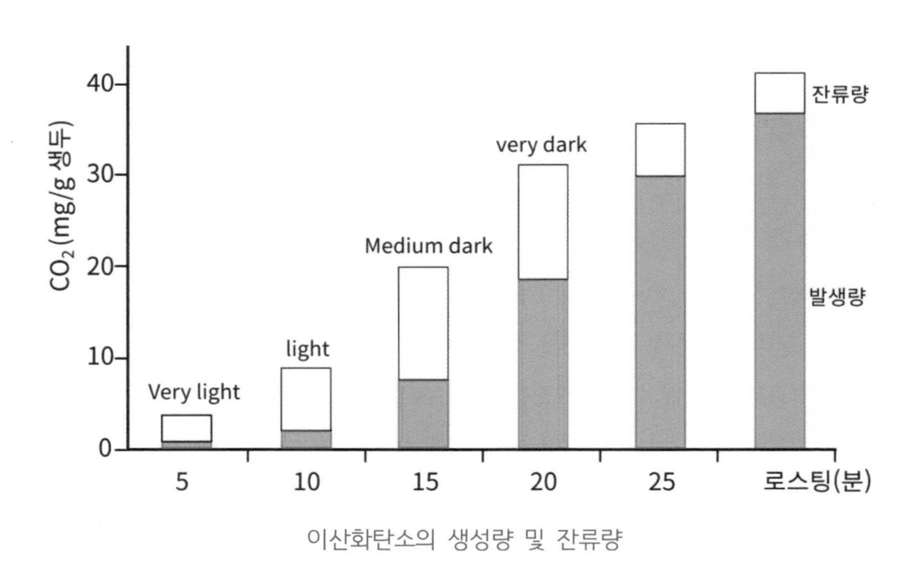

이산화탄소의 생성량 및 잔류량

- 산소 흡수

산화 반응은 저장 중 커피콩의 품질을 떨어뜨리는 결정적 요인이다. 일반적으로 커피에서 일어나는 산화 반응은 산소량, 온도에 따라 많아진다. 커피는 수분 함량이 2~5% 정도인데, 이것은 수분활성도 Aw. 0.2~0.4에 해당하고 산화되기 쉬운 조건이다. 산소 농도가 낮을 때(0.1~1.1%) 품질 저하 지수(QO_2)는 10.5 정도다. 산소 농도가 이보다 증가하면 이미 충분해서 품질 저하 지수는 급격히 낮아져, 산소 농도가 5%까지 상승하면 품질 저하 지수가 1.1로 감소한다. 이후 21%가 될 때까지 별로 변하지 않는다. 즉 산소 농도가 5%가 넘으면 산소가 충분하여 이전보다 품질 악화율은 1/10로 감소한다. 즉 5% 이하의 산소면 산화를 시키는 데 어느 정도 충분한 양이라는 뜻이다.

- 기름 용출

이산화탄소는 비극성이라 기름에도 잘 녹고 이산화탄소가 기화되어 빠져나오면서 기름도 같이 용출되는 경향이 있다. 기름 용출 현상은 로스팅할 때 시작하여 가스 제거 시에도 계속 진행된다. 저온에서는 기름이 굳거나 점도가 높아져 기름 용출 과정은 늦춰진다. 기름이 커피의 표면으로 이동하면 산소에 노출되어 산화의 위험이 커진다.

2. 커피 향의 신선도를 측정하는 법

1) 향기 물질의 경시변화

향료의 성분들은 모두 휘발성이 있고, 비점(boiling point, 휘발성)이 다른 여러 물질로 이루어져 열을 받게 되면 끓는점이 낮은 성분들이 휘발되어 전체적인 향조가 깨지기 쉬우므로 열은 최대한 피하는 것이 좋다. 식품은 산성이 대부분이라 문제가 없지만, 향기 물질 중에 에스터와 방향족 알데히드류는 알칼리성에 약하고 기타의 향료도 알칼리성에 약한 경우가 많다. 향기 물질은 기본적으로 불포화지방과 유사한 특성을 가지는 데 알데히드, 페놀류와 분자 구조에 이중 결합이 많은 것은 광선과 산소에 의하여 쉽게 산화 또는 분해된다. 이때 금속이 존재하면 산화반응이 촉진되므로 피해야 한다. 산화가 일어나면 향에 변화가 일어나기 쉽다. 빛에도 약하므로 유리병에 보관하려면 갈색 병을 사용하고 창문은 차광 시설을 하여 햇빛을 차단해야 한다.

지질(油脂)은 보존 상태가 나쁘거나 촉매가 되는 금속 등이 미량 함유되면 산화되기 쉽다. 과산화물 대부분은 더욱 산화되어 중합체가 되고 일부가 분해되어 알데히드, 케톤, 알코올 등의 휘발성 물질이 생성된다. 이 휘발성 물질 중에는 미량만 생성되어도 독특한 산패취를 나타내어 식품의 풍미에 손상을 주는 경우가 있다. 따라서 식품업계에서는 유지의 산화 방지가 매우 중요한 과제이다. 산화를 촉진하는 요소는 열, 빛, 미량의 금속 등이다.

음료에서 빛에 의해 가장 손실되기 쉬운 것이 향이다. 특히 레몬 향은 산화되기 쉽다. 레몬 향의 특징적인 향기 성분인 시트랄(Citral)은 하루 동안 햇빛에 노출되면 차단한 것보다 약 85%가 변화되어 감소한다. 시트랄이 빛에 산화되면 신선한 느낌이 사라져 버린다. 리모넨의 50%, γ-터피넨의 90%, 제라닐아세테이트의 25%도 변화하여 소실된다. 빛에 의해 레몬 음료에서 이취가 생기는 것을 억제하기 위해서는 특히 시트랄의 산화를 막아야 한다.

베타카로틴의 분해에 의한 이오논 같은 향기 물질도 생성된다. 심지어 항산화제로 많이 쓰이는 비타민 C의 산화로 인한 향조의 변화도 있다. 비타민 C는 산화 분해되어 여러 가지 화합물로 변화하는데, 일부는 휘발성 물질인 퍼퓨랄이 된다. 비타민 C는 빛에 의한 변화가 빨라서 햇빛에 노출한 지 5일 만에 18%의 비타민 C가 소실되어 버린다.

- 아세탈, 헤미아세탈의 생성

알데히드와 케톤은 매우 반응성이 큰 물질이므로 향료 자체의 안정성에 영향을 준다. 알코올과 알데히드가 반응하면 아세탈이 된다. 그 중간 과정에 헤미아세탈이 만들어질 것으로 추측되나 매우 불안정하여 구체적으로 확인하기 힘들다. 이 반응은 가역적이라 물이 있으면 아세탈은 다시 알코올과 알데히드로 분해된다. 저장 중 생성된 아세탈은 의도하지 않았던 향취의 변화로 나타나기도 한다.

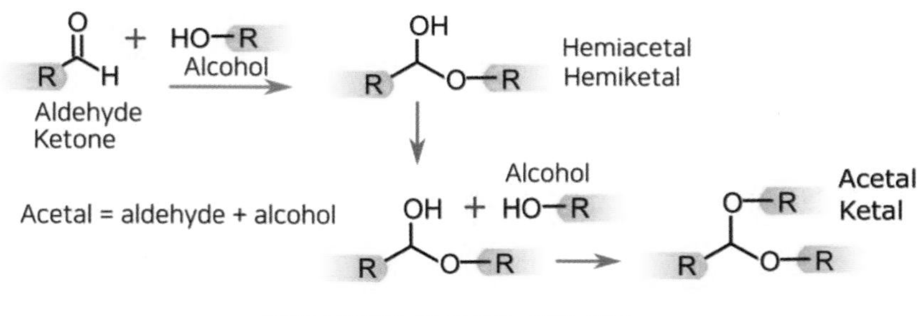

헤미아세탈과 아세탈의 생성 과정

향수의 숙성은 헤미아세탈의 형성에 달렸으며 얼마간의 기간이 소요된다. 따라서 향수의 제조 시에는 일반적으로 몇 주간의 시간이 필요하다. 그리고 산성 용액에서 많은 양의 글리콜(glycol)로 글리콜아세탈(glycol acetal)이 된다. 이러한 물질들은 원래의 알데히드 상태와 비교하면 향이 훨씬 약해지는 경우가 많아 향미에 큰 손실이 생긴다. 지방족 알데히드가 알코올과 반응하면 아세탈화가 될 수 있고, 알코올의 자극적인 취는 많이 약해진다. 식품 향료는 향수에 비하여 농도가 약하여 이런 반응이 적다.

- 알돌(Aldol) 반응

향료 숙성 중 중요한 반응은 알돌(Aldol) 반응으로 같은 2개의 알데히드와 케톤이 서로 반응하여 큰 화합물을 이루거나 알코올과 반응해 아세탈(Acetal)을 형성할 수 있다. 시간에 따라 반응이 계속되어 결과적으로 알데히드는 완전히 사라질 수 있다. 어떤 물질은 알돌 반응의 결과로 강한 색상을 갖게 되어 제품 변색의 원인이 될 수 있다. 비슷한 반응이 락톤에서도 일어난다.

에틸아세토아세테이트(Ethyl acetoacetate)는 종종 알데히드의 불쾌취 및 다른 커버하고 싶은 물질과 결합할 수 있어서 산업용 소취제와 마스킹제로 사용된다. 알데히드와 함께 에틸아세토아세테이트가 높은 농도로 존재하면 반응을 일으켜, 제품의 유효기간(shelf life)이 짧아진다.

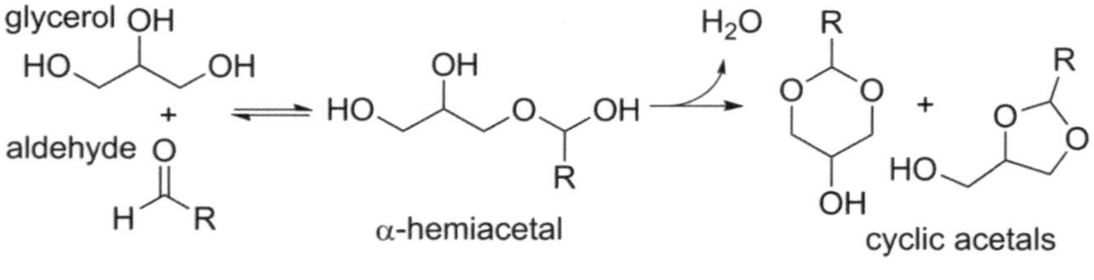

glycerol + aldehyde ⇌ α-hemiacetal → (H_2O) cyclic acetals

알돌반응

- 에스터화

알코올이 공기와 접촉하면 산화되어 알데히드가 되며 반응이 더욱 진행되면 에스터가 되어 본래의 향을 변하게 한다.

- 산화(Oxidation)

식물에서 추출한 방향유의 경우 산화에 의한 품질 저하가 문제가 되기도 한다. 특히 시트러스, 침엽수류(coniferous) 등의 오일은 불포화 모노테르펜의 함량이 많아 산화에 의한 품질 변화가 심하니 주의해야 한다. 레몬 향의 시트랄(Citral)의 산화가 대표적인 예이다.

2) 숙성하면 맛이 좋아지는 경우

된장, 와인, 위스키 등은 발효가 끝난 후 꽤 오래 숙성해야 맛이 있다고 한다. 그래서 된장은 3년이 돼야 하고, 위스키는 10년을 넘어야 제 대접을 받는다. 그런데 모든 식품이 오래 숙성하면 맛이 좋아질까? 아니다. 식품은 대부분 오래되면 나빠지고, 좋아지는 건 특별한 이유가 있는 경우에만 가능하다. 식품을 오래 두면 변하기 마련인데 제대로 통제하지 않으면 급격히 나쁜 쪽으로 변한다. 밀폐가 부족하면 공기 중의 산소에 노출되면서 산패가 심해지고, 수분이 증발해서 말라버리기도 하고, 휘발성 성분이 증발해서 향기가 사라져 버리기도 한다. 심지어 원치 않는 미생물에 오염되어 이취나 부패가 일어날 수 있다. 그러면 맛이 좋아지기는커녕 식품의 가치를 완전히 잃어버리게 된다. 숙성하면 맛이 좋아지는 식품도 모든 조건을 제대로 갖추어질 때만 가능한 것이지 저절로 좋아지지 않는다.

그런데 숙성하면 맛이 좋아지는 이유는 무엇일까? 숙성하는 동안 향기 성분이 늘어날까? 어떤 성분은 늘어나고 어떤 성분은 줄어드는데 전체적으로는 감소한다. 와인 숙성 과정에서 아로마 손실이 일어나면서 숙성된 향을 얻는 것이다. 그래서 아무 와인이나 숙성하지 않고 적합한 것을 골라 숙성한다. 고농도 알코올 발효가 나고, 타닌 성분이 많고, 품종 특성이 약한 와인이 적당한 것이다. 그리고 오크통에서 담가 오크나무의 향으로 아로마 손실을 보상하는 것이다. 오크통에서 나오는 독특한 향은 사용할수록 감소하기 때문에 1~3번만 사용할 수 있다. 오크나무의 향기 성분이 천천히 녹아 나오면서 알코올과 반응하여 더욱 품위 있는 향으로 변하는 것이다.

결국 숙성은 발효 과정에서 생기는 지나치게 자극적인 저분자 물질을 줄이는 과정이기도 하다. 향기 성분은 분자량이 적은 것은 휘발성이 강하여 강한 첫인상을 주지만, 지나치게 자극적이다. 분자량이 클수록 휘발성이 줄어들어 감지되는 향이 줄어들고, 중간 크기의 분자가 대체로 가장 우아한 향취를 지닌다. 술이 숙성되면 저분자의 반응성 분자들이 다른 분자와 결합하여 자극성이 줄고 온화한 향미의 분자로 변환된다. 지방족 알데히드가 알코올과 반응하면 알코올의 자극취가 감소하는 것처럼 특히 케톤과 알데히드류의 분자가 이런 작용을 한다. 이런 반응은 알코올의 함량이 높을수록 잘 일어난다.

숙성 중 가장 크게 변하는 맛은 레드 와인에서 쓴맛과 떫은맛의 감소이다.

커피 향의 신선도의 변화와 품질의 변화

페놀 화합물은 색소와 타닌성 물질을 구성하면서 포도의 향미와 바디감에 중요한 역할을 한다. 이들은 레드 와인과 화이트 와인의 향 차이를 설명하기도 한다. 그런데 과도한 타닌은 떫은맛이 강해서 부정적인 영향이 커진다. 타닌은 소량의 산소가 있으면 아세트알데히드의 도움으로 안토시아닌과 타닌의 중합반응을 일으킨다. 타닌은 중간 크기의 애매한 용해도를 가질 때 쓴맛이 크며, 중합반응으로 분자가 커지면 오히려 혀의 미각 수용체에 반응하지 못하여 쓴맛이 사라진다. 맛도 부드러워지는 것이다. 오래 숙성해서 좋은 것은 이처럼 나름 뚜렷한 이유가 있다. 대부분 식품은 이러한 과정이 필요한 것도 아니고 이러한 숙성 조건을 갖춘 것도 아니다. 그러니 숙성한다고 무작정 품질이 좋아지지 않는다. 커피가 로스팅 직후보다 약간 시간이 지나면 향이 더 좋아지는 것도 같은 원리다.

3) 커피 향의 신선도 변화를 측정하는 방법

커피 신선도를 오래 유지하는 포장지의 개발과 같은 프로젝트를 효과적으로 수행하려면 무엇보다 먼저 커피의 신선도를 객관적으로 측정하는 방법이 필요하다. 이를 위해 보관 중에 커피의 향기 성분이 어떻게 변화하는지를 연구한 결과들이 있다.

메테인싸이올(Methanethiol)이 향의 신선도에 큰 영향을 주며 로스팅 후 하루 만에 크게 농도가 감소한다고 보고와 알데히드류와 디케톤류가 분쇄 직후 15분 만에 50% 가까이 감소한다는 보고가 있다. 일부 화합물은 반대로 갓 볶은 커피에는 거의 들어 있지 않고, 묵은 커피에만 나타나는데, 이런 성분들을 잘 활용하면 커피가 신선도를 잃어가는 정도를 나타내는 지표로 사용할 수 있다.

보관 중에 디메틸디설파이드(DMDS)나 디메틸트리설파이드(DMTS)가 증가되는 데 주원인은 메테인싸이올(MeSH)의 산화이다. 메테인싸이올은 점점 감소하고 그 결과 DMDS는 점점 증가하기 때문에 DMDS/MeSH 값을 계산하여 신선도의 지수를 개발할 수도 있는 것이다. 메테인싸이올은 반응성과 휘발성이 높다. 그래서 메테인싸이올 2개의 분자가 결합하면 DMDS가 된다. DMDS는 원래 없던 물질이고 반응성과 휘발성 모두 낮다. 그러니 메테인싸이올은 점점 감소하고 DMDS는 점점 증가한다.

메테인싸이올은 메티오닌 또는 그것의 분해 물질인 메싸이온알(methional)

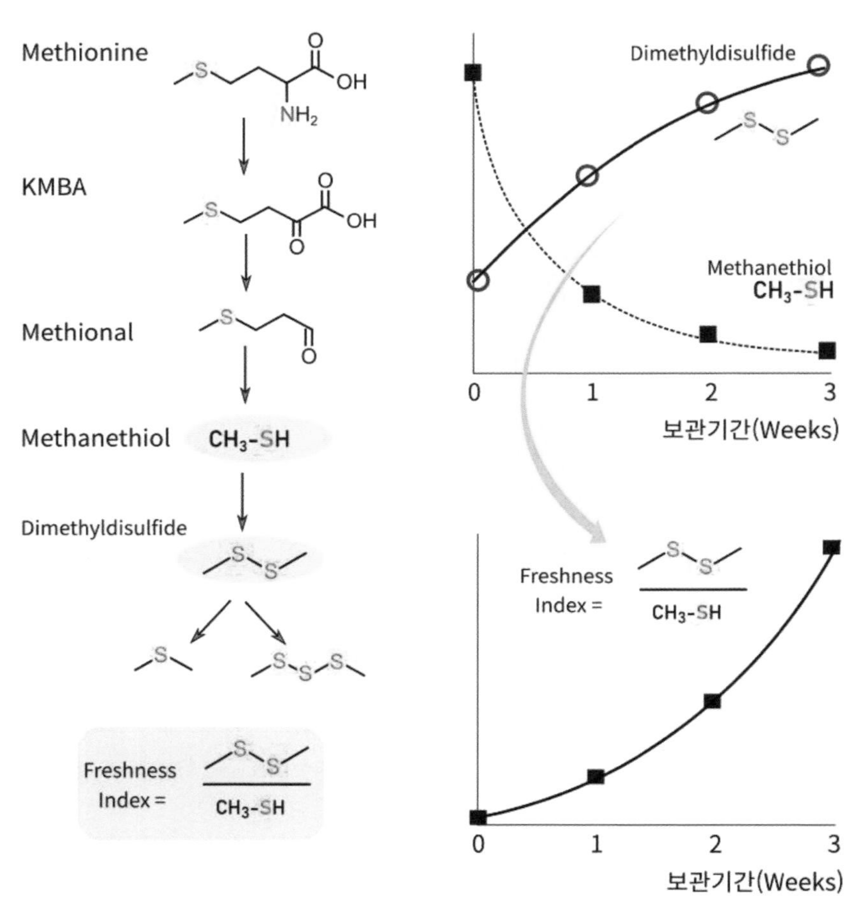

신선도 지수의 원리(Chahan Yeretzian, et al, 2017)

이 분해되어 만들어지는데 친핵성/반응성이 커서 금방 황 냄새를 내는 DMDS가 된다. 이 반응은 커피 특유의 향을 내는 물질인 FFT와 비슷하다. 커피 향을 내는 FFT은 전이금속이 있으면 급속히 분해된다. 또한 페놀 화합물과도 반응할 수 있다. 커피 음료에서 FFT이 산화 결합하면서 히드록시하이드로퀴논(Hydroxy hydroquinone)이 된다.

- 신선도 지수 평가 실험

에티오피아 커피 1kg을 콜로렛 지수 93에 맞춰 로스팅하고, 냉각을 끝내자마자 원두 65g을 알루미늄 코팅층이 있는 복합필름 재질로 포장했다. 비활성 기체를 넣고 기체 방출 밸브는 달지 않았으며 실온(22°C)에서 3주간 보관했다. 다섯 가지 포장 제품을 매주 DMDS/MeSH 비를 측정했다. 실험 결과 MeSH는 빠르게 하락하여 1주 만에 초기의 25%까지 내려갔으며 3주 뒤에는 10%로 떨어졌다. 이에 비해 DMDS는 3배 이상 높아졌다. 보관 기간 3주 동안 수치가 뚜렷하게 증가함을 볼 수 있다. 보관 온도를 22°C와 50°C로 다르게 하여 실험했을 때 온도가 높으면 신선도가 더 많이 떨어지는 결과를 보여주었다.

보관 온도는 22°C로 하고 포장 내 공기의 산소 함량을 달리하여 실험했다. 3주간 DMDS/MeSH 신선도 지수를 측정한 결과 첫 1주에는 모두 같지만, 다음 2주부터는 뚜렷하게 차이가 난다. 내부 산소 함량이 높을수록 2, 3주차의 수치는 빠르게 올라갔다.

- 캡슐커피에 적용

캡슐커피를 실온에서 46주까지 보관하면 신선도 변화에 포장 재질이 가장 뚜렷하게 영향을 준다. C1, C2는 알루미늄 층이 없는 것으로 신선도 지수가 가장 높이 상승했다. C3는 폴리프로필렌 몸체(알루미늄 없음)에 얇은 알루미늄 층이 있는 덮개를 했고, C4는 100% 알루미늄 용기에 알루미늄 덮개를 씌웠다. C4는 46주가 넘도록 신선도 지수의 변화는 없었다. C4 캡슐이 커피의 신선함을 훨씬 더 유지한다고 할 수 있다.

캡슐마다 초기 신선도 지수가 달랐는데 C1은 이미 수치가 높았고, C4는 처음부터 가장 낮았다. 이는 포장 전 처리 과정에서 향과 신선도가 어느 정도 손실되었음을 의미한다. 캡슐의 일관성도 크게 차이가 있었는데 각 캡슐은 5회 반복 측정했을 때 C4의 캡슐별 차이가 가장 적고 C1, C2는 차이가 컸다.

알루미늄 캡슐커피의 52주간 DMDS/MeSH수치 변화를 알아보면, 1년간의 보관 기간 동안 신선도 지수 변화는 다른 캡슐보다 훨씬 작긴 하지만, 그래도 신선도는 점점 줄어드는 것으로 나타났다. 이런 결과 등을 종합하면 DMDS/MeSH 지수는 커피의 신선도 지수로 꽤 유용함을 알 수 있다.

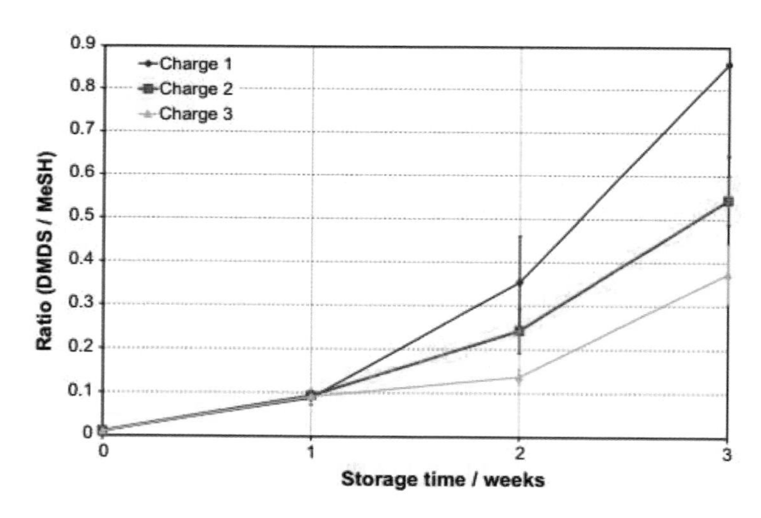

산소 농도에 따른 신선도의 변화(Chahan Yeretzian, et al, 2017)

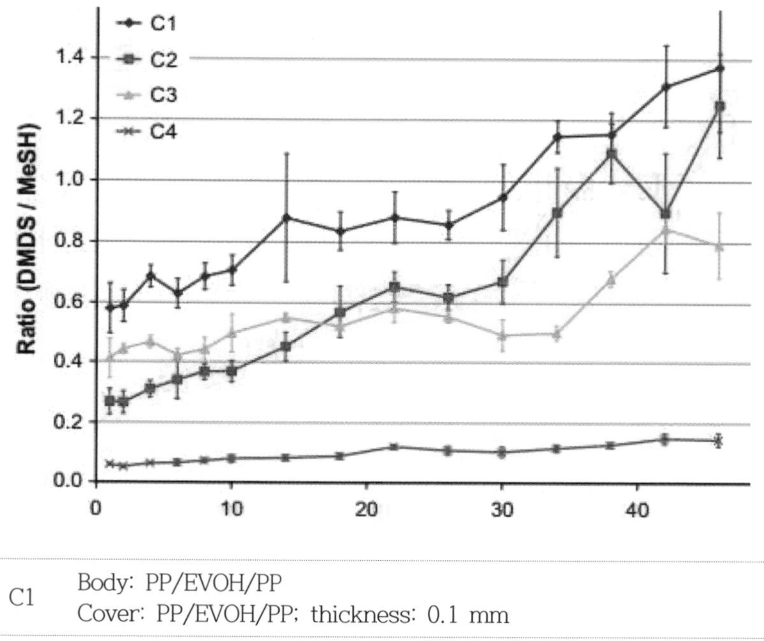

C1	Body: PP/EVOH/PP Cover: PP/EVOH/PP; thickness: 0.1 mm
C2	Body: PP/EVOH/PP Cover: PP/EVOH/PP; thickness: 0.12 mm
C3	Body: PP (injection molding without barrier- properties) Cover: Paper with aluminum coating; 0.03~0.05 mm Secondary packaging: Aluminum; individual package
C4	Body: 99% aluminum, with thin coating of shellac Cover: Aluminum foil; thickness 0.03~0.05 mm

캡슐커피 신선도 변화실험(Alexia N. Glöss, 2014)

- 최적 포장재를 사용해 커피의 신선함을 보장하는 방법

분쇄 커피의 신선도는 산화반응으로 크게 달라지기에 산소 접촉을 제어하는 것이 스페셜티 커피의 신선도와 품질을 보증하는 데 핵심적이다. 이 점에서 포장은 아주 중요한 역할을 한다. Cardelli-Freire(1997)는 초기 산소 농도가 다른 두 밀봉용기에 분쇄 커피를 담아 포장한 뒤, 시간에 따른 산소 소비율을 두 용기 내의 산소 농도 변화를 측정해 알아냈다. 산소가 포장 재질을 투과해 들어오는 정도가 커피 윗부분 공기층과 외부 환경 사이의 산소 분압차와 직접적으로 비례했다. 커피의 산소 소비율과 공기층의 산소 분압은 비례관계가 있었다. 산소 소모율을 알면 제품이 시간에 따라 어떻게 변화하는지 알 수 있고, 유통기한 동안 신선도를 유지하려면 어떤 보호책을 써야 할지 생각할 수 있다.

Cardelli과 Labuza(2001)는 분쇄 커피를 여러 가지 환경에서 보관해 관능 프로필을 평가했다. 결과적으로 분쇄 커피는 수분 활동도에 따라 다르지만, 산소 150~300μg/g을 소모했을 때 먹을 수 없을 만큼 품질이 떨어지는 것으로 나타났다.

현재 원두커피의 신선도를 측정하는 방법은 두 가지 정도다. 첫 번째는 휘발성 화합물의 시간에 따른 변화를 살펴보고 주요 향 성분의 비를 신선도 지수로 나타내는 것이다. 특히 DMDS/MeSH가 의미 있다. 두 번째는 원두의 기체 방출(주로 이산화탄소)로 인해 보관 중 무게가 감소한다는 사실에 기반을 둔다. 갓 볶은 커피 무게의 최대 2%는 내부에 갇혀 있는 기체의 중량이며 이 기체들은 시간이 지나면서 천천히 방출된다.

커피의 신선함을 유지하기 위해서는 다음을 유의해야 한다.

1. 신선함은 로스팅이 완료되자마자 상실되고 로스팅 이후 포장에 이르는 동안 산소와 수분 접촉을 가능한 피해야 한다.
2. 포장의 보호 속성과 포장 후 잔존 산소 함량은 두 번째로 고려해야 할

속성이며 유통기한에 적합한 정도를 찾아야 한다.

3. 보관 온도는 신선도 지수 변화 및 기체 방출 역학에 영향을 미친다.

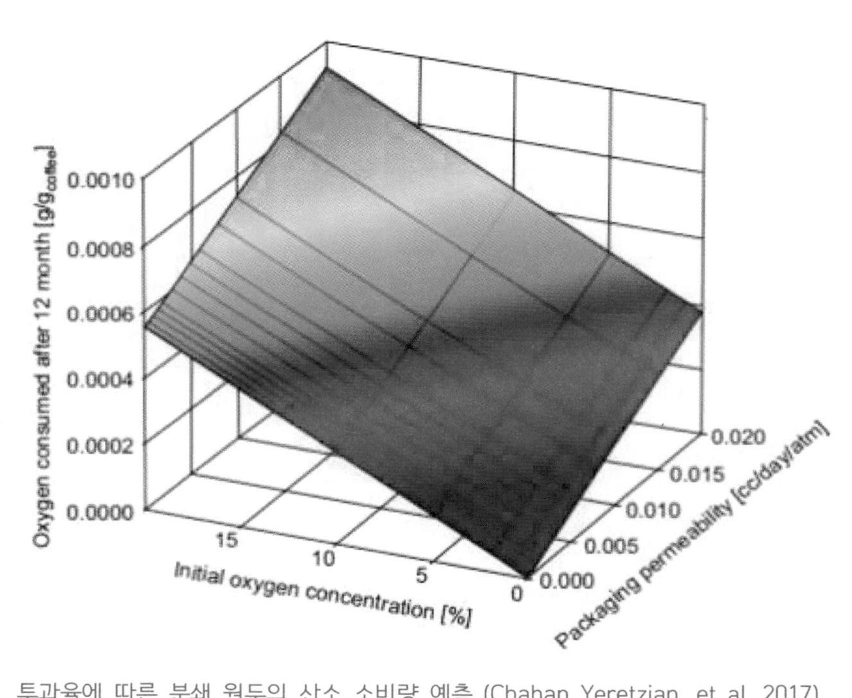

투과율에 따른 분쇄 원두의 산소 소비량 예측 (Chahan Yeretzian, et al, 2017)

3. 세포벽이 커피 향미에 결정적인 이유

- 디카페인과 세포벽

카페인에 민감한 사람들은 오후에 커피 한 잔을 마셔도 밤에 잠을 못 잘 정도로 괴롭다. 그런 사람들을 위하여 디카페인 커피가 개발되었는데 생두에 함유된 카페인을 97% 이상 제거한 것이다. 이상적인 디카페인 공정은 커피콩에 어떠한 영향도 주지 않으면서 커피콩의 세포에서 카페인만 제거하는 것이지만, 쉽지 않다. 부작용으로 향이나 향미 전구체가 사라지고 커피콩의 구조와 크기가 달라진다.

디카페인을 하려고 할 때 첫 번째 난관이 용매가 모든 세포 안까지 침투해야 하는 것이다. 단단한 생두 안으로 용매가 침투하지 않으면 카페인을 녹여낼 수가 없다. 디카페인이 최초로 성공한 것은 생두를 물과 증기에 적셔 부풀리는 공정을 추가하면서부터다. 커피콩은 부피가 최대 100%까지 커져서 용매가 더 잘 침투해 커피콩 구조 내에서 질량 이동이 일어나기 쉬워졌다. 그리고 수분 함량이 높아지면 카페인이 CGA 구조에서 떨어져 나간다는 사실이 밝혀졌다. 유기용매를 사용해 추출할 때도 먼저 증기와 물로 커피콩의 수분 함량을 초기 10%에서 25%, 많게는 40%까지 높인다. 이후 장시간의 추출을 거친다. 그리고 다시 카페인과 함께 용출된 성분을 생두가 재흡수할 수 있도록 하는 특별한 건조 단계를 거친다.

그런 과정에서 세포벽의 변형 등을 막을 수 없다. 수용성 성분은 추가하는 방식으로 보충할 수 있지만, 세포벽 구조의 변화와 색상의 변화는 피하기 힘들다. 디카페인 커피의 향미를 잘 나타내기 위해서 로스팅 조건을 조절해야 하는데 로스팅을 잘 못하게 되면 커피 향미는 매력이 없어질 수 있고 더 쓰게 느껴질 수 있다.

- 효과적인 가향을 하려면

최근 스페셜티 커피 업계에서 가향 커피가 다시 논란이다. 생두에 존재하지 않은 향미 성분을 추가한 커피로 가향 여부의 표시에 관한 것이다. 차의 경우 가향차(infused tea)로 얼 그레이 홍차가 유명한데 홍차에 베르가못 껍질에서 추출한 오일 성분을 첨가한 것이다. 이런 얼 그레이는 19세기쯤 벌써 등장했고, 커피의 경우 유명한 것이 1980년 말경부터 90년 중반까지 우리나라 '커피숍'에서 많이 소비된 헤이즐넛 커피가 있다.

최근 이런 커피가 다시 등장한 것은 생두 자체의 향미 성분에는 한계가 있기 때문이다. 커피의 향미는 품종, 테루아, 가공방식 등에 따라 맛이 달라지지만, 그 차별화에 한계가 있다. 스페셜티 커피가 등장하면서 맛에 따라 가격이 완전히 달라지면서 경매 시장에서 최고가를 갱신하는 커피를 보면 커피 재배자들은 향미를 높이는 가공법에 관심을 가질 수밖에 없다. 가장 먼저 적용된 가공방식은 햇빛에 천천히 말리는 내추럴 방식인데, 비가 많이 오는 지역은 어쩔 수 없이 과육을 제거하는 습식 방식을 사용했다. 그러다 가공법에 따라 커피의 향미가 완전히 달라진다는 것을 알고, 온갖 가공법이 개발되고 있다. 그중에는 발효가 핵심인데, 단순히 커피의 과육을 사용하는 것이 아니라 다른 과육을 첨가하거나 향을 첨가하는 제품도 등장하여 논란이 되는 것이다.

가향을 했으면 명확히 가향 여부를 밝혀야 하는데, 그랬다가는 좋은 가격을 받기 힘들어서 발효나 가공법에 의한 향미라고 주장하는 경우가 있는 것 같다. 전문가는 뚜렷하고 이질적인 향미로 어느 정도 짐작을 할 수 있지만, 관능의 결과만으로 증거 능력을 갖추기는 힘들다.

생두의 향기 물질을 분석하면 가향 여부를 판단하기 쉬워지는데 가장 쉽고 명확한 증거는 생두에 존재하지 않았던 합성의 향기 물질이 발견될 때이다. 식품에 사용되는 향기 물질은 대부분 자연에 존재하는 것이라 향기 물질의 분석만으로는 합성향의 사용 여부를 판단할 수 없지만, 일부 자연에 없는 분자이거나 광학이성질체의 형태가 있다. 그 경우 합성향을 사용한 명확한 증거가 된다. 향기 물질이 축합되어 만들어진 물질의 존재 여부도 증거의 하나다. 합성향은 천연보다 1,000배 이상 고농도의 상태라 향을 보관하는 과정에 축합반응이 일부 일어난다. 생두에 그런 축합물이 보인다는 것은 고농도의 향을 사용했다는 증거가 된다.

가향이 의심스러운 제품을 발효로 만들어진 것이라고 주장하기도 하는데, 향기 물질을 분석했을 때 향에 기여하는 성분만 유난이 증가한 것은 전혀 자연스럽지 못한 현상이다. 발효나 자연물에 존재하는 휘발성 물질 중에 실제 향에 역할을 하는 것은 3%에 불과한데, 우연히 생두의 향에 기여하는 물질만 발효로 만들어졌다고 우기는 셈이기 때문이다. 발효로 온갖 물질이 만들어질 수는 있어도 우리가 바라는 향기 성분만 대량으로 만들어지지는 않는다. 딱 한 가지 향기 물질만 만들려고 해도 최적의 미생물 선발부터 발효 조건의 제어까지 매우 고단한 연구가 이루어져야 하고, 최적 조건을 맞추어줘도 경제적 가치가 없는 아주 작은 양만 만들어지는 경우가 대부분이다. 그러니 무작정 발효해서 좋은 향이 만들어졌다는 식으로, 발효를 가향을 덮기 위한 명분으로 사용해서는 곤란하다.

그런데 생산자 측면에서 가향 커피를 만드는 것이 아주 쉽지는 않다. 추출한 커피에 향을 첨가하거나 로스팅한 원두에 향을 첨가하는 것은 쉽지만, 단단한 세포벽을 가진 생두에 향을 추가하려면 상당한 기술이 필요하다. 원두에는 100만 개의 단단한 세포벽을 가진 세포가 있는데, 그 세포 안으로 향을 침투시켜야 하기 때문이다. 쉽게 침투하는 성분이라면 생두의 유통 과정에서 쉽게 손실이 될 것이고, 생두에서 쉽게 빠져나오지 않게 침투시켜야 한다. 이것은 앞서 설명한 디카페인의 공정처럼 생두를 특정 성분이 침투하기 좋은 조건을 만들고 성분을 집어넣은 뒤에는 다시 단단하게 세포벽을 복원하는 절차가 필요하다. 그래야 장기간 유통해도 품질이 유지되고, 로스팅하는 과정에서 향미가 유지된다. 말로는 쉽게 가향이라고 할 수 있지만, 실제 상품성이 있는 가향을 위해서는 향기 물질의 선택에서 단단한 원두 안으로의 침투 그리고 세포벽 안에서의 고정과 같은 고도의 기술이 필요한 것이다.

- 커피를 유난히 고온에서 로스팅할 수 있는 이유

커피에는 여러 가지 향기 물질이 있지만, 커피만의 독특한 향기 물질을 찾는다면 단연 FFT(2-Furfurylthiol, coffee mercaptan)일 것이다. 여러 향기 물질 중에서 개별적인 냄새를 맡을 때 가장 커피 같은 향미를 준다. 그런데 이 물질은 다른 가열 식품에도 얼마든지 만들어질 수 있다. 캐러멜 반응이나 메일라드 반응을 통해 다량의 푸르푸랄이 만들어지는데, 이 푸르푸랄과 황함유 아미노산에서 분해된 -SH가 결합하면 만들어지는 분자이기 때문이다. 그런데 다른 식품은 커피처럼 많이 만들어지지 않는다. 이 물질은 쉽게 다른 물질로 변환되어 사라지는데 다른 식품은 커피처럼 강한 로스팅을 하지 못하고 커피처럼 이 향기 물질을 보존하는 능력이 떨어진다.

커피는 아주 단단한 세포벽이 있어서 200℃가 넘는 강한 로스팅이 가능하여서 다른 어떤 식품보다 다량의 FFT를 만들 수 있어서 커피 특유의 향미를 가지는 것이다. 또한 단단한 세포벽이 이산화탄소의 방출을 막고, 그래서 산소의 유입이 적기 때문에, 이렇게 만들어진 향기 물질이 비교적 오래 지속이 된다. 커피의 특별함은 단순히 생두 안에 성분이 특별해서가 아니라, 특별히 단단한 커피의 세포벽의 역할도 매우 큰 것이다.

- 로스팅으로 만든 향 중 커피 향이 오래가는 이유

커피의 특별한 단단한 세포벽 구조가 원두의 향미 유지에 큰 역할을 한다. 로스팅으로 만들어진 이산화탄소는 원두의 공극 구조에 갇혀 있게 되는데, 무게로는 1~2% 정도지만, 기체로는 부피가 500배 이상 늘어난다. 이것이 세포 안에서 산소의 유입을 막아 산화를 억제하는 데 결정적인 역할을 한다. 그래도 원두의 보관 중 이산화탄소는 점점 방출될 수밖에 없고, 그만큼 보호기능이 줄어든다. 세포벽이 얼마나 잘 유지되느냐가 커피 향미 유지에 중요한 지표가 된다. 단단한 세포벽이 커피의 특별함에 큰 역할을 하는 것이다.

- 추출에는 부정적인 영향

약배전을 할수록 커피의 분쇄가 어려워진다. 그만큼 세포벽이 생두 그대로 남아 있기 때문이다. 강배전을 하면 세포는 부풀고 세포벽이 약해지고 그만큼 분쇄가 쉬워진다. 볶은 지 얼마 안 되는 원두는 세포 안에 많은 가스가 있어서 균일한 추출을 방해한다. 적적한 뜸 들이기나 추출 방식으로 이를 극복할 수도 있고, 분쇄 후 일정 시간 이산화탄소가 빠져나갈 시간을 두고 추출하면 이런 가스로 인한 편차를 줄일 수 있다. 로스팅 정도에 따라 세포벽의 견고성이 달라지고, 세포벽의 견고성이 분쇄의 용이성이나 추출의 용이성에 영향을 주는 것이다. 커피는 가장 다양한 추출 방법이 적용되고, 그것이 커피의 매력이기도 한데, 이런 다양한 추출법의 발전에도 커피의 단단한 세포벽이 한 몫한 셈이다.

커피의 특별함을 커피가 가진 카페인에서 시작하여, 가장 높은 비율을 차지하는 세포벽을 통해 알아보았다. 세포벽은 우리가 마시는 커피 성분의 절반이 세포벽 성분 일부가 분해되어 녹아 나온 식이섬유이기도 하고, 2g도 안 되는 커피가 9개월가량 걸려야 성숙이 되는 원인이기도 할 것이다. 사실 커피에 모든 성분은 향미에 영향을 준다. 커피에 가장 독특한 성분은 CGA라고 할 수 있는데 모든 식물을 통틀어 가장 많은 함량이다. CGA는 분류는 유기산이지만, 실제 기능은 항산화제이자 향기 물질 또는 쓴맛의 원천이기도 하다. CGA에서 만들어진 페닐인데인 같은 성분이 가장 결정적인 쓴맛의 역할을 하고, 쓴맛 덕분에 다양한 추출법이 개발되었다고 볼 수 있다. 막연히 많은 성분을 끌어내는 것이 좋은 커피가 아니라 원하는 성분만 끌어내는 것이 핵심 기술인 것이다. 그렇게 개발된 추출법 중에 에스프레소는 빠른 속도로 고농도로 커피 풍미를 응축하여 다양한 메뉴가 가능하게 했고, 워낙 고압으로 순식간에 일어나는 현상이라 수많은 바리스타에게 쉽게 정복되지 않는 고난과 추출에 관한 정교한 이해를 요구하기도 했다.

그리고 쓴맛 자체도 커피의 매력이다. 커피가 그냥 달기만 했으면 사람들은 이내 싫증을 느꼈을 것이다. 적절한 쓴맛과 정답에 다가서는 듯하면 더 멀어지는 쓴 실패와 변화무쌍함이 오히려 많은 소비자와 많은 바리스타를 홀린 것 같다.

12장. 커피에 빠진 사람들의 열정이 만든 특별함

커피 시장이 최근 급성장한 배경에는 커피를 사랑하는 사람들의 열정이 가장 큰 역할을 한 것 같다. 커피의 맛을 객관적으로 평가할 수 있는 시스템을 개발하고 활용하여 많은 사람의 공감을 일으켰다. 모두가 공감할 수 있는 좋은 평가 시스템은 시장을 키우는 결정적인 역할을 한다.

1. 아직은 부족한 향미의 과학적 관리 방법

1) 관능 평가의 의미

커피 전문가로 인정받기 위한 가장 중요한 단계는 아마 커피 맛을 객관적으로 평가할 수 있는 능력일 것이다. 또한 맛을 평가하는 능력은 자신의 커피 실력을 키우는데도 가장 핵심적인 역량이다. 예를 들어 여러 조건으로 커피를 추출했을 때 그중에 어떤 방법이 가장 나은 것인지를 결정하려면 맛을 보는 것 말고 다른 방법도 없다. 자기 결과물을 평가할 능력이 없이 커피를 한다는 것은 나침반이 없이 바다를 항해하는 것과 다를 바가 없다. 이런 맛의 평가에는 맛의 다양한 속성을 섬세하게 구분하여 평가할 수 있는 능력과 재현성이 필요하다. 판매를 위한 제품의 평가라면 객관성이 있어야 한다.

맛은 식품의 운명을 좌우하는 가장 핵심적인 요소라서 식품회사에서는 맛을 객관적으로 평가하기 위해 여러 관능 검사기법이 개발되고 사용하지만 아직은 그 제품의 판매량을 예측할 정도로 정교하지는 못하다. 관능검사는 주로 미각과 후각에 의존해 평가를 하지만, 이것은 맛을 좌우하는 요소는 20% 정도도 되지 않을 정도로 맛을 좌우하는 요소가 복잡하기 때문이다.

소비자의 만족도를 평가하는 관능 평가 방법은 1940년대 세계 대전 당시 미군에게 적합한 식품을 제공하려는 목적에서 개발되기 시작했다. 소비자 평가를 바탕으로 식품을 최적화하여 소비자의 만족을 높이려 한 것이다. 지금도 소비자들이 만족할 수 있는 제품을 개발하고, 기존 제품을 올바른 방향으로 개선하기 위해서 필수적이다. 이런 관능 평가는 소비자의 선호 요인의 파악, 제품 개발, 품질관리 등 식품의 모든 단계에 적용할 수 있다. 맛을 보는 것은 매우 일상적인 행위인지라 일부 사람들은 관능검사의 설계와 실시에 과학적 훈련이 필요하다는 것을 잘 알지 못한다. 평가에는 적절한 방법을 선택해서 매우 엄격한 통제가 필요하고, 통계 분석법을 써서 결과물을 해석해야 한다. 감각 및 지각의 작용에 영향을 미치는 인자 등 인체 생리학과 심리학적 지식도 필요하다.

- 과학적 관능 평가 수행

커피를 관능 평가하려면 향미에 영향을 미칠 수 있는 모든 속성을 고려해야 한다. 즉, 생두 선택과 로스팅, 분쇄, 물과 커피의 비율, 물 품질, 물 온도, 추출법 등을 결정해 두어야 한다. 커피는 식어 가면서 향미가 달라지기 때문에 음료를 만들고, 분석할 때의 시간 또한 제어해야 한다. 순서 편향성을 줄이기 위해서는 샘플을 세 자릿수 부호로 이름을 붙여 무작위 순으로 나열하는 등의 통제가 필요하다. 검사가 끝나면 결과 자료의 면밀한 평가가 필요하다. 통계학에서는 유의성과 일관성이 중요하다.

관능검사는 크게 양적 평가와 질적 평가 두 가지로 나뉜다. 질적 평가는 기준이 되는 것과 비교해 평가하고, 양적 평가는 여러 가지 단위를 사용해 평가자가 자기 경험을 상대적인 수치로 표현하게 한다. 예를 들어 샘플의 단맛을 10점 만점으로 평가하는 식이다. 또는 수치로 쉽게 바꿀 수 있는 언어적 표현(매우 좋아함, 약간 좋아함, 싫어함 등)을 사용한다. 대부분의 관능 평가는 양적 평가와 질적 평가를 함께 사용한다.

어떤 관능 평가법을 쓸 것인가는 평가 목적에 따라 달라진다.

• 샘플들이 같은지 다른지 알고자 할 때 판별 검증을 사용한다.

- 커피의 향미 속성과 그 강도에 대해 알고자 할 때는 적합한 질적 서술 용어를 사용해 서술하고 해당 속성별로 그 강도를 양적으로 평가한다.
- 커피가 표준 프로필에 부합하는지 평가할 때는 알려진 표준과 비교한다. 대조군과의 차이를 통한 품질관리도 여기에 들어간다.
- 샘플을 섭취한 이들이 해당 커피를 얼마나 좋아하는지 알아보는 검사는 커피의 선호도 또는 음용인 (마시는 사람)에 관한 영향을 탐구하기에 소위 선호검사로 불린다.

- 판별 검사: 예) 3점 검사법

판별 검사에는 몇 가지 방식이 있다. 둘 이상의 샘플을 비교해 평가자가 선택하도록 한다. 가장 널리 알려진 것은 3점 검사법(triangle test)으로 세 가지 샘플 중 같은 두 가지를 제외한 나머지 하나를 고르는 것이다. 정답을 구할 수 있는 확률이 1/3이기에, 신뢰도와 유의 수준을 정하기 위해서는 실험을 여러 번 반복해야 한다. 이 방식에서 나타나는 문제점으로는 감각기관의 피로 누적이다. 통계적으로 유의하기 위해서는 샘플을 여러 번 제시해야 하므로 집

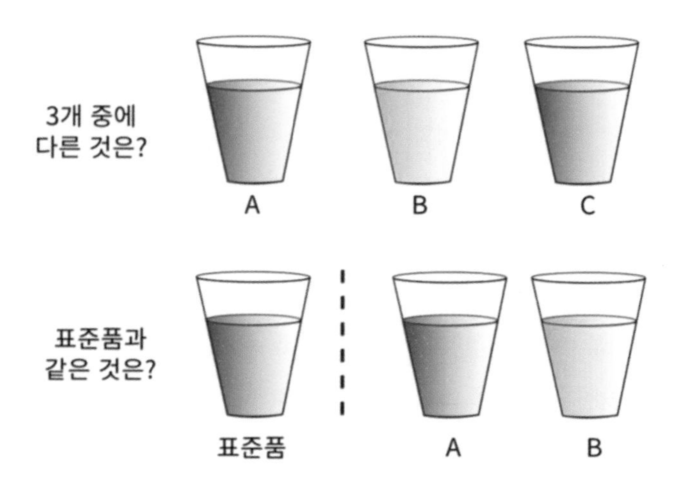

중력이 모자라고 맛을 놓치기 쉽다. 브라질에서 일반 커피 소비자를 대상으로 진행한 결점두가 들어간 음료를 구분하는 3점 검사법 실험에서는 블랙빈, 미성숙두, 사우어 빈이 최소 2.3~2.5% 섞이면 구분이 가능한 것으로 나타났다(Deliza et al, 2006).

2) 샘플 특성의 묘사

묘사 분석(descriptive analysis)은 신뢰성과 정확성이 높은 결과를 도출해낼 수 있어 다양한 식품군을 대상으로 오랜 기간 활용되어 온 대표적인 감각 평가 방법이다. 그러나 훈련된 검사원을 대상으로 평가를 진행하기 때문에 비용과 시간 측면에서 비효율적이라는 한계점이 존재한다. 또한 식품을 실제로 섭취하는 대상은 훈련되지 않은 소비자들이므로 이들을 대상으로 하는 감각 평가 방법의 필요성도 점차 높아지는 추세이다. 따라서 감각·소비자 과학 분야에서는 다양한 소비자 기반 감각 평가 방법들이 묘사 분석의 한계점을 극복하고, 소비자들의 지각을 연구하기 위한 대안으로 새롭게 제안되고 있다.

새로운 평가 방법으로 flash profiling, projective mapping/Napping®, sorting, 카타(CATA, check-all-that-apply) 등이 있다. 이러한 평가 방법은 소비자 또는 식품의 감각 특성에 대해 별도의 훈련을 받지 않은 검사원을 대상으로 하는 평가 방법에 활용될 수 있고, 훈련이 필요하지 않아 시간과 비용 측면에서 효율적이다. 묘사 분석의 한계점을 극복할 수 있는 대체 방법으로의 가능성을 보여주고 있다.

- 묘사 분석: 서술식 양적 분석

묘사 분석에는 여러 종류가 있다. 정량적 묘사 분석은 향미를 강도별로 구분해서 향미 프로필을 만들 수 있다. 주성분 분석(principle component analysis, PCA)은 다변량 분석으로서 한편으로는 관능 속성 사이 거리를 측정하고, 다른 한편으로는 관능 속성을 기준으로 샘플 간 거리를 측정해 샘플과 속성의 2차원 공간에 표시한다. 정량적 묘사 분석은 여러 분야에 적용할 수 있지만 제대로 사용할 수 있기까지 많은 시간과 훈련이 필요하다. 일반적으로는 제품용 표준을 개발할 때나 연구 개발, 정밀 개발 또는 중요한 제품을 정기적으로 추적할 때 이런 분석이 진행된다.

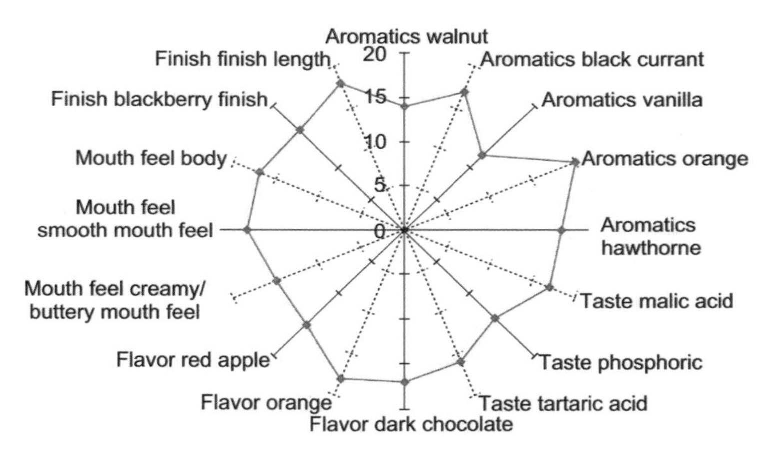

스파이더 맵 형태의 묘사 분석 예(Songer, 2008)

- 분류와 프로젝티브 매핑

그룹 분류법(free sorting task)은 단일 회차로 진행한다. 모든 제품을 동시에 제공하고 테이블에 무작위로 나열하되 평가자마다 순서는 다르게 한다. 평가자는 처음 향기와 맛을 확인하고 제품의 유사성에 따라서 그룹별로 나눈다. 평가자는 자신이 원하는 분류법에 따라 그룹 제한 없이 분류할 수 있다. 평가자는 분류를 마친 다음 그룹별로 특징지을 수 있는 용어를 만든다. 자료 분석 시에는 먼저 동일 그룹으로 분류된 향미 속성의 수를 세어 닮음행렬을 만든다. 만들어 낸 닮음행렬은 다차원치도법(Multi DImensional scaling, MDS)

으로 처리한다. 이후 그룹별로 분리된 제품에 관한 서술 용어를 유사성 지도(similarity map)에 표시한다. 분류 분석법은 계속해서 발전해서 Risvik 팀(1994)은 제품 간 유사성을 서술하기 위한 목적에서 프로젝티브 매핑, 소위 내핑(napping) 분석법을 제안했다.

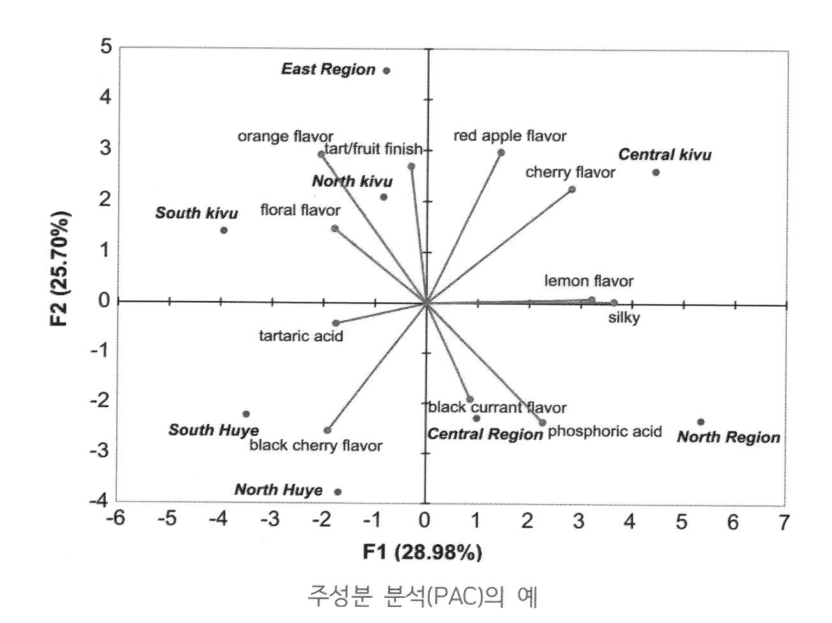

주성분 분석(PAC)의 예

- 플래시 프로필과 CATA 법 Check-All-That-Apply

플래시 프로파일링(flash profiling)은 제품의 분석적 기술에 중점을 준 방식이다. 자유 선택 묘사와 서열(ranking)을 결합하여 제품을 절댓값으로 평가하는 것보다는 제품을 서로 비교하기가 더 쉽고, 자연스럽다는 사실에 기초하고 있다. 플래시 프로필의 주된 이점은 필요한 평가자의 수가 적다(10명 정도면 충분)는 것과 제품의 지도를 만드는 데 필요한 시간이 짧다는 것이다. 그에 비해 관능 용어를 해석해야 한다는 점은 단점이다. 평가자들이 만들어 내는 용어의 수가 많은 데 비해 용어의 정의나 평가 절차는 부족하다.

CATA(check all that apply)법을 사용하면 읽고 해석하기 쉬운 지도를 만들 수 있다. 일련의 속성(단어 또는 문구)을 제시해 평가자들이 해당 제품을 평가할 때 적절하다고 생각하는 속성들을 모두 골라내게 한다. 제품을 한 번에 하나씩 제시하면 평가자는 각 제품을 가장 잘 묘사하는 속성들을 리스트에서 찾아 체크한다. 평가자는 얼마든지 원하는 대로 여러 속성을 체크할 수 있으며, 속성은 관능 분야에 한정되지 않고 취향이나 감정적인 분야 및 제품의 용도나 마케팅 관점에서의 적합성 등도 사용된다. 속성별로 제품마다 평가자들이 체크한 수치를 모아 빈도 행렬(frequency matrix)을 만들고, 이를 대응분석(correspondence analysis, CA)한다. 이런 분석법은 참여하는 평가자(소비자)의 수가 중요하며, 가능한 한 많아야 하는 점이 문제지만, 평가자 관점에서도, 전문가의 관점에서도 매우 간단하다는 것이 큰 장점이다. 반대로 선험적인 기술 용어 리스트를 갖추어야 한다는 점은 단점이다. 기술 용어 리

How much do you like this yoghurt? Dislike very much ☐ ☐ ☐ ☐ ☐ ☐ ☐ ☐ ☐ Like very much

Check all the terms that you consider appropriate to describe this yoghurt:

☐ Smooth	☐ Firm	☐ Heterogeneous
☐ Viscous	☐ Creamy	☐ Sweet
☐ Homogeneous	☐ Sour	☐ Fluid
☐ Liquid	☐ Cream flavour	☐ Milky flavour
☐ Thick	☐ Off-flavour	☐ Lumpy
☐ Gelatinous	☐ Consistency	☐ Aftertaste

Check all the terms that you consider appropriate to describe your IDEAL yoghurt:

☐ Smooth	☐ Firm	☐ Heterogeneous
☐ Viscous	☐ Creamy	☐ Sweet
☐ Homogeneous	☐ Sour	☐ Fluid
☐ Liquid	☐ Cream flavour	☐ Milky flavour
☐ Thick	☐ Off-flavour	☐ Lumpy
☐ Gelatinous	☐ Consistency	☐ Aftertaste

스트는 문헌(또는 앞선 연구)이나 표적 그룹을 통한 테스트를 사용해 얻을 수 있다.

- 피벗 프로필

피벗 프로필(Pivot profile)은 와인 기술 분야에서 개발된 것으로 해당 분야에서 흔히 사용되는 자유 묘사 기법을 바탕으로 만들어졌다(Thillier et al., 2015). 평가자에게는 제품을 참조 제품(명확히 정해진 것)과 함께 짝을 맞추어 제시한다. 평가자는 시각, 후각 그리고(또는) 미각을 사용해 참조 제품과 제품을 관찰하고 제품이 참조 제품에 비해 어떤 속성이 더 크거나 더 작은지에 관해 서술해 나간다(덜 달다. 더 떫다 등). 그리고 비슷한 말끼리 필요에 따라 용어를 묶어서 분석하고, 행렬을 만들어 대응 분석하고, 제품의 관능 지도를 작성한다.

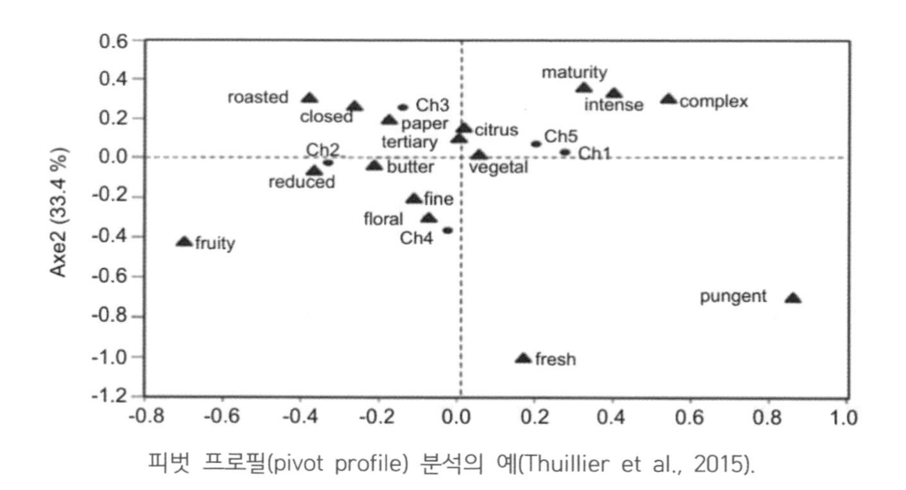

피벗 프로필(pivot profile) 분석의 예(Thuillier et al., 2015).

2. 커핑과 평가시스템이 만든 빠른 발전

1) 커핑(Cupping), 표준적인 평가시스템의 필요성

커피는 공산품이 아닌 농산물이다. 품종, 계절, 기후에 따라 품질이 쉽게 변하고, 그 품질을 확인하는 방법은 직접 맛을 보는 것 말고는 없다. 커피의 효과적인 관능평가를 위해 개발된 표준적인 방법이 커핑(cupping)이다.

지난 400년 동안 커피를 맛보는 일은 세대를 거쳐 구전되어 온 무형문화재와 같았다. 매우 전문적이고 배우는 데 수 년씩 걸리며 타고난 소수의 사람만 갖출 수 있는 특별한 기술이라 여겨졌다. 1984년까지는 커핑에 대해 다룬 책자는 윌리엄 해리스 유커스가 1922년에 초판을 낸 고전 『All about Coffee』뿐이었다. 1984년에서야 SCAA에서 테드 링글(1984)의 『Coffee Cupper's Handbook』 초판이 나왔다. 이 책을 계기로 커피의 주된 향미 속성을 과학적으로 분류하는 틀이 마련되었다.

그러면서 점점 커피에 적합하게 개발된 커핑 프로토컬은 이제는 커피를 하는 사람에게 매우 기본적이며 필수적인 작업이 되었다. 커피는 생두의 단계에서부터 필요하다. 색상, 외형의 균일함, 결점두 등 외관상 아무 문제가 없어 보여도 처리 과정이나 보관 운송 도중에 오염이 발생하여 나쁜 맛이 날 수 있다. 이것을 점검하기 위해서는 커핑을 해야 한다. 따라서 커핑 방법은 로스터, 수입업자 등 커피를 유통하는 모든 사람이 알아야 한다.

- SCAA 아라비카 커핑 프로토콜과 Q 커피 시스템 등장

아라비카 커피에 관한 SCAA의 공식 커핑 및 등급 분류 프로토콜은 ICO가 1999년부터 진행한 스페셜티 커피 홍보 프로그램에서부터 발전했다. SCAA 커핑 양식은 5년간의 시행착오를 거쳐 제작된 것으로 주요 품질 속성 10개 항목을 나열하고 각각에 대해 10점씩, 총합 100점을 부여했다. 100점 방식은 커피 업계는 물론이고 다른 분야에서도 이해하기 쉬운 방식이다. 최종 버전에 포함된 품질 속성은 다음과 같다. ①fragrance/aroma ②flavor ③after taste ④acidity ⑤body ⑥uniformity ⑦balance ⑧clean cup ⑨sweetness ⑩overall.

①~⑤는 『Coffee Cupper's Handbook, 1984』에서 개발된 것이고 나머지는 추가된 것이다. 이런 SCAA 프로토콜과 커핑 양식은 이들을 사용한 수백 개의 커핑 대회를 통해 널리 활용되었는데, 더 나은 방향으로 개선이 시도되고 있다.

SCAA는 1995년에 Specialty Coffee Institute(SCI)라는 하부 교육 재단을 설립했다. 이 재단은 스페셜티 커피를 과학적으로 평가하는 것을 목적으로 했는데 1998년부터 소위 '커피 위기'가 시작되어 가격이 폭락하면서 커피 가격이 생산비 이하가 되었다. 이에 SCI의 이름을 CQI(Coffee Quality Institute)로 바꾸고 "커피 품질을 증진시키고 고품질 커피를 생산하는 이들의 삶을 개선하기 위하여 국제적으로 노력할 것"을 사명으로 삼고, 중남미 커피 생산자들이 더 높은 품질의 커피를 생산해 더 나은 가격을 받을 수 있도록 지원했다.

이런 작업의 결과가 Q Coffee System이다. 시범 프로그램은 미국 국제 개발처(USAID)의 지원을 받고, 첫 수업은 캘리포니아 SCAA 본부에서 콜롬비아 출신 학생들을 대상으로 스페인어로 진행되었다. 수업에서는 커핑과 등급 분류 프로토콜을 가르치는 것 외에 학생들의 관능 평가 능력을 평가하고 산지에 따라 커피를 구분하고 SCAA 커핑 양식을 기반으로 항상 일정하게 품질별로 등급을 매길 수 있는지를 확인하는 관능검사 테스트를 진행했다. 이 프로그램에서 총 22개의 시험을 모두 통과한 학생에게는 Q-Grader 자격을 주었다. 커피 업계에서 공식적으로 커핑 훈련 프로그램이 마련된 것은 이것이 처음이고 지금까지 큰 성공을 이루었다.

2) Q 확대와 로부스타 커피 평가

아라비카 가격은 2009년 종전 가격을 완전히 회복했고, 이때부터 생산자의 이익이 늘어나기 시작했다. 그러나 이번에는 로부스타 가격이 갑자기 내려갔고, 많은 로부스타 생산자가 생존을 위협받았다. 아라비카 커피의 경우 뉴욕의 선물 거래소인 International Coffee Exchange는 커핑을 통해 향미 평가를 통과하고, 350g 샘플 기준 결점두가 15개 미만이어야 거래할 수 있는 상품으로 인정한다. 그런데 런던의 선물 거래소인 LIFFE의 경우 커핑 평가가 없으며 샘플 500g당 결점두 450개까지 허용한다. 이렇게 낮은 품질기준 때문에 로부스타는 아라비카의 절반 가격에 입찰이 이루어졌다.

로부스타 가격이 내려가자 곧 아라비카 가격 또한 영향을 받았고, 이에 CQI는 품질 향상으로 더 높은 가격을 받을 수 있음을 명백하게 보여준 Q-arabica 사례를 바탕으로, 로부스타 커피에 적용되는 Q 프로그램을 개발하기 시작했다. 로부스타는 유전학적으로도 달랐고, 풍미도 달랐는데 기존에 공식적인 로부스타용 커핑 프로토콜이 아예 없었다.

CQI는 USAID의 지원을 받아 로부스타의 원산지 우간다에서 시범 프로그램을 시행했다. 2년 사이 4회의 워크숍이 진행되었고, 18개국에서 커피 전문가 53인이 참여하여 로부스타용 커핑 형식과 프로토콜을 만들고, 이와 함께 『Green Robusta Coffee Grading Handbook』을 발간했다. 그 결과 로부스타 커피도 산지와 음료 품질에 따라 차별화할 수 있으며, 이에 따라 100점 체계로 평가해 기준 점수인 80점 이상이 되는 커피를 기존의 상거래 가능 등급과 차별화되는 'fine robusta'로 명명했다. 이 용어는 아라비카에 적용되는 'specialty arabica'와 구분하기 위해 사용한다.
로부스타 커핑 양식지에는 10개 속성인 ①fragrance/aroma ②flavor ③aftertaste ④bitter/sweet 비율 ⑤mouthfeel ⑥balance ⑦salt/acid 비율 ⑧uniform ⑨clean cups ⑩overall을 평가 기록한다. 결점두 또한 경중을 막론하고 양식지에 표기한다. 특유의 향미 속성이 있다면 커퍼가 판단해 가산점을 주며 결점두가 있다면 감점한다. Overall 항목은 커피가 해당 커피의 향미에 개인적으로 부여하는 점수이다.

③ aftertaste는 커피를 뱉어내거나 삼킨 뒤 남아 있는 좋은 향미(맛과 향) 감각으로 입천장 뒤쪽에서 느껴진다. 로부스타 커피에서는 칼륨(K)이 얼마나 있느냐에 따라 그 정도가 달라지는 경우가 많다. 칼륨이 많으면 짠 느낌이 많고 좋지 않은 향이 나는, 소위 Brackish라는 후미가 나타나고, 함량이 적으면 기분 좋은, 소위 쌉쌀한 후미가 나타난다.

④ bitter/sweet 비율, 로부스타 커피에는 bitter와 sweet가 모두 있다. bitter는 주로 CGA와 칼륨(K) 함량에 따라, sweet는 산과 당 함량에 따라 그 정도가 달라진다. 좋은 로부스타 커피는 쓴맛이 적고 단맛이 많이 느껴지는데 비해 기존 제품은 쓴맛이 많고 단맛은 적은 경우가 많았다. 쓴맛이 적고 동시에 단맛이 많이 느껴지면 또한 높은 점수를 준다.

⑦ salt/acid 비율은 softness라 불리며 산미나 단맛이 뚜렷하게 두드러지어 나타나는 기분 좋은 섬세한 미각을 말한다. 칼륨과 CGA 함량이 적을수록 softness는 더 높아진다. 브라질 커피에서는 strictly soft/strictly hard 분류가 있는데 softness는 이것과 관련 있다. 고급 로부스타와 상거래 허용 등급 로부스타를 구분 짓는 가장 큰 맛의 차이 중 하나가 이것이다.

⑧ uniform cup은 샘플별로 향미가 얼마나 고르게 나타나는가를 본다. 샘플 중 어느 하나에라도 sour, ferment, phenolic 등 나쁜 맛을 내는 커피콩이 들어 있다면 그 잔은 맛이 달라질 것이다. 이렇게 맛이 고르지 않은 커피는 품질이 떨어진다고 볼 수 있다. 맛이 고르지 않은 커피는 뚜렷하게 구분되기에 3점 검사법 등에서 쉽게 감별할 수 있다. 점수는 잔별로 채점하며 맛이 고른 잔은 2점씩 부여한다.

- 로부스타 커핑 프로토콜의 활용

로부스타 커피의 관능 평가 작업은 생두 로스팅에서부터 시작한다. Agtron 수치 58로 로스팅하고 난 다음 최소 8시간 정도 레스팅 한다. 로부스타 커피콩은 아라비카 커피콩에 비해 밀도가 높고 열 전달력이 크지 않다. 그래서 아라비카 커피콩은 약-중 로스팅을 해도 로부스타 커피콩은 중-강으로 로스팅한다. 분쇄 커피와 물의 비율은 커피 8.75g대 물 150mL이며, 커핑 직전, 아무리 길어도 분쇄 후 15분 안에 물을 부어야 한다.

1단계-Fragrance/Aroma: 샘플을 분쇄하고 15분 안, 아직 물을 붓지 않는 상태에서 향을 맡는다. 뚜껑을 열고 커피 가루의 향을 강하게 들이마신다. 물에 젖지 않은 상태의 향은 그 종류와 강도를 동시에 평가한다. 향 종류는 꽃 향, 과일 향, 풀 향 등이 있다. 물을 부으면 커피 덩이가 떠오르는데 최소 3분, 최대 5분 동안 그대로 둔다. 숟가락으로 3회 저어 덩이를 깨뜨리고 거품이 숟가락 등을 따라 모일 때 향을 약하게 들이마신다. 젖은 상태의 향은 그 종류와 강도를 동시에 평가하고, 작은 가로선 위에 향 종류를 적어둔다. 향 종류는 과일 향, 풀 향, 견과류 느낌 등이 있다. 캐러멜, 코코아 느낌도 나타날 수 있다.

2단계-Flavor, Aftertaste, Bitter/Sweet, Mouthfeel, Balance: 물을 부은

뒤 8~10분이 지나 샘플 온도가 70℃ 정도일 때 커피 액 평가를 시작한다. 커피 액이 입안의 가능한 많은 부분을 덮을 수 있도록, 특히 혀와 입천장을 덮는 방법으로 강하게 빨아들인다. 입 뒤에서부터 코로 올라가는 향이 가장 강한 시점이 이 온도이다. 이 단계에서 Flavor와 Aftertaste를 평가한다. 이후 계속 커피가 식으면(70~60℃) mouth feel, bitter/sweet 비율, 균형을 평가한다.

3단계-Salt/Acid Aspect Ratio, Uniform Cups, and Clean Cups: 커피 액이 실온에 가까워지면(37℃ 미만) salt/acid 비율, uniform cups, clean cups를 평가한다. salt/acid 비율 즉 softness는 샘플에서 짜고 쓴 감각에 가려지지 않는 산미 및 단맛 감각을 말한다.

4단계-Overall: 커피 액의 온도가 21℃에 도달하면 커피 액 평가를 마친다. 모든 평가 항목에 기반하여 점수를 매긴 뒤 총점을 계산한다.

80점 이상을 맞은 커피는 고급(fine) 로부스타 커피로 분류한다. 이 등급은 단순히 시장에서 높은 가격을 받기 위해서가 아니라 순수 로부스타 블렌드 또는 아라비카와 섞어 블렌드를 만들 때 사용해 음료의 맛을 강화하고 아라비카 커피의 향미를 높인다.

- 커피 등급의 의미

완벽한 커피는 저절로 만들어지지 않는다. 모든 커피나무는 여러 가지 이유로 결점두를 생산한다. 수확과 처리 과정이 좋지 않으면 맛이나 외양 혹은 그 모두에서 결점이 있는 커피가 생산된다.

분류 체계는 나라마다 다르지만, 결점두를 ① 주 결점두로 블랙빈(black bean), 사우어빈(sour bean) 등 음료 품질에 악영향을 미치는 부류 ② 부결점두로서 깨진 것, 찍힌 것, 잘린 것 등의 외관 또는 음료 품질에 악영향을 주는 부류로 나누고 있다. 모든 분류 체계는 부 결점두를 여럿 모아 그에 상응하는 정도의 완전한 결점두 하나로 환산하는 기준을 갖추고 있다. 예를 들어, 찍힌 커피 다섯 개는 블랙 빈 하나로 간주한다.

등급 분류 체계가 제품의 품질, 특히 이를 통한 농부의 수익, 그리고 커피 생산지의 수익을 가르는 데 중요한 역할을 한다는 점은 명백하다. 로부스타는 아라비카보다 생산량이 많고 생산 비용이 낮으며, 타가수분 성질 덕에 음료 품질이 다양하다는 잠재력이 있다. 우간다에서 진행된 워크숍이 준 큰 교훈 중 하나는 로부스타 커피는 아라비카 커피에 비해 커핑 품질 편차가 크게 나타난다는 것이었다. 이는 아라비카가 자가수분으로 번식하는 데 비해 로부스타는 타가수분으로 번식하는 데에서 기인한다. 즉, 로부스타는 가까운 곳에 있는 다른 커피나무의 영향을 받는다.

고품질 로부스타는 매우 훌륭하고 맛이 좋으며 맛 프로필이 뚜렷한데, 로부스타에만 나타나는 특성이 있고 향미가 가득하며 전달되는 맛이 다양하다. 고품질 로부스타는 에스프레소뿐만 아니라 맛을 강화하는 목적으로 사용할 수 있다. 이런 특성들은 스페셜티 커피 소비자에게는 물론 일반적인 커피 소비자들에게도 널리 소개해야 할 이유가 된다. 현재 우간다산 고품질 로부스타는 유럽에서 고급 에스프레소용 블렌드에 상당량 사용된다. 또한 인도산 고품질 로부스타는 자체 이름을 달고 순수 로부스타 블렌드로 판매되고 있다.

스페셜티 아라비카 커피는 부침은 있어도 계속 성장하면서 궁극적으로는 와인 산업에서처럼 특정 품종과 특정 재배지 기준으로 판매될 것이다. 그리고 아라비카 스페셜티 시장이 성장하듯 고품질 로부스타 시장 또한 나란히 성장 발달할 것이다. 이를 위해서는 고유의 맛을 지닌 훌륭한 커피를 구별하는 시스템과 잘 교육된 평가자가 필요하다. 체험과 교육을 통해 커피의 독특한 맛, 뚜렷한 향미가 잘 알려지면, 소비자도 그 차이를 알아갈 것이다. 모두가 공감할 수 있는 평가 시스템이 시장을 키운다.

3. 커피 전문가가 된다는 것은?

커피 전문가라면 다양한 커피의 향미를 속성별로 정확하게 평가할 수 있어야 할 것이다. 커피의 맛을 속성별로 수치를 매길 정도가 되려면 수년 동안의 경험은 물론, 동료 또는 멘토와 함께 끊임없는 훈련과 캘리브레이션이 필요하다. 이런 커피 전문가들이 바리스타 대회 등을 통해 훌륭한 커피를 세상에 알리고 있다. 유행을 선도하는 것이다. 최근 들어 여러 산지의 커피 생산자들이 더욱 다양한 처리법을 시도하고 있다. 처리법에 따라 달라진 풍미를 발굴하고 방향을 제시하는데 전문가의 품평이 큰 역할을 한다. 그것을 알아봐 주는 사람이 있어야 새로운 풍미, 좋은 품질의 커피가 계속 등장할 수 있다.

스페셜티 커피의 경우 매우 다양한 향미의 프로필이 존재한다. 전문가가 이런 향미의 특성을 잘 소개해주면 소비자가 그 향미를 이해하는 데 큰 도움이 될 것이다. 전문가가 커피의 산지와 재배 환경이 관능 프로필이 어떻게 얽혀 있는지를 소개해주면 소비자의 이해도가 높아질 것이다. 어떤 식품의 최종 가치는 결국 그것을 즐기는 소비자가 결정한다. 그런데 세상의 먹고 마시는 것은 정말 다양하여 제대로 알고 즐기는 것도 쉽지 않다. 이때 좋은 전문가가 있다면 우리는 그들의 도움으로 훨씬 제대로 즐길 수 있을 것이다. 먹는 것에 무슨 전문가가 필요할까 싶기도 하지만, 우리의 미각은 보수적이라, 낯선 것을 좋아하기 힘들다. 항상 선입견에 매몰되기 쉽다. 객관적인 태도로 가치를 제대로 평가하려면 믿을 만한 전문가의 가이드가 큰 도움이 된다. 전문가를 통해 어떤 음식에 숨겨진 의미나 맥락을 알게 되면 그 음식을 더 즐거워지는 경우가 많다.

- 센서리 훈련

자신의 감각을 전문가 수준으로 끌어올리는 훈련과 업계에서 사용되는 공통의 언어로 맛을 표현하는 능력도 필요하다. 그렇다면 우리가 커피를 맛보는 데 있어서 어떻게 전문가 수준으로 우리의 미각 기술을 훈련시킬 수 있을까?

맛을 잘 평가하려면 미각의 5가지의 맛을 잘 구별할 뿐 아니라 코를 사용하여 향도 잘 구별해야 한다. 흔히 커핑을 할 때, 슬러핑(Slurpping)이라 불리는 후룩 하는 소리를 내며, 커피를 맛보는 이유는 맛을 입의 여러 부위에 골고루 잘 퍼지게 하고, 동시에 입의 뒤편의 통로를 통해 코로 더 많은 향기 분자가 퍼지게 하기 위해서다. 커피의 향미의 식별을 위해서는 과일과 향신료 등의 향미 특성의 기억도 필요하다. 기억 창고에 맛과 향의 경험이 충분히 쌓이면 그 기억을 꺼내서 차이점을 서로 이야기할 수 있다. 비슷한 점과 차이점에 대한 섬세한 식별력이 전문가로의 감각 능력을 키울 수 있다.

한편 전문성이 깊어지는 것은 일반인과 멀어지는 요인도 된다. 커피 전문가는 일반 소비자보다 처음부터 커피에 큰 매력을 느낀 사람인 경우가 많고, 일반 소비자보다 비교할 수 없이 시음과 평가 그리고 훈련을 거쳤다. 그런 과정에서 커피의 식별과 평가 능력은 많이 늘었지만, 그만큼 자신만의 커피 관에 빠지기도 쉽고, 소비자가 느끼는 것과 차이가 나기 쉽다. 전문가들은 제품을 기술하는 데 있어 소비자들에 비해 우수하지만, 전문가들 또한 품질을 평가할 때 자신의 기대 및 개인 취향에 따라 의견이 편중될 수 있다. 그래서 소비자의 취향과는 동떨어지는 경우도 있다. 전문가의 평가를 통해 많은 사람이 필요로 하는 관능검사를 완전히 대처할 수 없는 것이다. 예를 들어 아직 많은 소비자는 다크 로스트 커피를 좋아한다. 그에 비해 전문가들은 로스팅을 적게 한 신맛이 있는 커피에 일반 소비자보다 훨씬 높은 점수를 주는 경향이 있다.

- 전문가의 감각기관이라고 특별하지는 않다

일반인들이 전문가들의 평가에 관심을 가지는 것은 그들이 초심자들보다 분별 능력과 묘사 능력이 뛰어나다고 믿기 때문이다. 그런데 전문가라고 일반인과 특별히 다른 코를 가지고 있지는 않다. 와인 전문가와 일반 소비자의 감각 능력의 차이를 검증하고자 한 연구가 몇 건 있다. 1-부탄올 같은 향기 물질이나 타닌, 알코올 등의 삼차 신경 자극 물질을 탐지하는 역치에서는 어떠한 차이도 나타나지 않았다. 대신 와인 전문가들은 초심자보다 향이 여럿 섞여 있을 때 그중 한 가지의 향을 구분해 내는 등의 능력이 더 우수했으며 3점 검사법에서도 우수했다. 결국 훈련을 통해 차이의 식별 능력을 키운 것이지, 절대 후각이나 미각을 가지는 것은 아닌 셈이다. 단지 뇌를 더 잘 활용할 수 있을 뿐이다.

감각 그중에 특히 후각은 애매모호해서 다른 정보에 따라 흔들리기 쉽다. 시각의 경우 눈에서 오는 정보가 100만 화소, 뇌에서 오는 정보 900만을 합하여 시각이 시작된다. 청각도 뇌가 듣는 소리의 10%만 귀에서 온 것이고 90은 뇌가 만든 소리라고 한다. 이것에 관한 자세한 설명은 『감각 착각 환각』에서 다루었지만, 확실한 것은 시각마저 뇌가 짐작하여 채워 넣은 것이 눈에서 오는 것보다 훨씬 많은데, 시각보다 정보량이 훨씬 떨어지는 미각과 후각에는 뇌의 얼마나 많은 개입이 있을지 짐작조차 힘들다. 뇌의 개입이 더 많은 만큼 경험과 환경, 언어와 관념 등이 만든 인상이 많은 영향을 주기 쉽다.

우리는 수많은 향기 성분의 칵테일에서 뭔가의 특징을 드러내는 힌트를 찾으면 그것을 중심으로 그것이 무엇인지 끊임없이 짐작하고 비교하고, 모자란 부분은 적당히 채워 넣으면서 그것이 무엇인지를 판단한다. 그러니 무색의 투명한 액체 향을 시향지에 묻혀서 냄새를 맡게 하면 대부분 알 듯 모를 듯 난처함에 빠지는데 이때 '매실'이라고 말해주면 그 순간 모호함은 사라지고 그것은 매실이 아닌 다른 어떤 향도 될 수 없는 것처럼 느껴진다. 이름을 통해 '그것이 맞다'라는 생각이 들면 뇌는 그 향기로 온전히 재구성하기 때문이다.

우리 뇌는 감각을 통해 얻은 정보를 바탕으로 이 세상에 관한 다양한 모형을 구축한다. 다중 피드백 회로를 이용하여 끊임없이 만들어지고 다듬어지는 이런 모형을 바탕으로 뇌는 우리가 보고 듣고 맛보는 모든 것에 대해 예측을 만든다. 감각을 하는 순간에 그것에 가장 적합한 모델의 예측을 가져와 부족한 정보를 다듬고 채우기 때문에 그나마 이 정도로 현실에 잘 반응할 수 있는 것이다. 감각은 그저 맛의 시작일 뿐이고, 감각과 일치하는 풍경을 뇌에 그릴 때 우리는 비로소 감각의 의미를 알 수 있다.

그래서 전문가는 능숙한 예측 때문에 어이없는 실수를 할 수 있다. 가격에 따라 맛을 다르게 느낀다든가 화이트 와인에 색소를 넣어 레드 와인처럼 보이게 하면 전문가들은 화이트 와인을 레드 와인처럼 느끼는 것과 같다. 보통 가격 정보에 따라 맛의 평가가 달라지는 것을 마음의 해석 결과라고 생각하지만, 이는 사실이 아니다. 전문가는 포장 등을 통해 부지불식간에 가격 등의 정보를 확인하고 맛을 예측하여 입과 코를 개조한다. 비싼 와인은 맛있고, 싼 와인은 맛이 덜하게 느껴지도록 미각과 후각 자체를 바꾸어 감각한다.

소믈리에는 기억된 자료를 바탕으로 예측하고, 그 예측과 감각의 결과를 비교하면서 힌트들을 바탕으로 맛을 평가하지, 천재적 후각으로 단번에 객관적인 평가하지 못한다. 사실 초보자라 할지라도 두 잔의 와인이 서로 같은 와인인지 다른 와인인지는 쉽게 구별할 수 있다. 전문가의 식별 기술은 정보가 서로 일치할 때로 한정된다. 인위적으로 정보를 조작하면 오히려 틀릴 수 있다. 소믈리에는 입과 코가 아니라 와인을 보는 눈이 더 발달한 사람이기 때문이다. 보통 사람과 같은 코를 가졌지만, 축적된 경험으로 예측하고 검증하고 판단을 하는 것인데 그 지표를 흔들면 일반인보다 더 많이 흔들릴 수밖에 없는 것이다.

- 소비자와 전문가는 서로를 이해하지 못하는가?

현재에도 원두의 포장지에는 커피에 관한 많은 풍미의 특징이 기술되어 있지만, 소비자가 느끼는 것과는 상당한 차이가 있다. 관능 전문가들은 향미를 전문 용어(lexicon)를 사용해 표현할 수 있다. 훈련으로 전문가는 주로 특정 향 및 향미 요소를 기술하는 데 적합한 특정 단어를 습득한 것이다. 그래서 식품별로 마련된 용어로 집중적으로 훈련을 받다 보면 일반 사람들이 하는 말과 달라질 수 있다. 커피 포장지에 적힌 전문가의 품질 관련 표시가 소비자의 커피에 관한 인지와 구매 욕구 사이가 완전히 결합하여 있으면 좋은데 현실적으로 쉽지 않다. 아직 향미의 객관적인 평가법과 그것을 묘사할 언어가 없다는 것은 정말 큰 아쉬움이다. 식품회사가 혁신적인 풍미의 제품을 만들었다고 해도 그것을 포장지에 묘사할 방법도 없다. 훌륭한 맛을 만드는 것도 대단한 기술이지만, 맛을 제대로 평가하고 묘사하는 능력도 탁월한 기술이다.

전문가는 또한 더 나은 제품 정보를 제공함으로써 소비자들이 고품질이면서도 더 선호되는(자신의 선호에 맞는) 커피를 찾을 수 있게 도와야 한다. 하지만 현재의 커피 프로토콜과 평가 기준도 전문 평가자가 생두 공급자와 로스터, 바리스타 등과 소통을 위한 제품의 평가이지 소비자를 위한 것은 아니다. 소비자도 공감할 수 있는 용어를 개발해 제품을 객관적으로 표현할 수 있고, 그것이 최종 소비자에게까지 전달되고 인정받을 수 있다면 그것은 비즈니스 측면에서도 매우 높은 가치가 있다. 하지만 소비자는 자신이 바라는 것을 표현할 수 있는 단어를 아는 경우가 드물다. 맛을 언어로 표현하기에는 아직 머나먼 길이다.

모든 커피 전문가가 목표는 소비자들이 고품질 커피를 좋아하게 하는 것일 것이다. 그러기 위해서는 소비자에게 훌륭한 커피의 경험이 늘어야 한다. 좋은 제품은 그 품질이 시장에 잘 알려졌을 때만 경제적인 가치가 있다. 그러므로 커피 전문가는 모두 좋은 교육자가 되어야 할 것이다.

마무리: 커피의 매력은 무엇일까?

마무리: 커피의 매력은 무엇일까?

커피 관련 이론 수업을 할 때면 마땅한 교과서가 없어서 아쉬움이 컸다. 수업으로 설명하는 것에는 한계가 있고, 결국은 스스로 공부를 해야 하는데 커피를 하는 많은 분이 식품이나 이과 관련 수업을 들어본 적이 없는 분들이 많아 화학에 대한 두려움으로 포기하는 경우가 많았다. 그렇다고 유기화학의 기초부터 공부하거나 식품 화학을 혼자 공부하기도 쉽지 않다. 그래서 이 책으로 커피를 공부하는 데 꼭 필요한 화학적 개념과 용어를 설명해보고자 했다.

커피는 한 가지 원료로 되어 있어서 개인 차원에서도 생두의 구매에서 로스팅과 추출까지 맛에 관련된 전 과정에 직접 해볼 수 있다. 맛과 관련된 변수 대부분을 본인이 직접 제어해 볼 수 있어서 그런지 커피를 하는 사람 중에는 유난히 맛과 향을 진지하게 탐구하는 사람이 많은 것 같다. 그러다 보니 나에게 맛과 향에 대해 질문을 하는 사람들이 많았다. 그런 사람들에게 조금이라도 도움이 될 만한 이론을 정리해서 제공해 주고 싶어서 책을 시작했지만 미완성이다. 그래도 커피의 향미 현상을 세포벽의 특징으로 묶어본 것은 보람이 있었다. 커피는 향미는 다른 어떤 식품보다 고온의 로스팅으로 만들어지는데, 그 과정에서 세포벽이 어떤 결정적 역할을 하고, 향기의 유지와 추출 등에는 어떤 영향을 미치는지, 커피의 생장에서 향미의 유지까지 세포벽을 중심으로 연결하여 설명할 수 있었다.

커피는 한 가지 원료지만, 너무나 다양한 변화가 가능하다. 생두의 종류에 따라, 볶은 정도에 따라, 블렌딩에 따라, 추출법에 따라 다양한 맛과 향을 즐길 수 있다. 그런 커피를 심도 있게 공부하고자 하는 분에게 이 책이 작은 가이드북의 역할을 할 수 있으면 좋을 것 같다.

참고 문헌

더 알고 싶은 커피학, 히로세 유키오, 광문각, 2007

스페셜티 커피(The craft and science of coffee), 브리타 폴모 외, 최익창 옮김, 커피리브레, 2017

커피과학, 탄베 유키히로, 윤선해 옮김, 황소자리, 2017

커피는 과학이다, 이시와키 토모히로, 김민영 옮김, 섬앤섬, 2012

커피대전, 다구치 마모루, 이정기 양경욱 공역, 광문각, 2013

커피 로스팅(The Coffee Roaster's Companion) 스콧 라오, 커피리브레, 2015

커피 로스팅2(Coffee roasting) 스콧 라오, 최익창 옮김, 커피리브레, 2020

커피 브루잉, 조나탕 가녜, 최익창 옮김, 커피리브레, 2021

커피 스터디, 호리구치 토시히데, 윤선해 옮김, 황소자리 2021

커피 아틀라스, 제임스 호프만, 김민준·정병호 옮김, 아이비라인, 2015

커피의 향미, 정철, 광문각, 2022

커피인사이드, 유대준, 박은혜 공저, 더스칼러빈, 2020

커피 플랜트 The Coffee Quality Part 1, 2, 3

커피학, 中林敏郎 외, 광문각, 2006

향의 과학, 히라야마 노리아키, 윤선해 옮김, 황소자리, 2021

향의 언어, 최낙언, 예문당, 2021

Espresso coffee 2nd, Andrea illy외, Elsevier, 2005

Coffee production, quality and chemistry, Adriana Farah (Editor), Royal Society of Chemistry, 2019

Quality Determinants In Coffee Production. Lucas Louzada Pereira, Taís Rizzo Moreira, Springer, 2020

Alexia N. Glössa, et al. (2014) Freshness Indices of Roasted Coffee: Monitoring the Loss of Freshness for Single Serve Capsules and Roasted Whole Beans in Different Packaging, CHIMIA 68

Arne Pietsch (2017) Decaffeination–Process and Quality, In The craft and science of coffee (pp. 225–238). Academic Press.

Belitz, H.D., Grosch, W., Schieberle, P., (2009). Food Chemistry, fourth ed. Springer–Verlag Berlin Heidelberg.

Britta Folmer, et al (2107) Crema – Formation, Stabilization, and Sensation In The craft and science of coffee (pp. 407–412). Academic Press.

Chahan Yeretzian, et al. (2019) Coffee Volatile and Aroma Compounds – From the Green Bean to the Cup

Chahan Yeretzian, Imre Blank, Yves Wyser, (2017). Protecting the Flavors – Freshness as a Key to Quality In The craft and science of coffee (pp. 329–348). Academic Press.

Chi–Tang Ho, Xin Zheng, Shiming Li (2015) Tea aroma formation, Food Science and Human Wellness 4 (2015) 9–27

De Castro, R. D., Marraccini, P. (2006). Cytology, biochemistry and molecular changes during coffee fruit development. Brazilian Journal of Plant Physiology, 18(1): 175–199.

Díaz–Rubio ME, Saura–Calixto F. (2007) Dietary fiber in brewed coffee. J Agric Food Chem 2007;55:1999–2003.

Ernesto Illy & Luciano Navarini (2010) Neglected Food Bubbles: The Espresso Coffee Foam, Food Biophysics (2011) 6:335–348

F. Silizio, (2008) Coffee foam, IC Biolab, Internal Report n°003/2008

Frédéric Mestdagh et al (2014) The kinetics of coffee aroma extraction, Food Research International

Frederic Mestdagh, Arne Glabasnia, Peter Giuliano (2017). The Brew – Extracting for Excellence In The craft and science of coffee (pp. 355–378). Academic Press.

Juan R. Sanz–Uribe, Paula J. Ramos–Giraldo (2008) Algorithm to Identify Maturation Stages of Coffee Fruits, World Congress on Engineering and

Computer Science 2008
K. Speer, I. Kolling-Speer, (2019) Coffee: Production, Quality and Chemistry Chapter 20 Lipids
Kevin M. Moroney, et al. (2019) Analysing extraction uniformity from porous coffee beds using mathematical modeling and computational fluid dynamics approaches, PLoS ONE 14(7): e0219906
Knopp S-E, Bytof G, Selmar D. (2006) Influence of processing on the content of sugars in green arabica coffee beans. Eur Food Res Technol 2006;223:195-201.
Knox, J. (2002), Pectins and Their Manipulation, Wiley-Blackwell, Oxford 2002, p. 264
Luigi Poisson, Imre Blank, Andreas Dunkel, Thomas Hofmann (2017). The Chemistry of Roasting - Decoding Flavor Formation In The craft and science of coffee Academic Press.
Marco Wellinger, Samo Smrke, Chahan Yeretzian (2017) Water for Extractiond Composition, Recommendations, and Treatment
Michael I. Cameron, et al (2019) Systematically Improving Espresso: Insights from Mathematical Modeling and Experiment, Matter 2
Moreira ASP, et al. (2012) Coffee melanoidins: structures, mechanisms of formation and potential health impacts. Food Funct 2012;3:903-15.
Murkovic M, Bornik MA. (2007) Formation of 5-hydroxymethyl-2-furfural (HMF) and 5-hydroxymethyl -2-furoic acid during roasting of coffee. Mol Nutr Food Res 2007;51:390-4.
Redgwell RJ, Trovato V, Curti D, Fischer M. (2002) Effect of roasting on degradation and structural features of polysaccharides in arabica coffee beans. Carbohydr Res 2002;337:421-31.
Robert McKeon Aloe (2020) Coffee Bean Degassing, https://towardsdatascience.com/ coffee-bean-degassing-d747c8a9d4c9
S. Sceneker, et al. (2000) Pore Structure of Coffee Beans Affected by Roasting Conditions J. of food science Vol. 65
Sapna Kamath, et al. (2008) The influence of temperature on the foaming of

milk International Dairy Journal 18
Schenker, S., & Rothgeb, T. (2017). The roast—Creating the Beans' signature. In The craft and science of coffee (pp. 245-271). Academic Press.
Schols, H.A., Voragen, A.G.J. (2002) The chemical structure of pectins, in: Seymour, G., Wiley-Blackwell, Oxford, p. 264
Susana Soares et al (2020) Tannins in Food: Insights into the Molecular Perception of Astringency and Bitter Taste, Molecules 2020, 25, 2590
Takayuki Shibamoto (2015), Volatile Chemicals from Thermal Degradation of Less Volatile Coffee Components, Coffee in Health and Disease Prevention
Thierry Joët et al (2009) Metabolic pathways in tropical dicotyledonous albuminous seeds: Coffea arabica as a case study, New Phytologist (2009) 182
Wei F, et al. (2012) Roasting process of coffee beans as studied by nuclear magnetic resonance: time course of changes in composition. J Agric Food Chem 2012;60:1005-12.
Y. Koshiro, M. C. Jackson, C. Nagai and H. Ashihara, (2015) Eur. Chem. Bull., 2015, 4, 378-383.
Yukiko Koshiro (2007), Biosynthesis of chlorogenic acids in growing and ripening fruits of Coffea arabica and Coffea canephora plants, Zeitschrift für Naturforschung C, 62, p731-742
Zheng Li, Chuntang Zhang (2021) Coffee cell walls—composition, influence on cup quality and opportunities for coffee improvements. Food Quality and Safety, 2021, 5, 1-21

'르네 뒤 카페(Le Nez Du Cafe)' 아로마키트 목록

Earthy : 1 earth.

Vegetables : 2 potato, 3 garden peas, 4 cucumber.

Dry/vegetal : 5 straw.

Woody : 6 cedar.

Spicy : 7 clove-like, 8 pepper, 9 coriander seeds, 10 vanilla.

Floral : 11 tea-rose/redcurrant 12 coffee blossom, 13 coffee pulp.

Fruity : 14 blackcurrant-like, 15 lemon, 16 apricot, 17 apple.

Animal : 18 butter, 19 honeyed, 20 leather.

Toasty : 21 basmati rice, 22 toast, 23 malt, 24 liquorice, 25 caramel, 26 dark chocolate, 27 roasted almonds, 28 roasted peanuts, 29 roasted hazelnuts, 30 walnuts, 31 cooked beef, 32 smoky note, 33 pipe tobacco, 34 roasted coffee.

Chemical : 35 medicinal, 36 rubber.

1. Earth:	2-Ethyl fenchol
2. Potato: Earthy, sulphury	methional
3. Garden Peas: Green	2-Methoxy-3-isopropylpyrazine
4. Cucumber: Green	Trans-2-Nonenal
5. Straw: Vegetal, dry	extract
6. Cedar: Woody	아틀라스 시더의 오일
7. Clove-like: Spicy-sweet	Eugenol
8. Pepper: Strong, terpenic	extract(Caryophyllene 등)
9. Coriander Seed: Floral-Spicy	Linalool 등
10. Vanilla: Balsamic, sweet	Vanillin
11. Tea-Rose: Floral, fruity	β-Damascenone
12. Coffee Blossom: Floral	mixture

13. Coffee Pulp: Fermented, winy	mixture
14. Blackcurrant: Fruity, sulfury	mixture
15. Lemon: Citrus	Limonene 외
16. Apricot: Fruity	mixture
17. Apple: Fruity	mixture
18. Fresh Butter: Buttery	Diacetyl
19. Honeyed: Floral, waxy	Phenylacetaldehyde 외
20. Leather: Animal	4-Ethyl phenol 등
21. Basmati Rice: Toasty (cereals)	2-Pyrrolidione
22. Toast: Toasty	2-Acetyl pyrazine
23. Malt: Toasty, cellulosic	mixture
24. Maple Syrup: Woody-spicy	Maple lactone
25. Caramel: Toasty	furaneol
26. Dark Chocolate: Toasty	Pyrazines
27. Roasted Almonds: Toasty (dried fruits)	mixture
28. Roasted Peanuts: Toasty	Sulfurol 등
29. Roasted Hazelnuts: Toasty (dried fruits)	mixture
30. Walnuts: Toasty (dried fruits)	mixture
31. Cooked Beef: Toasty, animal	bis(2-Methyl 3-furyl) disulfide
32. Smoke: Toasty	Syringol, Cresol
33. Pipe Tobacco: Toasty	mixture
34. Roasted Coffee: Toasty, sulphury	FFT
35. Medicinal: Chemical,	Guaiacol
36. Rubber: Chemical	Ethyl 3-(fufurylthio)propionate

최낙언의

커피 공부

제 1판 제 1쇄 발행 2024년 2월 23일

지은이 최낙언
펴낸이 임용훈

편집 전민호
용지 ㈜정림지류
인쇄 올인피앤비

펴낸곳 예문당
출판등록 1978년 1월 3일 제305-1978-000001호
주소 서울시 영등포구 선유로9길 10 문래 SK V1 센터 603호
전화 02-2243-4333~4
팩스 02-2243-4335
이메일 master@yemundang.com
페이스북 www.facebook.com/yemundang
인스타그램 @yemundang

ISBN 978-89-7001-637-5 03590